高等学校土木工程专业规划教材

# Foundation Engineering

# 基础工程

丁剑霆　主　编

盛可鉴　杨　扬　副主编

王晓谋　主　审

人民交通出版社股份有限公司

China Communications Press Co.,Ltd.

## 内 容 提 要

本教材结合卓越工程师培养计划及高等学校应用型人才培养目标编写。全书共分7章,包括绪论、天然地基上的浅基础、桩基础的基本知识及施工、桩基础的设计计算、沉井及其他深水基础、地基处理和几种特殊地基上的基础工程。本书内容上兼顾了土木工程大平台、宽口径的培养要求,与传统教材相比,本书增加了国内外最新的工程案例,便于学生理论联系实际,了解行业发展动态。

本书可作为土木工程专业道路桥梁方向的本科教材,也可供相关专业的师生和技术人员参考使用。

**图书在版编目(CIP)数据**

基础工程/丁剑霆主编.—北京:人民交通出版社股份有限公司,2014.7

ISBN 978-7-114-11469-4

Ⅰ.①基… Ⅱ.①丁… Ⅲ.①基础(工程)—高等学校—教材 Ⅳ.①TU47

中国版本图书馆CIP数据核字(2014)第124531号

高等学校土木工程专业规划教材

书　　名:基础工程
著 作 者:丁剑霆
责任编辑:李　喆
出版发行:人民交通出版社股份有限公司
地　　址:(100011)北京市朝阳区安定门外外馆斜街3号
网　　址:http://www.ccpress.com.cn
销售电话:(010)59757973
总 经 销:人民交通出版社股份有限公司发行部
经　　销:各地新华书店
印　　刷:北京盈盛恒通印刷有限公司
开　　本:787×1092　1/16
印　　张:20
字　　数:478千
版　　次:2014年7月　第1版
印　　次:2014年7月　第1次印刷
书　　号:ISBN 978-7-114-11469-4
定　　价:40.00元

# 前　言

2010年教育部启动了“卓越工程师教育培养计划”(简称“卓越计划”),是贯彻落实《国家中长期教育改革和发展规划纲要(2010~2020年)》和《国家中长期人才发展规划纲要(2010~2020年)》的重大改革项目,也是促进我国由工程教育大国迈向工程教育强国的重大举措。“卓越计划”明确了本科层次的卓越工程师培养主要定位于应用型。本教材结合卓越工程师培养计划及高等学校应用型人才培养目标,针对土木工程专业道路桥梁方向编写。在编写的过程中博采众长,大量借鉴、引用了成功教材的内容,特别是一些传统经典教材的内容,总体架构上秉承传统经典教材的结构,突出知识的系统性;内容选择上为适应卓越工程师定位,充分考虑了实用性,并补充了工程案例;图文并茂、深入浅出,优化结构,努力做到知识面相对较广,重点突出、内容精炼,并确保本科教学的必要深度。

本教材共分7章,包括绪论、天然地基上的浅基础、桩基础的基本知识及施工、桩基础的设计计算、沉井及其他深水基础、地基处理和几种特殊地基上的基础工程。在传统经典教材的基础上主要做了如下变动:

(1)针对桥梁三大基础类型,补充了国内外最新的工程案例,便于学生理论联系实际,了解行业发展动态,增强职业自豪感和学习动力。

(2)为兼顾土木工程大平台宽口径的要求,增加了对土木工程建筑方向常用的几种浅基础以及地下连续墙基础的介绍。

(3)在基础施工和检测部分介绍了一些新工艺、新设备和新方法。

本教材紧跟新规范,在桩基础内力和位移计算部分,理顺了与《公路桥涵地基与基础设计规范》(JTG D63—2007)的关系,使教材与规范的表述保持一致,便于学生学习与今后工作中使用的平顺性,并便于借助电子表格进行电算。同时保留了部分传统经典教材的表述方式,便于学生查阅文献、考研使用和手工计算,对应算法相应地调整了算例。对教材附表和规范附表进行了重新计算,校正了印刷错误。更换了确定桩身最大弯矩及其位置的系数表,以解决系数正负变化处量值跳跃的问题。调整了桩基内力计算算例的混凝土强度等级,以满足新规范的构造要求。增加了单桩承载力计算算例。更换了刚性扩大基础算例,将重点放在了如何根据规范规定进行作用效应组合上,突出了与规范的结合,并避免了与土力学教材相关内容的重复。

补充了其他深水基础的内容,以适应目前行业发展趋势,帮助学生拓宽知识面,开阔眼界。

为配合毕业设计需求,在每一基础类型的习题后补充一个扩展型的课程设计,供学生选择练习。其内容略超出本教材范围,需要自行查阅资料才能完成,以锻炼学生的学习能力。

本教材第1章和第4章由黑龙江工程学院丁剑霆教授编写,第2章和第5章第1~5节由黑龙江工程学院杨扬副教授编写,第3章和第7章由黑龙江工程学院盛可鉴教授编写,第5章第6~8节由黑龙江科技大学许珊珊讲师编写,第6章第1~3节由哈尔滨理工大学宋高嵩教授编写,第6章第4~5节由苏州科技学院顾欢达教授编写。

本教材由黑龙江工程学院丁剑霆主编,盛可鉴、杨扬副主编,长安大学王晓谋教授主审。

由于编者水平所限,书中难免有不足和错误之处,敬请各位同行不吝赐教,批评指正,在此致谢!并向所有参考文献的作者和编者致谢!

编　者

2014年5月

# 目　　录

第 1 章　绪论 …… 1
1.1　概述 …… 2
1.2　基础工程设计和施工所需的资料 …… 3
1.3　作用及组合 …… 5
1.4　基础工程设计计算原则及设计方法 …… 10
1.5　基础工程学科发展概况 …… 12
第 2 章　天然地基上的浅基础 …… 16
2.1　天然地基上浅基础的分类及适用条件 …… 17
2.2　刚性扩大基础施工 …… 22
2.3　板桩墙的计算 …… 29
2.4　刚性扩大基础的设计 …… 39
2.5　刚性扩大基础的验算 …… 43
2.6　柱式墩刚性扩大基础算例 …… 58
2.7　刚性扩大基础工程案例简介 …… 67
第 3 章　桩基础的基本知识及施工 …… 72
3.1　概述 …… 72
3.2　桩与桩基础的分类 …… 74
3.3　桩与桩基础的构造 …… 79
3.4　钻孔灌注桩的施工 …… 85
3.5　挖孔灌注桩、沉管灌注桩及预制沉桩的施工 …… 95
3.6　水中桩基础施工 …… 102
3.7　桩基础质量检验 …… 113
3.8　锁口钢管桩基础及双承台管柱基础简介 …… 116
第 4 章　桩基础的设计计算 …… 121
4.1　单桩承载力的确定 …… 121
4.2　单排桩基桩内力与位移计算 …… 142
4.3　多排桩基桩内力与位移计算 …… 166

4.4 群桩基础的竖向分析及其验算 …… 179
4.5 承台的设计计算 …… 182
4.6 桩基础的设计 …… 188
**第5章 沉井及其他深水基础** …… 193
5.1 沉井的概念、特点及适用条件 …… 194
5.2 沉井的类型和构造 …… 194
5.3 沉井的施工 …… 199
5.4 沉井的计算 …… 206
5.5 沉井基础工程案例简介 …… 220
5.6 沉箱基础 …… 222
5.7 地下连续墙基础 …… 228
5.8 设置基础 …… 235
**第6章 地基处理** …… 239
6.1 概述 …… 239
6.2 换土垫层法 …… 244
6.3 排水固结法 …… 248
6.4 挤(振)密法 …… 251
6.5 化学固化法 …… 259
**第7章 几种特殊地基上的基础工程** …… 266
7.1 湿陷性黄土地基 …… 267
7.2 膨胀土地基 …… 270
7.3 冻土地区基础工程 …… 273
7.4 地震区的基础工程 …… 283
**附表** …… 294
**参考文献** …… 309

# 第1章

# 绪　论

**【本章学习目标】**

1. 掌握基础及地基的概念、分类及特点；
2. 掌握基础设计计算荷载的确定方法；
3. 了解基础设计和施工所需资料；
4. 了解基础工程设计计算的原则和方法；
5. 了解基础工程学科的发展概况。

**【本章学习重点】**

1. 基本概念；
2. 设计中计算荷载的确定。

**【本章学习难点】**

规范关于浮力的规定及其理解与正确运用。

建筑物建造于地层之上，建筑物的全部荷载由其下的地层来承担。一般地，将承受建筑物各种作用的地层称为地基，将与地基接触并将建筑物的各种作用传递至地基的那部分建筑物结构称为基础。以桥梁为例，桥梁由上部结构、下部结构和附属结构组成。其中，上部结构包括桥跨结构和支座系统，下部结构包括桥墩（墩身）、桥台（台身）以及墩台基础，附属结构主要是起防护和过渡作用，如图1-1所示。

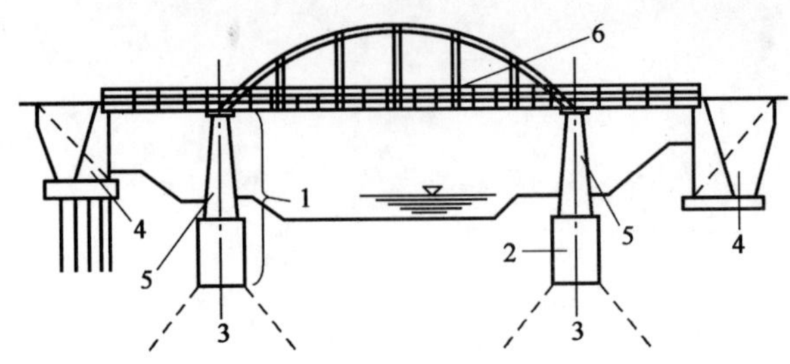


图1-1　桥梁结构各部分立面示意图

1-下部结构;2-基础;3-地基;4-桥台;5-桥墩;6-上部结构

## 1.1 概　　述

地基与基础在各种作用下将产生附加应力和变形,为了保证建筑物的安全和正常使用,地基与基础必须具有足够的强度、稳定性和耐久性,变形也应在允许范围之内。根据地层变化情况、上部结构的要求、作用的特点和施工技术水平,可采用不同类型的地基和基础。

地基可分为天然地基与人工地基。未经人工处理就可以满足设计要求而直接利用的地基称为天然地基。如果天然地层土质过于软弱或存在不良工程地质问题,则需要经过人工加固或处理后方能使用,这种地基称为人工地基。

工程常用的基础形式有:浅基础、深基础和深水基础。通常将埋置深度较浅(一般在数米以内)的基础称为浅基础,如刚性扩大基础、条形基础等;若浅层土质不良,则需将基础置于较深的良好土层上,称其为深基础,如桩基础、沉井基础、地下连续墙等。深水基础与基础的埋置深度无直接关系,因其在水下的部分较深,在设计和施工中必须考虑水深对于基础的影响。

桥梁及各种人工构造物一般首先考虑天然地基上的浅基础,当需要设置深基础时,常采用桩基础或沉井基础。在我国公路桥梁建设中,桩基础因其施工简便、适用范围广,成为目前应用最为广泛的一种深基础形式。

基础可由不同材料构筑而成,目前我国公路桥梁基础大多采用混凝土结构、钢筋混凝土结构和钢结构(钢管桩及钢沉井等),在石料丰富的地区,按照就地取材原则,也常用石砌基础,只有在特殊情况下(如抢修、建临时便桥)才采用木结构。

工程实践表明,建筑物地基与基础设计和施工的质量,直接影响着整个建筑物的安全和正常使用。基础工程是隐蔽工程,如有缺陷难以发现,难以弥补和修复,而这些缺陷往往直接影响整个建筑物的使用甚至安全;基础工程的进度,往往控制着整个工程的施工进度;基础工程的造价,通常在整个工程造价中占相当大的比例,在复杂地质条件下或深水条件下更是如此。因此,对基础工程必须做到精心设计、精心施工。

在本课程的学习中,应理解问题的实质,掌握原理,搞清方法步骤。其中,天然地基浅基础、桩基础和沉井基础,应较全面掌握其设计基本理论和具体计算方法。教材中所述的理论和方法,主要针对公路桥梁的基础工程问题,适用于城市道路桥梁,也可供其他土建工程参考。

本课程涉及较为广泛的先修课程知识,如《工程地质》、《土质学与土力学》、《桥涵水文》、《材料力学》、《结构力学》、《结构设计原理》和《桥梁工程》,尤以《土质学与土力学》为本课程的重要基础理论。

基础工程是一门比较年轻的学科，地基土复杂多变，为使基础工程问题得到切合实际、合理完善的解决，除需扎实的理论知识外，还需丰富的工程实践知识。学习中应注意理论联系实际，培养处理基础工程问题的能力。

## 1.2 基础工程设计和施工所需的资料

地基与基础设计、计算参数的选用，需要根据当地的地质条件、水文条件、上部结构形式、作用特性、材料情况及施工要求等因素全面考虑。施工方案和方法应该结合设计要求、现场地形、地质条件、水文条件、施工季节、气候特点和施工技术设备等情况来研究确定。为此应提前进行详细的调查研究，充分掌握真实、必要的资料。其中，主要应掌握的地质、水文、地形等资料如表 1-1 所示，各项资料内容范围可根据桥梁工程规模、重要性及建桥地点工程地质、水文条件等具体情况和设计阶段确定取舍。资料取得的方法和具体规定可参阅《公路工程地质》、《土质学与土力学》及《桥涵水文》等有关教材和手册。

**基础工程有关设计和施工需要的地质、水文、地形及现场各种调查资料** 表 1-1

| 资料种类 | 资料主要内容 | 资料用途 |
|---|---|---|
| 桥位平面图(或桥址地形图) | (1)桥位地形；<br>(2)桥位附近地貌、地物；<br>(3)不良工程地质现象的分布位置；<br>(4)桥位与两端路线平面关系；<br>(5)引桥位与河道平面关系 | (1)桥位的选择、下部结构位置的研究；<br>(2)施工现场的布置；<br>(3)地质概况的辅助资料；<br>(4)河岸冲刷及水流方向改变的估计；<br>(5)墩台、基础防护构造物的布置 |
| 桥位工程地质勘测报告及工程地质纵剖面图 | (1)桥位地质勘测调查资料包括河床地层分层、土(岩)类及岩性，层面高程，钻孔位置及钻孔柱状图；<br>(2)地质、地史资料的说明；<br>(3)不良工程地质现象及特殊地貌的调查勘测资料 | (1)桥位、下部结构位置的选定；<br>(2)地基持力层的选定；<br>(3)墩台高度、结构形式的选定；<br>(4)墩台、基础防护构造物的布置 |
| 地基土质调查试验报告 | (1)钻孔资料；<br>(2)覆盖层及地基土(岩)层状生成分布情况；<br>(3)分层土(岩)层状生成分布情况；<br>(4)荷载试验报告；<br>(5)地下水位调查 | (1)分析和掌握地基的层状；<br>(2)地基持力层及基础埋置深度的研究与确定；<br>(3)地基各土层强度及有关计算参数的选定；<br>(4)基础类型和构造的确定；<br>(5)基础沉降的计算 |
| 河流水文调查报告 | (1)桥位附近河道纵横断面图；<br>(2)有关流速、流量、水位调查资料；<br>(3)各种冲刷深度的计算资料；<br>(4)通航等级、漂浮物、流冰调查资料 | (1)确定基础的埋置深度；<br>(2)桥墩身水平作用力计算；<br>(3)施工季节、施工方法的研究 |

续上表

| 资料种类 | | 资料主要内容 | 资料用途 |
|---|---|---|---|
| 其他调查资料 | 地震 | (1)地震记录;<br>(2)震害调查 | (1)确定抗震设计强度;<br>(2)抗震设计方法和抗震措施的确定;<br>(3)地基土振动液化和岸坡滑移的分析研究 |
| | 建筑材料 | (1)就地可采取、可供应的建筑材料种类、数量、规格、质量、运距等;<br>(2)当地工业加工能力、运输条件有关资料;<br>(3)工程用水调查 | (1)下部结构采用材料种类的确定;<br>(2)就地供应材料的计算和计划安排 |
| | 气象 | (1)当地气象台有关气温变化、降水量、风向风力等记录资料;<br>(2)实地调查采访记录 | (1)气温变化的确定;<br>(2)基础埋置深度的确定;<br>(3)风压的确定;<br>(4)施工季节和方法的确定 |
| | 附近桥梁的调查 | (1)附近桥梁结构形式、设计书、图纸、现状;<br>(2)地质、地基土(岩)性质;<br>(3)河道变动、冲刷、淤积情况;<br>(4)运营情况及墩台变形情况 | (1)掌握桥位地点地质、地基土情况;<br>(2)基础埋置深度的参考;<br>(3)河道冲刷和改道情况的参考 |
| | 施工调查资料 | — | (1)施工方法及施工适宜季节的确定;<br>(2)工程用地的布置;<br>(3)工程材料、设备供应、运输方案的拟订;<br>(4)工程动力及临时设备的规划;<br>(5)施工临时结构的规划 |

### 1.2.1 桥位(包括桥头引道)平面图、拟建上部结构、墩台形式、总体构造及有关设计资料

大中型桥梁基础在进行初步设计时,应掌握经过实地测绘和调查取得的桥位地形、地貌、洪水泛滥线、河道主河槽和河床位置等资料及地形平面图,比例为1:500～1:5 000。测绘范围应根据桥梁工程规模、重要性和河道情况确定,若桥址有不良工程地质现象,如滑坡、崩坍和泥石流等,以及河道弯曲、主支流汇合、河岔、河心滩地和活动沙洲等,均应在图上示出。

桥梁上部结构的形式、跨径和墩台的结构形式、高度、平面尺寸等,对地基与基础设计方案的选择和具体的设计计算都有很大的制约作用。如超静定结构的上部结构对地基、基础的沉降有较严格的要求,上部结构及墩台的永久作用、可变作用是地基基础的主要荷载。除了特殊情况,基础工程的设计荷载标准、等级应与上部结构一致,因此,应全面获得上部结构及墩台的总体设计资料、数据、作用等级、技术标准等。

### 1.2.2 桥位工程地质勘测报告及桥位地质纵剖面图

对桥位地质构造进行工程评价的主要资料包括河谷的地质构造，桥位及附近地层的岩性，如地质年代、成因、层序、分布规律及其工程性质（产状、构造、结构、岩层完整及破碎程度和风化程度等），以及覆盖层厚度和土层变化关系等资料。应说明建桥地点一定范围内各种不良工程地质现象或特殊地貌，如溶洞、冲沟、陡崖等的成因、分布范围、发展规律及其对工程的影响（小型桥梁及地质条件单一的地点，勘测报告可以省略）。

### 1.2.3 地基土质调查试验报告

在进行施工详图及施工设计时，应掌握地基土层的类别及物理力学性质。在工程地质勘测时，应调查、钻（挖）取各层地基土足够数量的原状土（岩）样，用室内或原位试验方法得到各层土的物理力学指标，如：粒径级配、塑性指数、液性指数、天然含水率、密度、孔隙比、抗剪强度指标、压缩特性、渗透性指标以及必要的荷载试验、岩石抗压强度试验等的结果，并应将这些结果编制成表，在绘制成的土（岩）柱状剖面图中予以说明。

因为需要根据土质调查试验报告评定各土层的强度和稳定性，报告中应有各层土的颜色、结构、密实度和状态等的描述资料，对岩石还应包括有关风化、节理、裂隙和胶结质等情况的说明。地基土质调查资料还应包括地下水及其随季节升降的高程，在冰冻地区应掌握土层的冻结深度、冻融情况及有关冻土力学数据。

如地基内遇到湿陷性黄土、多年冻土、软黏土或含大量有机质土或膨胀土、盐碱土时，对土层的特性还应有专门的试验资料，如湿陷性指标、冻土强度、可溶盐和有机质含量等。

### 1.2.4 河流水文调查资料

设计桥梁墩台的基础，应通过计算和调查取得比较可靠的设计冲刷深度数据，掌握设计洪水频率、最高洪水位、低水位和常年水位以及流量、流速、流向变化情况，河流的下蚀、侵蚀和河床的稳定性，地下水侵蚀资料，桥位河槽、河滩、阶地淹没情况，并收集河流变迁情况和水利设施及规划。在沿海地区尚应了解潮汐、潮流有关资料及其对桥梁的影响关系。

## 1.3 作用及组合

### 1.3.1 作用的分类及代表值

1）作用及分类

施加在结构上的一组集中力或分布力或引起结构外加变形或约束变形的原因称为作用。前者称直接作用，亦称荷载，后者称间接作用。

《公路桥涵设计通用规范》（JTG D60—2004）中，将公路桥涵设计采用的作用分为永久作用、可变作用和偶然作用三类。在结构使用期间，其量值不随时间而变化，或其变化值与平均值比较可忽略不计的称为永久作用；在结构使用期间，其量值随时间变化，且其变化值与平均值比较不可忽略的作用称为可变作用；在结构使用期间出现的概率很小，一旦出现，其值很大且持续时间很短的作用称为偶然作用。作用分类见表1-2。

作用分类 表1-2

| 编号 | 作用分类 | 作用名称 |
| --- | --- | --- |
| 1 | 永久作用 | 结构重力(包括结构附加重力) |
| 2 | | 预加力 |
| 3 | | 土的重力 |
| 4 | | 土侧压力 |
| 5 | | 混凝土收缩及徐变作用 |
| 6 | | 水的浮力 |
| 7 | | 基础变位作用 |
| 8 | 可变作用 | 汽车荷载 |
| 9 | | 汽车冲击力 |
| 10 | | 汽车离心力 |
| 11 | | 汽车引起的土侧压力 |
| 12 | | 人群荷载 |
| 13 | | 汽车制动力 |
| 14 | | 风荷载 |
| 15 | | 流水压力 |
| 16 | | 冰压力 |
| 17 | | 温度(均匀温度和梯度温度)作用 |
| 18 | | 支座摩阻力 |
| 19 | 偶然作用 | 地震作用 |
| 20 | | 船舶或漂流物的撞击作用 |
| 21 | | 汽车撞击作用 |

2)关于水浮力计算的相关规定

位于水下的基础和地基土的浮力计算,是一个尚存不同意见的问题。《公路桥涵设计通用规范》(JTG D60—2004)从安全角度出发,对浮力的计算有如下规定:

(1)基础底面位于透水性地基上的桥梁墩台,当验算稳定性时,应考虑设计水位的浮力;当验算地基应力时,可仅考虑低水位的浮力,或不考虑水的浮力。

(2)基础嵌入不透水性地基(密实黏性土地基,较完整、裂隙较少的岩石地基),且基底与地基接触良好的桥梁墩台基础,不考虑水的浮力。

(3)作用在桩基承台底面的浮力,应考虑全部底面积。对桩嵌入不透水地基并灌注混凝土封闭者,不应考虑桩的浮力,在计算承台底面浮力时应扣除桩的截面面积。

(4)当不能确定地基是否透水时,应以透水和不透水两种情况与其他作用组合,取其最不利者。

墩台基础及地基土的浮力作用,可采用相应的圬工浮重度及土的浮重度来反映。

3)作用的代表值

(1)代表值的定义

作用的代表值，是结构或结构构件设计时，针对不同设计目的所采用的各种作用规定值，它包括作用标准值、准永久值和频遇值等。作用标准值，是结构或结构构件设计时，采用的各种作用的基本代表值，其值可根据作用在设计基准期内最大值概率分布的某一分位值确定；作用准永久值，是结构或构件按正常使用极限状态长期效应组合设计时，采用的另一种可变作用代表值，其值可根据在足够长观测期内作用任意时点概率分布的0.5（或略高于0.5）分位值确定；作用频遇值，是结构或构件按正常使用极限状态短期效应组合设计时，采用的一种可变作用代表值，其值可根据在足够长观测期内作用任意时点概率分布的0.95分位值确定。

（2）代表值的取用

永久作用应采用标准值作为代表值。

可变作用应根据不同的极限状态分别采用标准值、频遇值或准永久值作为其代表值。承载能力极限状态设计及按弹性阶段计算结构强度时应采用标准值作为可变作用的代表值。正常使用极限状态按短期效应（频遇）组合设计时，应采用频遇值作为可变作用的代表值；按长期效应（准永久）组合设计时，应采用准永久值作为可变作用的代表值。

偶然作用取其标准值作为代表值。

（3）代表值的计算

永久作用的标准值，对结构自重（包括结构附加重力），可按结构构件的设计尺寸与材料的重度计算确定。

可变作用的标准值应按《公路桥涵设计通用规范》（JTG D60—2004）的规定采用；可变作用频遇值为可变作用标准值乘以频遇值系数 $\psi_1$；可变作用准永久值为可变作用标准值乘以准永久值系数 $\psi_2$。

偶然作用应根据调查、试验资料，结合工程经验确定其标准值。

### 1.3.2 作用效应组合

作用效应是结构对所受作用的反应，如弯矩、扭矩、位移等；作用效应组合是结构上几种作用分别产生的效应的随机叠加。

公路桥涵结构设计应考虑结构上可能同时出现的作用，按承载能力极限状态和正常使用极限状态进行作用效应组合，并分别取其最不利效应组合进行设计。当结构或结构构件需做不同受力方向的验算时，则应以不同方向的最不利的作用效应进行组合。

当可变作用的出现对结构或结构构件产生有利影响时，该作用不应参与组合。实际不可能同时出现的作用或同时参与组合概率很小的作用，按表1-3规定不考虑其作用效应的组合。多个偶然作用不同时参与组合。

**可变作用不同时组合表** 表1-3

| 编 号 | 作 用 名 称 | 不与该作用同时参与组合的作用编号 |
|---|---|---|
| 13 | 汽车制动力 | 15,16,18 |
| 15 | 流水压力 | 13,16 |
| 16 | 冰压力 | 13,15 |
| 18 | 支座摩阻力 | 13 |

注：编号同表1-2。

施工阶段作用效应的组合，应按计算需要及结构所处条件而定，结构上的施工人员和施工机具设备均应作为临时荷载加以考虑。组合式桥梁，当把底梁作为施工支撑时，作用效应宜分两个阶段组合，底梁受荷为第一个阶段，组合梁受荷为第二个阶段。

### 1.3.3 极限状态

1)承载能力极限状态设计

承载能力极限状态，对应于桥涵及其构件达到最大承载能力或出现不适于继续承载的变形或变位的状态。

按承载能力极限状态要求，结构构件自身承载力及稳定性应采用作用效应基本组合和偶然组合进行验算。

(1)基本组合

基本组合为永久作用的设计值效应与可变作用设计值效应相组合，其效应组合表达式为：

$$\gamma_0 S_{ud} = \gamma_0 \left( \sum_{i=1}^{m} \gamma_{Gi} S_{Gik} + \gamma_{Q1} S_{Q1k} + \psi_c \sum_{j=2}^{n} \gamma_{Qj} S_{Qjk} \right) \tag{1-1}$$

或

$$\gamma_0 S_{ud} = \gamma_0 \left( \sum_{i=1}^{m} S_{Gid} + S_{Q1d} + \psi_c \sum_{j=2}^{n} S_{Qjd} \right) \tag{1-2}$$

式中：$S_{ud}$——承载能力极限状态下作用基本组合的效应组合设计值；

$\gamma_0$——结构重要性系数，对应于设计安全等级一级、二级和三级分别取1.1、1.0和0.9；

$\gamma_{Gi}$——第 $i$ 个永久作用效应的分项系数，按表1-4的规定采用；

$S_{Gik}$、$S_{Gid}$——第 $i$ 个永久作用效应的标准值和设计值；

$\gamma_{Q1}$——汽车荷载效应（含汽车冲击力、离心力）的分项系数，取 $\gamma_{Q1}=1.4$；当某个可变作用在效应组合中其值超过汽车荷载效应时，则该作用取代汽车荷载，其分项系数应采用汽车荷载的分项系数；对专为承受某作用而设置的结构或装置，设计时该作用的分项系数取与汽车荷载同值；计算人行道板和人行道栏杆的局部荷载，其分项系数也与汽车荷载取同值；

$S_{Q1k}$、$S_{Q1d}$——汽车荷载效应（含汽车冲击力、离心力）的标准值和设计值；

$\gamma_{Qj}$——除汽车荷载效应（含汽车冲击力、离心力）、风荷载外的其他第 $j$ 个可变作用效应的分项系数，取 $\gamma_{Qj}=1.4$，但风荷载的分项系数取 $\gamma_{Qj}=1.1$；

$S_{Qjk}$、$S_{Qjd}$——除汽车荷载效应（含汽车冲击力、离心力）外的其他第 $j$ 个可变作用效应的标准值和设计值；

$\psi_c$——除汽车荷载效应（含汽车冲击力、离心力）外的其他可变作用效应的组合系数，当永久作用与汽车荷载和人群荷载（或其他一种可变作用）组合时，人群荷载（或其他一种可变作用）的组合系数取 $\psi_c=0.8$；当除汽车荷载（含汽车冲击力、离心力）外尚有两种其他可变作用参与组合时，其组合系数取 $\psi_c=0.7$；尚有三种可变作用参与组合时，其组合系数取 $\psi_c=0.6$；尚有四种及四种以上的可变作用参与组合时，取 $\psi_c=0.5$。

设计弯桥时，当离心力与制动力同时参与组合时，制动力标准值或设计值按70%取用。稳定性验算时，上述各项系数均取为1.00。

永久作用效应的分项系数 表1-4

<table>
<tr><th rowspan="2">编 号</th><th rowspan="2" colspan="2">作 用 类 别</th><th colspan="2">永久作用效应分项系数</th></tr>
<tr><th>对结构的承载能力不利时</th><th>对结构的承载能力有利时</th></tr>
<tr><td rowspan="2">1</td><td colspan="2">混凝土和圬工结构重力(包括结构附加重力)</td><td>1.2</td><td rowspan="2">1.0</td></tr>
<tr><td colspan="2">钢结构重力(包括结构附加重力)</td><td>1.1 或 1.2</td></tr>
<tr><td>2</td><td colspan="2">预加力</td><td>1.2</td><td>1.0</td></tr>
<tr><td>3</td><td colspan="2">土的重力</td><td>1.2</td><td>1.0</td></tr>
<tr><td>4</td><td colspan="2">混凝土的收缩及徐变作用</td><td>1.0</td><td>1.0</td></tr>
<tr><td>5</td><td colspan="2">土侧压力</td><td>1.4</td><td>1.0</td></tr>
<tr><td>6</td><td colspan="2">水的浮力</td><td>1.0</td><td>1.0</td></tr>
<tr><td rowspan="2">7</td><td rowspan="2">基础变位作用</td><td>混凝土和圬工结构</td><td>0.5</td><td>0.5</td></tr>
<tr><td>钢结构</td><td>1.0</td><td>1.0</td></tr>
</table>

注:本表编号1中,当钢桥采用钢桥面板时,永久作用效应分项系数取1.1;当采用混凝土桥面板时,取1.2。

(2)偶然组合(不包括地震作用)

偶然组合为永久作用标准值效应与可变作用某种代表值效应、一种偶然作用标准值效应相组合。作用效应组合可采用下式:

$$\gamma_0 S_{ad} = \gamma_0 (\sum_{i=1}^{m} \gamma_{Gi} S_{Gik} + \gamma_a S_{ak} + \psi_{1j} S_{Q1k} + \sum_{j=2}^{n} \psi_{2j} S_{Qjk}) \tag{1-3}$$

式中:$\gamma_0$——结构重要性系数,取 $\gamma_0 = 1.0$;

$S_{ad}$——承载能力极限状态下作用偶然组合的效应组合值;

$S_{Gik}$——第 $i$ 个永久作用标准值效应;

$S_{ak}$——偶然作用标准值效应;

$S_{Q1k}$——除偶然作用外,第一个可变作用标准值效应;该标准值效应大于其他任意第 $j$ 个可变作用标准值效应;

$S_{Qjk}$——其他第 $j$ 个可变作用标准值效应;

$\psi_{1j}$——第一个可变作用的频遇值系数,汽车荷载(不计冲击力)$\psi_{1j} = 0.7$,人群荷载 $\psi_{1j} = 1.0$,风荷载 $\psi_{1j} = 0.75$,温度梯度作用 $\psi_{1j} = 0.8$,其他作用 $\psi_{1j} = 1.0$;稳定性验算时取 $\psi_{1j} = 1.0$;

$\psi_{2j}$——其他第 $j$ 个可变作用的准永久值系数,汽车荷载(不计冲击力)$\psi_{2j} = 0.4$,人群荷载 $\psi_{2j} = 0.4$,风荷载 $\psi_{2j} = 0.75$,温度梯度作用 $\psi_{2j} = 0.8$,其他作用 $\psi_{2j} = 1.0$;稳定性验算时取 $\psi_{2j} = 1.0$;

$\gamma_{Gi}$、$\gamma_a$——表达式中相应作用效应的分项系数,均取值为1.0。

2)正常使用极限状态设计

正常使用极限状态,对应于桥涵及其构件达到正常使用或耐久性的某项限值的状态。

当基础结构需要进行正常使用极限状态设计时,应根据不同的设计要求,采用作用短期效应组合和作用长期效应组合两种效应组合。

(1)作用短期效应组合

作用短期效应组合为永久作用标准值效应与可变作用频遇值效应相组合,其效应组合表达式为:

$$S_{sd}=\sum_{i=1}^{m}S_{Gik}+\sum_{j=1}^{n}\psi_{1j}S_{Qjk} \tag{1-4}$$

式中：$S_{sd}$——作用短期效应组合设计值；

$\psi_{1j}$——第 $j$ 个可变作用效应的频遇值系数，汽车荷载（不计冲击力）$\psi_{1j}=0.7$，人群荷载 $\psi_{1j}=1.0$，风荷载 $\psi_{1j}=0.75$，温度梯度作用 $\psi_{1j}=0.8$，其他作用 $\psi_{1j}=1.0$；

$\psi_{1j}S_{Qjk}$——第 $j$ 个可变作用效应的频遇值。

（2）作用长期效应组合

作用长期效应组合为永久作用标准值效应与可变作用准永久值效应相组合，其效应组合表达式为：

$$S_{ld}=\sum_{i=1}^{m}S_{Gik}+\sum_{j=1}^{n}\psi_{2j}S_{Qjk} \tag{1-5}$$

式中：$S_{ld}$——作用长期效应组合设计值；

$\psi_{2j}$——第 $j$ 个可变作用效应的准永久值系数，汽车荷载（不计冲击力）$\psi_{2j}=0.4$，人群荷载 $\psi_{2j}=0.4$，风荷载 $\psi_{2j}=0.75$，温度梯度作用 $\psi_{2j}=0.8$，其他作用 $\psi_{2j}=1.0$；

$\psi_{2j}S_{Qjk}$——第 $j$ 个可变作用效应的准永久值。

总之，为保证地基与基础满足强度、稳定性和变形方面的要求，应根据建筑物所在地区的各种条件和结构特性，按其可能出现的最不利作用效应组合情况进行验算。所谓"最不利作用效应组合"，就是指组合起来的作用效应，在相应的验算项目下，产生的最大力学效能，例如滑动稳定验算时产生最小抗滑动稳定系数。因此，不同的验算内容将由不同的最不利作用效应组合控制设计。

可变作用（车辆荷载）在纵、横桥向位置可变，影响支座反力的分配数值，从而影响墩台及基础的荷载，以及台后由汽车荷载引起的土侧压力，因此，车辆荷载的布置方式往往对确定最不利作用效应组合起着决定性作用，对于不同验算项目（强度、偏心距及稳定性等），各有其相应的最不利布置方式和作用效应组合，应分别进行验算。

此外，许多可变作用其作用方向在水平投影面上常可以分解为纵桥向和横桥向，因此，一般也需按此两个方向进行地基与基础的计算，并考虑其最不利作用效应组合，比较出最不利者来控制设计。桥梁的地基与基础大多数情况下为纵桥向控制设计，但对于有较大横桥向水平力（风力、船舶撞击力和流水压力等）作用时，也需进行横桥向计算，也存在横桥向控制设计的可能性。

## 1.4 基础工程设计计算原则及设计方法

### 1.4.1 基础工程设计计算原则

建筑物是一个整体，地基、基础、墩台和上部结构是共同工作且相互影响的，地基的任何变形都必定引起基础、墩台和上部结构的变形，不同类型的基础会影响上部结构的受力和工作，上部结构的力学特征也必然对基础的类型与地基的强度、变形和稳定条件提出相应的要求。地基和基础的不均匀沉降对于超静定的上部结构影响较大，较小的基础沉降差就能引起上部结构产生较大的内力。同时，恰当的上部结构、墩台结构形式也可以起到调整地基基础受力条件，改善位移的作用。因此，基础工程应紧密结合上部结构、墩台特性和要求进行设计；上部结构的设计也应充分考虑地基的特点,把整个结构物作为一个整体,考虑其整体作用和各个组成部分的共同作用。全面分析建筑物整体和各组成部分的设计可行性、安全和经济性,把强度、变形和稳定性紧密地与现场条件、施工条件结合起来,全面分析,综合考虑。

基础工程设计计算的目的是设计一个安全、经济和可行的地基及基础,以保证结构物的安全和正常使用。因此,基础工程设计计算的基本原则是:

(1)基础底面的压力小于地基承载力容许值。

(2)地基及基础的变形值小于建筑物要求的沉降值。

(3)地基及基础的整体稳定性有足够保证。

(4)基础本身的强度、耐久性满足要求。

地基与基础方案的确定主要取决于地基土层的工程性质与水文地质条件、荷载特性、上部结构的形式和使用要求以及材料的供应和施工技术等因素。方案选择的原则是:力求使用上安全可靠、施工技术上简便可行和经济上合理。因此,必要时应进行方案比较,从中选出较为适宜与合理的设计方案和施工方案。

### 1.4.2 地基承载力确定方法

随着建筑科学技术的发展,地基承载力的确定方法也在不断改进。

1)容许承载力设计方法

最早的地基容许承载力是根据工程师的经验或建设者参考建筑场地附近建筑物地基的承载状况确定的。通过长期经验积累,人们不断总结容许承载力与地基土性状的关系,用规范的形式给出地基的容许承载力与土的种类及其物理性质指标(如孔隙比 $e$、液性指数 $I_L$ 等)或者原位测试指标(如标准贯入击数等)的关系,设计者可以从地基规范的容许承载力表中直接查出地基容许承载力。地基容许承载力设计方法是我国20世纪最常用的方法,并积累了丰富的工程经验,目前还有一些规范使用此种方法,如《铁路桥涵地基和基础设计规范》(TB 10002.5—2005)。然而,由于地基容许承载力设计方法本身的局限性,安全度有多大,很难给出比较准确的答案,因此,这种方法需要改进。

2)极限状态设计方法

随着建筑技术的发展,结构不断更新、体型日益复杂。新型结构物和大型结构物对沉降更为敏感。地基容许承载力设计方法未必能保证新型建筑物安全使用,因此,对复杂一些的建筑物往往还要单独进行地基变形验算。这样,容许承载力设计方法就无法满足要求了。实际上,地基承载力和变形容许值是对地基的两种不同要求,要充分发挥地基承载作用,并不能简单地用一个容许承载力概括。更好的做法应该是分别验算,了解控制因素的薄弱环节,采取必要的工程措施,才能真正充分发挥地基的承载能力,在保证安全可靠的前提下达到最为经济的目的,这也就是极限状态设计方法的本质。按极限状态设计方法,地基必须满足如下两种极限状态的要求。

承载能力极限状态或稳定极限状态,目的是让地基土最大限度地发挥承载能力,荷载超过此种限度时,地基土即发生强度破坏而丧失稳定或发生其他形式的危及建筑物安全的破坏;正常使用极限状态或变形极限状态,目的是质地基受载后的变形应该小于建筑物地基的变形允许值。

3)可靠度设计方法

前面所讲的两种设计方法,都是把荷载和抗力当成一个确定量,衡量建筑物安全度的安全系数也是一个确定值。

首先,无论是荷载还是抗力,都存在很大的不确定性,很难确定其准确的数值,属于随机变量。随机变量并不是变化莫测、毫无规律的,同一层土,基本性质应该大致相同,其变化服从于某一统计规律。

其次,工程上对安全系数数值的确定,仅是根据以往的工程经验,比较粗略,而且不同方法之间,要求也不尽相同。用确定数量的荷载和抗力以单一安全系数所表征的设计方法有不够科学之处,于是另一种新的分析方法,即可靠度设计方法就逐渐发展起来。

可靠度设计方法,也称以概率理论为基础的极限状态设计方法。可靠度的研究早在20世纪30年代就已开始,当时是围绕飞机失效进行的研究,后逐步引入土木工程领域。1983年,我国颁布《建筑结构设计统一标准》(草案)就完全按国际上推行的建筑结构可靠度设计的基本原则,采用以概率统计理论为基础的极限状态设计方法。

我国基础工程可靠度研究始于20世纪80年代初,虽然起步较晚,但发展很快,研究涉及的课题范围较广,有些课题的研究成果,已达国际先进水平。但由于研究对象的复杂性,基础工程的可靠度研究落后于上部结构可靠度的研究,而且要将基础工程可靠度研究成果纳入设计规范,进入实用阶段,还需要做大量的工作。目前有些国家已建立了地基按半经验半概率的分项系数极限状态标准执行。在我国,随着结构设计使用极限状态设计方法,在地基设计中采用极限状态设计的工作也已提到议事日程上。我国1992年颁布了《工程结构可靠度设计统一标准》(GB 50153—1992),1999年6月颁布了推荐性国家标准《公路工程结构可靠度设计统一标准》(GB/T 50283—1999)。2001年11月原建设部对1992年版标准又进行了修改补充,颁布《建筑结构可靠度设计统一标准》(GB 50068—2001),该标准规定,制定建筑结构荷载规范以及钢结构、薄壁型钢结构、混凝土结构、砌体结构、木结构等设计规范,均应遵守该标准的规定。至此,可靠度设计已经成为我国建筑结构设计的统一依据。

20世纪90年代以来,我国在公路桥梁荷载方面(恒荷载、汽车荷载、人群荷载、汽车冲击力、风荷载、温度作用等)都进行了全国性的调查和测试,取得了大量的较具代表性的数据,并运用统计数学的方法寻找各种荷载的统计参数和概率分布类型;用随机过程概率模型来描述可变荷载,并最终求得在设计基准期内最大值的概率分布。在取得各种荷载统计规律的基础上,根据国际通用的原则,以概率分布的某一分位值作为各种荷载的标准值。基于此,《公路钢筋混凝土及预应力混凝土桥涵设计规范》(JTJ 023—1985)于2004年以后陆续修订为《公路桥涵设计通用规范》(JTG D60—2004)、《公路圬工桥涵设计规范》(JTG D61—2005)、《公路钢筋混凝土及预应力混凝土桥涵设计规范》(JTG D62—2004),向可靠度设计方法迈出了坚实的一步。基于岩土本身的复杂性,短期内完全应用可靠度设计有一定的困难,因此,我国现行《公路桥涵地基与基础设计规范》(JTG D63—2007)虽然引用了部分可靠度设计原则,但仍在相当程度上保留了《公路桥涵地基与基础设计规范》(JTJ 024—1985)的内容。

## 1.5 基础工程学科发展概况

### 1.5.1 桥梁基础工程发展历史与现状

我国是一个具有悠久历史的文明古国,古代劳动人民在基础工程方面,也早就表现出高超的技艺和创造才能，许多宏伟壮丽的中国古代建筑逾千百年仍留存至今安然无恙的事实就充分说明了这一点。如隋代李春于公元 595 ~ 公元 605 年建造的河北赵州安济桥，是世界上首创的石砌敞肩平拱桥。其净跨为 37.02m，宽 9m，矢高 7.23m，采用扩大基础，基础平面尺寸为 5.5m × 10m，高 4.4m，建在较浅的密实粗砂地基上。反算拱的最大推力为 24MN，即使按照现在的规范检算，地基承载力和基础后侧的被动土压力均能满足设计要求。再如我国于 1053 ~ 1059 年在福建泉州建造的万安桥（也称洛阳桥），桥址水深流急，潮汐涨落频繁，河床变化剧烈，根据当时条件修建桥基很困难。但建筑者采用先在江底抛投大石块，再在其上移殖蚝使其繁殖，将石块胶结成整体，进而形成坚实的人工地基，再在其上建桥基，这种独特的施工方法，实为世界创举。但这些仅反映了我国历史上有关桥梁基础工程方面的工艺和技术成就，因受当时社会生产力和自然科学发展水平的限制，还仅限于凭经验的感性认识阶段。

18 世纪欧洲工业革命后的资本主义工业化的发展，带动交通和桥梁科技的大发展。1773 年，法国 C. A. 库仑提出土的抗剪强度和土压力理论，1925 年，K. 太沙基出版《土力学》，为桥梁基础的设计和计算分析奠定了理论基础；1936 年，成立国际土力学与基础工程学会，并举行了第一次国际学术会议，开始了桥梁基础在设计、施工、试验、勘测等各方面进入国际性交流的时代，使工业发达国家在桥梁深基础领域有了更新的开拓和发展。比如，1936 年建成的美国旧金山—奥克兰大桥在水深 32m、覆盖层厚 54.7m 的条件下，采用 60m × 28m 浮运沉井，定位后射水、吸泥下沉，基础深度达 73.28m；1938 年建成的加拿大狮门大桥，南塔基础位于海潮急流处，流速 7n mile/h，基础采用两个直径为 14.63m 开口沉井、浮运就位、灌注混凝土下沉，北塔基础在低潮处，采用 35.67m × 20.68m 开口沉井，水深 12m，基础深度为 12.7m。而这时的我国由于长期处于封建社会阶段，生产力发展缓慢，19 世纪中叶又遭受帝国主义入侵，民族资本主义的发展受到压制，桥梁科学技术大大落后于工业发达国家。直至 1937 年在桥梁工程先驱茅以升的组织下，中国人才开始自己设计和修建了中国第一座现代大型桥梁——杭州钱塘江大桥。该桥桥址处水深有十余米，基础采用 17.4m × 11.1m × 6m 的气压沉箱，有 6 个墩基础直接沉至岩石上，有 9 个墩先打入长 30m 的木桩，而沉箱设于桩顶上，从而开创了我国桥梁深水基础的先河，并缩小了我国桥梁深水基础施工技术与西方的差距。

但自 1937 年以后的十余年内，由于内外战乱频繁，我国桥梁技术又一度陷于停滞状态，不论是公路还是铁路，遇江必阻，逢河必渡，在长江、黄河上没有一座现代化的大桥。直到 1957 年，长江上第一座桥梁——武汉长江大桥建成通车，才实现了“天堑变通途”这一多少代中国桥梁工作者的梦想。这座桥首先采用新型基础结构管柱基础，克服水深 40m 的施工困难，使我国桥梁深水基础技术发生了转折性的变化，不仅可以自行设计和施工桥梁深水基础，而且到南京长江大桥水中九个桥墩建成之后，我国在桥梁深水基础方面的技术水平已达到了当时的世界先进水平。这是因为南京长江大桥桥址不仅水深，且地质条件更为复杂，覆盖层更厚，除采用管柱基础外，还采用了气筒浮运沉井、沉井套管柱等一系列新型基础结构和施工新工艺。我国实现了能在大江、大河、近海、海湾等地质条件下修建桥梁深水基础的宏愿。目前，我国的桥梁建设已进入高速发展时期，跨越大江大河和海湾的大桥相继问世，与之伴随的是一系列大型深水基础的诞生。2008 年建成的苏通大桥，主墩基础由 131 根长约 120m、直径 2.5 ~ 2.8m 的群桩组成，承台长 114m、宽 48m，面积有一个足球场大，是世界上规模最大、入土最深的群桩基础。2013 年通车的嘉绍跨海大桥，是世界上最长、最宽的多塔斜拉桥。水中引桥大量采用大直径钻孔桩，直径为 3.8m，深达 110m，单桩混凝土灌注量超过 1 300$m^3$，为目前世界上直径最大的单桩。取消了承台,最大限度减少阻水面积,以不影响钱塘江涌潮景观。同时避免了不良地质和水文条件给承台施工带来的不利影响,降低了施工风险,节省了工程投资。

### 1.5.2 桥梁基础工程发展前景

随着桥梁向大跨、轻型、高强、整体方向发展,桥梁基础结构形式正在出现日新月异的变化。我国江河纵横,海岸线长约1.8万km、海域面积大,沿海有开发价值的岛屿众多。我国路网规划表明,在大江、大河和沿海修建规模更大的桥梁势在必行。如:长江联络工程、珠江口跨线工程、钱塘江口跨线工程、琼州海峡跨海工程、渤海湾跨海工程、沿海诸多岛屿与大陆之间的联络工程以及香港、澳门及台湾的大型联络桥工程都需要修建许多桥梁深水基础。其中,与香港、澳门、台湾的大型联络桥,基础水深会超过200m。另如,计划中的同三线高速公路跨海工程,北起黑龙江省同江,南讫海南岛三亚,沿线跨海峡或海口的大桥就有渤海海峡大桥、长江口大桥、杭州湾大桥(已建成)、珠江口伶仃洋大桥、琼州海峡大桥等,水深一般在80m左右,最深达120m。这就是我国桥梁深水基础的发展规划,也是前景展望。这些工程中会遇到许多新的技术难题,需要进一步学习各国已有的深水基础的先进成果和技术,并结合我国实际情况和具体桥梁工程进行认真分析、研究,才能保证我国桥梁深水基础的技术水平持续发展。

另外,随着国际经济区域的建立和全球海洋资源的新开发,要求铺建跨国、跨洲的大通道,也给全世界跨海桥梁的建设提供了更大发展空间。欧美近海国家,尤其是日本岛国都有修建跨海大桥的宏伟规划。如:土耳其伊兹米特海湾桥,水深约45m;希腊科林斯海湾桥(已建成),水深约62m;意大利墨西拿海峡桥(建设中),水深约120m;直布罗陀海峡桥,A线方案水深350m,B线方案水深290m;白令海峡桥,水深约54m。再如日本21世纪跨海规划:津轻海峡桥,基础水深200~250m;东京湾桥,最大水深80m;丰子海峡桥,最大水深80m。这些水深近百米,甚至超百米的桥梁深水基础的最终建成,无疑将使桥梁深水基础的科学技术水平大大提高。

## 【本章小结】

本章叙述了基础工程课程的基本概况,包括课程涵盖的内容范围,设计计算所需的资料、所涉及作用的计算方法,设计计算的原则和方法以及学科发展情况。要点包括:

1. 承受建筑物各种作用的地层称为地基;建筑物与地基接触的最下部分称为基础。基础可分为浅基础、深基础和深水基础;地基可分为天然地基和人工地基。

2. 基础工程设计和施工所需的资料包括:桥位平面图(或桥址地形图)、桥位工程地质勘测报告及工程地质纵剖面图、地基土质调查试验报告、河流水文调查报告、其他调查资料等。

3. 基础工程设计涉及的作用,其计算及其组合方法不仅要遵循《公路桥涵设计通用规范》(JTG D60—2004)的规定,而且在《公路桥涵地基与基础设计规范》(JTG D63—2007)中也有明确的规定。

4. 基础工程设计须遵循本学科的原则和方法进行。

## 【复习思考题】

1-1 什么是基础和地基？基础和地基如何分类？

1-2 基础工程设计计算涉及到哪些作用，如何计算及组合？

1-3 规范关于浮力计算的规定是什么？

第 2 章

# 天然地基上的浅基础

**【本章学习目标】**

1. 掌握浅基础的类型、构造及适用条件；
2. 掌握浅基础的施工方法及板桩墙围堰的计算方法；
3. 掌握基础埋置深度的确定方法及刚性扩大基础的设计与验算方法；
4. 了解刚性扩大基础工程实例。

**【本章学习重点】**

1. 基本概念；
2. 刚性扩大基础的施工方法；
3. 基础埋置深度的确定方法；

4 刚性扩大基础的设计和验算方法。

**【本章学习难点】**

对基础埋置深度确定方法的理解和灵活运用。

天然地基上的基础，由于埋置深度不同，采用的施工方法、基础结构形式和设计计算方法也不相同，通常可分为浅基础和深基础两类。浅基础埋入地层深度较浅，施工一般采用敞开挖基坑修筑基础的方法，故亦称为明挖基础。浅基础在设计计算时，可以忽略基础侧面土体对基础的影响，基础结构形式和施工方法也较简单。深基础埋入地层较深，结构形式和施工方法较浅基础复杂,在设计计算时需考虑基础侧面土体的影响。在深水中修筑基础有时也可以采用深水围堰清除覆盖层,按浅基础形式将基础直接放在基岩上,但施工方法较复杂。

天然地基浅基础埋深浅,结构形式简单,施工方法简便,造价较低,因此成为建筑物最常采用的基础类型之一。

## 2.1 天然地基上浅基础的分类及适用条件

浅基础根据结构形式可分为扩展基础、联合基础、柱下条形基础、柱下交叉条形基础、筏形基础、箱形基础和壳体基础等。根据基础所用材料可分为无筋基础(刚性基础)和钢筋混凝土基础(柔性基础)。

### 2.1.1 扩展基础

扩展基础包括无筋扩展基础和钢筋混凝土扩展基础。

1)无筋扩展基础

无筋基础可由混凝土、毛石、毛石混凝土、砖、灰土和三合土等材料组成,在外力(包括基础自重)作用下,基底的地基反力为 $p$(图 2-1),此时基础的悬出部分[图 2-1b)],$a$-$a$ 断面左端,相当于承受着强度为 $p$ 的均布荷载的悬臂梁,$a$-$a$ 断面将产生弯曲拉应力和剪应力。当基础圬工具有足够的截面,使材料的容许应力大于由地基反力产生的弯曲拉应力和剪应力时,$a$-$a$ 断面不会出现开裂,故亦称刚性基础。刚性基础是桥梁、涵洞和房屋等建筑物常用的基础类型,其主要形式有:刚性扩大基础[图 2-1b)、图 2-2]、墙下条形基础(图 2-3)和柱下独立基础[图 2-4a)、d)]等。

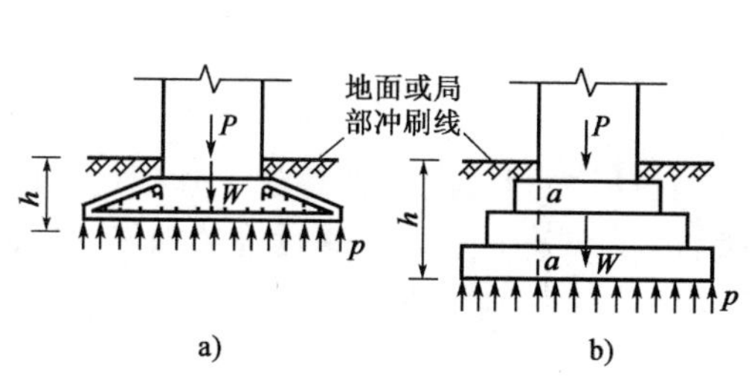


图 2-1 基础类型图

a)钢筋混凝土扩展基础;b)刚性基础

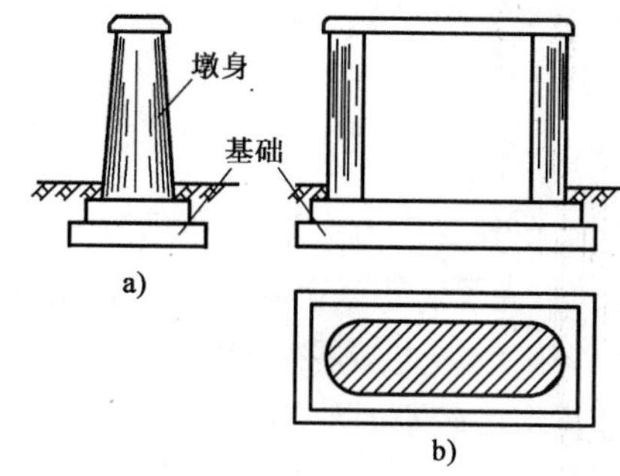


图 2-2 刚性扩大基础

桥梁基础往往建在水下,所以要求各种基础类型所用材料要有良好的耐久性和较高的强度。混凝土是修筑桥梁基础最常用的材料,它的优点是强度高、耐久性好,可浇筑成任意形状的砌体。混凝土强度等级大中桥应不低于 C25,小桥应不低于 C20。对于大体积混凝土基础,为了节约水泥用量,可掺入不多于砌体体积 20% 的片石(称片石混凝土),但片石的强度等级应不低于混凝土的强度等级。当采用粗料石砌筑桥涵和挡土墙等基础时,要求石料外形大致方整,厚度为 200 ~ 300mm,宽度为厚度的 1.0 ~ 1.5 倍,长度为厚度的 2.5 ~ 4.0 倍。片石常用于小桥涵基础,石料厚度不小于 150cm。砌筑时应错缝。凡桥梁基础所用石材(含片石混凝土中的石材）的强度等级，大中桥应不低于 MU40，小桥应不低于 MU30。砌筑采用水泥砂浆，大中桥强度等级应不低于 M7.5，小桥强度等级应不低于 M5。

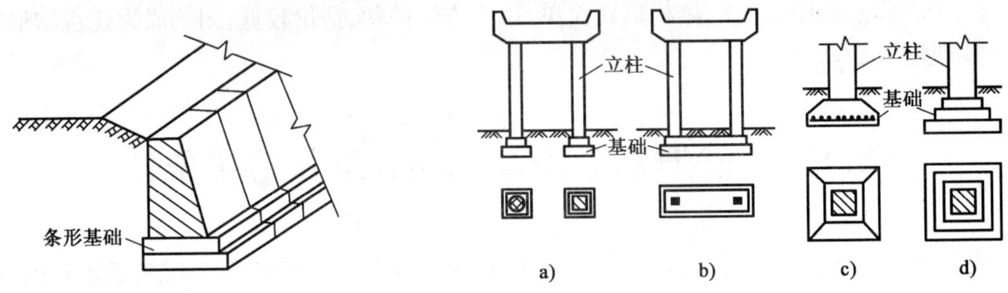


图 2-3 挡土墙下条形基础

图 2-4 柱下单独和联合基础

工业与民用建筑采用砖或毛石砌筑无筋基础时，在地下水位以上可用混合砂浆，在水下或地基土潮湿时，则应用水泥砂浆。当荷载较大或要减小基础高度时，可采用混凝土基础，也可以在混凝土中掺入体积占 25% ~30% 的毛石（石块尺寸不宜超过 300mm），即做成毛石混凝土基础，以节约水泥。灰土基础宜在比较干燥的土层中使用，多用于我国华北和西北地区。灰土由石灰和土配制而成，石灰以块状为宜，经熟化 1 ~2d 后过 5mm 筛立即使用；土料用塑性指数较低的粉土和黏性土，土料团粒应过筛，粒径不得大于 15mm。石灰和土料按体积比为 3∶7或 2∶8拌和均匀，在基槽内分层夯实（每层虚铺厚度为 220 ~250mm，夯实至 150mm）。在我国南方则常用三合土基础。三合土是由石灰、砂和集料（矿渣、碎砖或碎石）加水混合而成的。

刚性基础的特点是稳定性好、施工简便、能承受较大的荷载，所以只要地基强度能满足要求，它是桥梁和涵洞等结构物首先考虑的基础形式。它的主要缺点是自重大，并且当持力层为软弱土时，由于扩大基础面积有一定限制，需要对地基进行处理或加固后才能采用，否则会因所受的荷载压力超过地基强度而影响建筑物的正常使用。所以对于荷载大或上部结构对沉降差较敏感的建筑物，当持力层的土质较差又较厚时，刚性基础作为浅基础是不适宜的。

2）钢筋混凝土扩展基础

基础在基底反力作用下，在 *a-a* 断面产生的弯曲拉应力和剪应力若超过了基础圬工的强度极限值，为了防止基础在 *a-a* 断面开裂甚至断裂，可在基础中配置足够数量的钢筋，这种基础称为钢筋混凝土扩展基础［图 2-1a）］。与无筋基础相比，其基础高度较小，因此，更适宜在基础埋置深度较小时使用。

钢筋混凝土扩展基础常见的形式有墙下钢筋混凝土条形基础、柱下钢筋混凝土独立基础等。

（1）墙下钢筋混凝土条形基础

墙下钢筋混凝土条形基础的构造如图 2-5 所示。一般情况下可采用无肋的墙基础，如地基不均匀，为了增强基础的整体性和抗弯能力，可以采用有肋的墙基础，肋部配置足够的纵向钢筋和箍筋，以承受由不均匀沉降引起的弯曲应力。

（2）柱下钢筋混凝土独立基础

柱下钢筋混凝土独立基础的构造如图 2-6 所示。现浇柱的独立基础可做成锥形或阶梯形；预制柱则采用杯口基础。杯口基础常用于装配式单层工业厂房。

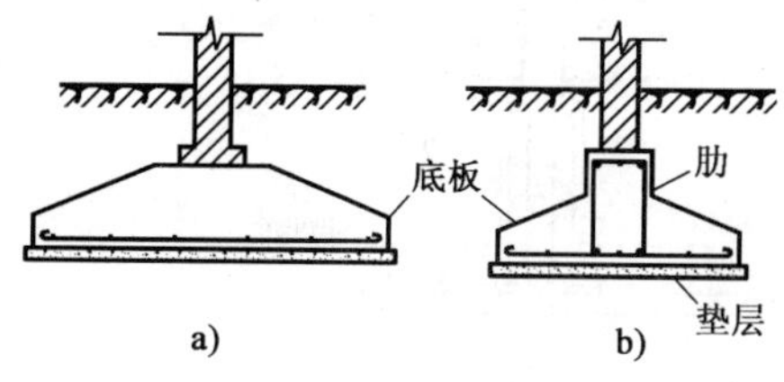


图 2-5 墙下钢筋混凝土条形基础

a)无肋的;b)有肋的

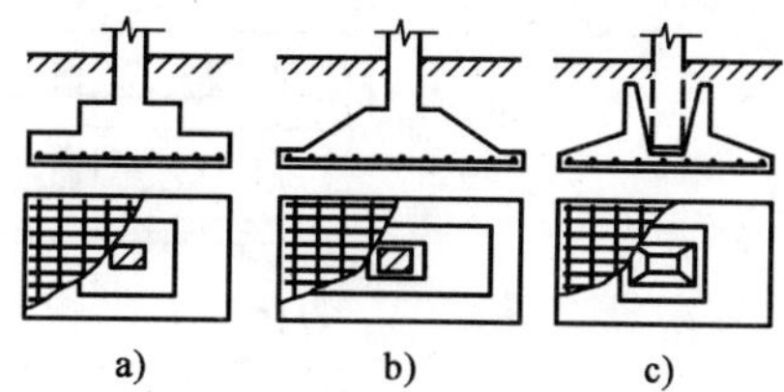


图 2-6 柱下钢筋混凝土独立基础

a)阶梯形基础;b)锥形基础;c)杯口基础

砖基础、毛石基础和钢筋混凝土基础在施工前常在基坑底面敷设强度等级为 C10 的混凝土垫层,其厚度一般为 100mm。垫层的作用在于保护坑底土体不被人为扰动和雨水浸泡,同时改善基础的施工条件。

### 2.1.2 联合基础

联合基础主要指同列相邻两柱共用的钢筋混凝土基础,即双柱联合基础(图 2-7),但其设计原则,可供其他形式的联合基础参考。

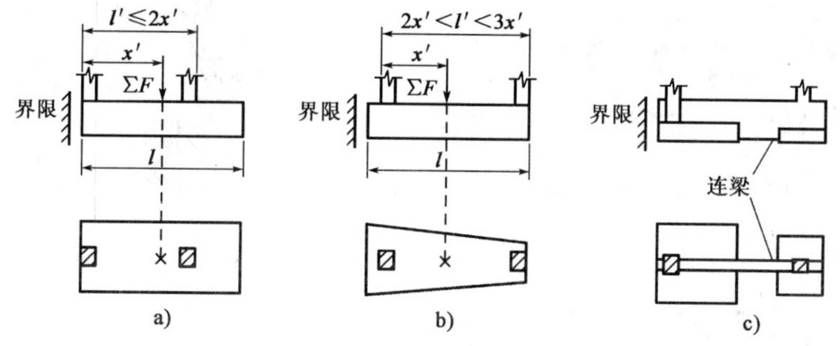


图 2-7 典型的双柱联合基础

a)矩形联合基础;b)梯形联合基础;c)连梁式联合基础

在为相邻两柱分别配置独立基础时,常因其中一柱靠近建筑界限或因两柱间距较小,而出现基底面积不足或荷载偏心过大等情况,此时可考虑采用联合基础。联合基础也可用于调整相邻两柱的沉降差或防止两者之间的相向倾斜等。

### 2.1.3 柱下条形基础

当地基较为软弱、柱荷载或地基压缩性分布不均匀,以至于采用扩展基础可能产生较大的不均匀沉降时,常将同一方向(或同一轴线)上若干柱子的基础连成一体而形成柱下条形基础(图 2-8)。这种基础的抗弯刚度较大,因而具有调整不均匀沉降的能力,并能将所承受的集中柱荷载较均匀地分布到整个基底面积上。柱下条形基础是常用于软弱地基上框架或排架结构的一种基础形式。

### 2.1.4 柱下交叉条形基础

如果地基软弱且在两个方向分布不均,需要基础在两方向都具有一定的刚度来调整不均匀沉降,则可在柱网下沿纵横两方向分别设置钢筋混凝土条形基础,从而形成柱下交叉条形基础(图 2-9)。

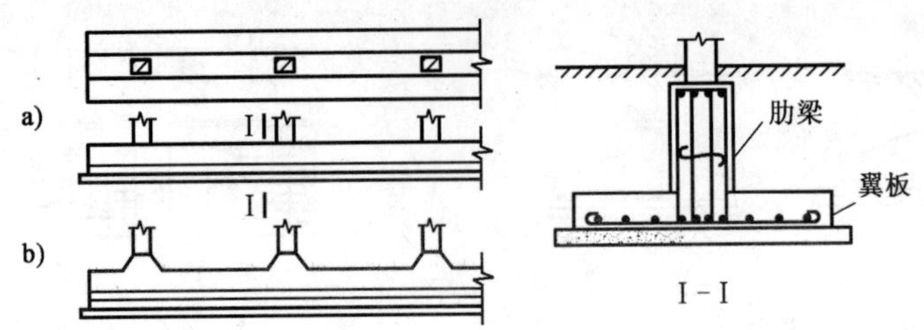


图 2-8　柱下条形基础

a)等截面;b)柱位处加腋

如果单向条形基础的底面积已能满足地基承载力的要求,则为了减少基础之间的沉降差,可在另一方向加设连梁,组成如图 2-10 所示的连梁式交叉条形基础。为了使基础受力明确,连梁不宜着地。这样,交叉条形基础的设计就可按单向条形基础来考虑。连梁的配置通常是带经验性的,但需要有一定的承载力和刚度,否则作用不大。

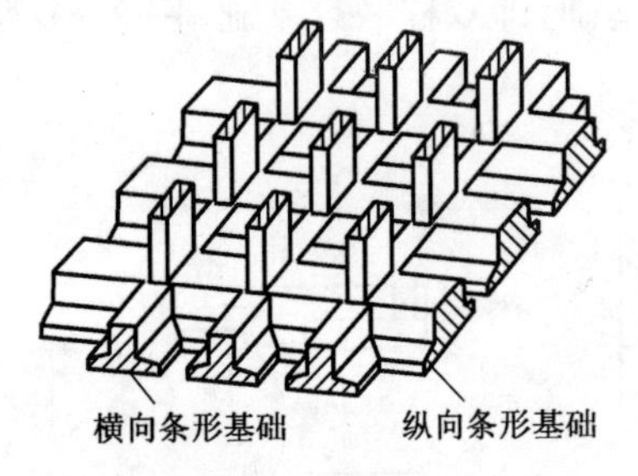


图 2-9　柱下交叉条形基础

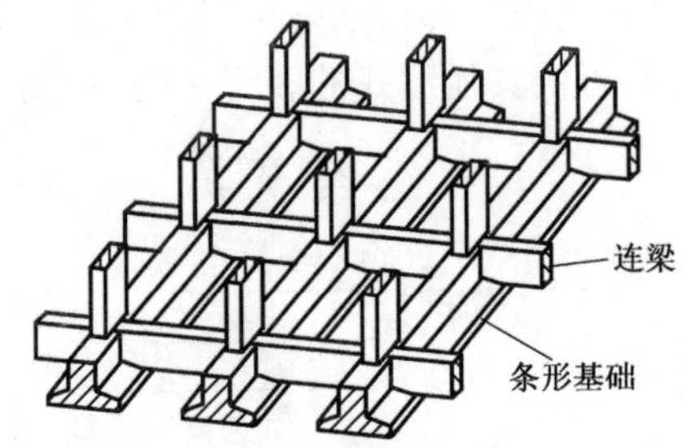


图 2-10　连梁式交叉条形基础

## 2.1.5　筏形基础

当柱下交叉条形基础底面积占建筑物平面面积的比例较大或者建筑物在使用上有要求时,可以在建筑物的柱、墙下方做成一块满堂的基础,即筏形(片筏)基础。筏形基础由于其底面积大,故可减小基底压应力,同时也可提高地基土的承载力,并能更有效地增强基础的整体性,调整不均匀沉降。此外,筏形基础还具有前述各类基础所不完全具备的良好功能,例如:能跨越地下浅层小洞穴和局部软弱层;提供比较宽敞的地下使用空间;作为地下室、水池、油库等的防渗底板;增强建筑物的整体抗震性能;满足自动化程度较高的工艺设备对不允许有差异沉降的要求以及工艺连续作业和设备重新布置的要求等。

但是,当地基有显著的软硬不均情况,例如,地基中岩石与软土同时出现时,应首先对地基进行处理,单纯依靠筏形基础来解决这类问题是不经济的,甚至是不可行的。筏形基础的板面与板底均配置有受力钢筋,因此经济指标较高。

按所支承的上部结构类型分,有用于砌体承重结构的墙下筏形基础和用于框架、剪力墙结构的柱下筏形基础。前者是一块厚度为 200 ~ 300mm 的钢筋混凝土平板,埋深较浅,适用于具有硬壳持力层(包括人工处理形成的)、比较均匀的软弱地基上六层及六层以下承重横墙较密的民用建筑。

柱下筏形基础分为平板式和梁板式两种类型(图 2-11)。平板式筏形基础的厚度不应小于 400mm,一般为 0.5 ~ 2.5m。其特点是施工方便、建造快,但混凝土用量大。当柱荷载较大时，可将柱位下板厚局部加大或设柱墩[图2-11a)]，以防止基础发生冲切破坏。若柱距较大，为了减小板厚，可在柱轴两个方向设置肋梁，形成梁板式筏形基础[图2-11b)]。

## 2.1.6 箱形基础

箱形基础是由钢筋混凝土的底板、顶板、外墙和内隔墙组成的有一定高度的整体空间结构(图2-12)，适用于软弱地基上的高层、重型或对不均匀沉降有严格要求的建筑物。与筏形基础相比，箱形基础具有更大的抗弯刚度，只能产生大致均匀的沉降或整体倾斜，从而基本上消除了因地基变形而使建筑物开裂的可能性。箱形基础埋深较大，基础中空，从而使开挖卸去的土重部分抵偿了上部结构传来的荷载(补偿效应)，因此，与一般实体基础相比，它能显著减小基底压应力、降低基础沉降量。此外，箱形基础的抗震性能较好。

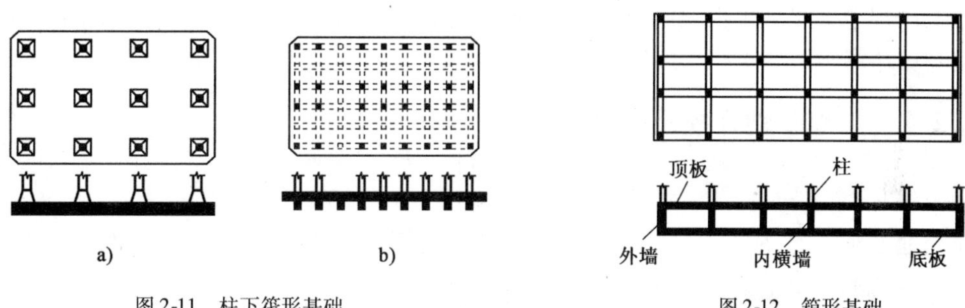


图2-11 柱下筏形基础
a)平板式；b)梁板式

图2-12 箱形基础

高层建筑的箱形基础往往与地下室结合考虑，其地下空间可作人防、设备间、库房、商店以及污水处理等使用。冷藏库和高温炉体下的箱形基础有隔断热传导的作用，以防地基土产生冻胀或干缩。但由于内墙分隔，箱形基础地下室的用途不如筏形基础地下室广泛，例如，不能用作地下停车场等。

箱形基础的钢筋水泥用量很大，工期长，造价高，施工技术比较复杂，在进行深基坑开挖时，还需考虑降低地下水位、坑壁支护及对周边环境的影响等问题。因此，箱形基础的采用与否，应在与其他可能的地基基础方案作技术经济比较之后再确定。

## 2.1.7 壳体基础

为了发挥混凝土抗压性能好的特性，可以将基础的形式做成壳体。常见的壳体基础形式有三种，即正圆锥壳、M形组合壳和内球外锥组合壳(图2-13)。壳体基础可用作柱基础和筒形构筑物(如烟囱、水塔、料仓、中小型高炉等)的基础。

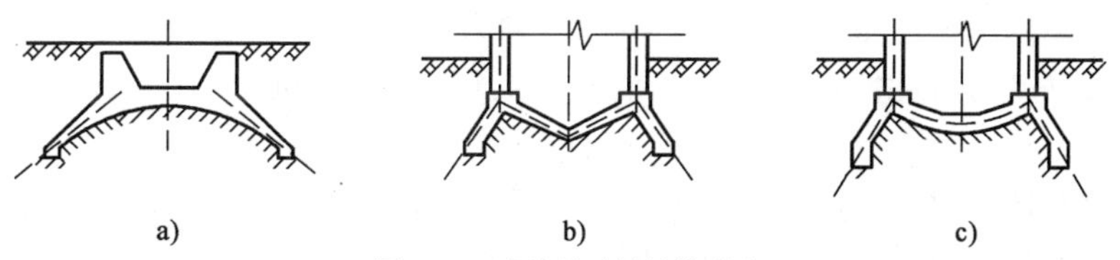


图2-13 壳体基础的结构形式
a)正圆锥壳；b)M形组合壳；c)内球外锥组合壳

壳体基础的优点是节省材料、造价低。根据统计，中小型筒形构筑物的壳体基础，可比一般梁、板式的钢筋混凝土基础少用混凝土30%～50%，节约钢筋30%以上。此外，一般情况下施工时不必支模，土方挖运量也较少。不过，由于较难实行机械化施工，因此施工工期长，同时施工工作量大，技术要求高。

## 2.2 刚性扩大基础施工

刚性扩大基础一般为浅基础，其施工方法通常是采用明挖的方式进行，是一种直接敞坑开挖就地灌注的施工方法。基坑开挖可采用人工开挖或机械开挖，并应尽量在枯水或少雨季节进行。明挖基础施工重点需解决的问题是敞坑边坡稳定及开挖过程中的排水。基坑挖至设计高程，应立即对基底土质及坑底情况进行检验，合格后应尽快修筑基础，不得将基坑暴露过久。基坑开挖过程中要注意排水，基坑开挖时可根据土质及开挖深度确定坑壁坡度及围护方式，水中开挖基坑还需考虑修筑相应的防水围堰。

### 2.2.1 旱地基坑开挖及围护

1）一般规定

明挖地基施工前，应对基坑边坡的稳定性进行验算，并应制订专项施工技术方案和安全技术方案。基坑的开挖施工如需爆破，爆破作业的安全管理应符合现行国家标准《爆破安全规程》（GB 6722—2011）的规定。

基坑开挖时，应对边坡的稳定性进行监测。对特大型深基坑，除应按照边开挖、边支护的原则进行施工外，尚应建立边坡稳定信息化、动态化的监控系统，指导施工。挖基的废方应进行妥善的处置，不得阻塞河道，影响泄洪，污染环境。

基坑开挖应避免超挖，若超挖，应将松动部分清除，其处理方案应报监理、设计单位批准。挖至设计高程的土质基坑不得长期暴露、扰动或浸泡，并应及时检查基坑尺寸、高程、基底承载力，符合要求后，应立即进行基础施工。

2）无围护基坑

当基坑较浅，地下水位较低或渗水量较少，不影响坑壁稳定时，可采用无围护基坑。施工要求如下：

（1）基坑尺寸应满足施工要求。当基坑为渗水的土质基底，坑底尺寸应根据排水要求（包括排水沟、集水井、排水管网等）和基础模板设计所需基坑大小而定。一般基底应比基础的平面尺寸增宽0.5～1.0m。当不设模板时，可按基础底的尺寸开挖基坑。

（2）基坑坑壁坡度应按地质条件、基坑深度、施工方法等情况确定。

（3）如土的湿度有可能使坑壁不稳定而引起坍塌时，基坑坑壁坡度应缓于该湿度下的天然坡度。

（4）当基坑有地下水时，地下水位以上部分可以放坡开挖；地下水位以下部分，若土质易坍塌或水位在基坑底以上较高时，应采用加固或降低地下水位等方法开挖。

基坑深度在5m以内，施工期较短，地下水在基底以下，且土的湿度接近最佳含水率，土质构造又较均匀时，基坑坡度可参考表2-1选用。基坑深度大于5m时，可将坑壁坡度适当放缓或加设平台。

基 坑 坑 壁 坡 度　　表2-1

| 坑 壁 土 类 | 坑 壁 坡 度 | | |
|---|---|---|---|
| | 坡顶无荷载 | 坡顶有静荷载 | 坡顶有动荷载 |
| 砂类土 | 1:1 | 1:1.25 | 1:1.5 |
| 卵石、砾类土 | 1:0.75 | 1:1 | 1:1.25 |
| 粉质土、黏质土 | 1:0.33 | 1:0.5 | 1:0.75 |
| 极软岩 | 1:0.25 | 1:0.33 | 1:0.67 |
| 软质岩 | 1:0 | 1:0.1 | 1:0.25 |
| 硬质岩 | 1:0 | 1:0 | 1:0 |

3)有围护基坑

当基坑不满足无围护条件时,则需在基坑开挖中进行支护加固,方法分为挡板支护和混凝土支护两类。

(1)挡板支护

基坑开挖较深(大于5m),坑壁不易稳定,并有地下水影响或放坡受到限制以及放坡工程量大,可视具体情况,采取挡板支护措施,包括简易钢板桩支护、锁口钢板桩支护和锁口钢管桩支护等。

基坑开挖深度不大于4m时,可采取简易钢板桩支护。在渗水量不大的情况下,可用槽钢正反扣搭,组成挡板。也可采用H型钢、工字钢打入地基一定深度,挖土时加插横板以挡土。钢板桩入土深度应按照设计要求。当设计无要求时,应按挡板受力情况予以验算。在木材产地,也可用木板桩代替钢板桩。

当地下水位较高,基坑开挖深度为5~10m时,宜用锁口钢板桩或锁口钢管桩。钢板桩的打设时,钢锤的重量不小于钢板桩重量的两倍,并设置桩帽。根据基础的要求和基底的土质情况,选择合适的打桩方法。如基坑渗水量不大,开挖深度在5m以内,可采用简便的单桩打入法。插打顺序按施工组织设计进行,一般自上游分两头插向下游合龙。当钢板桩挡板受力过大时,应加设临时支撑。支撑形式可根据实际情况选用拉锚和支撑式中的任何一种形式,以加固挡板。

钢板桩强度大,能穿过较坚硬土层,锁口紧密,不易漏水,还可以焊接接长并能重复使用,断面形式较多(图2-14),适应基坑形状性好。目前以图2-14b)的形式较为多见。

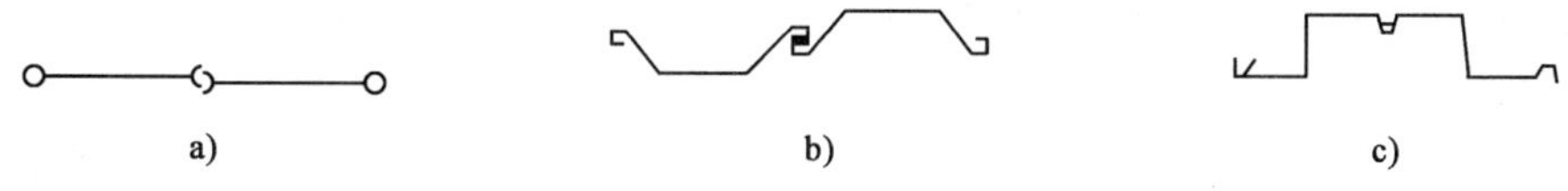


图2-14　钢板桩断面形式

板桩墙分无支撑式[图2-15a)]、支撑式和锚撑式[图2-15d)]。无支撑式板桩墙由于墙身位移较大,仅适用于基坑较浅的情况,且要求板桩有足够的入土深度,以保持板桩墙的稳定。支撑式板桩墙按设置支撑的层数可分为单支撑板桩墙[图2-15b)]和多支撑板桩墙[图2-15c)]。由于板桩墙多应用于较深基坑的开挖,故多支撑板桩墙应用较多。

(2)喷射及锚杆加固

当基坑受条件的限制,开挖深度大,只能垂直或大坡度开挖,在地基土质较好、渗水量较小的情况下，可用喷射混凝土或锚杆(锚索)挂网喷射混凝土加固基坑坑壁。当基坑为不稳定的强风化岩质地基或淤泥质黏土时，可用锚杆挂网喷射混凝土护坡。基坑开挖深度小于10m的较完整风化基岩，可直接喷射素混凝土。

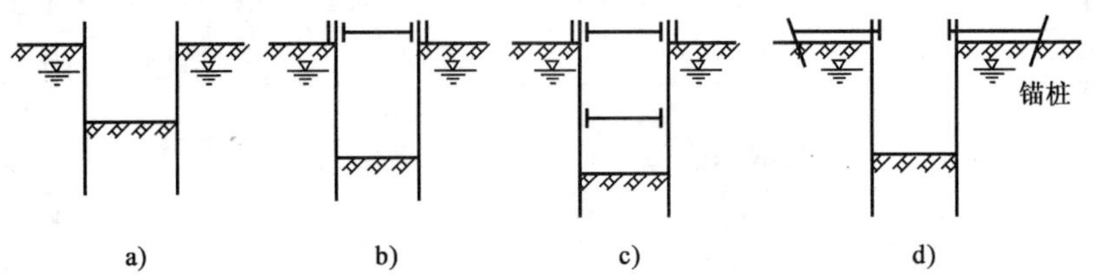


图2-15　板桩墙形式

a)无支撑式;b)单支撑式;c)多支撑式;d)锚撑式

喷射混凝土加固坑壁是用喷射机将混凝土喷向坑壁表面，先期集料嵌入坑壁并为后续料流所充填包裹，在喷层与坑壁间形成嵌固层，喷层与嵌固层同具加固和保护坑壁的作用，使之避免风化、雨水冲刷、支护土上体免于浅层坍塌剥落的作用。

喷射混凝土的强度、厚度应不小于设计值。混凝土的回弹率不应大于20%，混凝土应用机械搅拌和专用机械喷射。喷射的混凝土应当早强、速凝、有较高的不透水性，且其干料应能顺利通过喷射机。水泥应用硬化快、早期强度高、保水性能较好的硅酸盐水泥或普通水泥，其强度等级不宜低于32.5级;粗集料最大粒径要严格控制在喷射机允许范围;细集料宜用中砂，应严格控制其含水率在4%~6%。当含水率小于4%时混合料易胶结，堵塞管路，或使喷射效果显著降低;当含水率大于6%时，混合料容易在喷射过程中离析，从而降低混凝土强度，并产生大量粉尘污染环境，危害工人健康。混凝土水灰比为0.4~0.5，水泥与集料比为1:4~1:5，速凝剂掺量为水泥用量的2%~4%，掺入后停放时间不应超过20min。混凝土初凝时间宜大于5min，终凝时间不大于10min。

当用锚杆挂网喷射混凝土支护时，各层锚杆或锚索要求进入稳定层的长度和间距、钢筋的直径或钢绞线的束数，应符合设计要求。喷射作业前，应对机械设备、各种管路、电线等进行系统检查并试运转。

喷射或锚杆喷射加固基坑坑壁，应按设计要求，逐层开挖、逐层加固。对于浅孔或中孔锚杆，成孔后及时安插锚杆并注浆，注浆至孔口溢浆，并在初凝前补注两次。每层注浆完成并养护达到设计强度的70%后方可进行下层开挖。

混凝十的喷射顺序，对无水、少量渗水坑壁可由下向上一环一环进行;对渗水较大坑壁，喷护应由上向下进行，以防新喷的混凝土被水冲流;对有集中渗出股水的基坑，可从无水或水小处开始，逐步向水大处喷护，最后用竹管将集中的股水引出。采用喷射混凝土护壁时，根据土质和渗水等情况，坑壁可以接近陡立或稍有坡度。每开挖一层喷护一层，每层高度为1m左右，土层不稳定时应酌减，渗水较大时不宜超过0.5m。喷射作业应沿坑周分若干区段进行，区段长度一般不超过6m。

喷射前应定距离埋设钢筋，作为喷射厚度的标志。喷射混凝土厚度主要取决于地质条件、渗水量大小、基坑直径和基坑深度等因素。根据实践经验，对于不同土层，可取下列数值:一般黏性土、砂土和碎卵石类土层，如无渗水，厚度为3~8cm，如有少量渗水，厚度为5~10m;对稳定性较差的土，如淤泥、粉砂等，如无渗水，厚度为10~15cm，如有少量渗水，厚度为15cm;当有大量渗水时，厚度为 15 ~20cm。一次喷射是否能达到规定的厚度，主要取决于混凝土与土之间的黏结力和渗水量大小。如一次喷射达不到规定的厚度，则应在混凝土终凝后再补喷，直至达到规定厚度为止。

喷射完成后，检查混凝土的平均厚度、强度，其值均不得小于设计要求，锚杆的平均抗拔力不小于设计值，最小抗拔力不小于设计值的 90%。混凝土喷射表面应平顺，钢筋和锚杆不外露。

经过对喷射混凝土试件进行抗压试验，7d 后其抗压强度一般达 13 700kPa，最高达 26 300kPa。

(3)混凝土围圈护壁

喷射混凝土护壁要求有熟练的技术工人和专门设备，对混凝土用料的要求也较严，用于超过 10m 的深基坑尚无成熟经验，因而有其局限性。混凝土围圈护壁则适应性较强，可以按一般混凝土施工，基坑深度可达 15 ~20m，除流沙及呈流塑状态黏土外，可适用于其他各种土类。

混凝土围圈护壁也是用混凝土环形结构承受土压力，但其混凝土壁是现场浇筑的普通混凝土，壁厚较喷射混凝土大，一般为 15 ~30cm，也可按土压力作用下环形结构计算。

采用混凝土围圈护壁时，基坑自上而下分层垂直开挖，开挖一层后随即灌注一层混凝土壁。为防止已浇筑的围圈混凝土施工时因失去支承而下坠，顶层混凝土应一次整体浇筑，以下各层均间隔开挖和浇筑，并将上下层混凝土纵向接缝错开。开挖面应均匀分布对称施工，及时浇筑混凝土壁支护，每层坑壁无混凝土壁支护总长度应不大于周长的一半。分层高度以垂直开挖面不坍塌为原则，一般顶层高 2m 左右，以下每层高 1 ~1.5m。

围圈混凝土应紧贴坑壁浇筑，不用外模，内模可做成圆形或多边形。施工中注意使层、段间各接缝密贴，防止其间夹泥土和有浮浆等而影响围圈的整体性。围圈混凝土一般采用 C15 早强混凝土。为使基坑开挖和支护工作连续不间断地进行，一般在围圈混凝土抗压强度到达 2 500kPa 时，即可拆除模板，承受土压力。

和喷射混凝土护壁一样，要防止地面水流入基坑，要避免在坑顶周围土的破坏棱体范围内有不均匀附加荷载。

目前也有采用混凝土预制块分层砌筑来代替就地浇筑的混凝土围圈，它的优点是可以省去现场混凝土浇筑和养护时间，使开挖与支护砌筑连续不间断进行，且围圈混凝土质量容易得到保证。

此外，在软弱土层中的较深基坑以深层搅拌桩、粉体喷射搅拌桩、旋喷桩等按密排或格框形布置成连续墙以形成支挡结构代替板桩墙等。其多用于市政工程、工业与民用建筑工程，桥梁工程也有使用成功的案例。其设计原理和施工请参阅第 7 章有关内容。在一些基础工程施工中，对局部坑壁的围护也常因地制宜就地取材，采用多种灵活的围护方法，在浅基坑中，当地下水影响不大时，也可使用木挡板支撑(路桥施工除在特定条件下，现较少采用)。

4)基坑变形观测

在基坑开挖前，应根据基坑的开挖方案以及周边的环境制订基坑变形观测方案。施工过程中通过对基坑周围地层位移、基坑围护结构的变形和附近建筑物的沉降的观测，对比分析设计与现场的差异，及时修正围护设计。合理安排下一步施工工序，确保施工和围护的安全。观测点的位置要能充分体现基坑及围护结构的稳定性的特点，如设置在坑顶周边、坡脚、坑壁中部围护结构等。在每层开挖过程中、大的降雨降雪等使基坑环境发生变化的情况下都需进行观测,并及时做好记录。观测工作应有专人负责,根据观测方案及时观测并整理结果,绘制变形曲线根据变形结果及时调整施工工艺及围护设计,确保安全、经济。

### 2.2.2 基坑排水

基坑如在地下水位以下,随着基坑的下挖,渗水将不断涌入基坑,因此,施工过程中必须不断地排水,以保持基坑的干燥,便于基坑挖土和基础的砌筑与养护。

1)集水坑排水

基坑开挖中,在坑底基础范围之外设置集水坑并沿坑底周围开挖排水沟,使水流入集水坑内,排出坑外。集水坑宜设在上游,尺寸视渗水的情况而定。排水设备的能力宜大于总渗水量的1.5~2.0倍。

这种排水方法设备简单、费用低,一般土质条件下均可采用。但当地基土为饱和粉细砂土,由于抽水会引起流沙现象,造成基坑的破坏和坍塌,因此,当基坑为这类土时,应避免采用表面排水法。

2)井点降水

井点降水法适用于粉、细砂、地下水位较高、有承压水、挖基较深、坑壁不易稳定的土质基坑,在无砂的黏质土中不宜使用。井点类别的选择,宜按照土壤的渗透系数、要求降低水位深度以及工程特点而定,见表2-2。井管的成孔可根据土质分别用射水成孔、冲击钻机、旋转钻机及水压钻探机成孔。井点降水曲线至少应深于基底设计高程0.5m。井点的布置应随基坑形状与大小、土质、地下水位高低与流向、降水深度等要求而定。应做好沉降及边坡位移观测,确保水位降低区域内建筑物的安全。必要时应采取防护措施。降水过程中应加强井点降水系统的维护和检修,保证降水效果,确保基坑表面无积水。基础施工完成后应及时拆除或回填井点,防止人畜坠入。

**各种井点法的适用范围** 表2-2

| 井点类别 | 土壤渗透系数 | 降低水位深度(m) | 井点类别 | 土壤渗透系数 | 降低水位深度(m) |
|---|---|---|---|---|---|
| 一级轻型井点法 | 0.1~80 | 3~6 | 电渗井点法 | <0.1 | 5~6 |
| 二级轻型井点法 | 0.1~80 | 6~9 | 管井井点法 | 20~200 | 3~5 |
| 喷射井点法 | 0.1~50 | 8~20 | 深井泵法 | 10~80 | >15 |
| 射流泵井点法 | 0.1~50 | <10 | | | |

注:1.降低土层中地下水位时,应将滤水管埋没于透水性较大的土层中。

2.井点管的下端滤水长度应考虑渗水土层的厚度,但不得小于1m。

轻型井点降水布置如图2-16所示,即在基坑开挖前预先在基坑四周打入(或沉入)若干根井管,井管下端1.5m左右为滤管,上面钻有若干直径约2mm的滤孔,外面用过滤层包扎起来。各个井管用集水管连接并抽水。由于井管两侧一定范围内的水位逐渐下降,各井管相互影响形成了一个连续的疏干区。在整个施工过程中保持不断抽水,以保证在基坑开挖和基础砌筑的整个过程中基坑始终保持着无水状态。

该法降低地下水的特点是井管范围内的地下水不从基坑的四周边缘和底面流出而以相反的方向流向井管,因而可以避免发生流沙和边坡坍塌现象,且流水压力对土层还有一定的压密作用。在滤管部分包有铜丝过滤网,以免带走过多的土粒而引起土层潜蚀现象。

根据经验如四周井管间距为0.6～1.2m，集水管总长不超过120m，井管的位置在基坑边缘外0.2m左右，在基坑中央地下水位可以下降4～4.5m。用井点降低地下水位理论计算方法较多，若井管竖直打到不透水层，根据水力学原理，当抽水量大于渗水量时，水位下降，在土内形成漏斗状（图2-17），若在一定时间后抽水量不变，水面下降坡度也保持不变，则离井管任意距离$x$处的水头高$y$可用下式表示：

$$y^2 = H^2 - \frac{q}{\pi K}\ln\frac{R}{x} \tag{2-1}$$

式中：$K$——土层的渗透系数（m/s），由室内试验或野外抽水试验求得；

$H$——原地下水位至不透水层的距离（m）；

$q$——单位时间内的抽水量（$m^3/s$）；

$R$——井的影响半径（m），通过观察孔测得。

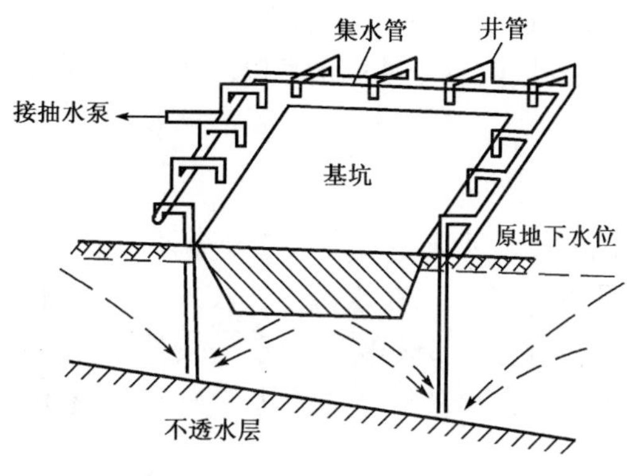


图2-16 轻型井点降水布置图

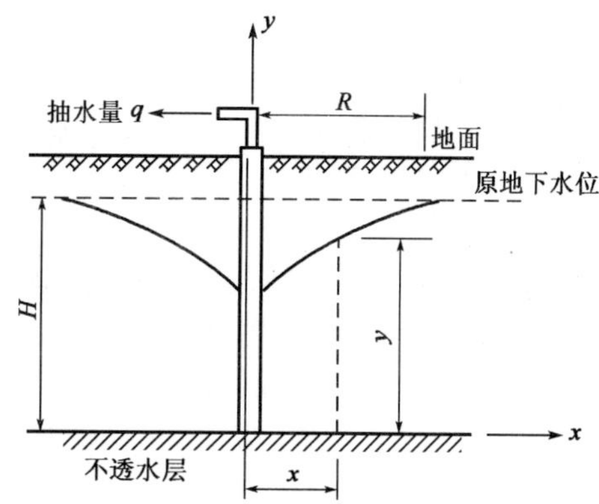


图2-17 水位降落漏斗

应用上式时，要考虑其他井管的相互影响，近似地认为在井点系统多井抽水的情况，其水头下降可以叠加，即：

$$y^2 = H^2 - \Sigma\left(\frac{q_i}{\pi K}\ln\frac{R_i}{x_i}\right) \tag{2-2}$$

在采用井点法降低地下水位时，应将滤管尽可能设置在透水性较好的土层中，同时还应注意到在四周水位下降的范围内对邻近建筑物的影响，因为由于水位下降，土自重应力的增加可能引起邻近结构物的附加沉降。

3）帷幕法

帷幕法是在基坑边线外设置一圈隔水幕，用以隔断水源，减少渗流水量，防止流沙、突涌、管涌、潜蚀等地下水的作用。方法有深层搅拌桩隔水墙、压力注浆、高压喷射注浆、冻结围幕法等，采用时均应进行具体设计并符合有关规定。

### 2.2.3 水中刚性扩大基础修筑时的围堰工程

在水中修筑桥梁基础时，需首先在基坑周围修筑一道防水围堰，将围堰内水排干，再开挖基坑修筑基础。如排水较困难，也可在围堰内进行水下挖土，挖至预定高程后先灌注水下封底混凝土，然后抽干水，再继续修筑基础。围堰也可以用于修筑桩基础等。

围堰高度应高出施工期间可能出现的最高水位(包括浪高)0.5~0.7m。围堰外形应考虑对河流断面的压缩而引起的冲刷以及对通航、导流等方面的影响。堰内平面尺寸应满足基础施工的需要。围堰断面应满足堰身强度和稳定的要求,并应防水严密,减少渗漏。

水中围堰的种类很多,有土围堰、土袋围堰、钢板桩围堰、双壁钢围堰和地下连续墙围堰等。这里仅介绍适合刚性扩大基础的土围堰、土袋围堰等,地下连续墙围堰在第5.7节中介绍,其他围堰形式在第3.6节中介绍。

1)土围堰

如图2-18所示,水深1.5m以内、水流流速0.5m/s以内,河床土质渗水较小时,可筑土围堰。堰顶宽度可根据施工需要而定。堰外边坡迎水流冲刷的一侧,边坡坡度宜为1:2~1:3,背水冲刷的一侧的边坡坡度可在1:2之内,堰内边坡宜为1:1~1:1.5,内坡脚与基坑的距离根据河床土质及基坑开挖深度而定,但不得小于1m。筑堰材料宜用黏性土或砂夹黏土,填出水面之后应进行夯实,填土应自上游开始至下游合龙。在筑堰之前,必须将堰底下河床底上的树根、石块及杂物清除干净。因筑堰引起流速增大使堰外坡面有受冲刷的危险时,可在外坡面用草皮、柴排、片石、石笼、草袋或土工织物等加以防护。

2)土袋围堰

如图2-19所示,水深在3m以内,流速在1.5m/s以内,河床土质渗水性较小且满足泄洪要求时,可筑土袋围堰。袋内填土宜用黏性土,装填量约为60%。在水流流速较大时,过水面及迎水面袋内可装填粗砂或卵石。堆码的土袋的上下层和内外层应相互错缝,搭接长度为1/2~1/3,尽量堆码密实平整。围堰中心部分可填筑黏土及黏性土芯墙。堰外边坡为1:1~1:0.5,堰内边坡为1:0.5~1:0.2。

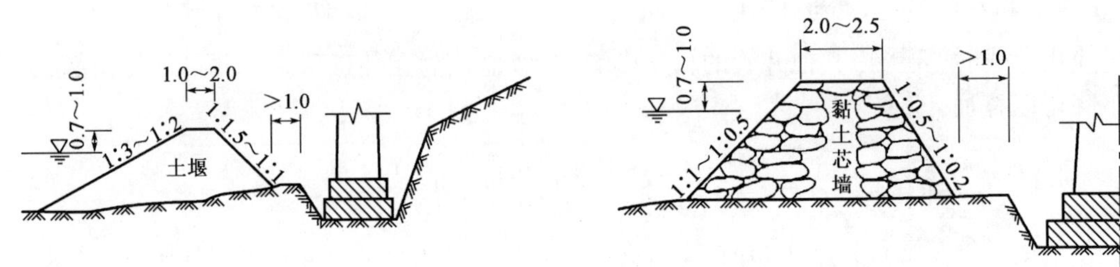


图2-18 土围堰(尺寸单位:m)

图2-19 土袋围堰(尺寸单位:m)

3)竹笼、木笼、铅丝笼及钢笼围堰

水深在4m以内,流速较大且满足泄洪要求时,可采用竹笼、木笼、铅丝笼围堰。水深超过4m时可筑钢笼围堰。各种笼体的制作应坚固,并满足使用要求。围堰的层数宜根据水深、流速、基坑大小及防渗要求等因素确定,宽度宜为水深的1.0~1.5倍。宜在堰底外围堆填图袋,防止堰底渗漏。

4)膜袋围堰

水深在5m以内,流速在3.0m/s以内,且河床较平缓时,可筑膜袋围堰。膜袋的缝合应牢固严密,袋内可采用砂或水泥固化土材料填充,填充后应采取有效措施降低膜袋内的水分。围堰沉降稳定后方可进行基坑排水,并控制水位降速。

### 2.2.4 刚扩基础浇筑

基础浇筑前应进行地基处理和检查。地基处理应根据地基土的种类、强度和密度，按照设计要求，结合现场采取相应的处理方法。地基处理的范围至少应宽出基础之外0.5m。符合设计要求的细粒土、特殊土基底，修整妥善后，应尽快修建基础，不得使基底浸水和长期暴露。

地基检验内容包括基底平面位置、尺寸大小、基底高程，基底地质情况和承载力是否与设计资料相符，基底处理和排水情况是否符合本规范要求，施工记录及有关试验资料是否齐全等。

基础混凝土浇筑前，基础底为非黏性土或干土时，应将其润湿，再浇筑一层厚200～300mm的混凝土垫层，垫层顶面不得高于基础底面设计高程；基坑面为岩石时，应加以润湿，铺一层厚20～30mm的水泥砂浆，然后在水泥砂浆凝结前浇筑扩大基础混凝土。

扩大基础混凝土，应在整个水平截面范围内水平分层进行浇筑。当水平截面过大，不能在前层混凝土初凝或重塑前浇筑完成次层混凝土时，可分块进行浇筑。分块浇筑时应符合下列规定：分块宜合理布置，各分块平均面积不宜小于50m$^2$；每块高度不宜超过2m；块与块间的竖向接缝面应与基础平截面短边平行，与平截面长边垂直；上下邻层混凝土间的竖向接缝，应错开位置做成企口，并按施工缝处理。

扩大基础施工质量标准见表2-3。

**扩大基础施工质量标准** 表2-3

| 项　次 | 检查项目 | | 规定值或允许偏差 |
|---|---|---|---|
| 1 | 混凝土强度(MPa) | | 在合格标准内 |
| 2 | 平面尺寸(mm) | | ±50 |
| 3 | 基础底面高程(mm) | 土质 | ±50 |
| | | 石质 | +50，-200 |
| 4 | 基础顶面高程(mm) | | ±30 |
| 5 | 轴线偏位(mm) | | 25 |

## 2.3 板桩墙的计算

板桩墙的作用是支挡基坑壁土体，防止土体下滑，防止水从坑壁周围渗入或从坑底上涌，避免渗水过大或形成流沙而影响基坑开挖。根据基坑深度和水深，一般可采用无支撑、单支撑和多支撑板桩墙。板桩墙主要承受土压力和水压力作用，其实质是非刚性的挡土墙。在水平荷载作用下，板桩墙发生较大弹性变形，其受力条件与板桩墙的支撑方式、支撑的构造、及入土深度有关，需要进行专门的设计计算。

板桩墙计算内容应包括：板桩墙侧向压力计算；板桩插入土中深度计算；板桩墙截面内力计算；板桩支撑(锚撑)计算；基坑稳定性验算；水下混凝土封底厚度计算。

### 2.3.1 侧向压力计算

作用于板桩墙的外力主要来自坑壁土压力和水压力及坑顶其他荷载(如挖、运土机械等)

所引起的侧向压力。

板桩墙上土压力主要取决于土的性质和板桩墙的变形情况。因板桩柔度大，在土压力及水压力作用下将发生挠曲变形，此变形反过来影响土压力的大小与分布，因此精确计算较为复杂。由于板桩墙大多作为施工期的临时结构物，因此常采用比较粗略的近似计算方法，即不考虑板桩墙的实际变形，仍沿用古典土压力理论计算土压力。一般用朗金理论，计算深度 $z$ 处每延米宽度内的主、被动土压力强度 $p_a$、$p_p$：

$$\left.\begin{aligned} p_a &= \gamma z \tan^2(45° - \frac{\varphi}{2}) = \gamma z K_a \\ p_p &= \gamma z \tan^2(45° + \frac{\varphi}{2}) = \gamma z K_p \end{aligned}\right\} \tag{2-3}$$

对于黏性土，式(2-3)中的内摩擦角 $\varphi$ 用等代内摩擦角 $\varphi_e$ 代入，其值可参照表 2-4 取用。

**等代内摩擦角值 $\varphi_e$** 表 2-4

| 土的潮湿程度 $S_r$（饱和度）<br>土的类别 | $0 < S_r \leq 0.5$（稍湿） | $0 < S_r \leq 0.8$<br>（很湿） | $0.8 < S_r \leq 1$<br>（饱和） |
|---|---|---|---|
| 黏性土 | 40° ~ 45° | 30° ~ 35° | 20° ~ 25° |

### 2.3.2 悬臂式板桩墙计算

图 2-20 所示的悬臂式板桩墙，因不设支撑，故墙身位移较大，通常可用于挡土高度不大的临时性支撑结构。

悬臂式板桩墙的破坏一般是板桩绕板桩底端 $b$ 点以上的某点 $o$ 转动。此时转动点 $o$ 以上基坑内侧，以及 $o$ 点以下的基坑外侧，将产生被动土压力；在相应的另一侧产生主动土压力。由于精确地确定土压力的分布规律比较困难，故一般近似地假定土压力的分布图形如图 2-20 所示，基坑内侧全部为被动土压力（$bcd$），其合力为 $E_{p1}$，并考虑有一定的安全系数 $K$（一般取 $K = 2$）；基坑外侧全部为主动土压力（$abe$），其合力为 $E_a$；另外假设在桩底端 $b$ 点处作用有一被动土压力 $E_{p2}$，以模拟入土深度较大的情况下，板桩底端被嵌固的情形。考虑到 $E_{p2}$ 的实际作用位置应在桩端以上一段距离，因此在求得板桩的入土深度 $t$ 后，再适当增加 10% ~ 20%。按图 2-20 所示的土压力分布图形计算板桩墙的稳定性及板桩的强度。

**例题 2-1** 如图 2-21 所示，已知悬臂式板桩墙插打入砂砾土，砂砾土 $\gamma = 19\ \text{kN/m}^3$，$\varphi = 30°$，$c = 0$；基坑开挖深度 $h = 1.8$ m；安全系数 $K = 2$。计算所需入土深度 $t$ 及桩身最大弯矩值。

**解：** 当 $\varphi = 30°$ 时，朗金主动土压力系数 $K_a = \tan^2(45° - \frac{30°}{2}) = 0.333$；朗金被动土压力系数 $K_p = \tan^2(45° + \frac{30°}{2}) = 3$。

若令板桩入土深度为 $t$，取单位宽度的板桩墙计算，由作用力对板桩底端 $b$ 点力矩平衡 $\sum M_b = 0$ 得：

$$\frac{1}{6}\gamma t^3 K_p \frac{1}{K} = \frac{1}{6}\gamma (h + t)^3 K_a$$

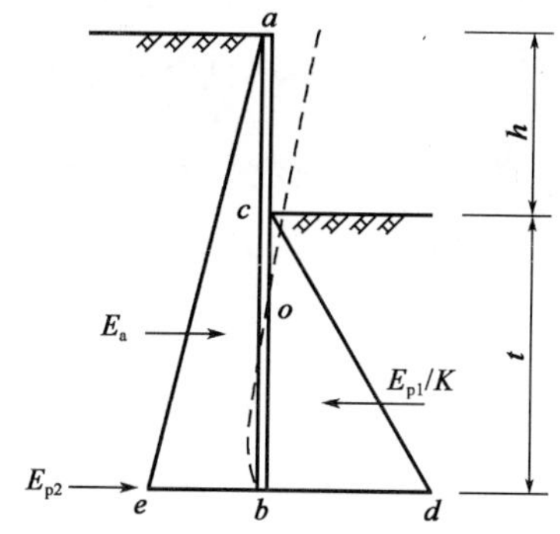

图 2-20　悬臂式板桩墙的计算

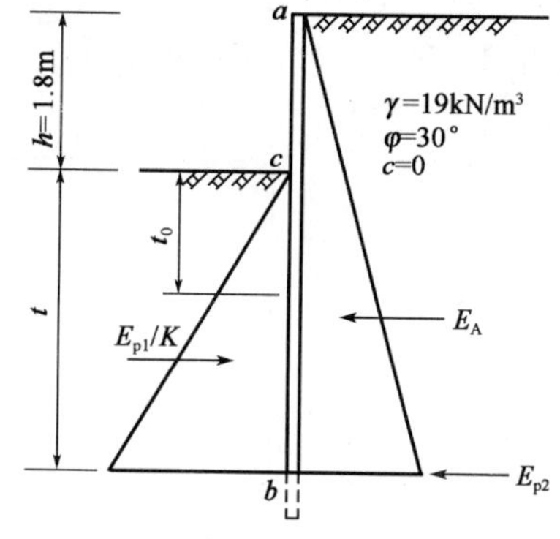

图 2-21　例题 2-1 图

$$\frac{1}{6}\times 19\times t^3\times 3\times\frac{1}{2}=\frac{1}{6}\times 19\times(1.8+t)^3\times 0.33$$

解得：

$$t=2.76(\mathrm{m})$$

板桩的实际入土深度较计算值增加20%，则可求得板桩的总长度$L$为：

$$L=h+1.2t=1.8+1.2\times 2.75=5.12(\mathrm{m})$$

设板桩的最大弯矩截面位于基坑底面以下深度为$t_0$处，因板桩最大弯矩截面的剪力必等于零，故：

$$\frac{1}{2}\gamma K_p\frac{1}{K}t_0^2=\frac{1}{2}\gamma K_a(h+t_0)^2$$

$$\frac{1}{2}\times 19\times 3\times\frac{1}{2}\times t_0^2=\frac{1}{2}\times 19\times 0.333\times(1.8+t_0)^2$$

解得：

$$t_0=1.6(\mathrm{m})$$

进而可解单位宽度板桩墙的最大弯矩$M_{max}$：

$$M_{max}=\frac{1}{6}\times 19\times(1.8+1.60)^3\times 0.33-\frac{1}{6}\times 19\times 3\times\frac{1}{2}\times 1.60^3=21.99(\mathrm{kN\cdot m})$$

### 2.3.3　单支撑（锚碇式）板桩墙计算

当基坑开挖深度较大时，需可在板桩顶部附近设置支撑或锚碇拉杆，成为单支撑板桩墙，如图2-22所示。

单支撑板桩墙，可以作为有两个支承点的竖直梁，一个支点是板桩上端的支撑杆或锚碇拉杆，另一个支点是基坑底部以下的土体。下端的支承情况又与板桩入土深度有关，一般分为两种支承情况：第一种是简支支承，如图2-22a）所示，这类板桩入土较浅，桩板下端允许产生自由转动；第二种是固定端支承，如图2-23所示，板桩下端入土较深，认为板桩下端嵌固于土中。

1）板桩下端简支支承

如图2-22a）所示，上下两个支承点均允许自由转动，土体向基坑内挤压，板桩墙受力后挠曲变形，基坑外侧产生主动土压力$E_a$，基坑内侧产生被动土压力$E_p$。由于板桩入土较浅，板桩墙的稳定安全度,可以用墙前被动土压力 $E_p$ 除以安全系数 $K$ 保证。板桩墙受力图式如同简支梁[图 2-22b)],计算单位宽度板桩跨间的弯矩如图 2-22c)所示,并以 $M_{max}$ 值设计板桩的断面。

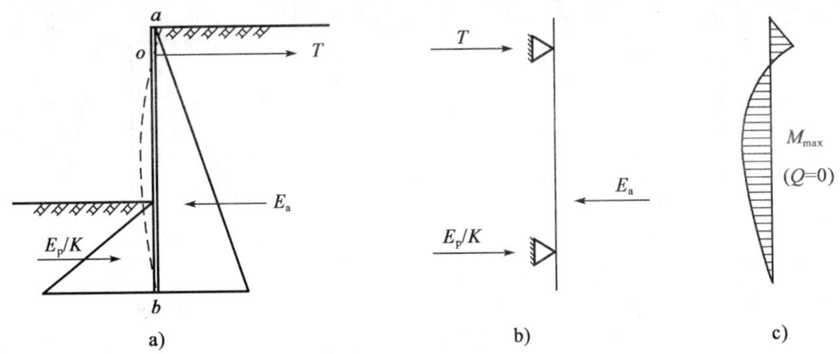


图 2-22 单支撑板桩墙的计算

**例题 2-2** 已知锚碇式板桩墙板桩下端为自由支承,土体性质如图 2-23 所示。基坑开挖深度 $h=8\text{m}$,锚杆位置在地面以下 $d=1$ 处,锚杆水平间距 $a=2.5\text{m}$。计算板桩入土深度 $t$,锚碇拉杆拉力 $T$ 以及板桩的最大弯矩值。

**解:** 当 $\varphi=30°$时,朗金主动土压力系数 $K_a = \tan^2(45° - \frac{30°}{2}) = 0.333$,朗金被动土压力系数 $K_p = \tan^2(45° + \frac{30°}{2}) = 3$,则:

$$\left.\begin{aligned} E_a &= \frac{1}{2}\gamma(h+t)^2K_a = \frac{1}{2}\times 19\times(8+t)^2\times 0.33 \\ \frac{E_p}{K} &= \frac{1}{2}\times\frac{1}{2}\times\gamma t^2K_p = \frac{1}{4}\times 3\times 19\times t^2 \end{aligned}\right\}$$

根据锚碇点 $o$ 的力矩平衡条件 $\sum M_0=0$,得:

$$E_a\left[\frac{2}{3}(h+t)-d\right] = \frac{E_p}{K}(h-d+\frac{2}{3}t)$$

将 $E_a$、$E_p$ 代入上式得:$\left[\frac{2}{3}(8+t)-1\right]\times(8+t)^2 = 4.5\times(7+\frac{2}{3}t)t^2$,解得:

$$t=5.5(\text{m})$$

由平衡条件 $\sum H=0$ 得锚杆拉力 $T$ 为:

$$T = (E_a - \frac{E_p}{K})\times a = \frac{1}{2}\times 19\times[0.333\times(8+5.5)^2 - 1.5\times 5.5^2]\times 2.5 = 363.7(\text{kN})$$

板桩最大弯矩计算方法与悬臂式板桩相同,见例题 2-1。

2)板桩下端固定支承

如图 2-24 所示,板桩下端入土较深时,板桩下端嵌固于土中,基坑外侧有主动土压力 $E_a$,假定在板桩下端嵌固点下有一被动土压力 $E_{p2}$,其作用在桩底 $b$ 点处。与悬臂式板桩墙计算相同,板桩的入土深度可按计算值适当增加 10% ~20%。基坑内侧作用被动土压力 $E_{p1}$。由于板桩入土较深,板桩墙的稳定性安全度由桩的入土深度保证,故被动土压力 $E_{p1}$ 不再考虑安全系数。

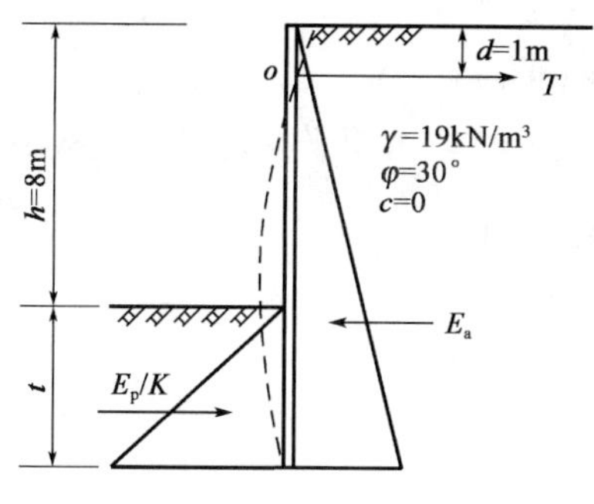


图 2-23 例题 2-2 图

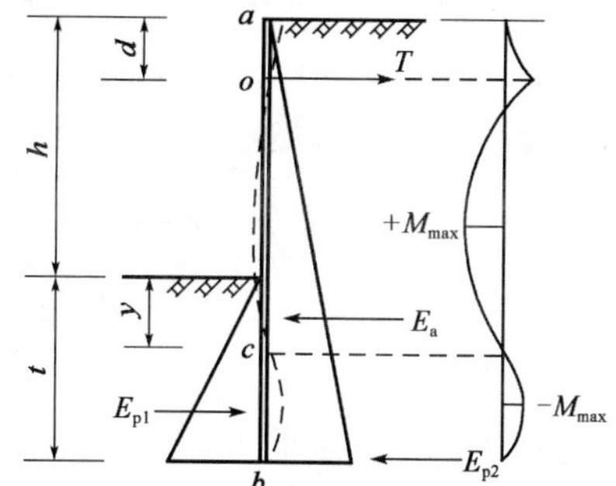


图 2-24 下端为固定支承时的单支撑板桩计算

由于有入土深度 $t$ 、支撑力 $T$ 和被动土压力 $E_{p2}$ 三个待求解量，故无法直接用两个用静力平衡条件求解。如图 2-24 所示，由于设有一层支撑且板桩入土深度较深，导致在板桩下部有一挠曲反弯点 $c$ ，板桩在 $c$ 点以上发生正弯矩，$c$ 点以下发生负弯矩，挠曲反弯点 $c$ 为弯矩零点。

太沙基给出了在均匀砂土中，当土表面无超载，墙后地下水位较低时，反弯点 $c$ 的深度 $y$ 值与土的内摩擦角 $\varphi$ 间的近似关系如表 2-5。确定反弯点 $c$ 的位置后，首先将板桩分割成 $ac$ 和 $bc$ 两段，然后根据平衡条件求得板桩的入土深度 $t$ ，计算方法可参见例题 2-3。

**反弯点的深度 $y$ 与内摩擦角 $\varphi$ 的近似关系** 表 2-5

| $\varphi$ | 20° | 30° | 40° |
|---|---|---|---|
| $y$ | $0.25h$ | $0.08h$ | $-0.007h$ |

**例题 2-3** 按板桩下端为固定支承的条件，计算例题 2-2 的锚碇式板桩墙的入土深度 $t$ 及锚杆拉力 $T$ 。

**解**：已知 $\varphi=30°$，由表 2-5 知，反弯点 $c$ 的位置为：

$$y=0.08h=0.08\times 8=0.64(\text{m})$$

如图 2-25 所示，将板桩在点 $c$ 切开，弯矩 $M_c=0$，设 $c$ 点截面上的剪力为 $S_c$。单位宽度上 $c$ 点土压力强度为：

$$p_{pc}=\gamma y K_p=19\times 0.64\times 3=36.48(\text{kPa})$$

$$p_{ac}=\gamma(h+y)K_a=19\times(8+0.64)\times 0.333$$

$$=54.66(\text{kPa})$$

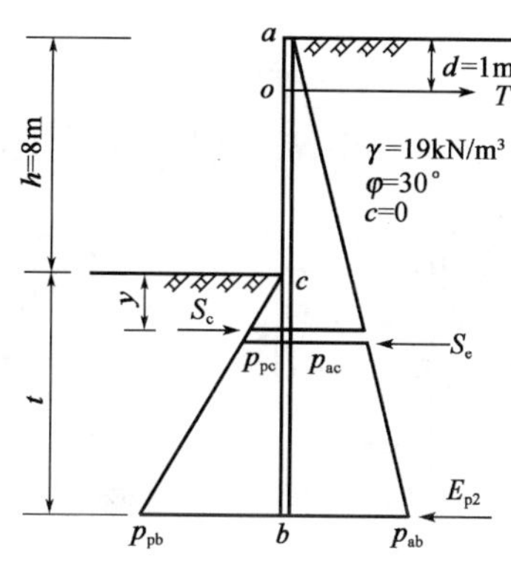


图 2-25 例题 2-3 图

取 $ac$ 段为隔离体，取一个支撑间隔 $a$ 为计算宽度，对反弯点 $c$ 力矩平衡 $\sum M_c=0$，得：

$$T(h+y-d)+\frac{1}{2}p_{pc}y\frac{y}{3}a=\frac{1}{2}p_{ac}(h+y)\frac{h+y}{3}a$$

解得：

$$T=221.75(\text{kN})$$

减少了一个未知量，问题变得可解。此时可取整个板桩长度 $ab$ 为隔离体，单位宽度上 $b$ 点土压力强度为：

$$p_{\mathrm{pb}}=\gamma t K_{\mathrm{p}}=19\times 3t=57t$$

$$p_{\mathrm{ab}}=\gamma(h+y)K_{\mathrm{a}}=6.33\times(8+t)$$

取 $ab$ 段为隔离体,取一个支撑间隔 $a$ 为计算宽度,对 $b$ 点取力矩平衡 $\sum M_{\mathrm{b}}=0$,得:

$$T(h+t-d)+\frac{1}{2}p_{\mathrm{pb}}t\frac{t}{3}a=\frac{1}{2}p_{\mathrm{ab}}(h+t)\frac{h+t}{3}a$$

解得:

$$t=5.22(\mathrm{m})$$

板桩实际入土深度取 $1.2t=1.2\times 5.22=6.3(\mathrm{m})$。

### 2.3.4 多支撑板桩墙计算

当基坑深度很大时,为了减小板桩的弯矩和挠曲变形,需设置多层支撑。支撑的层数及位置要根据土质、基坑深度、支撑结构杆件的强度和稳定性,以及施工要求等因素拟定。板桩支撑的层数和支撑间距布置一般采用以下两种方法设置。

(1)等弯矩布置:当板桩强度已定,即把板桩作为常备构件时,可按支撑之间最大弯矩相等为原则设置。

(2)等反力布置:当把支撑构件作为常备构件时,则可按各层支撑的反力相等为原则设置。

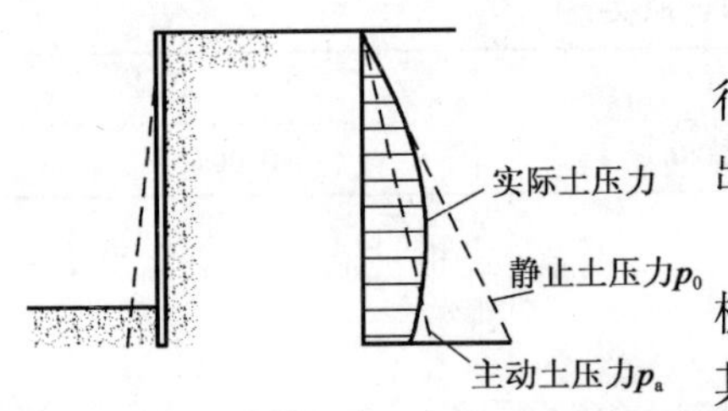

图 2-26 多支撑板桩墙的位移及土压力分布

支撑系按在轴向力作用下的压杆计算,若支撑长度很大时,应考虑支撑自重产生的弯矩影响。从施工角度出发,支撑间距不应小于2.5m。

变形和位移情况分析及试验结果均表明,多支撑板桩的基坑外土压力呈中间大、上下小的抛物线形状分布,其值介于静止土压力与主动土压力之间,如图 2-26 所示。

太沙基和佩克(Terzaghi and Peck)根据实测及模型试验结果,提出作用在板桩墙上的土压力分布经验图形(图 2-27)。对于砂土,其土压力分布图形如图 2-27b)、c)所示,最大土压力强度 $p_{\mathrm{a}}=0.8\gamma HK_{\mathrm{a}}\cos\delta$,式中,$K_{\mathrm{a}}$ 为库仑主动土压力系数,$\delta$ 为墙与土间的摩擦角。

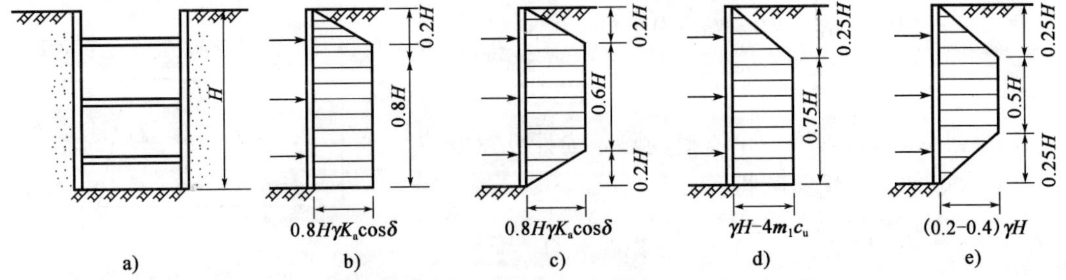

图 2-27 多支撑板桩墙上土压力的分布图形

a)板桩支撑;b)松砂;c)密砂;d)黏土 $\gamma H>6c_{\mathrm{u}}$;e)黏土 $\gamma H<4c_{\mathrm{u}}$

黏性土的土压力分布图形如图 2-27d)、e)所示,当坑底处土的自重压力 $\gamma H>6c_{\mathrm{u}}$($c_{\mathrm{u}}$ 为黏土的不排水抗剪强度)时,可认为土的强度已达到塑性破坏条件,此时墙上的土压力分布如图 2-27d)所示,其最大土压力强度为($\gamma H-4m_1c_{\mathrm{u}}$),其中,系数 $m_1$ 通常采用1,若基坑底有软弱

土存在时则取 $m_1 = 0.4$。当坑底处土的自重压力 $\gamma H < 4c_u$ 时,认为土未达到塑性破坏,这时土压力分布图形如图 2-27e)所示,其最大土压力强度为 $(0.2 \sim 0.4)\gamma H$。当墙位移很小,而且施工期很短时,采用其中低值;当 $\gamma H$ 在 $(4 \sim 6)c_u$ 之间时,土压力分布可在两者之间取用。

多支撑板桩墙计算时,也可假定板桩在支撑之间为简支支承,由此计算板桩弯矩及支撑作用力。其计算方法可参见例题 2-4。

**例题 2-4** 某基坑开挖采用多支撑板桩,如图 2-28 所示。已知地基土为密砂,$\gamma = 19.5\text{kN/m}^3$,$c = 0$,$\varphi = 35°$,$\delta = \frac{\varphi}{2}$;基坑开挖高度 $H = 10\text{m}$;支撑在基坑长度方向的间距 $a = 2.5\text{m}$。计算作用在每根支撑上的荷载及板桩上的最大弯矩值。

**解:**由于土为密砂,作用在板桩上的土压力分布可按图 2-27c)计算。当 $\beta = 0$,$\varepsilon = 0$,$\varphi = 35°$,$\delta = \frac{\varphi}{2}$ 时,库仑主动土压力系数:

$$K_a = \frac{\cos^2\varphi}{\cos\delta\left[1 + \sqrt{\frac{\sin(\delta + \varphi)\sin\varphi}{\cos\delta}}\right]^2} = 0.246$$

最大土压力强度 $p_a = 0.8\gamma H K_a \cos\delta = 0.8 \times 19.5 \times 10 \times 0.246 \times \cos 17.5° = 36.6\ (\text{kPa})$。

板桩墙上的土压力分布图形如图 2-28a)所示。板桩设置 4 层支撑 $A$、$B$、$C$、$D$,板桩下端支承在坑底土中。取单位宽度板桩墙计算,假定板桩在支撑之间为简支,其计算图式见图2-28b)。

(1)计算支撑荷载

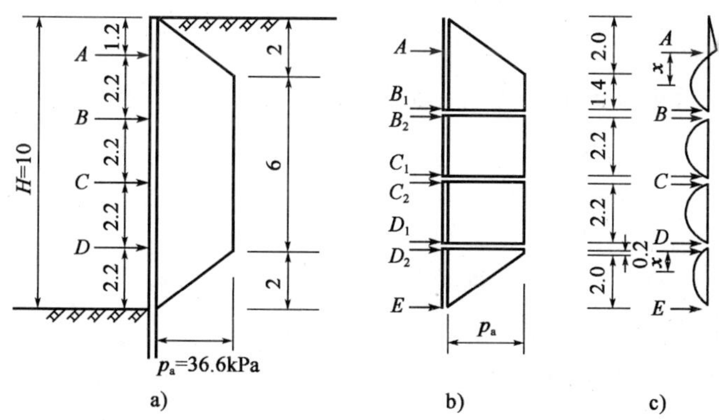


图 2-28 例题 2-4 图(尺寸单位:m)

对 $B_1$ 取矩,按 $\sum M_{B_1} = 0$ 得:

$$A \times 2.2 = \frac{1}{2} \times 36.6 \times 2 \times \left(1.4 + \frac{2}{3}\right) + 36.6 \times \frac{1}{2} \times 1.4^2$$

解得:

$$A = 50.7\ (\text{kN/m})$$

$\sum X = 0$,解得:

$$B_1 = 36.6 \times \frac{1}{2} \times (1.4 + 3.4) - 50.7 = 37.1\ (\text{kN/m})$$

同理得:

$$B_2 = C_1 = C_2 = D_1 = \frac{1}{2} \times 36.6 \times 2.2 = 40.3\ (\text{kN/m})$$

按$\sum M_E = 0$得:

$$D_2 \times 2.2 = 36.6 \times 0.2 \times (2 + \frac{0.2}{2}) + \frac{1}{2} \times 36.6 \times 2 \times \frac{2}{3} \times 2 = 64.17(\text{kN/m})$$

$$D_2 = 29.17(\text{kN/m})$$

由此得单位宽度板桩墙上支撑力及土压力为:

$$A = 50.7(\text{kN/m})$$

$$B = B_1 + B_2 = 77.4(\text{kN/m})$$

$$C = C_1 + C_2 = 80.6(\text{kN/m})$$

$$D = D_1 + D_2 = 69.47(\text{kN/m})$$

$$E = \frac{1}{2} \times (0.2 + 2.2) \times 36.6 - 29.17 = 14.75(\text{kN/m})$$

已知支撑间距 $a = 2.5$ m,故各支撑计算荷载为:

$$A = 2.5 \times 50.7 = 126.8\ (\text{kN})$$

$$B = 2.5 \times 77.4 = 193.5\ (\text{kN})$$

$$C = 2.5 \times 80.6 = 201.5\ (\text{kN})$$

$$D = 2.5 \times 69.47 = 173.68\ (\text{kN})$$

(2)计算板桩弯矩[图 2-28c)]

$A$ 点弯矩:

$$M_A = -\frac{1}{2} \times 1.2 \times (\frac{1.2}{2} \times 36.6) \times \frac{1.2}{3} = -5.27\ (\text{kN} \cdot \text{m})$$

设 $AB$ 跨间最大正弯矩位置距 $A$ 为 $x_1$,按该点截面剪力等于零求得:

$$Q_x = \frac{1}{2} \times 36.6 \times 2 + 36.6 \times (x_1 - 0.8) - 50.7 = 0$$

得:

$$x_1 = 1.19\ (\text{m})$$

$AB$ 跨间最大正弯矩为:

$$M_{AB} = 50.7 \times 1.19 - \frac{1}{2} \times 36.6 \times 2 \times (\frac{2}{3} + 0.39) - \frac{0.39^2}{2} \times 36.6 = 18.88\ (\text{kN} \cdot \text{m})$$

同理可求得:

$$M_{BC} = M_{CD} = \frac{1}{8} \times 36.6 \times 2.2^2 = 22.14\ (\text{kN} \cdot \text{m})$$

设 $DE$ 跨间最大正弯矩位置距 $D$ 为 $x_2$,按 $Q_x = 0$ 求得:

$$Q_x = \frac{1}{4} p_a \times (2.2 - x_2)^2 - E = \frac{1}{4} \times 36.6 \times (2.2 - x_2)^2 - 14.75 = 0$$

$$x_2 = 0.93\ (\text{m})$$

解得:

$$M_{DE} = E \times (2.2 - x_2) - \frac{1}{12} p_a (2.2 - x_2)^3$$

$$=14.75 \times (2.2-0.93) - \frac{1}{12} \times 36.6 \times (2.2-0.93)^3$$

$$=12.48(\text{kN}\cdot\text{m})$$

故知板桩设计控制弯矩为 $M_{BC}=22.14(\text{kN}\cdot\text{m})$。

### 2.3.5 基坑稳定性验算

1）坑底流沙验算

当坑底土为粉砂、细砂等时，基坑内抽水可能引起流沙。一般可采用简化计算方法进行验算，其原则是使板桩具有足够的入土深度，以增大渗流路径长度，减少向上的动水力。如图 2-29所示，基坑抽水造成水头差 $h'$，引起渗流，最短渗流途径为 $h_1+t$，在流程 $t$ 中水对土粒动水力垂直向上，土的有效重度为 $\gamma_b$，则不产生流沙的安全条件为：

$$Ki\gamma_w \leqslant \gamma_b \tag{2-4}$$

式中：$K$——安全系数；

$i$——水力梯度，$i=\dfrac{h'}{h_1+t}$。

由此可计算确定板桩要求的入土深度 $t$。

2）坑底隆起验算

开挖较深的软土基坑时，在坑壁土体自重和坑顶荷载作用下，坑底软土可能发生隆起现象。常用简化方法验算，即假定地基破坏时会发生如图 2-30 所示滑动面，其滑动面圆心在最底层支撑点 $A$ 处，半径为 $x$，垂直面上的抗滑阻力不予考虑，则滑动力矩为：

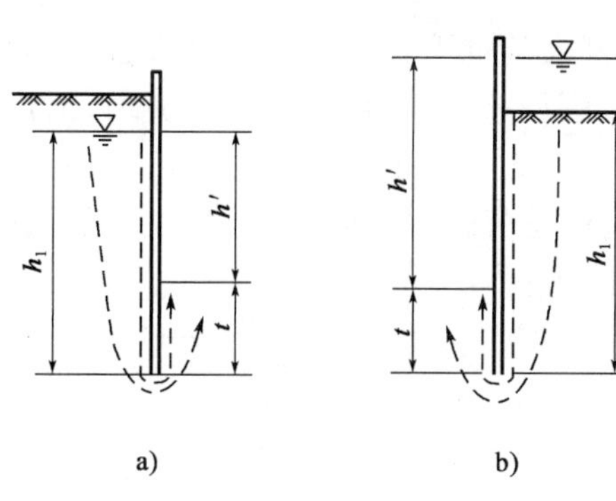


图 2-29 基坑抽水后水头差引起的渗流

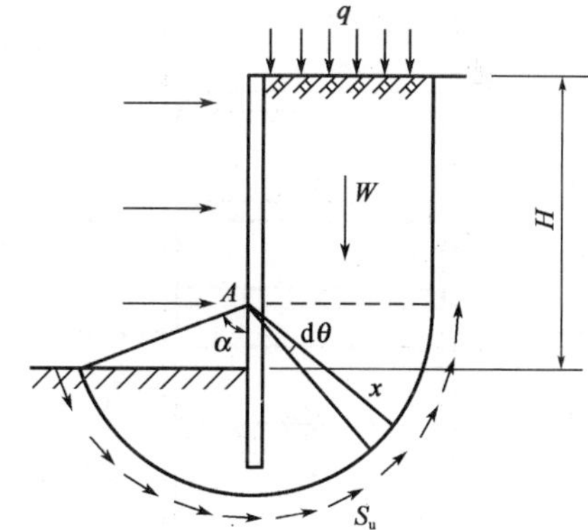


图 2-30 板桩支护的软土滑动面假设

$$M_d=(q+rH)\frac{x^2}{2} \tag{2-5}$$

稳定力矩为：

$$M_\gamma = x\int_0^{\frac{\pi}{2}+\alpha} S_u x \mathrm{d}\theta \quad \alpha < \frac{\pi}{2} \tag{2-6}$$

式中：$S_u$——滑动面上不排水抗剪强度，如土为饱和软黏土，则 $\varphi=0$，$S_u=c_u$。

$M_\gamma$ 与 $M_d$ 之比即为安全系数 $K_s$，如基坑处地层土质均匀，则安全系数为：

$$K_s = \frac{(\pi + 2\alpha)S_u}{\gamma H + q} \geqslant 1.2$$

### 2.3.6 封底混凝土厚度计算

钢板桩围堰进行水下混凝土封底后，将围堰内的水抽干，再修筑基础和墩身。水抽干后因围堰内外水头差，封底混凝土底面将受到向上的静水压力，假定板桩围堰和封底混凝土之间的黏结作用可靠，当板桩打入基底以下深度不大时，封底混凝土及围堰有可能被水浮起；当板桩打入基坑下较深时，则封底混凝土可能向上挠曲而折裂。因此，封底混凝土应有足够的厚度，以确保围堰安全。

1）以围堰抗浮稳定性控制封底混凝土厚度

作用在封底层的浮力由封底混凝土和围堰自重以及板桩和土的摩阻力来平衡。当板桩打入基底以下深度不大时，主要靠封底混凝土自重平衡浮力，设封底混凝土最小厚度为 $x$，如图 2-31所示，则：

$$\gamma_c x = \gamma_w(\mu h + x)$$

$$x = \frac{\mu\gamma_w}{\gamma_c - \gamma_w}h \tag{2-7}$$

式中：$\mu$——考虑未计算桩土间摩阻力和围堰自重的修正系数，小于1，具体数值由经验确定；

$\gamma_w$——水的重度，取 10kN/m$^3$；

$\gamma_c$——混凝土重度，取 23kN/m$^3$；

$h$——封底混凝土顶面处水头高度（m）。

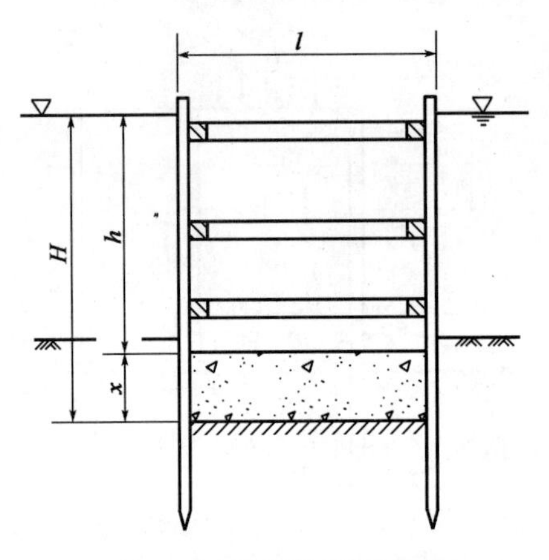

图 2-31 封底混凝土最小厚度

2）以封底混凝土抗弯拉应力控制封底混凝土厚度

如板桩打入基坑下较深，板桩与土之间摩阻力较大，封底及围堰整体不会被水浮起，此时，封底混凝土厚度应由其抗弯拉强度确定。假定封底层为一简支单向板，所受荷载为自重和静水压力，其顶面处的弯曲拉应力为：

$$p_{max} = \frac{1}{8}\frac{pl^2}{W} = \frac{l^2}{8}\frac{(h + x)\gamma_w - \gamma_c x}{\frac{1}{6}x^2} \leqslant [p]$$

经整理得：

$$\frac{4}{3} \times \frac{[p]}{l^2}x^2 + \gamma_c x - \gamma_w h = 0 \tag{2-8}$$

式中：$W$——封底层单位宽度断面的截面模量（m$^3$）；

$l$——围堰窄边宽度（m）；

$[p]$——封底混凝土容许弯曲拉应力，考虑水下混凝土表层质量较差、养护时间短等因素，不宜取值过高，一般用 100～200kPa。

由此可解得封底混凝土层厚 $x$。封底混凝土灌注时，厚度宜比计算值超过 0.25～0.50m，以便在抽水后将顶层浮浆、软弱层凿除，以保证质量。当需要按照双向板计算封底混凝土层厚度时，可参照第 5 章沉井基础式（5-45）进行。

# 2.4 刚性扩大基础的设计

## 2.4.1 基础埋置深度的确定

确定基础的埋置深度是地基基础设计的重要步骤,它涉及建筑物的安全、稳定及正常使用。确定基础的埋置深度时,必须综合考虑地基的地质和地形条件、河流的冲刷程度、当地的冻结深度、上部结构形式以及保证持力层稳定所需的最小埋深和施工技术条件、造价等因素。对于某一具体工程而言,往往是其中一两种因素起决定性作用,所以在设计时,必须从实际出发,抓住控制性因素,确定合理的埋置深度。

1)地基的地质条件

地质条件是确定基础埋置深度的重要因素之一。对于岩石地基,如覆盖土层(包括风化层)较薄,一般应清除覆盖土和风化层,将基础直接修建在新鲜岩面上;如风化层很厚,难以全部清除,则基础置于风化层中,其埋置深度应根据其风化程度、冲刷深度及风化层相应地基承载力容许值来确定。如岩层表面倾斜,不得将基础的一部分置于岩层上,而另一部分则置于土层上,以防基础因不均匀沉降而发生倾斜甚至断裂。在陡峭山坡上修建桥台时,还应注意岩体自身的稳定性。

当基础埋置在非岩石地基上,基础埋置深度可由地基土的承载能力和沉降特性来确定。当地层为多层土组成,应通过详细计算和方案比较后确定基础埋置深度。

2)河流的冲刷深度

如图 2-32 所示,修建跨河桥梁时,由于墩台挤压原有过水断面,将引起整个河床断面的冲刷,即一般冲刷;同时由于墩台的阻水作用,将在墩台附近形成冲刷坑,即局部冲刷。

涵洞基础,在无冲刷处(岩石地基除外),应设在地面或河床底以下埋深不小于 1m 处;如有冲刷,基底埋深应在局部冲刷线以下不小于 1m。如河床上有铺砌层时,基础底面宜设置在铺砌层顶面以下不小于 1m。

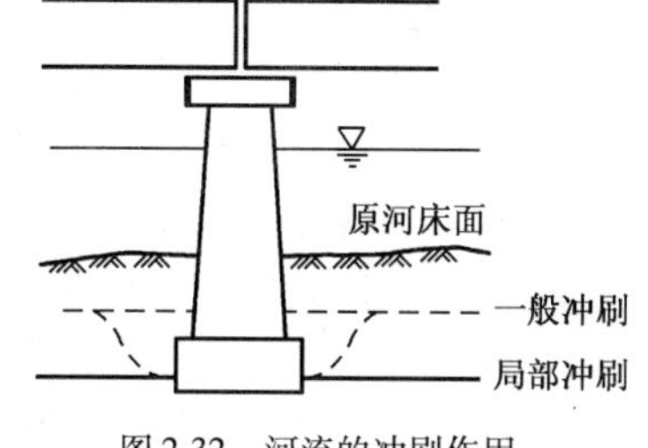

图 2-32 河流的冲刷作用

非岩石河床桥梁墩台基底埋深安全值可按表 2-6 采用。

基底埋深安全值(单位:m) 表 2-6

| 桥梁类别 \ 总冲刷深度(m) | 0 | 5 | 10 | 15 | 20 |
|---|---|---|---|---|---|
| 大桥、中桥、小桥(不铺砌) | 1.5 | 2.0 | 2.5 | 3.0 | 3.5 |
| 特大桥 | 2.0 | 2.5 | 3.0 | 3.5 | 4.0 |

注:1. 总冲刷深度为自河床面算起的河床自然演变冲刷、一般冲刷与局部冲刷深度之和。

2. 表列数值为墩台基底埋入总冲刷深度以下的最小值;若对设计流量、水位和原始断面资料无把握或不能获得河床演变准确资料时,其值宜适当加大。

3. 若桥位上下游有已建桥梁,应调查已建桥梁的特大洪水冲刷情况,新建桥梁墩台基础埋置深度不宜小于已建桥梁的冲刷深度且酌加必要的安全值。

4. 如河床上有铺砌层时,基础底面宜设置在铺砌层顶面以下不小于 1m。

在计算冲刷深度时，尚应考虑其他可能产生的不利因素，如因水利规划使河道变迁，水文资料不足或河床为变迁性和不稳定河段等时，表2-6所列数值应适当加大。

位于河槽的桥台，当其最大冲刷深度小于桥墩总冲刷深度时，桥台基底的埋深应与桥墩基底相同。当桥台位于河滩时，对河槽摆动不稳定河流，桥台基底高程应与桥墩基底高程相同；在稳定河流上，桥台基底高程可按照桥台冲刷结果确定。

3）当地的冻结深度

在寒冷地区，应考虑由于季节性冻融循环引起的地基冻胀影响。

冬季气温下降，地表以下一定深度内达到0℃以下，孔隙水分开始冻结。暖土层的孔隙水向冻结面迁移，导致冻结面冰层聚集，且水冻结后体积膨胀，因此引起地基的冻胀和隆起，致使基础遭受损坏。为了保证建筑物不受地基土季节性冻胀的影响，《公路桥涵地基与基础设计规范》（JTG D63—2007）规定，当墩台基底设置在不冻胀土层中时，基底埋深可不受冻深的限制。上部为外超静定结构的桥涵基础，其地基为冻胀土层时，应将基底埋入冻结线以下不小于0.25m。对静定结构的基础，一般也按此要求，但在冻结较深地区，为了减少基础埋深，有些类别的冻土经计算后也可将基底置于冻结线以上。冻土分类和有关的计算方法详见第8.3节。

我国幅员辽阔，地理气候不一，各地冻结深度应按实测资料确定。无资料时，可参照《公路桥涵地基与基础设计规范》（JTG D63—2007）中标准冻深线图，并结合实地调查确定。

4）上部结构形式

上部结构的形式不同，对基础产生的沉降限值不同。对于中、小跨度简支梁桥等静定结构，这项因素对确定基础的埋置深度影响不大。但对于无铰拱等超静定结构，即使基础发生较小的不均匀沉降也会引起很大的附加内力。因此，为了减少水平位移和沉降差值，有时需将基础设置在埋藏较深的坚实土层上。

5）当地的地形条件

当墩台、挡土墙等结构位于较陡的土坡上，在确定基础埋深时，还应考虑土坡连同结构物基础的整体滑动稳定性。若基础位于较陡的岩体上，可将基础做成台阶形，但要注意岩体的稳定性。基础前缘至岩层坡面间必须留有适当的安全距离，其数值与持力层岩石（或土）的类别及斜坡坡度等因素有关。根据挡土墙设计要求，基础前缘至斜坡面间的安全距离及基础嵌入地基中的深度 $h$ 与持力层岩石（或土）类的关系见表2-7，在设计桥梁基础时也可作参考。但因桥梁基础承受荷载大，而且受力复杂，故采用表2-7所列 $l$ 值时宜适当增大，必要时应降低地基承载力允许值，以防止近边缘部分地基下沉过大。

**斜坡上基础埋深与持力层土类关系** 表2-7

| 持力层土类 | $h$(m) | $l$(m) | 示意图 |
|---|---|---|---|
| 较完整的坚硬岩石 | 0.25 | 0.25～0.50 | h, l |
| 一般岩石（如砂页岩互层等） | 0.60 | 0.60～1.50 | |
| 松软岩石（如千枚岩等） | 1.00 | 1.00～2.00 | |
| 砂类砾石及土层 | ≥1.00 | 1.50～2.50 | |

另外，由于在测定地基承载力容许值并纳入规范时，一般是在地层水平的情况下测定的，因而当地基为倾斜土坡时，应结合实际情况，予以适当折减。

6）保证持力层稳定所需的最小埋置深度

地表土在温度、湿度、化学物质、人类及动物活动，以及植物的生长等因素的影响下，发生一定的风化和土层结构的改变，从而影响其强度和稳定，所以地表土不宜作为持力层。为了保证地基和基础的稳定性，基础的埋置深度（除岩石地基外）应在天然地面或无冲刷河底以下不小于1m。

除此以外，在确定基础埋置深度时，还应考虑相邻建筑物的影响，如新建筑物基础比原有建筑物基础深，则施工挖土有可能影响原有基础的稳定。施工技术条件（施工设备、排水条件、支撑要求等）及经济分析等对基础埋深也有一定影响，也应予以考虑。

上述影响基础埋深的因素不仅适用于天然地基上的浅基础，同样适用于其他类型的基础。

现举一简例来说明如何较为合理地确定基础埋置深度和选择持力层。

某河流的水文资料和土层分布及其承载力容许值如图2-33所示。没有邻近结构影响，施工技术条件有充分保证。

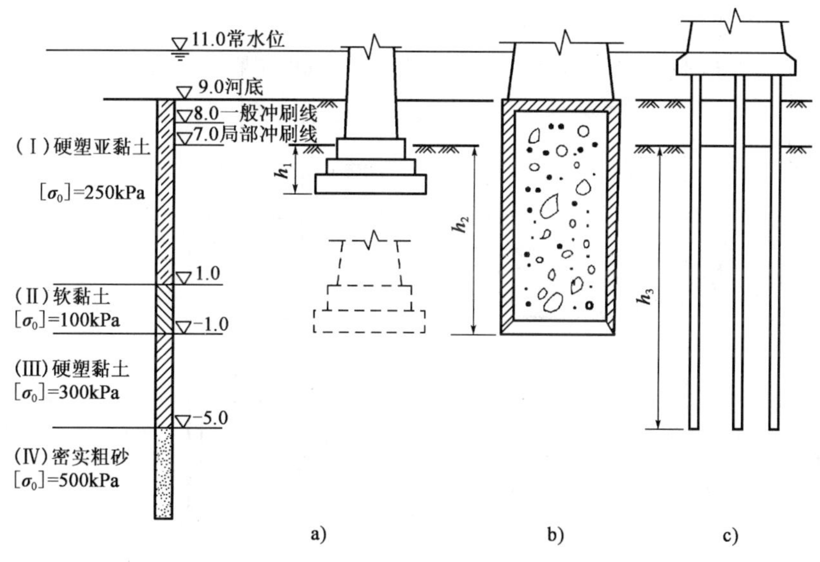


图2-33 基础埋深的不同方案（高程单位：m）

a）第一方案；b）第二方案；c）第三方案

未提及冻结问题，所在河流常年有水且水深较大，因此即使冬季冻结一般也不会波及到水下的河床，所以可以排除上述因素3）；上部结构为静定体系，因此可以排除因素4）；未显示河床断面地形倾斜，因此可以排除因素5）；桥位处非旱地，且有冲刷，所以可以排除因素6）。

分析地质条件，土层（Ⅰ）（Ⅱ）（Ⅲ）均可作为持力层。结合冲刷条件，第一方案采用浅基础，根据最大冲刷线确定其最小埋置深度，即在最大冲刷线以下 $h_1=2$m，然后验算土层（Ⅰ）（Ⅱ）的承载力是否满足要求。如这一方案不能通过，就应按地质条件将基底设置在土层（Ⅲ）上，但埋深 $h_2$ 达8m以上，若继续采用浅基础，则要考虑大开挖施工方案的技术可能性和经济合理性。因此也可考虑第二方案沉井基础，基底置于土层（Ⅲ）上，或第三方案桩基础，桩底置于土层（Ⅳ）中。对比第二、第三方案的施工便利程度、工期和造价等因素，从中选优。

## 2.4.2 刚性扩大基础尺寸的拟定

刚性扩大基础尺寸拟定，主要包括基础厚度及分层设计和基础平面尺寸设计。

基础厚度：应根据墩、台身结构形式，荷载大小，选用的基础材料等因素来确定。基底高程应按基础埋深的要求确定。水中基础顶面一般不高于最低水位，在季节性河流或旱地基础，则不宜高出地面，以防碰损。基础厚度可按上述要求所确定的基础底面和顶面高程初步求得。在一般情况下，大、中桥混凝土基础厚度在 1.0 ~ 3.0m。

基础平面尺寸如图 2-34 所示，基础平面形式一般应考虑墩、台身底面的形状而确定，基础平面形状常用矩形。基础底面长宽尺寸与高度有如下的关系式：

长度（横桥向）

$$a = l + 2H\tan\alpha$$

宽度（顺桥向）

$$b = d + 2H\tan\alpha$$

式中：$l$ ——墩、台身底截面长度（m）；

$d$ ——墩、台身底截面宽度（m）；

$H$ ——基础厚度（m）；

$\alpha$ ——墩、台身底截面边缘至基础边缘连线与垂线间的夹角，即扩展角。

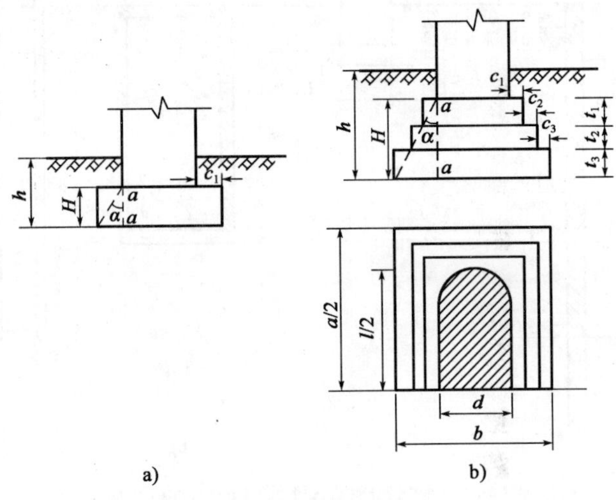


图 2-34　刚性扩大基础剖面、平面图

基础剖面尺寸：刚性扩大基础的剖面形式一般做成矩形或台阶形，如图 2-34 所示。自墩、台身底边缘至基顶边缘距离 $c_1$ 称襟边，其作用一方面是扩大基底面积降低基底压应力，便于调整基础施工时在平面尺寸上可能发生的误差，并满足支立墩、台身模板的需要。其值应视基底面积的要求、基础厚度及施工方法而定。桥梁墩台基础襟边最小值为 200 ~ 300mm。

基础较厚（超过 1m 以上）时，可将基础的剖面设计成台阶形，如图 2-34b）所示。

基础悬出总长度（襟边与台阶宽度之和）按前面刚性基础的定义，应使悬出部分在基底反力作用下，在 $a$-$a$ 截面所产生的弯曲拉应力和剪应力不超过基础圬工的强度限值。满足上述要求时，得到墩台身边缘与基底边缘连线与垂线间的最大夹角 $\alpha_{max}$，称为刚性角。在设计时，应使每个台阶宽度 $c_i$ 与厚度 $t_i$ 均满足 $\alpha_i \leqslant \alpha_{max}$，这时可认为属刚性基础，不必对基础进行弯曲拉应力和剪应力的强度验算，在基础中也可不设置受力钢筋。刚性角 $\alpha_{max}$ 的数值是与基础所用的圬工材料强度有关。根据试验，常用的基础材料的刚性角 $\alpha_{max}$ 值可按下面提供的数值取用：

砖、片石、块石、粗料石砌体，当用 M5 以下砂浆砌筑时，$\alpha_{max} \leqslant 30°$；

砖、片石、块石、粗料石砌体，当用 M5 以上砂浆砌筑时，$\alpha_{max} \leqslant 35°$；

混凝土浇筑时，$\alpha_{max} \leqslant 40°$。

基础每层台阶高度 $t_i$，通常为 0.50 ~ 1.00m，在一般情况下各层台阶宜采用相同厚度。

所拟定的基础尺寸，应在可能的最不利荷载组合的条件下，能够保证基础本身有足够的结构强度，并使地基与基础的承载力和稳定性均能满足要求，且经济合理。

## 2.5 刚性扩大基础的验算

刚性扩大基础的验算内容包括：地基承载力容许值的确定、地基承载力的验算等、基底合力偏心距验算、基础稳定性和地基稳定性验算、基础沉降验算等。刚性扩大基础作为浅基础，验算中不计入基础周围土体对基础的摩阻力和法向弹性抗力给予基础的支撑作用。

### 2.5.1 地基承载力容许值的确定

地基承载力容许值的确定一般有以下三种方法：

①根据现场荷载试验的 $p$-$s$ 曲线确定。

②按地基承载力理论公式计算。

③按现行规范提供的经验公式计算。

设计中应尽可能采用载荷试验或其他原位测试取得地基承载力容许值。当没有条件进行现场测试时，对一般性桥梁可按现行规范规定的方法确定地基承载力容许值。

《公路桥涵地基与基础设计规范》(JTG D63—2007)规定地基设计采用正常使用极限状态，所选定的地基承载力为地基承载力容许值，这是由于土是大变形材料，当荷载增加时，地基变形相应增长，地基承载力也在逐渐增大，很难界定出一个真正的"极限值"；另外桥涵结构物的有一个使用功能要求，常常是地基承载力还有潜力可挖，而地基的变形却已经达到或超过按正常使用的限值，此时地基承载力容许值应取结构物容许沉降对应的地基承受荷载能力。

规范法确定地基承载力容许值包括以下几个步骤：

①确定土的分类名称，《公路桥涵地基与基础设计规范》(JTG D63—2007)将岩土划分为岩石、碎石土、砂土、粉土、黏性土和特殊性岩土。

②确定土的状态，依据每个分类土的技术指标，将该类土划分为不同的状态，例如砂土依据粒径组成划分为砾砂、粗砂、中砂、细砂和粉砂，又依据其密实度划分为松散、稍密、中密和密实状态。

③依据土的分类和状态，查《公路桥涵地基与基础设计规范》(JTG D63—2007)取得地基承载力基本容许值$[f_{a0}]$。

④根据工程情况，依据规范的规定，对地基承载力基本容许值$[f_{a0}]$进行修正，获得地基承载力容许值$[f_a]$。

1)地基岩土的分类及状态

(1)岩石

岩石为颗粒间连接牢固、呈整体或具有节理裂隙的地质体。依据其坚硬程度、完整程度、节理发育程度、软化程度和特殊性岩石再进一步划分。

岩石的坚硬程度应根据岩块的饱和单轴抗压强度标准值$f_{rk}$,按表2-8分为坚硬岩、较硬岩、较软岩、软岩和极软岩5个等级。当缺乏有关试验数据或不能进行该项试验时,可按《公路桥涵地基与基础设计规范》(JTG D63—2007)附录表A.0.1-1定性分级。岩石的风化程度可按该规范附录表A.0.1-2分为未风化、微风化、中风化、强风化、全风化5个等级。

**岩石坚硬程度分级** 表2-8

| 坚硬程度类别 | 坚硬岩 | 较硬岩 | 较软岩 | 软岩 | 极软岩 |
|---|---|---|---|---|---|
| 饱和单轴抗压强度标准值$f_{rk}$(MPa) | $f_{rk}>60$ | $60\geqslant f_{rk}>30$ | $30\geqslant f_{rk}>15$ | $15\geqslant f_{rk}>5$ | $f_{rk}\leqslant 5$ |

注:完整性指数为岩体纵波波速与岩块纵波波速之比的平方。

岩体完整程度根据完整性指数按表2-9分为完整、较完整、较破碎、破碎和极破碎5个等级。当缺乏有关试验数据时,可按《公路桥涵地基与基础设计规范》(JTG D63—2007)附录表A.0.1-3定性分级。

**岩体完整程度划分** 表2-9

| 完整程度等级 | 完整 | 较完整 | 较破碎 | 破碎 | 极破碎 |
|---|---|---|---|---|---|
| 完整性指数 | >0.75 | 0.75~0.55 | 0.55~0.35 | 0.35~0.15 | <0.15 |

岩体节理发育程度根据节理间距按表2-10分为节理很发育、节理发育、节理不发育3类。

**岩体节理发育程度的分类** 表2-10

| 程度 | 节理不发育 | 节理发育 | 节理很发育 |
|---|---|---|---|
| 节理间距(mm) | >400 | 200~400 | 20~200 |

岩石按软化系数可分为软化岩石和不软化岩石,当软化系数等于或小于0.75时,应定为软化岩石;当软化系数大于0.75时,定为不软化岩石。

当岩石具有特殊成分、特殊结构或特殊性质时,应定为特殊性岩石。如易溶性岩石、膨胀性岩石、崩解性岩石、盐渍化岩石等。

(2)碎石土

碎石土为粒径大于2mm的颗粒含量超过总质量50%的土。碎石土可按表2-11分为漂石、块石、卵石、碎石、圆砾和角砾6类。

**碎石土的分类** 表2-11

| 土的名称 | 颗粒形状 | 粒组含量 |
|---|---|---|
| 漂石 | 圆形及亚圆形为主 | 粒径大于200mm的颗粒含量超过总质量50% |
| 块石 | 棱角形为主 | |
| 卵石 | 圆形及亚圆形为主 | 粒径大于20mm的颗粒含量超过总质量50% |
| 碎石 | 棱角形为主 | |
| 圆砾 | 圆形及亚圆形为主 | 粒径大于2mm的颗粒含量超过总质量50% |
| 角砾 | 棱角形为主 | |

注:碎石土分类时应根据粒组含量从大到小以最先符合者确定。

碎石土的密实度,可根据重型动力触探锤击数 $N_{63.5}$ 按表 2-12 分为松散、稍密、中密、密实 4 级。当缺乏有关试验数据时,碎石土平均粒径大于 5mm 或最大粒径大于 100mm 时,按《公路桥涵地基与基础设计规范》(JTG D63—2007)附录表 A.0.2 鉴别其密实度。

**碎石土的密实度** 表 2-12

| 锤击数 $N_{63.5}$ | 密实度 | 锤击数 $N_{63.5}$ | 密实度 |
|---|---|---|---|
| $N_{63.5} \leqslant 5$ | 松散 | $10 < N_{63.5} \leqslant 20$ | 中密 |
| $5 < N_{63.5} \leqslant 10$ | 稍密 | $N_{63.5} > 20$ | 密实 |

注:1. 本表适用于平均粒径小于或等于 50mm 且最大粒径不超过 100mm 的卵石、碎石、圆砾、角砾。
2. 表内 $N_{63.5}$ 为经修正后锤击数的平均值,锤击数的修正按《公路桥涵地基与基础设计规范》(JTG D63—2007)附录 C 进行。

(3)砂土

砂土为粒径大于 2mm 的颗粒含量不超过总质量 50%、粒径大于 0.075mm 的颗粒超过总质量 50% 的土。砂土可按表 2-13 分为砾砂、粗砂、中砂、细砂和粉砂 5 类。

**砂土分类** 表 2-13

| 土的名称 | 粒组含量 |
|---|---|
| 砾砂 | 粒径大于 2mm 的颗粒含量占总质量 25% ~50% |
| 粗砂 | 粒径大于 0.5mm 的颗粒含量超过总质量 50% |
| 中砂 | 粒径大于 0.25mm 的颗粒含量超过总质量 50% |
| 细砂 | 粒径大于 0.075mm 的颗粒含量超过总质量 85% |
| 粉砂 | 粒径大于 0.075mm 的颗粒含量超过总质量 50% |

砂土的密实度可根据标准贯入锤击数按表 2-14 分为松散、稍密、中密、密实 4 级。

**砂土的密实度** 表 2-14

| 标准贯入锤击数 $N$ | 密实度 | 标准贯入锤击数 $N$ | 密实度 |
|---|---|---|---|
| $N \leqslant 10$ | 松散 | $15 < N \leqslant 30$ | 中密 |
| $10 < N \leqslant 15$ | 稍密 | $N > 30$ | 密实 |

(4)粉土

粉上为塑性指数 $I_P \leqslant 10$ 且粒径大于 0.075mm 的颗粒含量不超过总质量 50% 的土。粉土的密实度应根据孔隙比。划分为密实、中密和稍密;其湿度应根据天然含水率 $w$(%)划分为稍湿、湿、很湿。密实度和湿度的划分应分别符合表 2-15 和表 2-16 的规定。

**粉土密实度分类** 表 2-15

| 孔隙比 $e$ | 密实度 | 孔隙比 $e$ | 密实度 |
|---|---|---|---|
| $e < 0.75$ | 密实 | $e > 0.9$ | 稍密 |
| $0.75 \leqslant e \leqslant 0.9$ | 中密 | | |

**粉土湿度分类** 表 2-16

| 天然含水率 $w$(%) | 湿度 | 天然含水率 $w$(%) | 湿度 |
|---|---|---|---|
| $w < 20$ | 稍湿 | $w > 30$ | 很湿 |
| $20 \leqslant w \leqslant 30$ | 湿 | | |

(5)黏性土

黏性土为塑性指数 $I_P>10$ 且粒径大于0.075mm的颗粒含量不超过总质量50%的土。黏性土根据塑性指数按表2-17分为黏土和粉质黏土。

**黏性土的分类** 表2-17

| 塑性指数 $I_P$ | 湿度 | 塑性指数 $I_P$ | 湿度 |
|---|---|---|---|
| $I_P>17$ | 黏土 | $10<I_P\leqslant17$ | 粉质黏土 |

黏性土的软硬状态可根据液性指数 $I_L$ 按表2-18分为坚硬、硬塑、可塑、软塑、流塑5种状态。

**黏性土的状态** 表2-18

| 液性指数 $I_L$ | 状态 | 液性指数 $I_L$ | 状态 |
|---|---|---|---|
| $I_L\leqslant0$ | 坚硬 | $0.75<I_L\leqslant1$ | 软塑 |
| $0<I_L\leqslant0.25$ | 硬塑 | $I_L>1$ | 流塑 |
| $0.25<I_L\leqslant0.75$ | 可塑 | | |

黏性土可根据沉积年代按表2-19分为老黏性土、一般黏性土和新近沉积黏性土。

**黏性土的沉积年代分类** 表2-19

| 沉积年代 | 土的分类 | 沉积年代 | 土的分类 |
|---|---|---|---|
| 第四纪晚更新世($Q_3$)及以前 | 老黏性土 | 第四纪全新世($Q_4$)以后 | 新近沉积黏性土 |
| 第四纪全新世($Q_4$) | 一般黏性土 | | |

(6)特殊性岩土

特殊性岩土是具有一些特殊成分、结构和性质的区域性土，包括软土、膨胀土、湿陷性土、红黏土、冻土、盐渍土和填土等。

①软土

软土为滨海、湖沼、谷地、河滩等处天然含水率高、天然孔隙比大、抗剪强度低的细粒土，其鉴别指标应符合表2-20规定，包括淤泥、淤泥质土、泥炭、泥炭质土等。

**软土地基鉴别指标** 表2-20

| 指标名称 | 天然含水率 $w$(%) | 天然孔隙比 $e$ | 直剪内摩擦角 $\varphi$(°) | 十字板剪切强度 $c_u$(MPa) | 压缩系数 $\alpha_{1\text{-}2}$($MPa^{-1}$) |
|---|---|---|---|---|---|
| 指标值 | ≥或液限 | ≥1.0 | 宜小于5 | <35kPa | 宜小于0.5 |

淤泥为在静水或缓慢的流水环境中沉积，并经生物化学作用形成，其天然含水率大于液限、天然孔隙比大于或等于1.5的黏性土。

天然含水率大于液限而天然孔隙比小于1.5但大于或等于1.0的黏性土或粉土为淤泥质土。

②膨胀土

膨胀土为土中黏粒成分主要由亲水性矿物组成，同时具有显著的吸水膨胀和失水收缩特性，其自由膨胀率大于或等于40%的黏性土。

③湿陷性土

湿陷性土为浸水后产生附加沉降，其湿陷系数大于或等于0.015的土。

④红黏土

红黏土为碳酸盐岩系的岩石经红土化作用形成的高塑性黏土，其液限一般大于50。红黏土经再搬运后仍保留其基本特征且其液限大于45的土为次生红黏土。

⑤冻土

冻土为温度为0℃或负温，含有冰且与土颗粒呈胶结状态的土。

⑥盐渍土

盐渍土为土中易溶盐含量大于0.3%，并具有溶陷、盐胀、腐蚀等工程特性的土。

⑦填土

填土根据其组成和成因，可分为素填土、压实填土、杂填土、冲填土。

素填土为由碎石土、砂土、粉土、黏性土等组成的填土。经过压实或夯实的素填土为压实填土。杂填土为含有建筑垃圾、工业废料、生活垃圾等杂物的填土。冲填土为由水力冲填泥沙形成的填土。

2）地基承载力基本容许值$[f_{a0}]$

地基承载力基本容许值$[f_{a0}]$应首先考虑由载荷试验或其他原位测试取得，其值不应大于地基极限承载力的1/2；对中小桥、涵洞，当受现场条件限制，或载荷试验和原位测试确有困难时，也可根据岩土类别、状态及其物理力学特性指，按照如下《公路桥涵地基与基础设计规范》（JTG D63—2007）方法选用。

（1）一般岩石地基可根据强度等级、节理按表2-21确定承载力基本容许值$[f_{a0}]$。对于复杂的岩层（如溶洞、断层、软弱夹层、易溶岩石、软化岩石等）应按各项因素综合确定。

**岩石地基承载力基本容许值** 表2-21

| $[f_{a0}]$（kPa） 节理发育程度 / 坚硬程度 | 节理不发育 | 节理发育 | 节理很发育 |
|---|---|---|---|
| 坚硬岩、较硬岩 | >3 000 | 3 000 ~ 2 000 | 2 000 ~ 1 500 |
| 较软岩 | 3 000 ~ 1 500 | 1 500 ~ 1 000 | 1 000 ~ 800 |
| 软岩 | 1 200 ~ 1 000 | 1 000 ~ 800 | 800 ~ 500 |
| 极软岩 | 500 ~ 400 | 400 ~ 300 | 300 ~ 200 |

（2）碎石土土地基可根据其类别和密实程度按表2-22确定承载力基本容许值$[f_{a0}]$。

**碎石土地基承载力基本容许值** 表2-22

| $[f_{a0}]$（kPa） 密实度 / 土名及水位情况 | 密　实 | 中等密实 | 稍　密 | 松　散 |
|---|---|---|---|---|
| 卵石 | 1 200 ~ 1 000 | 1 000 ~ 650 | 650 ~ 500 | 500 ~ 300 |
| 碎石 | 1 000 ~ 800 | 800 ~ 550 | 550 ~ 400 | 400 ~ 200 |
| 圆砾 | 800 ~ 600 | 600 ~ 400 | 400 ~ 300 | 300 ~ 200 |
| 角砾 | 700 ~ 500 | 500 ~ 400 | 400 ~ 300 | 300 ~ 200 |

注：1. 由硬质岩组成，填充砂土者取高值；由软质岩组成，填充黏性土者取低值。

2. 半胶结的碎石土，可按密实的同类土的$[f_{a0}]$值提高10% ~30%。

3. 松散的碎石土在天然河床中很少遇见，需特别注意鉴定。

4. 漂石、块石的$[f_{a0}]$值，可参照卵石、碎石适当提高。

(3)砂土地基可根据土的密实度和水位情况按表2-23确定承载力基本容许值[$f_{a0}$]。

**砂土地基承载力基本容许值[$f_{a0}$]** 表2-23

| [$f_{a0}$](kPa) 密实度 / 土名及水位情况 | | 密实 | 中等密实 | 稍密 | 松散 |
|---|---|---|---|---|---|
| 砾砂、粗砂 | 与湿度无关 | 550 | 430 | 370 | 200 |
| 中砂 | 与湿度无关 | 450 | 370 | 330 | 150 |
| 细砂 | 水上 | 350 | 270 | 230 | 100 |
| | 水下 | 300 | 210 | 190 | — |
| 粉砂 | 水上 | 300 | 210 | 190 | — |
| | 水下 | 200 | 110 | 90 | — |

(4)粉土地基可根据土的天然孔隙比 $e$ 和天然含水率 $w(\%)$ 按表2-24确定承载力基本容许值[$f_{a0}$]。

**粉土地基承载力基本容许值[$f_{a0}$]** 表2-24

| [$f_{a0}$](kPa) $w(\%)$ / $e$ | 10 | 15 | 20 | 25 | 30 | 35 |
|---|---|---|---|---|---|---|
| 0.5 | 400 | 380 | 355 | — | — | — |
| 0.6 | 300 | 290 | 280 | 270 | — | — |
| 0.7 | 250 | 235 | 225 | 215 | 205 | — |
| 0.8 | 200 | 190 | 180 | 170 | 165 | — |
| 0.9 | 160 | 150 | 145 | 140 | 130 | 125 |

(5)老黏性土地基可根据压缩模量 $E_s$,按表2-25确定承载力基本容许值[$f_{a0}$]。

**老黏性土地基承载力基本容许值[$f_{a0}$]** 表2-25

| $E_s$(MPa) | 10 | 15 | 20 | 25 | 30 | 35 | 40 |
|---|---|---|---|---|---|---|---|
| [$f_{a0}$] | 380 | 430 | 470 | 510 | 550 | 580 | 620 |

注:当老黏性土 $E_s<10$MPa时,承载力基本容许值[$f_{a0}$]按一般黏性土表2-26确定。

(6)一般黏性土可根据液性指数 $I_L$ 和天然孔隙比 $e$ 按表2-26确定地基承载力基本容许值[$f_{a0}$]。

**一般黏性土地基承载力基本容许值[$f_{a0}$]** 表2-26

| [$f_{a0}$](kPa) $I_L$ / $e$ | 0 | 0.1 | 0.2 | 0.3 | 0.4 | 0.5 | 0.6 | 0.7 | 0.8 | 0.9 | 1.0 | 1.1 | 1.2 |
|---|---|---|---|---|---|---|---|---|---|---|---|---|---|
| 0.5 | 450 | 440 | 430 | 420 | 400 | 380 | 350 | 310 | 270 | 240 | 220 | — | — |
| 0.6 | 420 | 410 | 400 | 380 | 360 | 340 | 310 | 280 | 250 | 220 | 200 | 180 | — |
| 0.7 | 400 | 370 | 350 | 330 | 310 | 290 | 270 | 240 | 220 | 190 | 170 | 160 | 150 |
| 0.8 | 380 | 330 | 300 | 280 | 260 | 240 | 230 | 210 | 180 | 160 | 150 | 140 | 130 |

续上表

| $[f_{a0}]$(kPa) $I_L$ / $e$ | 0 | 0.1 | 0.2 | 0.3 | 0.4 | 0.5 | 0.6 | 0.7 | 0.8 | 0.9 | 1.0 | 1.1 | 1.2 |
|---|---|---|---|---|---|---|---|---|---|---|---|---|---|
| 0.9 | 320 | 280 | 260 | 240 | 220 | 210 | 190 | 180 | 160 | 140 | 130 | 120 | 100 |
| 1.0 | 250 | 230 | 220 | 210 | 190 | 170 | 160 | 150 | 140 | 120 | 110 | — | — |
| 1.1 | — | — | 160 | 150 | 140 | 130 | 120 | 110 | 100 | 90 | — | — | — |

注:1. 土中含有粒径大于2mm的颗粒质量超过总质量30%以上者,$[f_{a0}]$可适当提高。

2. 当$e<0.5$,取$e=0.5$;当$I_L<0$,取$I_L=0$。此外,超过表列范围的一般黏性土,$[f_{a0}]=57.22E_s^{0.57}$。

(7)新近沉积黏性土地基可根据液性指数$I_L$和天然孔隙比$e$按表2-27确定承载力基本容许值$[f_{a0}]$。

**新近沉积黏性土地基承载力基本容许值$[f_{a0}]$** 表2-27

| $[f_{a0}]$(kPa) $I_L$ / $e$ | ≤0.25 | 0.75 | 1.25 |
|---|---|---|---|
| ≤0.8 | 140 | 120 | 100 |
| 0.9 | 130 | 110 | 90 |
| 1.0 | 120 | 100 | 80 |
| 1.1 | 110 | 90 | — |

3)地基承载力容许值$[f_a]$的确定

(1)依据基底埋深、基础宽度的修正

$$[f_a]=[f_{a0}]+k_1\gamma_1(b-2)+k_2\gamma_2(h-3) \tag{2-9}$$

式中:$[f_a]$——地基承载力容许值(kPa);

$b$——基础底面的最小边宽(m),当$b<2$ m时,取$b=2$m;当$b>10$ m时,取$b=10$ m;

$h$——基底埋置深度(m),自天然地面起算,有水流冲刷时自一般冲刷线起算;当$h<3$ m时,取$h=3$ m;当$h/b>4$时,取$h=4b$;

$k_1$、$k_2$——基底宽度、深度修正系数,根据基底持力层土的类别按表2-28确定;

$\gamma_1$——基底持力层土的天然重度(kN/m$^3$),若持力层在水面以下且为透水者,应取浮力重度;

$\gamma_2$——基底以上土层的加权平均重度(kN/m$^3$),换算时若持力层在水面以下,且不透水时,不论基底以上土的透水性质如何,一律取饱和重度;当透水时,水中部分土层则应取浮重度。

(2)依据水深的修正

当基础位于水中不透水地层上时,$[f_a]$按平均常水位至一般冲刷线的水深每米再增大10kPa。

(3)软土、特殊性岩土地基承载力容许值

软土地基承载力容许值可按照《公路桥涵地基与基础设计规范》(JTG D63—2007)3.3.5条确定,在此不赘述。其他特殊性岩土地基承载力基本容许值可参照各地区经验或相应的标准确定。

地基土承载力宽度、深度修正系数 $k_1$、$k_2$　　表 2-28

| 土类<br>系数 | 黏性土 | | | | 粉土 | 砂土 | | | | | | | | 碎石土 | | | |
|---|---|---|---|---|---|---|---|---|---|---|---|---|---|---|---|---|---|
| | 老黏性土 | 一般黏性土 | | 新近沉积黏土 | — | 粉砂 | | 细砂 | | 中砂 | | 砾砂、粗砂 | | 碎石、圆砾、角砾 | | 卵石 | |
| | | $I_L \geq 0.5$ | $I_L < 0.5$ | | — | 中密 | 密实 | 中密 | 密实 | 中密 | 密实 | 中密 | 密实 | 中密 | 密实 | 中密 | 密实 |
| $k_1$ | 0 | 0 | 0 | 0 | 0 | 1.0 | 1.2 | 1.5 | 2.0 | 2.0 | 3.0 | 3.0 | 4.0 | 3.0 | 4.0 | 3.0 | 4.0 |
| $k_2$ | 2.5 | 1.5 | 2.5 | 1.0 | 1.5 | 2.0 | 2.5 | 3.0 | 4.0 | 4.0 | 5.5 | 5.0 | 6.0 | 5.0 | 6.0 | 6.0 | 10.0 |

注:1. 对于稍密和松散状态的砂、碎石土,$k_1$、$k_2$ 值可采用表列中密值的 50%。

2. 强风化和全风化的岩石,可参照所风化成的相应土类取值;其他状态下的岩石不修正。

4)地基承载力容许值的抗力系数 $\gamma_R$

地基承载力容许值 $[f_a]$ 应根据地基受荷阶段及受荷情况,乘以下列规定的抗力系数 $\gamma_R$。

(1)使用阶段

①当地基承受作用短期效应组合或作用效应偶然组合时,可取 $\gamma_R = 1.25$;但对承载力容许值 $[f_a]$ 小于 150kPa 的地基,应取 $\gamma_R = 1.0$。

②当地基承受的作用短期效应组合仅包括结构自重、预加力、土重、土侧压力、汽车和人群效应时,应取 $\gamma_R = 1.0$。

③当基础建于经多年压实未遭破坏的旧桥基(岩石旧桥基除外)上时,不论地基承受的作用情况如何,抗力系数均可取 $\gamma_R = 1.5$;对 $[f_a]$ 小于 150MPa 的地基可取 $\gamma_R = 1.25$。

④基础建于岩石旧桥基上,应取 $\gamma_R = 1.0$。

(2)施工阶段

①地基在施工荷载作用下,可取 $\gamma_R = 1.25$。

②当墩台施工期间承受单向推力时,可取 $\gamma_R = 1.5$。

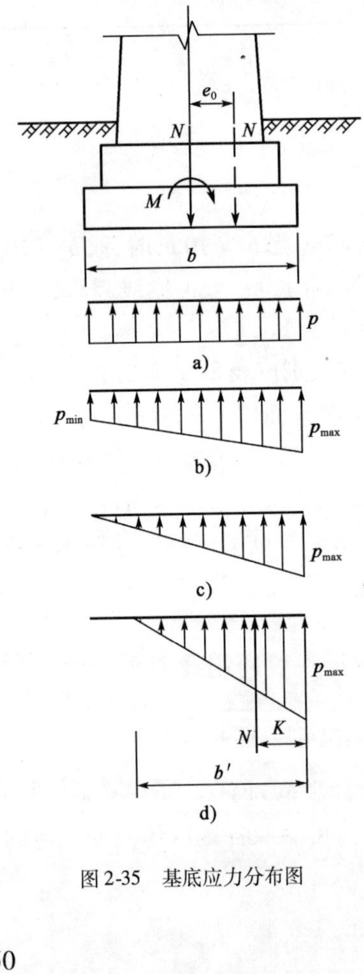

图 2-35　基底应力分布图

## 2.5.2　地基承载力验算

地基承载力验算包括持力层承载力验算、软弱下卧层承载力验算。

1)持力层承载力验算

持力层是指直接与基底相接触的土层。如图 2-35a)所示,当基底只承受轴心荷载时:

$$p = \frac{N}{A} \leq [f_a]$$

式中:$p$——基底平均压应力(kPa);

$N$——用短期效应组合在基底产生的竖向力(kN);

$A$——基础底面面积($m^2$);

$[f_a]$——基底处持力层地基承载力容许值(kPa)。

当基底单向偏心受压,承受竖向力 $N$ 和弯矩 $M$ 共同

作用时,除满足式(2-10)外,尚应符合下列条件:

$$p_{\substack{max\\min}} = \frac{N}{A} \pm \frac{M}{W} \leqslant \gamma_R[f_a] \tag{2-10}$$

式中:$\gamma_R$——地基承载力容许值抗力系数;

$p$——基底压应力(kPa);

$M$——作用短期效应组合产生于墩台的水平力和竖向力对基底重心轴的弯矩(kN·m);

$W$——基础底面偏心方向面积抵抗矩($m^3$),对如图2-35所示矩形基础,$W=\frac{1}{6}ab^2=\rho A$,$\rho$为基底核心半径,其计算见式(2-17)。

式(2-10)也可改写为:

$$p_{\substack{max\\min}} = \frac{N}{A} \pm \frac{Ne_0}{\rho A} = \frac{N}{A}\left(1 \pm \frac{e_0}{\rho}\right) \leqslant \gamma_R[f_a] \tag{2-11}$$

从式(2-11)分析可知:

当$e_0=0$时,基底压力均匀分布,压应力分布图为矩形[图2-35a)]。

当$e_0<\rho$时,$1\pm\frac{e_0}{\rho}>0$,基底压应力分布图为梯形[图2-35b)]。

当$e_0=\rho$时,$1-\frac{e_0}{\rho}=0$,这时$p_{min}=0$,基底压应力分布图为三角形[图2-35c)]。

当$e_0>\rho$时,$1-\frac{e_0}{\rho}<0$,则$p_{min}<0$,说明一侧的基础与地基之间出现了拉应力。基底与地基之间不能承受拉应力,所以对非岩石地基,需重新设计。对岩石地基,需考虑基底应力重分布,并假定全部荷载由受压部分承担,基底压应力仍按三角形分布[图2-35d)]。对矩形基础,受压区宽度为$b'$,则从三角形分布压应力与偏心竖向荷载平衡的条件可得:

$$\left.\begin{aligned} K &= \frac{1}{3}b' = \frac{b}{2} - e_0 \\ N &= \frac{1}{2}ab'p_{max} = \frac{1}{2}a \times 3 \times \left(\frac{b}{2} - e_0\right)p_{max} \end{aligned}\right\} \tag{2-12}$$

$$p_{max} = \frac{2N}{3a\left(\frac{b}{2} - e_0\right)} \tag{2-13}$$

式中:$b$——偏心方向基础底面的边长;

$a$——垂直于$b$边基础底面的边长。

对公路桥梁,通常基础横桥向的尺寸比顺桥向大得多,同时上部结构在横桥向布置多为对称,故一般由顺桥向控制基底应力计算。如图2-36所示,当基底双向偏心受压,如承受竖向力$N$和绕$x$轴弯矩$M_x$与绕$y$轴弯矩$M_y$共同作用时,除满足式(2-10)外,尚应满足:

$$p_{\substack{max\\min}} = \frac{N}{A} \pm \frac{M_x}{W_x} \pm \frac{M_y}{W_y} \leqslant \gamma_R[f_a] \tag{2-14}$$

式中:$M_x$、$M_y$——作用于基底的水平力和竖向力绕$x$轴、$y$轴的对基底的弯矩,$M_x=Ne_x$,

$M_y = Ne_y$;

$W_x$、$W_y$——基础底面偏心方向边缘绕 $x$ 轴、$y$ 轴的面积抵抗矩。

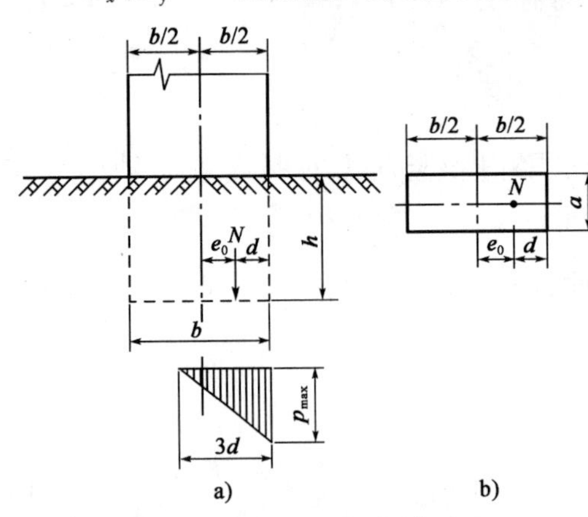


图 2-36　偏心竖直力作用在任意点

对式(2-10)和式(2-14)中的 $N$ 值及 $M$(或 $M_x$、$M_y$)值,应按能产生最大竖向力 $N_{max}$ 的最不利作用效应组合与此相对应的 $M$ 值,和可能产生最大力矩 $M_{max}$ 时的最不利作用效应组合与此相对应的 $N$ 值,分别进行基底应力计算,取其大者控制设计。

当设置在基岩上的墩台基础承受双向偏心压应力,且 $\frac{e_0}{\rho} > 1.0$ 时,墩台基底最大压应力为:

$$p_{max} = \lambda \frac{N}{A}$$

式中:$\lambda$——对矩形截面基础,按单向偏心距与对应方向边长之比,圆形截面,当偏心率 $n = \frac{e}{d} > 0.125$ 时,按照偏心率,查《公路桥涵地基与基础设计规范》(JTG D63—2007)附录 K 取得。

2)软弱下卧层承载力验算

当受压层范围内地基为多层土组成,且持力层以下有软弱下卧层时,还应验算软弱下卧层的承载力。验算时先计算软弱下卧层顶面的压应力(包括自重应力及附加力),压应力不得大于该处地基土的承载力容许值(图 2-37),即:

$$p_z = \gamma_1(h + z) + \alpha(p - \gamma_2 h) \leqslant \gamma_R[f_a] \tag{2-15}$$

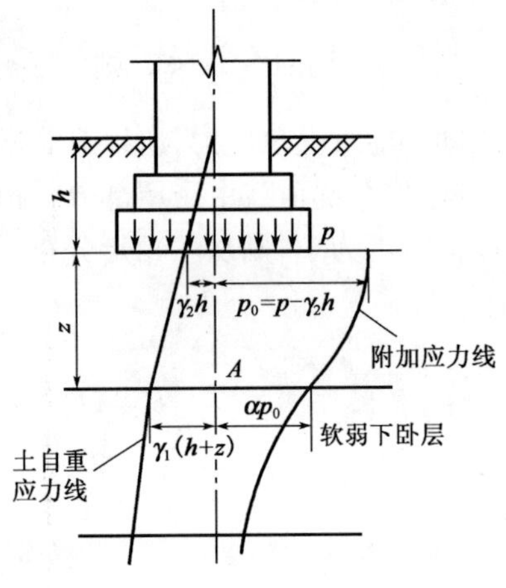


图 2-37　软弱下卧层承载力验算

式中:$p_z$——软弱下卧层顶面处的压应力(kPa);

$\gamma_1$——相应于深度 $h + z$ 以内土的换算重度(kN/m$^3$);

$\gamma_2$——深度 $h$ 范围内土层的换算重度(kN/m$^3$);

$h$——埋置深度(m);

$z$——从基底到软弱土层顶面的距离(m);

$\alpha$——基底中心下土中附加压应力系数,可按土力学教材或规范提供系数表查用;

$p$——基底压应力(kPa),当 $\frac{z}{b} > 1$ 时,$p$ 采用基底平均压应力;当 $\frac{z}{b} \leqslant 1$ 时,$p$ 按基底压应力图形采用距最大压应力点 $b/3 \sim b/4$ 处的压应力(对于梯形图形前后端压应力差值较大时,可采用上述 $b/4$ 点处的压应力值;反之,则采用上述 $b/3$ 处压应力值),以上 $b$ 为矩形基底的宽度;

$[f_a]$——软弱下卧层顶面处的地基承载力容许值(kPa)。

当软弱下卧层为压缩性高而且较厚的软黏土，或当上部结构对基础沉降有一定要求时，除承载力应满足上述要求外，还应验算包括软弱下卧层的基础沉降量。

### 2.5.3 基底合力偏心距验算

墩、台基础的设计计算，必须控制基底合力偏心距，其目的是尽可能使基底应力分布比较均匀，以免基底两侧应力相差过大，使基础产生较大的不均匀沉降，墩、台发生倾斜，影响正常使用。桥涵墩台基底的合力偏心距容许值$[e_0]$应符合表 2-29 的规定。

**墩台基底的合力偏心距容许值$[e_0]$** 表 2-29

| 作用情况 | 地基条件 | 合力偏心距 | 备注 |
|---|---|---|---|
| 墩台仅承受永久作用标准值效应组合 | 非岩石地基 | 桥墩$[e_0]\leqslant 0.1\rho$ | 拱桥、刚构桥墩台，其合力作用点应尽量保持在基底重心附近 |
| | | 桥台$[e_0]\leqslant 0.75\rho$ | |
| 墩台承受作用标准值效应组 | 非岩石地基 | $[e_0]\leqslant\rho$ | 拱桥单向推力墩不受限制，但应符合表 2-30 规定的抗倾覆稳定系数 |
| | 较破碎—极破碎岩石地基 | $[e_0]\leqslant 1.2\rho$ | |
| | 完整、较完整岩石地基地基条件 | $[e_0]\leqslant 1.5\rho$ | |

其中，基底以上外力合力作用点对基底形心轴的偏心距 $e_0$ 按下式计算：

$$e_0 = \frac{M}{N} \leqslant [e_0] \tag{2-16}$$

墩、台基础基底截面核心半径 $\rho$ 按下式计算：

$$\rho = \frac{W}{A} \tag{2-17}$$

基底承受单向或双向偏心受压的 $\rho$ 值可按下式计算：

$$\rho = \frac{e_0}{1 - \frac{P_{\min}A}{N}} \tag{2-18}$$

$$P_{\min} = \frac{N}{A} - \frac{M_x}{W_x} - \frac{M_y}{W_y}$$

式中：$P_{\min}$——基底最小压应力，当为负值时表示拉应力；

$e_0$——$N$ 作用点距截面重心的距离。

注意：$N$ 和 $P_{\min}$应在同一种荷载组合情况下求得。

### 2.5.4 基础稳定性和地基稳定性验算

在基础设计计算时，必须保证基础本身具有足够的稳定性。基础稳定性验算包括：基础抗倾覆稳定性验算和基础抗滑动稳定性验算。此外，对某些土质条件下的桥台、挡土墙还要验算地基的稳定性，以防桥台、挡土墙下地基的滑动。

1)基础稳定性验算

(1)基础抗倾覆稳定性验算

基础倾覆或倾斜除了地基的强度和变形原因外,往往在墩台承受较大的单向水平推力,且合力作用点相对基底位置较高时发生。如挡土墙或高桥台受侧向土压力作用,大跨度拱桥在施工中墩、台受到不平衡的推力,以及在多孔拱桥中一孔被毁等,此时在单向永久作用推力作用下,均可能引墩、台连同基础的倾覆和倾斜。

理论和实践证明,基础倾覆稳定性与合力的偏心距有关。合力偏心距越大,则基础抗倾覆的安全储备越小。因此,在设计时,可以用限制合力偏心距 $e_0$ 来保证基础的抗倾覆稳定性。桥涵墩台基础的抗倾覆稳定,按下式计算。

$$k_0 = \frac{s}{e_0} \tag{2-19}$$

$$e_0 = \frac{\sum P_i e_i + \sum H_i h_i}{\sum P_i} \tag{2-20}$$

式中:$k_0$——墩台基础抗倾覆稳定性系数;

$s$——在截面重心至合力作用点的延长线上,自截面重心至验算倾覆轴的距离(m);

$e_0$——所有外力的合力 $R$ 在验算截面的作用点对基底重心轴的偏心距(m);

$P_i$——不考虑其分项系数和组合系数的作用标准值组合或偶然作用(地震除外)标准值组合引起的竖向力(kN);

$e_i$——竖向力 $P_i$ 对验算截面重心的力臂(m);

$H_i$——不考虑其分项系数和组合系数的作用标准值组合或偶然作用(地震除外)标准值组合引起的水平力(kN);

$h_i$——水平力对验算截面的力臂(m)。

弯矩应视其绕验算截面重心轴的不同方向取正负号。如外力合力不作用在形心轴上[图 2-38b)]或基底截面有一个方向为不对称,而合力又不作用在形心轴上[图 2-38c)],基底压力最大一边的边缘线应是外包线,如图 2-38b)、c)中的Ⅰ-Ⅰ线,$s$ 值应是通过形心与合力作用点的连线并延长与外包线相交点至形心的距离。

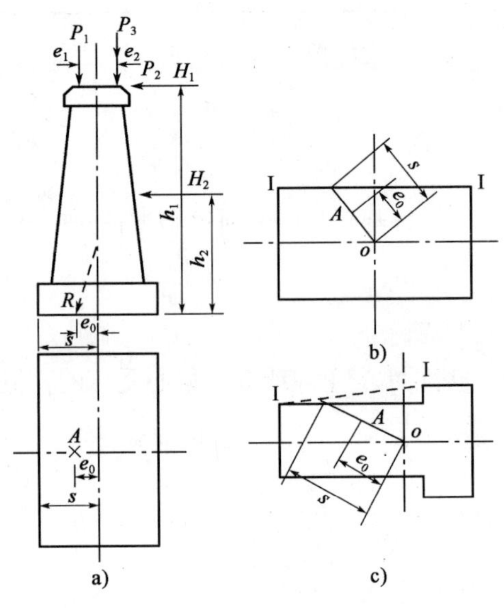


图 2-38 基础抗倾覆稳定性计算图示

不同的作用组合,对墩台基础抗倾覆稳定性系数 $k_0$ 的容许值均有不同要求,详见表 2-30。

抗倾覆和抗滑动的稳定性系数 表 2-30

| 作用组合 | | 验算项目 | 稳定性系数 |
|---|---|---|---|
| 使用阶段 | 永久作用(不计混凝土收缩及徐变、浮力)和汽车、人群的标准值效应组合 | 抗倾覆 | 1.5 |
| | | 抗滑动 | 1.3 |
| | 各种作用(不包括地震作用)的标准值效应组合 | 抗倾覆 | 1.3 |
| | | 抗滑动 | 1.2 |
| 施工阶段作用的标准值效应组合 | | 抗倾覆 | 1.2 |
| | | 抗滑动 | 1.2 |

(2)基础抗滑动稳定性验算

基础在水平推力作用下沿基础底面滑动的可能性即基础抗滑动安全度的大小,可用基底与土之间的摩擦阻力和水平推力的比值 $k_c$ 来表示,$k_c$ 称为墩台基础抗滑动稳定性系数,即:

$$k_c = \frac{\mu \sum P_i + \sum H_{iP}}{\sum H_{ia}} \tag{2-21}$$

式中: $k_c$——桥涵墩台基础的抗滑动稳定性系数;

$\sum P_i$——竖向力总和;

$\sum H_{iP}$——抗滑稳定水平力总和;

$\sum H_{ia}$——滑动水平力总和;

$\mu$——基础底面与地基土之间的摩擦系数,通过试验确定;当缺少实际资料时,可参表2-31采用;

$\sum H_{iP}$和$\sum H_{ia}$——两个相对方向的各自水平力总和,绝对值较大者为滑动水平力$\sum H_{ia}$,另一为抗滑稳定力$\sum H_{iP}$,$\mu \sum P_i$ 为抗滑动稳定力。

**基底摩擦系数** 表2-31

| 地基土分类 | $\mu$ | 地基土分类 | $\mu$ |
|---|---|---|---|
| 黏土(流塑~坚硬)、粉土 | 0.25 | 软岩(极软岩~较软岩) | 0.4~0.6 |
| 砂土(粉砂~砾砂) | 0.30~0.40 | 硬岩(较硬岩、坚硬岩) | 0.6、0.7 |
| 碎石土(松散~密实) | 0.40~0.50 | | |

按式(2-21)求得的抗滑动稳定性系数 $k_c$ 值,不应小于表2-30的规定值。

验算桥台基础的滑动稳定性时,如台前填土保证不受冲刷,可同时考虑计入与台后土压力方向相反的台前土压力,其数值可按主动或静止土压力进行计算。

2)地基稳定性验算

位于软土地基上较高的桥台需验算桥台沿滑裂曲面滑动的稳定性,基底下地基如在不深处有软弱夹层时,在台后土推力作用下,基础也有可能沿软弱夹层土Ⅱ的层面滑动[图2-39a)];在较陡的土质斜坡上的桥台、挡土墙也有滑动的可能[图2-39b)]。

这种地基稳定性验算方法可按土坡稳定分析方法,即用圆弧滑动面法来进行验算。在验算时一般假定滑动面通过填土一侧基础剖面角点$A$(图2-39),但在计算滑动力矩时,应计入桥台上作用的外荷载(包括上部结构自重和活载等)以及桥台和基础的自重的影响,然后求出稳定系数满足规定的要求值。

以上对地基与基础的验算,均应满足设计规定的要求,达不到要求时,必须采取设计措施,如梁桥桥台后土压力引起的倾覆力矩比较大,基础的抗倾覆稳定性不能满足要求时,可将台身做成不对称的形式(如图2-40所示后倾形式),这样可以增加台身自重所产生的抗倾覆力矩,达到提高抗倾覆的安全度。如采用这种外形,则在砌筑台身时,应及时在台后填土并夯实,以防台身向后倾覆和转动;也可在台后一定长度范围内填碎石、干砌片石或填石灰土,以增大填料的内摩擦角,减小土压力,达到减小倾覆力矩提高抗倾覆安全度的目的。

拱桥桥台,由于拱脚水平推力作用下,基础的滑动稳定性不能满足要求时,可以在基底四周做成如图2-41a)的齿槛,这样,由基底与土间的摩擦滑动变为土的剪切破坏,从而提高了基础的抗滑力。如仅受单向水平推力时,也可将基底设计成如图2-41b)的倾斜形,以减小滑动力,同时增加在斜面上的压力。由图可见,滑动力随 $\alpha$ 角的增大而减小,从安全考虑,$\alpha$ 角不宜大于 10°,同时要保持基底以下土层在施工时不受扰动。

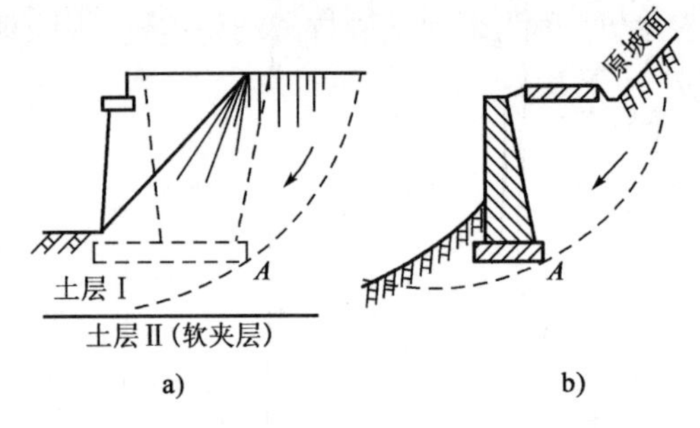


图 2-39　地基稳定性验算

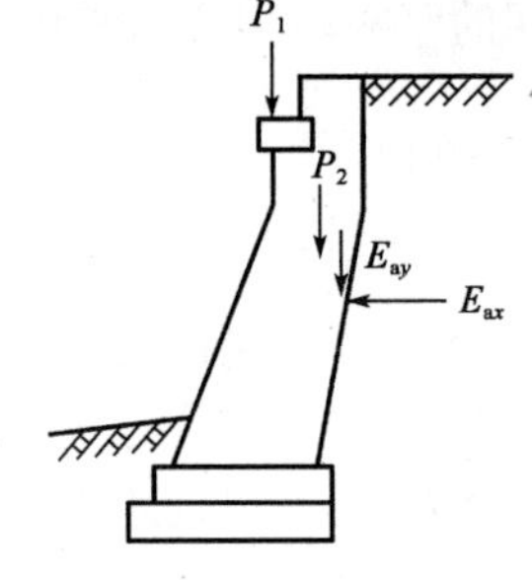


图 2-40　基础抗倾覆措施

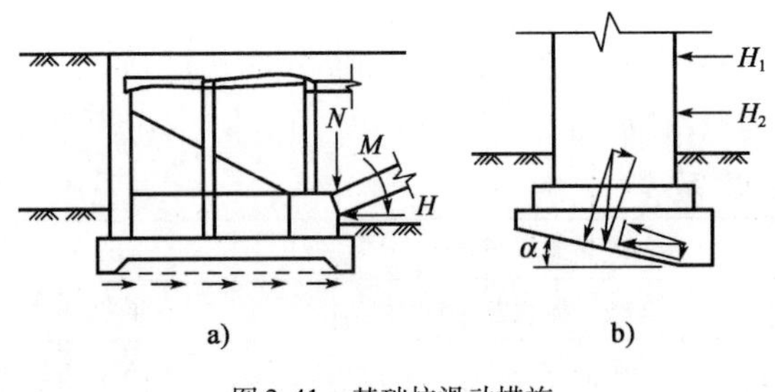


图 2-41　基础抗滑动措施

当高填土的桥台基础或土坡上的挡墙地基可能出现滑动或在土坡上出现裂缝时,可以增加基础的埋置深度或改用桩基础,提高墩台基础下地基的稳定性;或者在土坡上设置地面排水系统,拦截和引走滑坡体以外的地表水,以减少因渗水而引起土坡滑动的不稳定因素。

### 2.5.5　基础沉降验算

在确定一般土质的地基承载力容许值时,已考虑这一变形的因素,所以修建在一般土质条件下的中、小型桥梁的基础,只要满足了地基的强度要求,地基(基础)的沉降也就满足要求。当墩台建筑在地质情况复杂、土质不均匀及承载力较差的地基上以及相邻跨径差别悬殊而需计算沉降差或跨线桥净高需预先考虑沉降量时,均应计算其沉降。

计算基础沉降时,传至基础底面的作用效应应按正常使用极限状态下作用长期效应组合采用。

该组合仅为直接施加于结构上的永久作用标准值(不包括混凝土收缩及徐变作用、基础变位作用)和可变作用准永久值(仅指汽车荷载和人群荷载)引起的效应。

墩台的沉降,应符合下列规定:

(1)相邻墩台间不均匀沉降差值(不包括施工中的沉降),不应使桥面形成大于 0.2% 的附加纵坡(折角)。

(2)外超静定结构桥梁墩台间不均匀沉降差值,还应满足结构的受力要求。

墩台基础的最终沉降量,可按下式计算:

$$s = \psi_s s_0 = \psi_s \sum_{i=1}^{n} \frac{p_0}{E_{si}} (z_i \bar{\alpha}_i - z_{i-1} \bar{\alpha}_{i-1}) \tag{2-22}$$

$$p_0 = p - \gamma h \tag{2-23}$$

式中:$s$——地基最终沉降量(mm);

$s_0$——按分层总和法计算的地基沉降量(mm);

$\psi_s$——沉降计算经验系数,根据地区沉降观测资料及经验确定,缺少沉降观测资料及经验数据时,可参照表 2-32 的系数采用;

$n$——地基沉降计算深度范围内所划分的土层数(图2-42);

$p_0$——对应于荷载长期效应组合时的基础底面处附加压应力(kPa);

$E_{si}$——基础底面下第 $i$ 层土的压缩模量(MPa),应取土的“自重压应力”至“土的自重压应力与附加压应力之和”的压应力段计算;

$z_i$、$z_{i-1}$——基础底面至第 $i$ 层土、第 $i-1$ 层土底面的距离(m);

$\overline{\alpha}_i$、$\overline{\alpha}_{i-1}$——基础底面计算点至第 $i$ 层土、第 $i-1$ 层土底面范围内平均附加压应力系数;

$p$——基底压应力(kPa),当$\frac{z}{b}>1$时,$p$ 采用基底平均压应力;当$\frac{z}{b}\leqslant 1$时,$p$ 按压应力图形采用距最大压应力点$\frac{b}{3}\sim\frac{b}{4}$处的压应力(对梯形图形前后端压应力差值较大时,可采用上述$\frac{b}{4}$处的压应力值;反之,则采用上述$\frac{b}{3}$处压应力值),以上 $b$ 为矩形基底宽度;

$h$——基底埋置深度(m),当基础受水流冲刷时,从一般冲刷线算起;当不受水流冲刷时,从天然地面算起;如位于挖方内,则由开挖后地面算起;

$\gamma$——$h$ 内土的重度(kN/m$^3$),基底为透水地基时水位以下取浮重度。

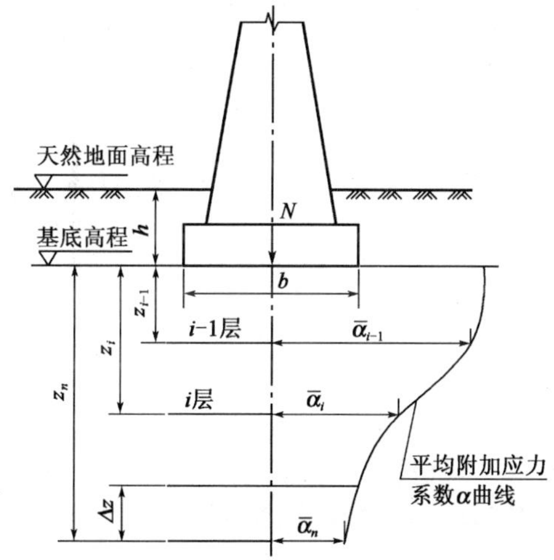


图2-42 基底沉降计算分层示意图

沉降计算经验系数 $\psi_s$ 表2-32

| $\overline{E}_s$(MPa) / 基底附加压应力 | 2.5 | 4.0 | 7.0 | 15.0 | 20.0 |
|---|---|---|---|---|---|
| $p_0\geqslant[f_{a0}]$ | 1.4 | 1.3 | 1.0 | 0.4 | 0.2 |
| $p_0\leqslant 0.75[f_{a0}]$ | 1.1 | 1.0 | 0.7 | 0.4 | 0.2 |

注:1. 表中$[f_{a0}]$为地基承载力基本容许值。

2. 表中 $\overline{E}_s$ 为沉降计算范围内压缩模量的当量值,应按下式计算:

$$\overline{E}_s=\frac{\sum A_i}{\sum\frac{A_i}{E_{si}}}$$

式中:$A_i$——第 $i$ 层土的附加压应力系数沿土层厚度的积分值。

# 2.6 柱式墩刚性扩大基础算例

## 2.6.1 设计资料

如图 2-43 所示，二级公路在高速公路路堑段上跨高速公路，修建一座 4 跨装配式预应力混凝土简支空心板桥，作为高速公路的配套工程与高速公路同期建设。高速公路双向四车道。上跨的二级公路桥桥面净宽净 7.5m + 2 × 0.5m。直线正交，桥面连续。单孔跨径 16m，计算跨径 15.60m，采用标准设计，见图 2-44。支座厚度 50mm，垫石平均厚度 150mm。下部结构为埋置式桥台，双柱式桥墩。墩柱直径 1 000mm，盖梁顶面高程 81.00m。双层刚性扩大基础，每层厚度 750m，顺桥向宽度分别为 2 200mm 和 3 400mm，横桥向长度分别为 8 400mm 和 9 600mm。

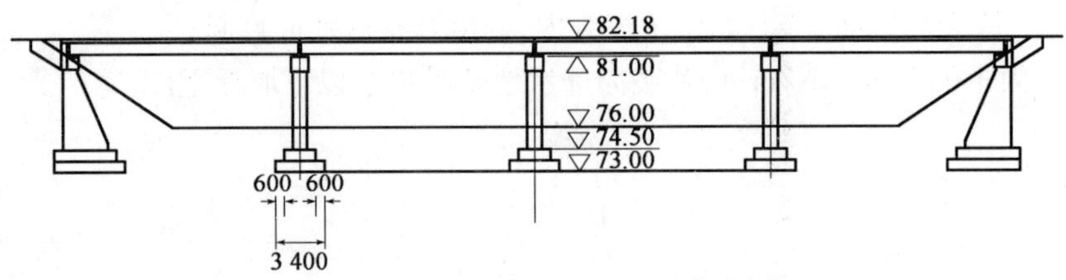


图 2-43 桥跨布置示意图（尺寸单位：mm；高程单位：m）

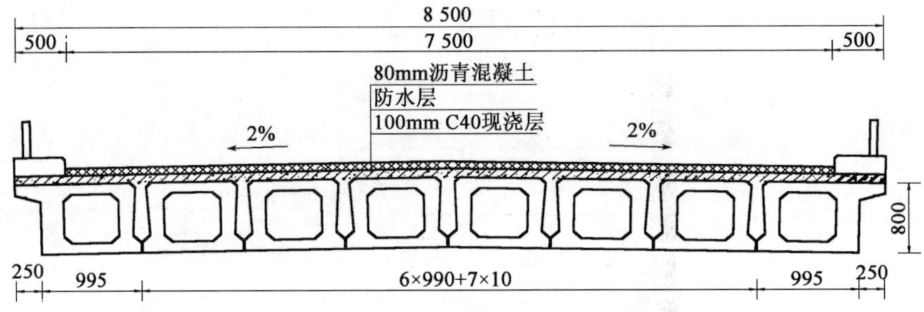


图 2-44 上部标准横断面（尺寸单位：mm）

地表至高程 73.25m 为中等密实碎石土，天然重度 $\gamma = 19.00\text{kN/m}^3$，以下为较软岩石，岩石较完整，节理发育，承载力基本容许值 1 100kPa。高程 60.00m 以上未见地下水，摩擦系数 $\mu = 0.5$，非震区。

一孔上部结构重力 3 445.00kN，单个桥墩及基础结构重力 1 310.00kN，基础台阶上土的重力 1 087.00kN。汽车冲击系数 $\mu = 0.25$。单孔布载和双孔布载情况下单个桥墩所受制动力均为 30.00kN，力的作用点在垫石顶面，高程 81.00m。单个桥墩承担的上部结构横桥向风力为 27.63kN，力的作用点高程 81.70m；下部结构横桥向风力 2.70kN，力的作用点高程 78.50m。温度均匀变化以降温控制设计，1 号、3 号墩所受降温作用均为顺桥向 73.28kN，力的作用点在垫石顶面。2 号墩温度作用为 0。桥下车辆可能撞击桥墩，撞击力横桥向为 1 000.00kN，顺桥向为 500.00kN，力的作用点均为高程 77.20m 处 m，两个方向不同时发生。

要求验算桥墩基底合力偏心距、地基承载力、桥墩及基础的抗倾稳定性和抗滑稳定性。

### 2.6.2 作用标准值计算

本桥有3个桥墩，结构尺寸一致，加之由于采用了桥面连续，使各墩支座布置一致，均为双排板式橡胶支座，因而很多荷载一致。所不同的是，1号和3号墩在顺桥方向不在全桥对称轴上，因而受到温度作用的影响，但1号和3号墩位于高速公路路面范围以外，基底应力基本不受桥下行车影响。2号墩则正相反。考虑到基岩承载能力较高，基底应力很可能不是控制因素，故本例题以1号墩为例进行计算。1号墩涉及的作用包括，结构重力、土的重力、汽车荷载及冲击力、制动力、风荷载、温度作用、汽车撞击力。

1）永久作用计算

基底永久作用 $N_G$ 包括上部结构重力、桥墩及基础结构重力和台阶上土的重力：

$$N_G = 3\,445.00 + 1\,310.00 + 1\,087.00 = 5\,842.00(\mathrm{kN})$$

2）汽车荷载计算

考虑双向偏心影响，汽车荷载的布置分为4种可能的方式：单跨双车道横向偏载、单跨单车道横向偏载、双跨双车道横向偏载和双跨单车道横向偏载，见图2-45。采用车道荷载，公路—Ⅱ级，均布荷载和集中荷载标准值分别为：

$$q_k = 10.5 \times 0.75 = 7.875(\mathrm{kN/m})$$

$$P_k = \left[180 + \frac{(360-180)\times(15.6-5)}{50-5}\right] \times 0.75 = 166.80(\mathrm{kN})$$

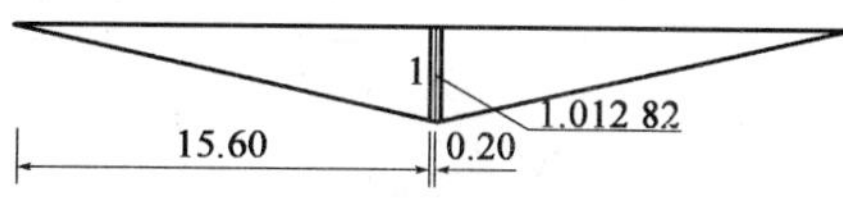

图2-45 顺桥向支反力影响线

顺桥向支座中心对基础形心的偏心距为：

$$e_x = \frac{16.00-15.60}{2} = 0.20(\mathrm{m})$$

如图2-46所示，横桥向汽车荷载合力作用点对基础形心的偏心距为：双车道偏心布载0.80m，单车道偏心布载2.35m。

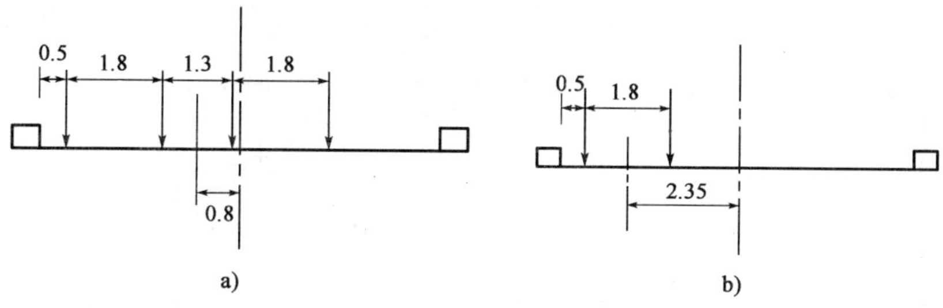

图2-46 横桥向偏心距布载示意图（尺寸单位：m）

a）双车道偏载；b）单车道偏载

汽车荷载引起的竖向力及纵横桥向弯矩计算见表2-33。

3）作用对基底形心的力矩计算及汇总

分别计算各个作用对基础底面形心的在纵横桥向的力矩，作用及作用产生的力矩计算结果汇总于表2-34。

汽车荷载引起的竖向力及纵横桥向弯矩(力:kN;力矩:kN·m) 表2-33

| 汽车荷载布置方式 | 位置 | 支反力影响线面积 | 车道荷载 $q_k$ | 支反力影响线竖标 | 车道荷载 $P_k$ | 车道数 | 支反力 $N_Q$ | 顺桥向偏心距 $e_x$ | 顺桥向弯矩 $M_x$ | 横桥向偏心距 $e_y$ | 横桥向弯矩 $M_y$ |
|---|---|---|---|---|---|---|---|---|---|---|---|
| 单跨双车道横向偏载 | 左跨 | 8 | 0 | 1.012 82 | 0 | 2 | 0 | -0.2 | 0 | 0.8 | 0 |
| | 右跨 | 8 | 7.875 | 1.012 82 | 166.80 | 2 | 463.88 | 0.2 | 92.78 | 0.8 | 371.10 |
| | 合计 | | | | | | 463.88 | | 92.78 | | 371.10 |
| 单跨单车道横向偏载 | 左跨 | 8 | 0 | 1.012 82 | 0 | 1 | 0 | -0.2 | 0 | 2.35 | 0 |
| | 右跨 | 8 | 7.875 | 1.012 82 | 166.80 | 1 | 231.94 | 0.2 | 46.39 | 2.35 | 545.06 |
| | 合计 | | | | | | 231.94 | | 46.39 | | 545.06 |
| 双跨双车道横向偏载 | 左跨 | 8 | 7.875 | 1.012 82 | 0 | 2 | 126 | -0.2 | -25.2 | 0.8 | 100.80 |
| | 右跨 | 8 | 7.875 | 1.012 82 | 166.80 | 2 | 463.88 | 0.2 | 92.78 | 0.8 | 371.10 |
| | 合计 | | | | | | 589.88 | | 67.58 | | 471.90 |
| 双跨单车道横向偏载 | 左跨 | 8 | 7.875 | 1.012 82 | 0 | 1 | 63 | -0.2 | -12.6 | 2.35 | 148.05 |
| | 右跨 | 8 | 7.875 | 1.012 82 | 166.80 | 1 | 231.94 | 0.2 | 46.39 | 2.35 | 545.06 |
| | 合计 | | | | | | 294.94 | | 33.79 | | 693.11 |

作用标准值汇总表(力:kN;力矩:kN·m) 表2-34

| 汽车荷载布置方式 | 永久作用竖向力 $N_G$ | 汽车及冲击力 $(1+\mu)N_Q$ | 汽车及冲击力顺桥向弯矩 $M_{Qx}$ | 汽车及冲击力横桥向弯矩 $M_{Qy}$ | 制动力 $H_{Bx}$ | 制动力引起基底顺桥向弯矩 $M_{Bx}$ | 降温引起的顺桥向水平力 $M_{By}$ | 降温引起的顺桥向弯矩 $M_{Tx}$ | 横桥向风力 $F_{Wy}$ | 横桥向风力引起基底横桥向弯矩 $M_{Wy}$ | 汽车顺桥向撞击力 $H_{Ix}$ | 汽车撞击力引起的顺桥向弯矩 $M_{Ix}$ | 汽车横桥向撞击力 $H_{Iy}$ | 汽车撞击力引起的横桥向弯矩 $M_{Iy}$ |
|---|---|---|---|---|---|---|---|---|---|---|---|---|---|---|
| 单跨双车道横向偏载 | 5 842 | 579.85 | 115.97 | 463.88 | 30 | 244.5 | 73.28 | 597.23 | 30.33 | 164.24 | 500 | 600 | 1 000 | 1 200 |
| 单跨单车道横向偏载 | 5 842 | 289.92 | 57.98 | 681.32 | 30 | 244.5 | 73.28 | 597.23 | 30.33 | 164.24 | 500 | 600 | 1 000 | 1 200 |
| 双跨双车道横向偏载 | 5 842 | 737.35 | 84.47 | 589.88 | 30 | 244.5 | 73.28 | 597.23 | 30.33 | 164.24 | 500 | 600 | 1 000 | 1 200 |
| 双跨单车道横向偏载 | 5 842 | 368.67 | 42.23 | 866.38 | 30 | 244.5 | 73.28 | 597.23 | 30.33 | 164.24 | 500 | 600 | 1 000 | 1 200 |

### 2.6.3 基底的合力偏心距验算

根据《公路桥涵地基与基础设计规范》(JTG D63—2007),涉及的作用效应组合的有:墩台仅承受永久作用标准值效应组合、墩台承受作用标准值效应组合、偶然作用标准值效应组合。

分别计算实际偏心距 $e_0$ 和允许偏心距 $[e_0]$，当 $e_0 \leq [e_0]$ 时，验算通过。考虑到纵横桥向均有偏心，根据《公路桥涵地基与基础设计规范》(JTG D63—2007)，选用公式如下，见图2-47。

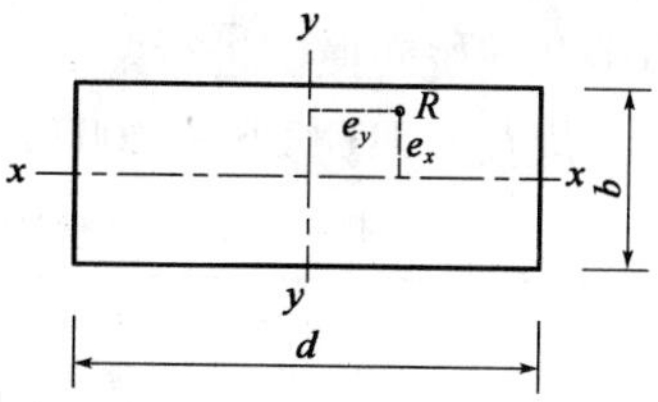

$$e_0 = \sqrt{e_x^2 + e_y^2}$$

$$e_x = \frac{M_x}{N}, e_y = \frac{M_y}{N}$$



图2-47 偏心距示意图

$[e_0]$ 与基础底面核心半径 $\rho$ 有关。

$$\rho = \frac{e_0}{1 - \frac{p_{\min} A}{N}}$$

$$p_{\min} = \frac{N}{A} - \frac{M_x}{W_x} - \frac{M_y}{W_y}$$

本例题中：

$$A = d \times b = 9.6 \times 3.4 = 32.64(\text{m}^2)$$

$$W_x = \frac{db^2}{6} = \frac{9.6 \times 3.4^2}{6} = 18.50(\text{m}^3)$$

$$W_y = \frac{d^2 b}{6} = \frac{9.6^2 \times 3.4}{6} = 52.22(\text{m}^3)$$

1）墩仅承受永久作用标准值效应组合基底合力偏心距验算

但因为墩两侧结构等跨对称，纵横桥向永久作用均无偏心，$e_0 = 0$。根据《公路桥涵地基与基础设计规范》(JTG D63—2007)，$[e_0] \leq 0.1\rho$，$[e_0] > e_0$，验算通过。

2）墩承受作用标准值效应组合基底合力偏心距验算

顺桥向偏心由汽车荷载及冲击力、汽车制动力、温度作用引起，横桥向偏心由汽车荷载及冲击力、风荷载引起，计算见表2-35。根据《公路桥涵地基与基础设计规范》(JTG D63—2007)，$[e_0] = 1.5\rho$，$[e_0] > e_0$，验算通过。

**作用标准值效应组合基底合力偏心距验算表**（力：kN；力矩：kN·m） 表2-35

| 汽车荷载布置方式 | 竖向合力 $\sum N$ | 顺桥向弯矩总和 $\sum M_x$ | 横桥向弯矩总和 $\sum M_y$ | $p_{\min}$ | $e_x$ | $e_y$ | $e_0$ | 核心半径 $\rho$ | $[e_0]$ |
|---|---|---|---|---|---|---|---|---|---|
| 单跨双车道横向偏载 | 6 421.85 | 957.70 | 628.12 | 132.95 | 0.15 | 0.10 | 0.18 | 0.55 | 0.83 |
| 单跨单车道横向偏载 | 6 131.92 | 899.72 | 845.56 | 123.04 | 0.15 | 0.14 | 0.20 | 0.58 | 0.88 |
| 双跨双车道横向偏载 | 6 579.35 | 926.20 | 754.12 | 137.07 | 0.14 | 0.11 | 0.18 | 0.57 | 0.85 |
| 双跨单车道横向偏载 | 6 210.67 | 883.97 | 1 030.62 | 122.76 | 0.14 | 0.17 | 0.22 | 0.62 | 0.92 |

3）偶然作用标准值效应组合基底合力偏心距验算

偏心距需在2）的基础上考虑桥下汽车对桥墩的纵横桥向撞击力，但《公路桥涵设计通用规范》（JTG D60—2004）规定汽车对桥墩的纵横桥向撞击力不同时考虑，所以需分别对顺桥向撞击和横桥向撞击进行两次组合，分别验算，见表2-36和表2-37。根据《公路桥涵地基与基础设计规范》（JTG D63—2007），$[e_0]=1.5\rho$，$[e_0]>e_0$，验算通过。

**偶然作用标准值效应组合偏心距验算表**（顺桥向撞击）（力：kN；力矩：kN·m）　表2-36

| 汽车荷载布置方式 | 竖向合力 $\sum N$ | 顺桥向弯矩总和 $\sum M_x$ | 横桥向弯矩总和 $\sum M_y$ | $p_{min}$ | $e_x$ | $e_y$ | $e_0$ | 核心半径 $\rho$ | $[e_0]$ |
|---|---|---|---|---|---|---|---|---|---|
| 单跨双车道横向偏载 | 6 421.85 | 1 557.70 | 628.12 | 100.52 | 0.24 | 0.10 | 0.26 | 0.53 | 0.80 |
| 单跨单车道横向偏载 | 6 131.92 | 1 499.72 | 845.56 | 90.61 | 0.24 | 0.14 | 0.28 | 0.54 | 0.81 |
| 双跨双车道横向偏载 | 6 579.35 | 1 526.20 | 754.12 | 104.63 | 0.23 | 0.11 | 0.26 | 0.54 | 0.81 |
| 双跨单车道横向偏载 | 6 210.67 | 1 483.97 | 1 030.62 | 90.33 | 0.24 | 0.17 | 0.29 | 0.55 | 0.83 |

**偶然作用标准值效应组合偏心距验算表**（横桥向撞击）（力：kN；力矩：kN·m）　表2-37

| 汽车荷载布置方式 | 竖向合力 $\sum N$ | 顺桥向弯矩总和 $\sum M_x$ | 横桥向弯矩总和 $\sum M_y$ | $p_{min}$ | $e_x$ | $e_y$ | $e_0$ | 核心半径 $\rho$ | $[e_0]$ |
|---|---|---|---|---|---|---|---|---|---|
| 单跨双车道横向偏载 | 6 421.85 | 957.70 | 1 828.12 | 109.97 | 0.15 | 0.28 | 0.32 | 0.73 | 1.09 |
| 单跨单车道横向偏载 | 6 131.92 | 899.72 | 2 045.56 | 100.06 | 0.15 | 0.33 | 0.36 | 0.78 | 1.17 |
| 双跨双车道横向偏载 | 6 579.35 | 926.20 | 1 954.12 | 114.09 | 0.14 | 0.30 | 0.33 | 0.76 | 1.14 |
| 双跨单车道横向偏载 | 6 210.67 | 883.97 | 2 230.62 | 99.78 | 0.14 | 0.36 | 0.39 | 0.81 | 1.22 |

### 2.6.4 地基承载力验算

根据《公路桥涵地基与基础设计规范》（JTG D63—2007），涉及的作用效应的组合有：作用短期效应组合、作用效应偶然组合（不包括地震作用）。

1）用短期效应组合地基承载力验算

根据《公路桥涵地基与基础设计规范》（JTG D63—2007），当采用作用短期效应组合时，其中可变作用的频遇值系数均取为1.0，且汽车荷载应计入冲击系数，计算见表2-38。

考虑双向偏心，且由于偏心距均小于核心半径，所以 $P_{max}=\dfrac{N}{A}+\dfrac{M_x}{W_x}+\dfrac{M_x}{W_y}$，计算结果列于表2-38。已知 $[f_{a0}]=1\,100(\text{kPa})$，$[f_{a0}]>p_{max}$，验算通过。

作用短期效应组合基底最大压应力计算表(力:kN;力矩:kN·m) 表2-38

| 汽车荷载布置方式 | 竖向合力 $\sum N$ | 顺桥向弯矩总和 $\sum M_x$ | 横桥向弯矩总和 $\sum M_y$ | $e_x$ | $e_y$ | $e_0$ | 核心半径 $\rho$ | $p_{max}$ |
|---|---|---|---|---|---|---|---|---|
| 单跨双车道横向偏载 | 6 421.85 | 957.70 | 628.12 | 0.15 | 0.10 | 0.18 | 0.55 | 260.54 |
| 单跨单车道横向偏载 | 6 131.92 | 899.72 | 845.56 | 0.15 | 0.14 | 0.20 | 0.58 | 252.69 |
| 双跨双车道横向偏载 | 6 579.35 | 926.20 | 754.12 | 0.14 | 0.11 | 0.18 | 0.57 | 266.08 |
| 双跨单车道横向偏载 | 6 210.67 | 883.97 | 1 030.62 | 0.14 | 0.17 | 0.22 | 0.62 | 257.80 |

2)作用效应偶然组合地基承载力验算

根据《公路桥涵地基与基础设计规范》(JTG D63—2007),当采用作用效应偶然组合时,不考虑结构重要性系数,作用分项系数、频遇值系数、准永久值系数均取为1.0。

考虑双向偏心,且由于偏心距小于核心半径,所以 $P_{max}=\frac{N}{A}+\frac{M_x}{W_x}+\frac{M_x}{W_y}$。偶然组合涉及汽车对桥墩的撞击力,纵横两个方向的撞击力不同时考虑,所以需要分别计算顺桥向和横桥向发生汽车撞击力两个组合,计算结果列于表2-39和表2-40。已知$[f_{a0}]=1\ 100(\text{kPa})$,$[f_{a0}]>p_{max}$,验算通过。

作用效应的偶然组合基底最大压应力计算表(顺桥向撞击)(力:kN;力矩:kN·m) 表2-39

| 汽车荷载布置方式 | 竖向合力 $\sum N$ | 顺桥向弯矩总和 $\sum M_x$ | 横桥向弯矩总和 $\sum M_y$ | $e_x$ | $e_y$ | $e_0$ | 核心半径 $\rho$ | $p_{max}$ |
|---|---|---|---|---|---|---|---|---|
| 单跨双车道横向偏载 | 6 421.85 | 1 557.70 | 628.12 | 0.24 | 0.10 | 0.26 | 0.53 | 292.98 |
| 单跨单车道横向偏载 | 6 131.92 | 1 499.72 | 845.56 | 0.24 | 0.14 | 0.28 | 0.54 | 285.12 |
| 双跨双车道横向偏载 | 6 579.35 | 1 526.20 | 754.12 | 0.23 | 0.11 | 0.26 | 0.54 | 298.51 |
| 双跨单车道横向偏载 | 6 210.67 | 1 483.97 | 1 030.62 | 0.24 | 0.17 | 0.29 | 0.55 | 290.23 |

作用效应的偶然组合基底最大压应力计算表(横桥向撞击)(力:kN;力矩:kN·m) 表2-40

| 汽车荷载布置方式 | 竖向合力 $\sum N$ | 顺桥向弯矩总和 $\sum M_x$ | 横桥向弯矩总和 $\sum M_y$ | $e_x$ | $e_y$ | $e_0$ | 核心半径 $\rho$ | $p_{max}$ |
|---|---|---|---|---|---|---|---|---|
| 单跨双车道横向偏载 | 6 421.85 | 957.70 | 1 828.12 | 0.15 | 0.28 | 0.32 | 0.73 | 283.52 |
| 单跨单车道横向偏载 | 6 131.92 | 899.72 | 2 045.56 | 0.15 | 0.33 | 0.36 | 0.78 | 275.67 |
| 双跨双车道横向偏载 | 6 579.35 | 926.20 | 1 954.12 | 0.14 | 0.30 | 0.33 | 0.76 | 289.06 |
| 双跨单车道横向偏载 | 6 210.67 | 883.97 | 2 230.62 | 0.14 | 0.36 | 0.39 | 0.81 | 280.78 |

## 2.6.5 抗倾稳定性验算

根据《公路桥涵地基与基础设计规范》(JTG D63—2007)第1.0.6条和第4.4.1条,抗倾稳定验算涉及的作用效应组合有:作用效应基本组合和作用效应偶然组合(不包括地震作用)。结构重要性系数、分项系数、组合系数等系数均取1.0,汽车荷载计入冲击系数。

抗倾稳定系数 $k_0 = \frac{s}{e_0}$,须大于规范限值。

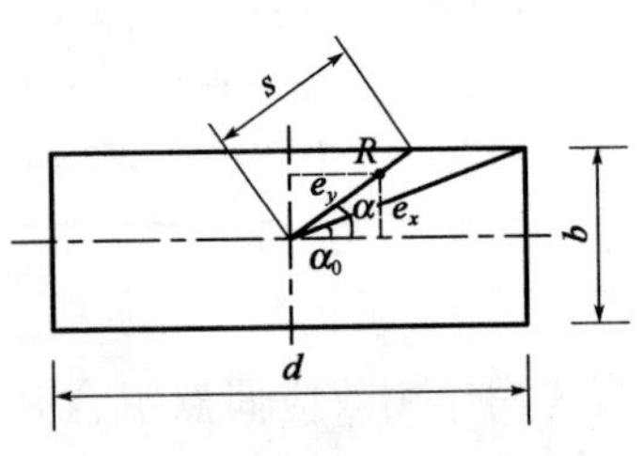


图2-48 抗倾覆计算示意图

考虑到双向偏心,需要按图2-48计算自截面重心至验算倾覆轴的距离 $s$。设基础形心至角点连线的倾角为 $\alpha_0$,合力作用点 $R$ 与基础形心连线的倾角为 $\alpha$,当 $\alpha > \alpha_0$ 时,$s = \frac{b/2}{\sin\alpha}$。

1)作用效应基本组合抗倾稳定验算

作用效应基本组合抗倾稳定验算见表2-41。抗倾稳定系数规范限值为1.3,验算通过。

基本组合抗倾稳定系数计算表(力:kN;力矩:kN·m) 表2-41

| 汽车荷载布置方式 | 竖向合力 $\sum N$ | 顺桥向弯矩总和 $\sum M_x$ | 横桥向弯矩总和 $\sum M_y$ | $e_x$ | $e_y$ | $e_0$ | $\tan\alpha_0$ | $\tan\alpha$ | $\alpha$ | $\sin\alpha$ | $s$ | $k_0$ |
|---|---|---|---|---|---|---|---|---|---|---|---|---|
| 单跨双车道横向偏载 | 6 421.85 | 957.70 | 628.12 | 0.15 | 0.10 | 0.18 | 0.35 | 1.52 | $\alpha > \alpha_0$ | 0.84 | 2.03 | 11.40 |
| 单跨单车道横向偏载 | 6 131.92 | 899.72 | 845.56 | 0.15 | 0.14 | 0.20 | 0.35 | 1.06 | $\alpha > \alpha_0$ | 0.73 | 2.33 | 11.59 |
| 双跨双车道横向偏载 | 6 579.35 | 926.20 | 754.12 | 0.14 | 0.11 | 0.18 | 0.35 | 1.23 | $\alpha > \alpha_0$ | 0.78 | 2.19 | 12.08 |
| 双跨单车道横向偏载 | 6 210.67 | 883.97 | 1 030.62 | 0.14 | 0.17 | 0.22 | 0.35 | 0.86 | $\alpha > \alpha_0$ | 0.65 | 2.61 | 11.94 |

2)作用效应偶然组合抗倾稳定验算

作用效应偶然组合涉及汽车对桥墩的撞击力,纵横两个方向不同时考虑,所以需要分别计算顺桥向和横桥向发生汽车撞击力两个组合,见表2-42和表2-43。抗倾稳定系数规范限值为1.3,验算通过。

偶然组合抗倾稳定系数计算表(顺桥向撞击)(力:kN;力矩:kN·m) 表2-42

| 汽车荷载布置方式 | 竖向合力 $\sum N$ | 顺桥向弯矩总和 $\sum M_x$ | 横桥向弯矩总和 $\sum M_y$ | $e_x$ | $e_y$ | $e_0$ | $\tan\alpha_0$ | $\tan\alpha$ | $\alpha$ | $\sin\alpha$ | $s$ | $K_0$ |
|---|---|---|---|---|---|---|---|---|---|---|---|---|
| 单跨双车道横向偏载 | 6 421.85 | 1 557.70 | 628.12 | 0.24 | 0.10 | 0.26 | 0.35 | 2.48 | $\alpha>\alpha_0$ | 0.93 | 1.83 | 7.01 |
| 单跨单车道横向偏载 | 6 131.92 | 1 499.72 | 845.56 | 0.24 | 0.14 | 0.28 | 0.35 | 1.77 | $\alpha>\alpha_0$ | 0.87 | 1.95 | 6.95 |
| 双跨双车道横向偏载 | 6 579.35 | 1 526.20 | 754.12 | 0.23 | 0.11 | 0.26 | 0.35 | 2.02 | $\alpha>\alpha_0$ | 0.90 | 1.90 | 7.33 |
| 双跨单车道横向偏载 | 6 210.67 | 1 483.97 | 1 030.62 | 0.24 | 0.17 | 0.29 | 0.35 | 1.44 | $\alpha>\alpha_0$ | 0.82 | 2.07 | 7.11 |

偶然组合抗倾稳定系数计算表(横桥向撞击)(力:kN;力矩:kN·m) 表2-43

| 汽车荷载布置方式 | 竖向合力 $\sum N$ | 顺桥向弯矩总和 $\sum M_x$ | 横桥向弯矩总和 $\sum M_y$ | $e_x$ | $e_y$ | $e_0$ | $\tan\alpha_0$ | $\tan\alpha$ | $\alpha$ | $\sin\alpha$ | $s$ | $k_0$ |
|---|---|---|---|---|---|---|---|---|---|---|---|---|
| 单跨双车道横向偏载 | 6 421.85 | 957.70 | 1 828.12 | 0.15 | 0.28 | 0.32 | 0.35 | 0.52 | $\alpha>\alpha_0$ | 0.46 | 3.66 | 11.40 |
| 单跨单车道横向偏载 | 6 131.92 | 899.72 | 2 045.56 | 0.15 | 0.33 | 0.36 | 0.35 | 0.44 | $\alpha>\alpha_0$ | 0.40 | 4.22 | 11.59 |
| 双跨双车道横向偏载 | 6 579.35 | 926.20 | 1 954.12 | 0.14 | 0.30 | 0.33 | 0.35 | 0.47 | $\alpha>\alpha_0$ | 0.43 | 3.97 | 12.08 |
| 双跨单车道横向偏载 | 6 210.67 | 883.97 | 2 230.62 | 0.14 | 0.36 | 0.39 | 0.35 | 0.40 | $\alpha>\alpha_0$ | 0.37 | 4.61 | 11.94 |

### 2.6.6 抗滑稳定性验算

根据《公路桥涵地基与基础设计规范》(JTG D63—2007)第1.0.6条,抗滑稳定验算涉及的作用效应组合有:作用效应基本组合和作用效应偶然组合(不包括地震作用)。结构重要性系数、分项系数、组合系数等系数均取1.0,汽车荷载计入冲击系数。

抗滑稳定系数 $k_c=\dfrac{\mu\sum N+\sum H_{ip}}{\sum H_{ia}}$,需大于规范限值。

因刚性扩大基础施工中破坏了基础侧面土体的结构，所以不计基础侧面土体的抗力效应，即$\sum H_{ip}=0$。考虑到双向水平力的作用，将双向水平力合成，即$\sum H_{ia}=\sqrt{\sum H_x^2+\sum H_y^2}$。已知岩石地基与基础间摩擦系数$\mu=0.5$。

1）作用效应基本组合抗滑稳定验算

作用效应基本组合抗滑稳定验算见表2-44。抗滑稳定系数规范限值1.2，验算通过。

**基本组合抗滑稳定系数计算表**（力：kN；力矩：kN·m） 表2-44

| 汽车荷载布置方式 | 竖向合力 $\sum N$ | 顺桥向水平力合力 $\sum H_x$ | 横桥向水平力合力 $\sum H_y$ | 合成水平力 $\sum H_a$ | $k_c$ |
|---|---|---|---|---|---|
| 单跨双车道横向偏载 | 6 421.85 | 103.28 | 30.33 | 107.64 | 29.83 |
| 单跨单车道横向偏载 | 6 131.92 | 103.28 | 30.33 | 107.64 | 28.48 |
| 双跨双车道横向偏载 | 6 579.35 | 103.28 | 30.33 | 107.64 | 30.56 |
| 双跨单车道横向偏载 | 6 210.67 | 103.28 | 30.33 | 107.64 | 28.85 |

2）作用效应偶然组合抗滑稳定验算

作用效应偶然组合涉及汽车对桥墩的撞击力，纵横两个方向不同时考虑，所以需要分别计算顺桥向和横桥向发生汽车撞击力两个组合，见表2-45和表2-46。抗滑稳定系数规范限值1.2，验算通过。

**偶然组合抗滑稳定系数计算表**（顺桥向撞击）（力：kN；力矩：kN·m） 表2-45

| 汽车荷载布置方式 | 竖向合力 $\sum N$ | 顺桥向水平力合力 $\sum H_x$ | 横桥向水平力合力 $\sum H_y$ | 合成水平力 $\sum H_a$ | $k_c$ |
|---|---|---|---|---|---|
| 单跨双车道横向偏载 | 6 421.85 | 603.28 | 30.33 | 604.04 | 5.32 |
| 单跨单车道横向偏载 | 6 131.92 | 603.28 | 30.33 | 604.04 | 5.08 |
| 双跨双车道横向偏载 | 6 579.35 | 603.28 | 30.33 | 604.04 | 5.45 |
| 双跨单车道横向偏载 | 6 210.67 | 603.28 | 30.33 | 604.04 | 5.14 |

**偶然组合抗滑稳定系数计算表**（横桥向撞击）（力：kN；力矩：kN·m） 表2-46

| 汽车荷载布置方式 | 竖向合力 $\sum N$ | 顺桥向水平力合力 $\sum H_x$ | 横桥向水平力合力 $\sum H_y$ | 合成水平力 $\sum H_a$ | $k_c$ |
|---|---|---|---|---|---|
| 单跨双车道横向偏载 | 6 421.85 | 103.28 | 1 030.33 | 1 035.49 | 3.10 |
| 单跨单车道横向偏载 | 6 131.92 | 103.28 | 1 030.33 | 1 035.49 | 2.96 |

续上表

| 汽车荷载布置方式 | 竖向合力 $\Sigma N$ | 顺桥向水平力合力 $\Sigma H_x$ | 横桥向水平力合力 $\Sigma H_y$ | 合成水平力 $\Sigma H_a$ | $k_c$ |
|---|---|---|---|---|---|
| 双跨双车道横向偏载 | 6 579.35 | 103.28 | 1 030.33 | 1 035.49 | 3.18 |
| 双跨单车道横向偏载 | 6 210.67 | 103.28 | 1 030.33 | 1 035.49 | 3.00 |

## 2.7 刚性扩大基础工程案例简介

刚性扩大基础结构简单、施工简便，在地质、水文条件允许的情况下，可作为首选基础类型，为此应用广泛。现以吉茶高速公路上矮寨大桥桥塔基础为例，简介其工程应用。

1）工程概况

吉茶高速公路是湖南省的一条重要旅游通道，由于项目所在区域独特的自然地理条件和丰富的社会文化背景，2004 年 4 月交通部将其纳入全国首批公路勘察设计典型示范工程项目。

矮寨特大桥为吉茶高速公路的控制性工程，位于湘西土家族、苗族自治州境内，桥位距吉首市区约 20km，于 K14 +576.30 处跨越矮寨镇（G209 2303km 处）附近的山谷，德夯河流经谷底，谷底高程约 240m，桥面设计标高与地面高差达 330m 左右。山谷两侧悬崖陡立，两侧悬崖距离在 900 ~ 1 300m 变化。桥位右侧为著名风景旅游区德夯，左侧是中国著名的"公路奇观"G209 国道矮寨盘山公路。

矮寨大桥采用塔梁分离式悬索桥方案，主跨为单跨 1 176m 简支钢桁加劲梁，主缆的矢跨比为 1/9.6，主缆布置为 242m +1 176m +116m，两根主缆横桥向间距为 27m。

为合理利用地形将吉首岸与茶洞岸索塔设计为不等高，其中吉首岸索塔高 129.316m，茶洞岸索塔高 61.924m。

根据地质调查及钻孔资料，勘察场地发育的地层主要为第四系的黏土、块石，寒武系上统的灰岩，中统的白云岩、灰岩和泥质白云岩，下统的灰岩、砂质页岩。场地地下水对混凝土无腐蚀性。

勘察场地区域地质构造较简单，桥位所在场地无活动断裂，勘察区地震基本烈度为小于Ⅵ度，因此，桥位区区域地质稳定性好，场地适宜修建悬索桥。

桥位场地构造线方向主要为北北东向，与峡谷走向相同，特大桥轴线与构造线方向基本直交。桥位发育的地质构造控制着场地岩溶的发育规律，影响了岩体的完整程度。

涂乍—鸭堡寨向斜位于峡谷内，导致两岸岩层向峡谷内倾斜，由于倾角很小，一般在 10°以内，对两岸坡体的稳定性及构造物地基的稳定性影响小。

受 F2 断层的影响，桥位吉首岸索塔下方悬岩处发育为危岩体，而塔基所在山包下部岩溶发育，危岩体的存在影响到索塔位置的选择，塔基底部岩溶发育影响了塔基的稳定性；受 F3 断层的影响，桥位茶洞岸山体裂隙切割深度大，部分发育为溶蚀裂隙，物探成果显示溶蚀裂隙发育深度超过70m，对塔基及塔基下方桥隧搭接处边坡的稳定性有一定的影响。

2）不良地质

桥位场地存在的不良地质主要为岩堆、危岩体和岩溶，岩堆和危岩体对工程的影响较小，但岩溶对工程的影响较大。吉首岸塔基下部、茶洞岸索塔和锚碇处岩溶发育，对工程有一定的影响。

（1）吉首岸塔基

吉首岸索塔距悬崖较远，危岩体对索塔的稳定性没有影响。

塔基地面高程为595.0～608.0m，路基设计高程为571.8m，索塔设置在路基下方，路基开挖后，微风化灰岩出露于地表，其天然极限抗压强度可达60MPa，为硬质岩石，塔基以下灰岩中的溶洞宽度不大，主要表现为陡倾角的溶蚀裂缝状（沿L2走向发育），溶蚀裂缝在垂直L2方向上发育的宽度较小，一般在2m以内，通过施工阶段的优化，溶蚀裂缝L2对塔基的影响进一步减弱，在对其进行充填灌浆后，其垂直承载性能较好。索塔采用扩大基础，塔基开挖边坡可采用1:0.3。

塔基下面的小溶洞以及溶蚀裂缝L2采用开挖竖井和灌浆孔灌混凝土和砂浆，开挖6个直径1.5m的竖井，每个深度30，灌注的混凝土浆和砂浆量约1 000$m^3$。

由于索塔设置于路基下方，索塔距矮寨3号隧道尚有一定距离，两者相互干扰小。

（2）茶洞岸塔基

茶洞岸索塔位于悬崖上部斜坡上，索塔中心桩号为K15+164.3，地面坡度约26°，塔基处地面高程653.0～670.0m，塔基边缘距下部隧道仰坡最近约62m，地表基本为基岩裸露，基岩为寒武系上统比条组的灰岩，薄层状为主，岩层倾角近水平，岩质均一，微风化灰岩天然极限抗压强度可达60MPa，容许承载力可达5 000kPa，为硬质岩石。场地地表上部10～15m深范围内为卸荷带，卸荷带内岩层层面结合较差，部分层面呈张开状，层面泥质条带风化呈黄色，卸荷带在斜坡上稳定性较差，不宜作塔基持力层；卸荷带以下岩体裂隙多呈闭合状，大部分层面结合紧密，岩体完整性较好，可作索塔基础持力层，基坑开挖坡比可采用1:0.3。

塔基下的溶蚀裂隙有从地表往下逐渐减弱的趋势，大部分裂隙向下延伸20～30m后呈闭合状，这些下部闭合的裂隙对索塔和隧道的稳定性影响不大。但仍存在少量与坡面近平行的溶蚀裂缝或裂隙，施工图阶段把索塔往茶洞方向移20m后，离悬崖更远，从平硐PK1揭示的情况来看，移位后的塔基下部岩体裂隙风化溶蚀程度变弱，平硐标高处大部分裂隙闭合较好，且塔基避开了溶蚀裂缝L4，未见有类似于T32的溶蚀裂隙，因此通过施工阶段的优化，溶蚀裂缝L4对塔基基本没有影响，发育的少量溶蚀裂隙对塔基的稳定性也没有影响。

索塔加载后对下方公路隧道有一定的影响，公路隧道在吉首端洞口（K15+074.65）至索塔下部K15+200段围岩为弱～微风化灰岩，围岩级别为Ⅲ级，应加强对该段隧道拱顶的支护。

茶洞岸基坑下方的勘探平硐需要采用混凝土进行回填，混凝土回填量为648$m^3$。

3）主塔基础

吉首岸索塔采用双柱式门式框架结构，扩大基础。索塔自扩大基础顶面以上高129.316m，塔柱底设塔座并坐落在分离式扩大基础上。分离式扩大基础高5m，单侧基础纵向×

横向分别为 21m×18m,基础嵌固在基坑内。

茶洞岸索塔采用双柱式门式框架结构,扩大基础。索塔自扩大基础顶面以上高 61.924m,塔柱底设塔座并坐落在分离式扩大基础上。分离式扩大基础高 5m,单侧基础纵向×横向分别为 18m×20m,基础嵌固在基坑内,见图 2-49。

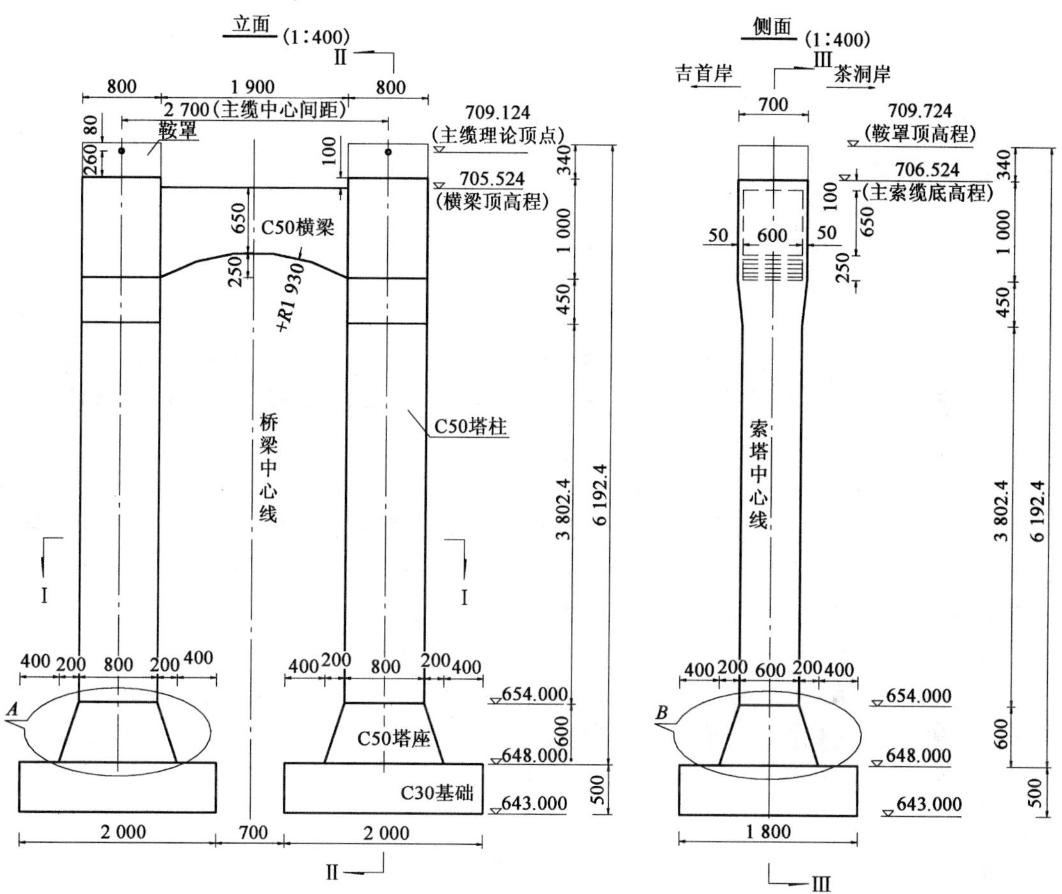


图 2-49 茶洞岸索塔一般构造图(尺寸单位:mm;高程单位:m)

4)主塔基坑

(1)吉首岸基坑

根据桥位地质条件,索塔采用扩大基础,塔底中心间距 41m,基坑分开开挖,基坑开挖在大开挖完成后进行,基坑开挖从大开挖高程 572.976m 向下开挖至高程 566.20m,开挖高度 6.776m,开挖坡度为 1:0,两个分离的基坑底面尺寸纵向×横向为 25m×22m,保证基础的嵌固。

根据地质资料,桥塔扩大基础基底绝大部分位于弱风化层上。对于建基面以下局部强风化层应根据开挖揭示情况采用钻孔压浆加固或回填垫层混凝土,确保地基承载力。

(2)茶洞岸基坑

根据桥位地质条件,索塔采用扩大基础,塔底中心间距 27m,基础顶面以上开挖设一个大基坑,基坑采用分级放坡开挖,开挖坡度为 1:0.3,大基坑底部设计高程 648.00m,大基坑底尺寸纵向×横向为22m×51m,边坡分级高度10m,设置分级过渡平台,平台宽度1m;为了保证基础的嵌固,从高程648.00m到高程643.00设两个分离的小基坑,纵向×横向为18m×20m。

根据地质资料,桥塔扩大基础基底绝大部分位于弱风化层上。对于建基面以下局部强风化层应根据开挖揭示情况采用钻孔压浆加固或回填垫层混凝土,确保地基承载力。

## 【本章小结】

本章主要叙述浅基础的分类与适用条件、刚性扩大基础的施工方法及施工中所用板桩墙的计算方法、刚性扩大基础的设计(包括确定基础埋置深度的方法)及验算方法和工程案例等。要点包括:

1. 浅基础根据结构形式可分为扩展基础、联合基础、柱下条形基础、柱下交叉条形基础、筏形基础、箱形基础和壳体基础等。根据基础所用材料可分为无筋基础(刚性基础)和钢筋混凝土基础(柔性基础)。

2. 刚性扩大基础的施工可采用明挖的方法进行,涉及到基坑开挖分为无围护和有围护两种,围护方式主要有板桩墙、喷射混凝土护壁和凝土围圈护壁等。基坑排水方法主要有**表面排水法**和**井点法**。水中挖基涉及的围堰工程种类很多,有土围堰、草(麻)袋围堰、钢板桩围堰、双壁钢围堰和地下连续墙围堰等。

3. 板桩墙或板桩围堰的计算涉及到施工安全,其主要内容包括:板桩墙的入土深度及内力计算、支撑力计算、与板桩墙的入土深度有关的基坑稳定计算、封底混凝土厚度计算。

4. 确定基础的埋置深度须综合考虑多种因素,如地质、地形、水文、冻深、结构特点、持力层稳定、施工难易程度、对邻近结构的影响及工程造价等。拟定刚性扩大基础的尺寸,须受刚性角的控制。

5. 刚性扩大基础应验算持力层及软弱下卧层的地基承载力、基底合力偏心距、基础及地基稳定性、基础沉降等,以保证基础的安全和正常使用。

## 【复习思考题】

2-1　浅基础与深基础有哪些区别?

2-2　何谓刚性基础?刚性基础有什么特点?

2-3　确定基础埋置深度应考虑哪些因素?基础埋置深度对地基承载力、沉降有什么影响?

2-4　何谓刚性角,它与什么因素有关?

2-5　刚性扩大基础为什么要验算基底合力偏心距?

2-6　地基(基础)沉降计算包括哪些步骤?在什么情况下应验算桥梁基础的沉降?

2-7 水中基坑开挖的围堰形式有哪几种？它们各自的适用条件和特点是什么？

2-8 有一桥墩墩底为矩形 $2m \times 8m$，刚性扩大基础（C20 混凝土）顶面设在河床下 1m，作用于基础顶面的荷载：轴心垂直力 $N = 5\ 200kN$，弯矩 $M = 840kN \cdot m$，水平力 $H = 96kN$。地基土为一般黏性土，第一层厚 2m（自河床算起）$\gamma = 19.0kN/m^3$，$e = 0.9$，$I_L = 0.8$；第二层厚 5m，$\gamma = 19.5kN/m^3$，$e = 0.45$，$I_L = 0.35$，低水位在河床下 1m（第二层下为泥质页岩），请确定基础埋置深度及尺寸，并经过验算说明其合理性。

2-9 某一基础施工时，水深 3m，河床以下挖基坑深 10.8m。土质条件为亚砂土 $\gamma = 19.5kN/m^3$，$\varphi = 15°$，$c = 6.3kPa$，透水性良好。拟采用三层支撑钢板桩围堰，钢板桩为拉森Ⅳ型，其截面模量 $W = 2\ 200cm^3$，钢板桩容许弯拉应力 $[\sigma_w] = 240MPa$。

求：(1)确定支撑间距。

(2)计算板桩入土深度。

(3)计算支撑轴向荷载。

(4)验算钢板桩强度。

(5)计算封底混凝土厚度。

2-10 一级公路，汽车专用。路基宽度 23m，分离式路基。正交直线桥梁，全桥三跨，每跨 20m。上部结构装配式预应力混凝土简支 T 梁。一般地区，设计基本风速 $v_d = 32.8m/s$，地表粗糙度 B 类。设计水位 115.50m，河床高程桥墩处 110.00m，桥台处 112.00m，一般冲刷（土）1.9m，局部冲刷 1.2m。土质均一，为坚硬黏性土 $I_L < 0$，$\gamma_s = 27.00kN/m^3$，$e = 0.4$。设计任务：

(1)拟定下部结构 U 形桥台、重力式桥墩、刚性扩大基础尺寸。

(2)针对一个桥台，验算基底合力偏心距，验算地基承载力，验算桥台及基础的抗倾稳定性和基础的抗滑稳定性。

# 第3章
# 桩基础的基本知识及施工

**【本章学习目标】**

1. 掌握桩基础的组成、特点及适用条件；
2. 掌握桩和桩基础的类型与构造；
3. 掌握桩基础的施工方法；
4. 了解桩基础工程实例。

**【本章学习重点】**

1. 基本概念；
2. 桩基础的构造；
3. 桩基础的施工方法。

## 3.1 概　　述

桩基础是一种历史悠久、应用广泛的深基础形式。近年来，桩基础在类型、成桩机具和施工工艺以及桩基础理论等方面都有了很大发展，应用更为广泛，更具生命力。它不仅可作为建筑物的基础，而且还广泛用于软弱地基的加固和地下支挡结构物。

目前工程中，钻孔桩基础的使用最为普遍。美国在20世纪初，欧洲于20世纪40年代已开始采用钻孔桩,但当时的钻孔桩工艺和设备尚不完善,钻孔的直径也较小,桩的承载力不高,故桥梁基础中使用不多。我国公路桥梁上采用钻孔桩基础始于20世纪50年代末期,当时河南首创用人工转动钻头钻孔,后逐渐在全国发展到冲抓锥、冲击锥、正反循环回转钻、潜水电钻等多种设备和钻孔工艺。铁路桥梁上采用钻孔桩基础始于20世纪60年代修建成昆线,用冲击式钻机在西南山区河流上修建桥梁基础。因为成昆铁路需要跨越许多冲刷深度大,河床多为漂卵石透水层、基岩埋藏较深的河流,无法采用常用的打入桩、管桩、沉井等方法来修基础。在采用冲击式钻孔桩试点成功后,成昆线62座大中桥152个墩台采用了钻孔桩基础。这些成功的经验和工艺为以后我国桥梁深水钻孔桩基础的应用、推广和发展奠定了坚实的基础。1976年,自九江长江大桥水中基础第一次采用双壁钢围堰钻孔桩基础,克服了长江及其他深水水系在洪水期间修建深水基础困难的问题。此后修建的黄石长江公路大桥、铜陵长江大桥、武汉长江二桥、南京长江二桥、武汉白沙洲长江大桥、荆州长江大桥、武汉军山长江大桥、鄂黄长江公路大桥、大榭岛跨海公铁两用大桥、芜湖长江大桥、苏通长江大桥等,其水中桥墩都采用了深水钻孔桩基础。

### 3.1.1 桩基础的组成与特点

桩基础的平面布置有单根桩、单排桩和多排桩。对于桩柱一一对应的单排桩基础,当桩墩柱较高时,可在桩间及墩柱间设置横系梁,以加强各桩柱的横向联系。对于多排桩基础,桩的顶部设置承台,在承台上再修筑墩、台结构,如图3-1所示。承台的作用是将桩群连接成为整体共同承受外荷载,并将墩台传来的力分配、传递给各桩。基桩的作用在于穿过土层或水,尽量使桩底坐落在更密实的地基持力层上,将荷载传递到桩周土及持力层中,如图3-1 b)所示。

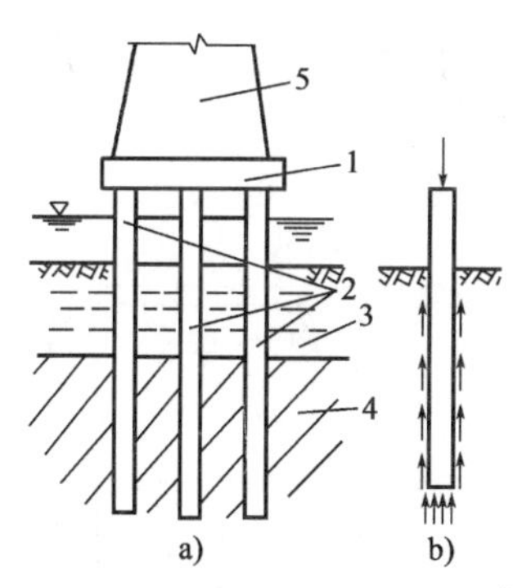

图3-1 桩基础

1-承台;2-基桩;3-松软土层;4-持力层;5-墩身

桩基础承载力高、稳定性好、沉降量小而均匀。与其他深基础相比,节省材料、施工简便。在深水河道中,可避免或减少水下工程。简化施工设备和技术要求,加快施工速度并改善工作条件。机械化施工和工厂化生产,桩基类型和施工方法丰富,对不同的水文地质条件、荷载性质和上部结构特征具有较好的适应性。

### 3.1.2 桩基础的适用条件

在下列情况下可采用桩基础:

(1)荷载较大,地基上部土层软弱,适宜的地基持力层位置较深,采用浅基础或人工地基在技术上、经济上不合理时。

(2)河床冲刷较大,河道不稳定或冲刷深度不易准确计算,基础下土层有可能被侵蚀、冲刷,采用浅基础不能保证基础安全时。

(3)地基计算沉降过大或建筑物对不均匀沉降敏感时,采用桩基础穿过松软(高压缩性)土层,将荷载传到较坚实(低压缩性)土层,以减少建筑物沉降并使沉降较均匀。

(4)建筑物承受较大的水平荷载,需要减少建筑物的水平位移和倾斜时。

(5)施工水位或地下水位较高,采用其他深基础施工不便或经济上不合理时。

(6)地震区的可液化地基,采用桩基础穿越可液化土层并深入下部密实稳定土层,消除或减轻地震对建筑物的危害。

以上情况也可以采用其他形式的深基础,但桩基础由于耗材少、施工快速简便,往往是优先考虑的深基础方案。

当软弱土层很厚,桩底无法穿透并达到坚实土层时,此时桩长较大,桩基础稳定性稍差,沉降量也较大;而当覆盖层很薄,桩的入土深度不能满足稳定性要求时,则不宜采用桩基础。设计时应综合分析上部结构特征、使用要求、场地水文地质条件、施工环境及技术力量等,经多方面比较,以确定适宜的基础方案。

# 3.2 桩与桩基础的分类

随着工程和科技的发展,在实践中已形成了多种类型的桩基础,它们在本身构造和桩土相互作用性能方面各具特点,分别适用于不同的地质和工程情况。下面按承台位置、施工方法、桩土相互作用特点、桩的设置效应及桩身材料等分类介绍。

## 3.2.1 按承台位置分类

桩基础按承台位置可分为高桩承台基础(简称高桩承台)和低桩承台基础(简称低桩承台),如图3-2所示。

高桩承台的承台底面位于地面或局部冲刷线以上,低桩承台的承台底面位于地面或局部冲刷线以下。高桩承台的基桩一部分桩身外露在地面或局部冲刷线以上(称为桩的自由长度),而低桩承台的基桩则全部没入土中(桩的自由长度为零)。

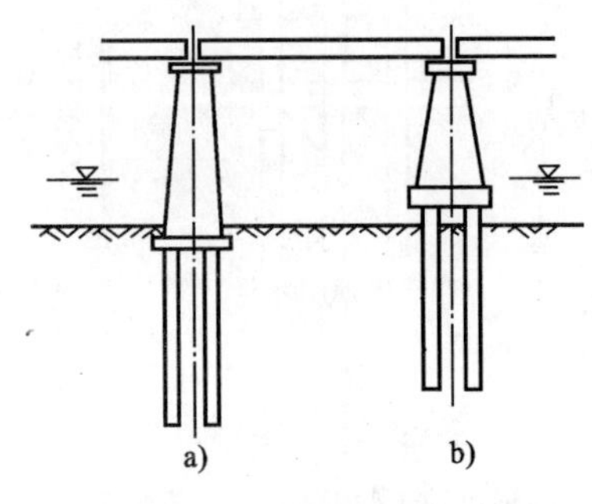

图3-2 高桩承台基础和低桩承台基础
a)低桩承台;b)高桩承台

高桩承台由于承台位置较高或设在施工水位以上,可减少墩台的圬工数量,避免或减少水下作业,施工较为方便。但在水平力作用下,由于承台及基桩的自由长度段周围无土体来共同承受水平外力,基桩的受力情况较为不利,桩身内力和位移比同样水平外力作用下的低桩承台要大,其稳定性也比低桩承台差。

近年来由于大直径钻孔灌注桩的采用,桩的刚度、强度都较大,因而高桩承台在桥梁基础工程中已得到广泛采用。

## 3.2.2 按施工方法分类

基桩的施工方法不同,不仅在于采用的机具设备和工艺过程的不同,而且将影响桩与桩周土接触边界处的状态,也影响桩土间的共同作用性能。桩的施工方法种类较多,但基本形式可分为沉桩(预制桩)和灌注桩。

1)沉桩(预制桩)

沉桩是将事先预制好的桩体(长桩可在桩端设置钢板、法兰盘等接桩构造,分节制作),通过某种手段沉入到地层指定高程。桩体制作质量高,可大量工厂化生产,加速施工进度。

(1)打入桩(锤击桩)

打入桩是通过锤击(或辅以高压射水)将各种预制好的桩(主要是钢筋混凝土实心桩或管桩,也有木桩或钢桩)打入地基内所需要深度。该方法适用于桩径较小(一般直径在0.60m以下),地基土质为砂性土、塑性土、粉土、细砂以及松散的不含大卵石或漂石的碎卵石类土的情况。

(2)振动下沉桩

振动沉桩法是将大功率的振动打桩机安装在桩顶(预制的钢筋混凝土桩或钢管桩),利用振动减少土对桩的阻力,使桩沉入土中。对于较大桩径,土的抗剪强度受振动时有较大降低的砂土等地基效果更为明显。

(3)静力压桩

在软塑黏性土中可以用静载将桩压入土中称为静力压桩。这种压桩施工方法免除了锤击的振动影响,特变适用于软土地区和对施工振动有严格限制的情况。

预制桩的优点是,施工质量较稳定。预制桩打入松散的粉土、砂砾层中,由于桩周和桩端土受到挤密,使桩侧表面法向应力提高,桩侧摩阻力和桩端阻力也相应提高。其缺点是,不易穿透较厚的砂土等硬夹层(除非采用预钻孔、射水等辅助沉桩措施),只能进入砂、砾、硬黏土、强风化岩层等坚实持力层不大的深度。当采用锤击、振动沉桩时,施工振动、噪声污染较大。沉桩过程产生挤土效应,特别是在饱和软黏土地区沉桩可能导致周围建筑物、道路、管线等的损失。由于桩的贯入深度受多种因素制约,因而常常出现因桩打不到设计高程而截桩,造成浪费。另外,为满足预制桩在起吊、运输、下沉过程中的强度要求,其钢筋用量和混凝土强度等级较高,因此其造价往往高于灌注桩。

2)灌注桩

灌注桩是在现场地基中钻挖桩孔,然后在孔内放置钢筋骨架,再灌注桩身混凝土而成的桩。灌注桩在成孔过程中需采取相应的措施来保证孔壁稳定。针对不同类型的地基土可选择适当的钻具设备和施工方法。

(1)钻、挖孔灌注桩

钻孔灌注桩采用钻、冲孔机具在土中钻进,边破碎土体边出土渣而成孔。为了防止塌孔,可采用泥浆护壁,即所谓湿成孔。当不需要采取护壁措施时,可采用干成孔。钻孔灌注桩施工设备简单、操作方便,适用于各类土层(包括碎石类土层和岩石层),但应注意:钻孔桩用于淤泥及可能发生流沙的土层时,宜先做试桩。我国已施工的钻孔灌注桩的最大入土深度已达百余米。

挖孔灌注桩依靠人工(用部分机械配合)在地基中挖出桩孔。挖孔桩不受设备限制,施工简单;桩径不宜小于1.2m,挖孔深度不宜大于15m,宜用于无地下水或地下水量不多的地层。对可能发生流沙或含较厚的软黏土层地基施工较困难(需要加强孔壁支撑);在地形狭窄、山坡陡峻处可以代替钻孔桩或较深的刚性扩大基础。因能直接检验孔壁和孔底土质,所以能保证桩的质量。还可采用开挖办法扩大桩底,以增大桩底的支承力。

(2)沉管灌注桩

沉桩可用于黏性土、砂土以及碎石类土等。

沉管灌注桩系指采用锤击或振动的方法把带有钢筋混凝土桩尖或活瓣式桩尖的钢套管沉

入土层中挤土成孔，然后在套管内放置钢筋笼，边灌注混凝土边拔套管而形成的灌注桩。它适用于黏性土、砂性土、砂土地基。由于采用了套管，可以避免钻孔灌注桩施工中可能产生的流沙、坍孔的危害和由泥浆护壁所带来的排渣等弊病。但桩的直径较小，常用的尺寸在 0.6m 以下，桩长常在 20m 以内。在软黏土中由于沉管的挤压作用对邻桩有挤压影响，且挤压时产生的孔隙水压力易使拔管时出现混凝土桩缩颈现象。

各类灌注桩有如下共同优点：除沉管灌注桩外，施工过程无大的噪声和振动；可根据土层分布情况调整桩长；桩可穿过各种软、硬夹层，桩端置于坚实土层和嵌入基岩，还可扩大桩底，以充分发挥桩身强度和持力层的承载力。配筋只考虑使用阶段要求，且配筋率可根据桩身内力图调整，为此配筋率远低于预制桩，造价为预制桩的 40% ~70%。

3）管柱基础

管柱基础是将预制的大直径（直径 1 ~5m）钢筋混凝土、预应力钢筋混凝土或钢管节，每节长度根据施工条件决定，一般采用 4m、8m 或 10m，接头用法兰盘和螺栓连接，用大型的振动沉桩锤沿导向结构振动下沉到基岩，然后在管柱内钻岩成孔，放置钢筋笼骨架，灌注混凝土，将管柱与岩盘牢固连接，如图 3-3 所示。目前公路桥梁已经很少采用。

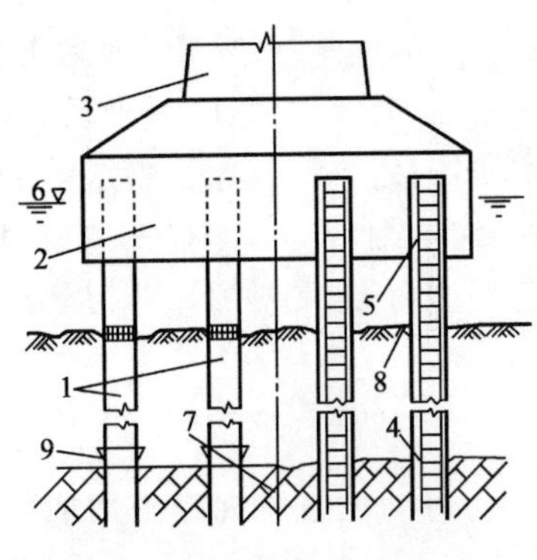

图 3-3　管柱基础

1-管柱；2-承台；3-墩身；4-嵌固于岩层；5-钢筋骨架；6-低水位；7-岩层；8-覆盖层；9-钢管靴

4）钻埋空心桩

将预制桩壳预拼连接后，吊放沉入已成的桩孔内，然后进行桩侧和桩底填石压浆，形成的预应力钢筋混凝土空心桩称为钻埋空心桩。钻埋空心桩适用于大跨径桥梁大直径（$D \geqslant 1.5$m）桩基础，通常与空心墩相配合，形成无承台大直径空心桩墩。

钻埋空心桩的优点是，直径大，可达 4 ~5m，但施工难度不大。水下混凝土的用量可减少 40%，减轻自重。通过桩周和桩底二次压注水泥浆来加固地基，使承载力与钻孔桩相比提高 30% ~40%。空心桩节预制与钻孔平行进行，加快了工程进度。部分工厂化施工，保证了质量。压浆易于确保质量，即使个别桩节有缺陷，还可以在桩中空心部分重新处理。取消承台，降低工程造价。

### 3.2.3　按桩的设置效应分类

大量工程实践表明，成桩挤土效应对桩的承载力、成桩质量控制及环境等有很大影响。根据挤土效应不同，可将桩分为挤土桩、部分挤土桩和非挤土桩三类。

1）挤土桩

实心的预制桩、下端封闭的管桩、木桩以及沉管灌注桩，在锤击或振入过程中都要将桩位处的土排挤开，因而使土体结构严重扰动破坏重塑。黏性土由于重塑作用使抗剪强度降低，一段时间后部分强度可以恢复，而原来处于疏松和稍密状态的无黏性土的抗剪强度则可提高。

2）部分挤土桩

底端开口的钢管桩、型钢桩和薄壁开口预应力钢筋混凝土桩等，打桩时对桩周土稍有排挤作用,但对土的强度及变形性质影响不大。由原状土测得的土的物理、力学性质指标一般仍可用于估算桩基承载力和沉降。

3)非挤土桩

先钻孔后打入的预制桩以及钻(挖)孔灌注桩,在成孔过程中将孔中土体清除,不产生成桩时的挤土作用。但桩周土可能向桩孔内移动,使得非挤土桩的承载力常有所减小。

在饱和软土中设置挤土桩,如果设计或施工不当,就会产生明显的挤土效应,导致未初凝的灌注桩桩身缩小乃至断裂,桩上涌和移位,地面隆起,从而降低桩的承载力,有时还会损坏邻近建筑物;桩基施工后,还可能因饱和软土中孔隙水压力消散,土层产生再固结沉降,使桩产生负摩阻力,降低桩基承载力,增大桩基沉降。

### 3.2.4 按承载性状分类

建筑物荷载通过桩基础传递给地基。垂直荷载一般由桩底土的抵抗力和桩侧土的摩阻力来支承,因土质的不同,桩底抵抗力和桩侧摩阻力的发挥程度有所不同。水平荷载一般由桩和桩侧土水平抗力来支承,而桩承受水平荷载的能力与桩轴线方向及斜度有关。因此,根据桩土相互作用特点,基桩可分为以下几类。

1)竖向受荷桩

(1)摩擦桩

桩穿过并支承在各种压缩性土层中,桩顶竖向荷载主要由桩侧阻力承受,并考虑桩端阻力,称为摩擦桩,如图3-4a)所示。以下几种情况均可视为摩擦桩。

①当桩端无坚实持力层且不扩底时;

②当桩的长径比很大,即使桩端置于坚实持力层上,由于桩身直接压缩量过大,传递到桩端的荷载较小时;

③当预制桩沉桩过程由于桩距小、桩数多、沉桩速度快,使已沉入桩上涌,桩端阻力明显降低时。

(2)端承桩(也称为柱桩)

端承穿过较松软土层,桩底支承在坚实土层(砂、砾石、卵石、坚硬老黏土等)或岩层中,且桩的长径比不太大时,桩顶竖向荷载主要由桩端阻力承受,并考虑桩侧阻力,称为端承桩或柱桩,如图3-4b)所示。

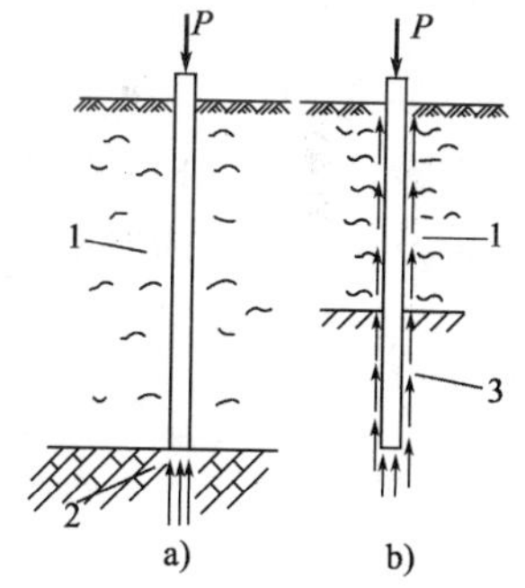


图3-4 端承桩和摩擦桩

1-软弱上层;2-岩层或硬土层;3-中等土层

端承桩承载力较大,较安全可靠,基础沉降也小,但如岩层埋置很深,就需采用摩擦桩。端承桩和摩擦桩由于它们在土中的工作条件不同,其与土的共同作用特点也就不同,因此,在设计计算时所采用的方法和有关参数也不一样。

2)横向受荷桩

(1)主动桩

桩顶受横向荷载,桩身轴线偏离初始位置,相对于土而言桩身主动变位。风力、地震力、车辆制动力等作用下的建筑物桩基属于主动桩。

(2)被动桩

桩身一定深度范围内承受侧向土压力,桩身轴线因该土压力作用而偏离初始位置。深基坑支挡桩、坡体抗滑桩、堤岸护桩等均属于被动桩。

(3)竖直桩与斜桩

按桩轴方向可将桩分为竖直桩、单向斜桩和多向斜桩等,如图3-5所示。在桩基础中是否需要设置斜桩,斜度如何确定,应根据荷载的具体情况而定。一般结构物基础承受的水平力常较竖直力小得多,且现已广泛采用的大直径钻、挖孔灌注桩具有一定的抗剪强度,因此,桩基础常采用竖直桩。拱桥墩台等结构物桩基础往往需设斜桩,以承受上部结构传来的较大水平推力,减小桩身弯矩、剪力和整个基础的侧向位移。

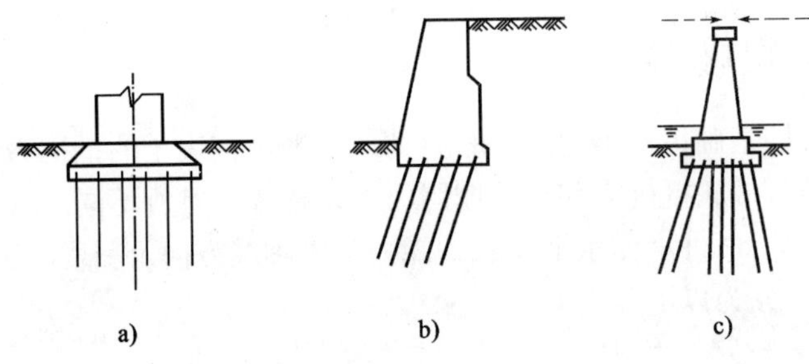


图3-5　竖直桩和斜桩

a)竖直桩;b)单向斜桩;c)多向斜桩

斜桩的桩轴线与铅垂线所成倾斜角的正切不宜小于1/8,否则斜桩施工斜度误差将显著地影响桩的受力情况。目前为了适应拱台推力,有些拱台基础已采用倾斜角大于45°的斜桩。

3)桩墩

桩墩是通过在地基中成孔后灌注混凝土形成的大口径断面柱形深基础,即以单个桩墩代替群桩及承台。桩墩基础底端可支承于基岩之上,也可嵌入基岩或较坚硬土层之中,分为端承桩墩和摩擦桩墩两种,如图3-6所示。

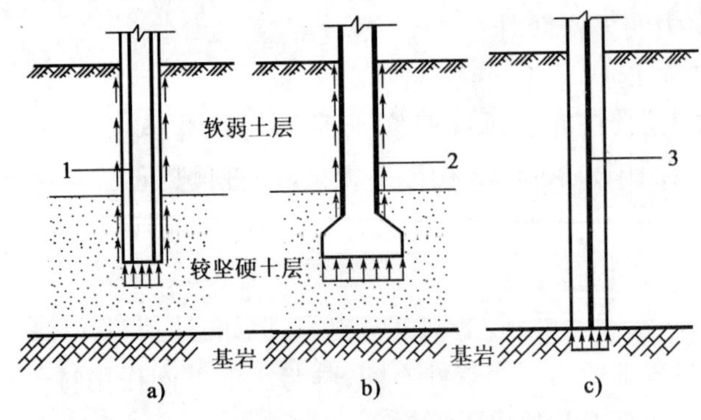


图3-6　桩墩

a)、b)摩擦桩墩;c)端承桩墩

1-钢筋;2-钢套筒;3-钢核

桩墩一般为竖直圆柱形,在桩墩底土质较坚硬的情况下为使桩墩底承受较大的荷载,也可将桩墩底端尺寸扩大而做成扩底桩墩[图3-6b)]。桩墩一般为钢筋混凝土结构,当桩墩受力很大时也可用钢套筒或钢核桩墩[图3-6b)、c)]。

桩墩的受力分析与基桩相类似,但桩墩的断面尺寸较大而且有较高的竖向和水平承载力,扩底桩墩还具有抵抗较大上拔力的能力。

在上部结构荷载较大且要求基础墩身截面较小时,可考虑桩墩深基础方案。桩墩的优点在于墩身面积小、美观、施工方便、经济。但外力太大时,纵向稳定性较差,对地基要求也高。

### 3.2.5 按桩身材料分类

1)钢桩

钢桩强度高,抗冲击能力强,承载力大;设计灵活,壁厚、桩径的选择范围大;便于割接,桩长容易调节;轻便,易于搬运;沉桩时贯入能力强、速度快,工期短,且排挤土量小,对邻近建筑影响小,便于小面积内密集的打桩施工。其主要缺点是用钢量大,成本高,在大气和水土中有腐蚀性。目前,我国只在一些重要工程中使用钢桩。

2)钢筋混凝土桩

钢筋混凝土桩的配筋率较低(一般为0.3%~1.0%),而混凝土取材方便、价格便宜、耐久性好。钢筋混凝土桩既可预制又可现浇,适用于各种地层,成桩直径和长度可变范围大,因而应用广泛,是桩基工程的主要研究对象和主要发展方向。

## 3.3 桩与桩基础的构造

为了保证桩基础的质量和正常使用,在设计桩基础时应满足其构造的基本要求。现仅以目前国内公路桥涵工程中最常用的桩与桩基础的构造特点及要求简述如下。

### 3.3.1 几种基桩的构造

1)钢筋混凝土钻(挖)孔灌注桩

钢筋混凝土钻(挖)孔灌注桩,桩身一般为圆形实心断面。钻孔桩设计直径不宜小于0.8m,一般情况下,宜采用0.8~3.2m;挖孔桩直径或最小边宽不宜小于1.2m。桩身混凝土强度等级不应低于C25,对仅承受竖直力的基桩可用C20(但水下混凝土仍不应低于C25)。

桩内钢筋应按照桩身内力和抗裂性的要求布设,长摩擦桩应根据桩身弯矩分布情况分段配筋,短摩擦桩和柱桩也可按桩身最大弯矩通长均匀配筋。当按内力计算桩身不需要配筋时,应在桩顶3.0~5.0m内设置构造钢筋。

为了保证钢筋骨架有一定的刚性,便于吊装及保证主筋受力后的纵向稳定,桩内主筋直径不应小于16 mm,每根桩主筋数量不应少于8根,其净距不应小于80mm且不应大于350mm。如配筋较多,可采用束筋。组成束筋的单根钢筋直径不应大于36mm,组成束筋的单根钢筋根数,当其直径不大于28mm时不应多于3根,当其直径大于28mm时应为2根。束筋成束后等代直径为$d_e=\sqrt{n}d$,式中,$n$为单束钢筋根数,$d$为单根钢筋直径。主筋保护层净距不应小于60mm。钢筋笼底部的主筋宜稍向内弯曲,起导向作用。

箍筋应适当加强,闭合式箍筋或螺旋筋直径不应小于主筋直径的1/4,且不应小于8mm,

其间距不应大于主筋直径的15倍且不应大于为300mm。钢筋骨架上每隔2.0~2.5m设置直径16~32mm的加劲箍一道,如图3-7所示。钢筋笼四周应设置突出的定位钢筋、定位混凝土块或采用其他定位措施。

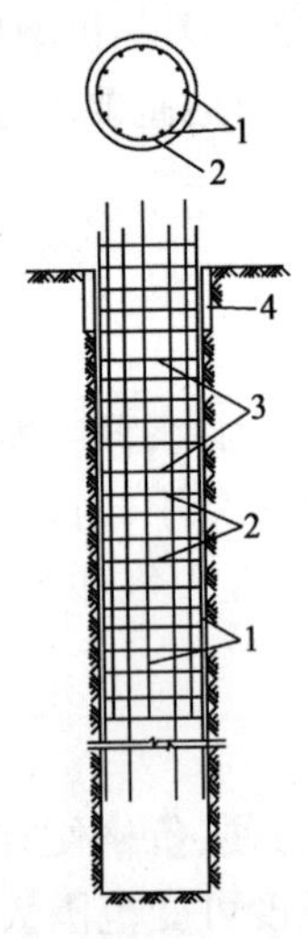


图3-7 钢筋混凝土灌注桩
1-主筋;2-箍筋;3-加强箍;4-护筒

钻(挖)孔桩的柱桩根据桩底受力情况如需嵌入岩层时,嵌入深度应根据计算确定,并不得小于0.5m。钻(挖)孔灌注桩常用的含筋率为0.2%~0.6%。也有工程采用大直径的空心钢筋混凝土就地灌注桩,是进一步发挥材料潜力、节约水泥的措施。

2)钢筋混凝土预制桩

钢筋混凝土预制桩主要包括实心的圆桩和方桩(少数为矩形桩)、有空心的管桩。桩身混凝土强度等级不应低于C25。桩身应按运输、沉入和使用各阶段内力要求通长配筋。桩的两端和接桩区箍筋或螺旋筋的间距须加密,其值可取40~50mm。

普通钢筋混凝土方桩,当桩长在10m以内时横断面为0.30m×0.30m,主筋直径一般为12~25mm;箍筋直径为6~8mm,间距为10~20mm;由于桩尖穿过土层时直接受到正面阻力,应在桩尖处把所有的主筋弯在一起并焊在一根芯棒上。桩头直接受到锤击,故在桩顶需设方格网片三层以加增桩头强度。钢筋保护层厚度不小于35mm。桩内需预埋直径为20~25mm的钢筋吊环,吊点位置通过计算确定,如图3-8所示。

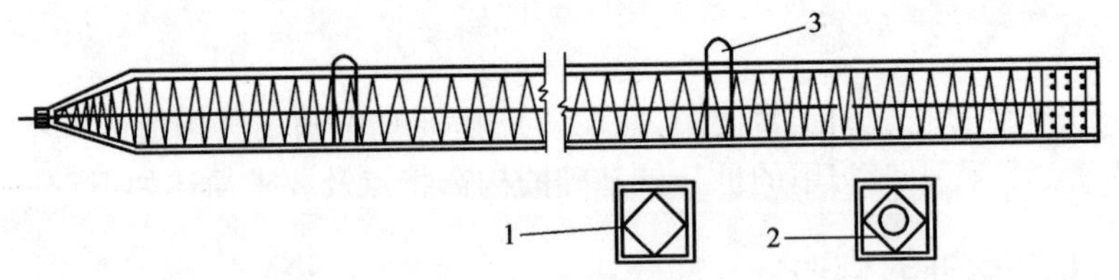


图3-8 预制钢筋混凝土方桩
1-实心方桩;2-空心方桩;3-吊环

钢筋混凝土管桩由工厂以离心旋转机生产,有普通钢筋混凝土或预应力钢筋混凝土两种,直径可采用0.4~0.8m,管壁最小厚度不宜小于80mm,桩身混凝土强度为C25~C40,填芯混凝土不应低于C15。每节管桩两端装有连接钢盘(法兰盘)以供接长。桩端嵌入非饱和状态强风化岩的预应力混凝土敞口管桩,应采取有效的预防渗水软化桩端持力层的措施。

钢筋混凝土预制桩柱的分节长度,应根据施工条件决定,并应尽量减少接头数量。接头强度不应低于桩身强度,并有一定的刚度以减少锤振能量的损失。接头法兰盘的平面尺寸不得突出管壁之外,在沉桩时和使用过程中接头不应松动和开裂。

3)钢桩

钢桩可采用管型和H型,其材质应符合国家现行有关规范、标准规定。

钢桩的端部形式,应根据桩所穿越的土层、桩端持力层性质、桩的尺寸、挤土效应等因素综合考虑确定。钢管桩按桩端构造形式有敞口带加强箍(带内隔板、不带内隔板)、敞口不带加强箍(带内隔板、不带内隔板)和闭口平底、锥底,如图3-9所示。H型钢桩桩端构造形式有带端板和不带端板、锥底、平底(带扩大翼、不带扩大翼)。

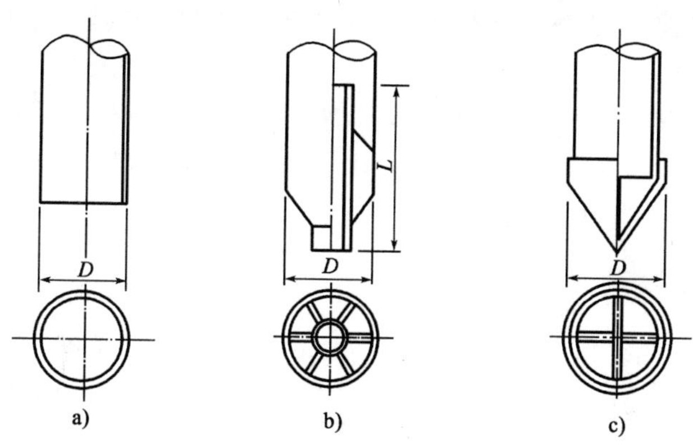


图 3-9　钢管桩的端部构造形式

a)开口式;b)半闭口式;c)闭口式

钢管桩的常用直径为 400 ~ 1 000mm。分段长度按施工条件确定,一般不宜超过 12 ~ 15m。分节钢桩应采用上下节桩对焊连接。为提高钢管桩承受桩锤冲击的能力和穿透坚硬地层的能力,可在桩顶和桩底端管壁设置加强箍。钢桩焊接接头应采用等强度连接,使用的焊条、焊丝和焊剂应符合国家现行有关规范、标准规定。

钢管桩的设计厚度由有效厚度和腐蚀厚度两部分组成。有效厚度为管壁在外力作用下所需要的厚度,可按使用阶段的应力计算确定。

腐蚀厚度为建筑物在使用年限内所腐蚀的管壁厚度,海水环境中,钢桩的单面年平均腐蚀速度可按表 3-1 取值,有条件时也可根据现场实测确定。其他条件下,在平均低水位以上,年平均腐蚀速度可取 0.06mm/年;平均低水位以下,年平均腐蚀速度可取 0.03mm/年。

**海水环境中钢桩单面年平均腐蚀速率**　　表 3-1

| 部　位 | 平均腐蚀速率(mm/年) | 部　位 | 平均腐蚀速率(mm/年) |
|---|---|---|---|
| 大气区 | 0.05 ~ 0.10 | 水位变动区,水下区 | 0.12 ~ 0.20 |
| 浪溅区 | 0.20 ~ 0.50 | 泥下区 | 0.05 |

注:1. 表中年平均腐蚀速率适用于 pH = 4 ~ 10 的环境条件,对有严重污染的环境,应适当加大。

2. 对水质含盐量层次分明的河口或年平均气温高、波浪大和流速大的环境,其对应部位的年平均腐蚀速率应适当加大。

钢桩防腐处理可采用外表涂防腐层、增加腐蚀余量及阴极保护等方法。当钢管桩内壁同外界隔绝时,可不考虑内壁防腐。

### 3.3.2　桩的布置和中距

为了满足基桩施工需要,避免或减少对相邻桩的不利影响,减少群桩效应对桩群总体承载力的不利影响,基桩布置时,应控制桩间最小中距。群桩的布置可采用对称形、梅花形或环形。桩的中距应符合以下要求。

摩擦桩:锤击、静压沉桩,在桩端处的中距不应小于桩径(或边长)的 3 倍,对于软土地区宜适当增大;振动沉入砂土内的桩,在桩端处的中距不应小于桩径(或边长)的 4 倍。桩在承台底面处的中距不应小于桩径(或边长)的 1.5 倍。钻(挖)孔灌注桩的中距不应小于桩径的 2.5 倍。

端承桩:支承或嵌固在基岩中的钻(挖)孔桩中距不得小于 2.0 倍的桩径。

扩底灌注桩:钻(挖)孔扩底灌注桩中距不得小于1.5倍扩底直径或扩底直径加1.0m,取较大者。

边桩(或角桩)外侧与承台边缘的距离,对于直径(或边长)小于或等于1.0m的桩,不应小于0.5倍桩径(或边长),且不应小于250mm;对于直径大于1.0m的桩不应小于0.3倍桩径(或边长),并不应小于500mm。

### 3.3.3 承台和横系梁的构造

承台的平面尺寸和形状应根据墩、台身底截面形状和尺寸及基桩的平面布置而定。

公路桥梁多采用钢筋混凝土承台,为保证承台具有足够的强度和刚度,其厚度宜为桩径的1.0~2.0倍,且不宜小于1.5m。混凝土强度等级不宜低于C25。

承台所受荷载大,为保证承台强度,当桩中距不大于3倍桩直径时,承台受力钢筋应均匀布置于全宽度内,如图3-10a)所示;当桩中距大于3倍桩直径时,受力钢筋应均匀布置于距桩中心1.5倍桩直径范围内,如图3-10b)所示,在此范围以外应布置配筋率不小于0.1%的构造钢筋。如承台仅有一个方向的受力钢筋时,在垂直于该各层受力钢筋方向,应设直径不小于12mm,间距不大于250mm的构造钢筋。

承台的桩中距等于或大于桩直径的3倍时,宜在两桩之间,距桩中心各1倍桩直径的中间区段内设置吊筋,见图3-10c),其直径不应小于12mm,间距不应大于200mm。承台竖向连接钢筋,其直径不应小于16mm。

当桩顶直接埋入承台连接时,应在每根桩的顶面上设1~2层钢筋网。当桩顶主筋伸入承台时,承台在桩身混凝土顶端平面内设置一层钢筋网,在每米内(按每一方向)设钢筋网1 200~1 500mm$^2$,钢筋直径为12~16mm,钢筋网应通过桩顶且不应截断,如图3-10a)、b)所示。承台的顶面和侧面应设置表层钢筋网,每个面在两个方向的截面面积均不宜小于400mm$^2$/m,钢筋间距不应大于400mm。

当用横系梁加强桩之间的整体性时,横系梁的高度可取为0.8~1.0倍桩的直径,宽度可取为0.6~1.0倍桩的直径。混凝土的强度等级不应低于C25。纵向钢筋不应少于横系梁截面面积的0.15%;箍筋直径不应小于8mm,其间距不应大于400mm。

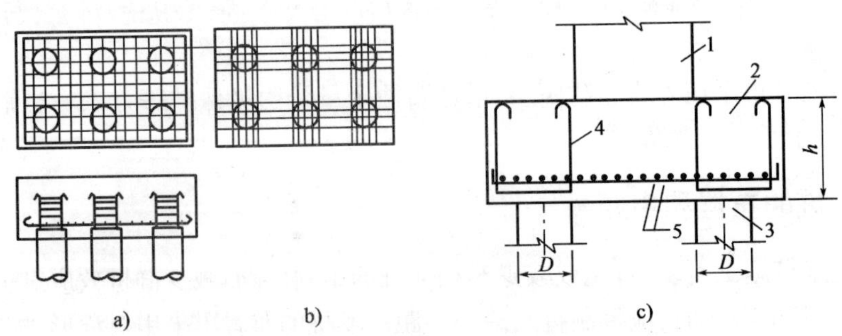


图3-10 承台底钢筋构造

1-墩台身;2-承台;3-桩;4-吊筋;5-主筋;$D$-桩直径

### 3.3.4 桩与承台、横系梁的连接

桩与承台的连接,钻(挖)孔灌注桩桩顶主筋宜伸入承台,桩身嵌入承台内的深度可采用

100mm；伸入承台的桩顶主筋可做成喇叭形（与竖直线夹角大约为15°；若受构造限制，主筋也可不作成喇叭形），如图3-11a）、b）所示。伸入承台的钢筋锚固长度，光圆钢筋不应小于30倍钢筋直径（设弯钩），带肋钢筋不应小于35倍钢筋直径（不设弯钩），并设箍筋，且箍筋加密。

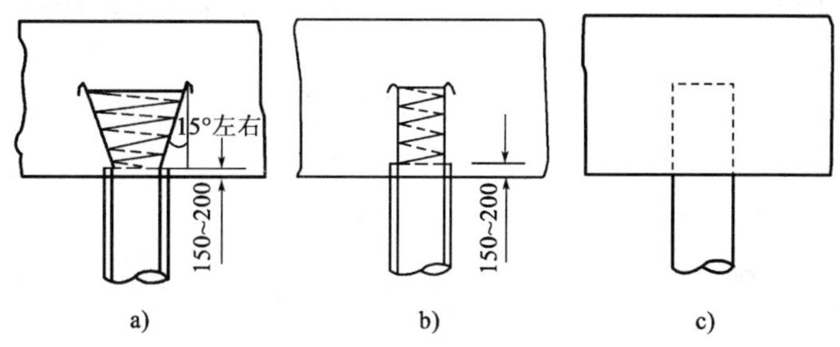


图3-11 桩与承台的连接（尺寸单位：mm）

对于不受轴向拉力的打入桩可不破桩头，桩顶直接埋入承台连接，如图3-11c）所示。当桩径（或边长）小于0.6m时，埋入长度不应小于2倍桩径（或边长）；当桩径（或边长）为0.6~1.2m时，埋入长度不应小于1.2m；当桩径（或边长）大于1.2m时，埋入长度不应小于桩径（或边长）。

对于大直径灌注桩，当采用一柱一桩时，可设置横系梁或将桩与柱直接连接。横系梁的主钢筋应伸入桩内，其长度不小于35倍主筋直径。

管桩与承台连接时，伸入承台内的纵向钢筋如采用插筋，插筋数量不应少于4根，直径不小于16mm，锚入承台长度不宜小于35倍钢筋直径，插入管桩顶填芯混凝土长度不宜小于1.0m。

### 3.3.5 桩基础构造设计工程案例

现以苏通长江大桥主塔基础为例，简介桩基础工程应用。

苏通大桥桥位区第四系地层分布广泛，活动断裂未通过桥区，属于区域地壳稳定区。第四纪地层为一套河床、河流漫滩相为主导的松散沉积物，具有河流相结构，厚度均在270 m以上。主桥深水基础持力层深度为70~90m。桥位区地层构造见表3-2。

**第四系区域地层简表** 表3-2

| 系 | 统 | 代号 | 厚度（m） | 主 要 岩 性 |
|---|---|---|---|---|
| 第四系 | 全新统 | $Q_4$ | <70 | 顶部灰黄色亚枯土，中部灰色粉砂夹亚枯土，下部以淤泥质亚黏土夹粉砂为主 |
| | 上更新统 | $Q_3$ | 30~80 | 灰、灰黄色粉细砂、含砾粗砂，局部为褐黄色枯土，亚黏土 |
| | 中更新统 | $Q_2$ | 20~80 | 上部蓝灰、灰黄、灰绿色亚黏土。含铁锰及钙质结核，夹灰黄色粉细砂；下部灰黄色亚枯土、含砾中粗砂 |
| | 下更新统 | $Q_1$ | 30~100 | 上部棕黄灰绿色亚黏土，含钙质铁锰质结核，下部以灰色粉细砂、含砾中粗砂为主 |

主航道桥采用双塔钢箱梁斜拉桥方案，其跨径布置为（100+100+300+1 088+300+100+100）m，采用七跨连续半飘浮体系，总长2 088m，空间密索型布置。

苏通大桥地质条件的不利之处在于基岩埋藏深，无法直接作为基底的持力层，基础底面不能支承在强度大、变形小的岩石上；但有利之处在于作为沉积地层，地层分布比较稳定，层厚比较均匀，从而基础底面的变形也较为均匀，减少了发生不均匀沉降的可能性。

苏通大桥桥梁规模大、基础承受荷载大、地质条件差、局部冲刷深，同时施工受潮汐影响，因而主桥的超大规模深水基础。

针对上述特点,设计的指导思想是:

(1)在保证结构受力需要和构造要求的前提下,尽量减轻结构自重,改善结构受力条件,降低对基础承载力的要求,同时尽可能采取提高承载力的有效措施(如桩底注浆等),并通过试桩等进行验证。

(2)在保证结构受力需要和安全可靠的前提下,尽量减小施工难度。

苏通大桥基础在初步设计阶段进行了比较多的方案,包括沉井、地下连续墙、桩基础、桩基础/双壁钢围堰组合基础,进行了比选分析论证工作。

由于地下连续墙基础需要在干处施工,需要在江中筑岛,但桥位处河段水深流急,航运繁忙,筑岛难度较大,工程量很大,因而难以实现。

沉井基础和桩基础施工方法多样,适应能力较强,都可以作为主墩基础的比较方案。因此,初步设计中主要就这两种基础形式进行了不同方案的比选。最后,根据交通运输部对初步设计的批复意见,苏通大桥主桥基础最终采用钻孔灌注桩群桩基础方案。

桥塔基础施工图设计方案采用了哑铃型不等厚度的承台设计,并调整了桩群的布置,使塔柱分别位于群桩的中心。通过调整,承台重量有所减小,承台和群桩基础受力也更为有利。

主桥桥塔基础采用 131 根 $D2.8 \sim D2.5$m 钻孔灌注桩基础,梅花形布置。按照摩擦桩设计,考虑钢护筒与桩基础共同受力。两塔桩长分别为 117m 和 114m。承台为哑铃型,在每个塔柱下承台平面尺寸为 51.35m × 48.10 m,其厚度由边缘的 5m 变化到最厚处的 13.324m,其

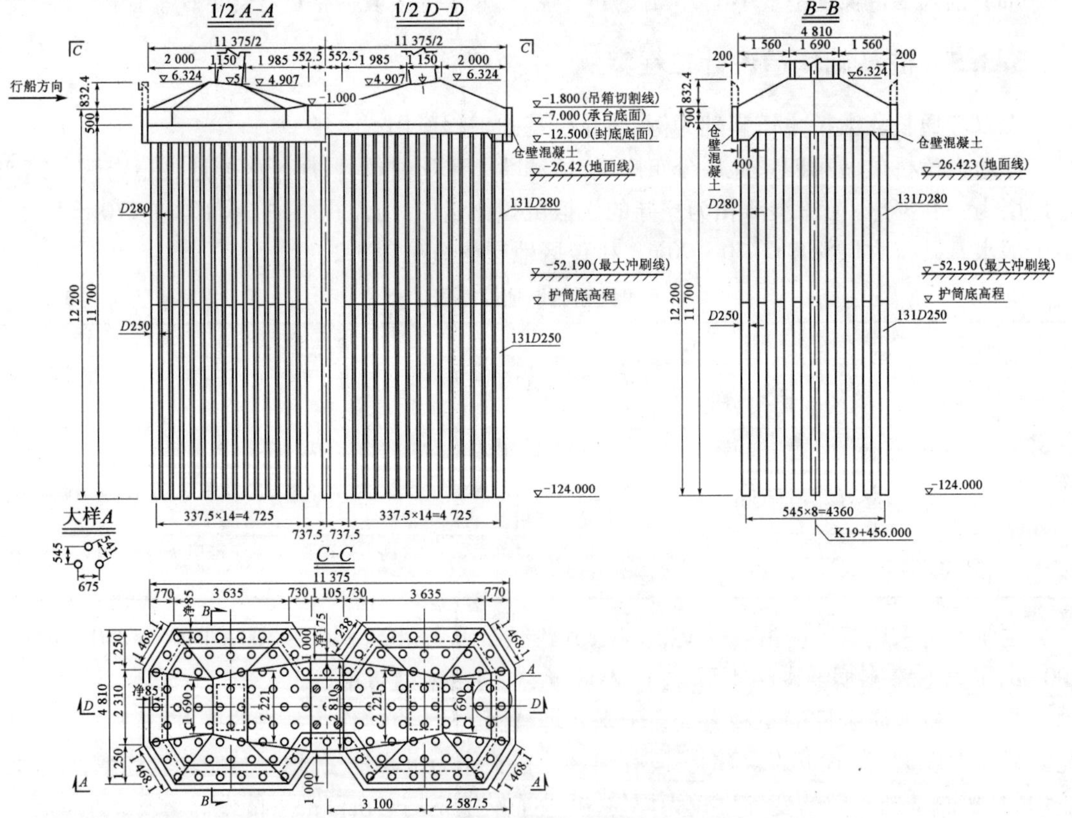


图 3-12 苏通大桥主塔基础一般构造图(尺寸单位:cm;高程单位:m)

顶部与塔柱的接触面垂直于索塔塔柱的中心线。两承台之间采用 11.05m × 28.10m 系梁连接,系梁厚度 6m。承台设有 4 个备用桩位,但是由于备用桩位的受力较为不利,因此仍然要求施工单位的成桩率为 100%。

基桩采用 2.8 ~ 2.5m 变直径钻孔灌注桩,为减轻桩身自重,并使钢护筒有效参与桩身受力,桩径 2.8m 段钢护筒的内径即为 2.8 m,桩径变化位置和钢护筒埋置深度根据冲刷深度、受力要求、地质条件等要求综合确定。在钢护筒范围以下,桩身直径变化为 2.5m,见图 3-12。

考虑到苏通大桥的重要性和群桩基础受力的不均匀性,为保证基础结构安全可靠,主桥所有桩基础均进行桩底注浆,以提高其承载能力、减小和控制沉降。注浆后的单桩极限承载力应比注浆前提高 40% 以上,注浆工艺和注浆量等由试桩确定。

## 3.4 钻孔灌注桩的施工

钻孔灌注桩系指采用不同的钻挖孔方法,在土中形成一定直径的井孔,达到设计高程后将钢筋骨架(笼)吊入井孔中,灌注混凝土形成为桩基础。这种成桩工艺在欧洲约于 20 世纪 40 年代初期已开始使用。从用人力转动锥头钻孔开始,逐渐发展到冲抓锥、冲击锥、正反循环旋转钻、潜水电钻等各种钻孔工艺。钻孔直径从 250mm 发展到 2 000mm 以上,桩长从十余米发展到百米以上。

现按施工顺序介绍其主要工序如下。

### 3.4.1 准备工作

1)准备场地

钻孔前要进行准备工作,其内容包括:

(1)场地为旱地时,应该除杂物,换除软土,整平夯实。

(2)场地为陡坡时,可用枕木、型钢等搭设工作平台。

(3)场地为浅水时,宜采用筑岛施工,筑岛面积应根据钻孔方法、设备大小等要求确定。

(4)场地为深水或淤泥较厚时,可搭设工作平台,平台须牢固稳定,能承受工作时所有静、动荷载,并考虑施工机械能安全进出。如水流平稳,水位升降缓慢,全部工序可在船舶或浮箱上进行,但须锚固稳定,桩位准确。如流速较大,但河床可以整理平顺时,可采用钢桩或钢丝网水泥薄壁运沉井,就位后灌水下沉至河床,然后在其顶部搭设工作平台,在其底部安设护筒;在某些情况下,可在钢板桩围堰内搭设钻孔平台。场地为深水时,可采用钢管桩施工平台、双壁钢围堰平台等固定式平台,也可采用浮式施工平台。

2)埋置护筒

护筒的作用是:

(1)固定桩位,并作钻孔导向。

(2)保护孔口防止孔口土层坍塌。

(3)隔离孔内孔外表层水,并保持钻孔内水位高出施工水位,以稳固孔壁。因此埋置护筒要求稳固、准确。

护筒制作要求坚固、耐用、不易变形、不漏水、装卸方便和能重复使用。一般用薄钢板制成(图3-13)。

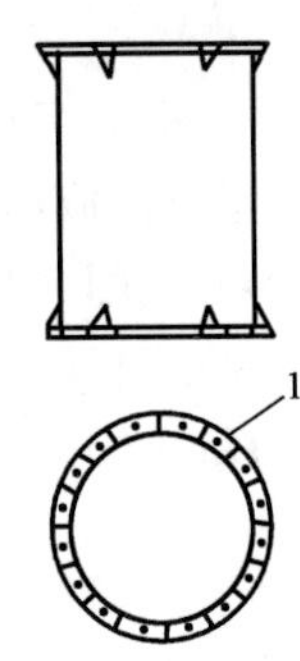


图3-13 钢护筒
1-连接螺栓孔

护筒埋设可采用下埋式[适于旱地埋置,图3-14a)]、上埋式[适于旱地或浅水筑岛埋置,图3-14b)、c)]和下沉埋设[适于深水埋置,图3-14d)]。护筒设置应注意下列几点:

(1)护筒内径宜大于桩径至少200mm。

(2)护筒中心竖直线应与桩中心线重合,除设计另有规定外,平面允许误差为50mm,竖直线倾斜不大于1%,深水中平面允许偏差可适当放宽,但不应大于80mm。

(3)旱地、筑岛处护筒可采用挖坑埋设法,护筒底部和四周所填黏质土必须分层夯实。

(4)水域护筒设置,应严格注意其平面位置、竖向倾斜、斜桩的倾斜角和两节护筒的连接质量。沉入时可采用压重、振动、锤击并辅以筒内除土的办法。

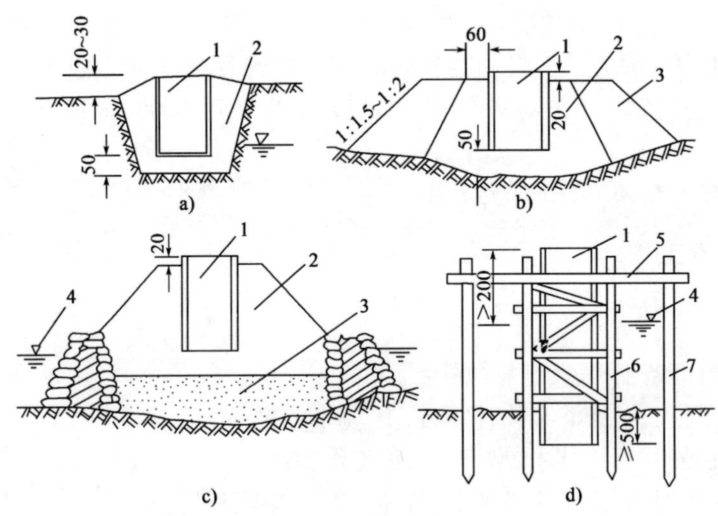


图3-14 护筒的埋置(尺寸单位:cm)
1-护筒;2-夯实黏土;3-砂土;4-施工水位;5-工作平台;6-导向架;7-脚手架

(5)护筒高度宜高出地面0.3m或水面1.0~2.0m。当处于潮水影响地区时,应高出最高潮水位1.5~2.0m,并应采取稳定护筒内水头的措施。当钻孔内有承压水时,应高于稳定后的承压水位2.0m以上。

(6)护筒埋置深度应根据设计要求或桩位的水文地质情况确定,一般情况埋置深度宜为2~4m,特殊情况应加深以保证钻孔和灌注混凝土的顺利进行。有冲刷影响的河床,应沉入局部冲刷线以下不小于1.0~1.5m。

(7)护筒连接处要求筒内无突出物,应耐拉、压,不漏水。

3)制备泥浆

钻孔泥浆由水、黏土(膨润土)和添加剂组成。具有浮悬钻渣、冷却钻头、润滑钻具、增大静水压力,并有在孔壁形成泥膜、隔断孔内外渗流、防止坍孔的作用。调制的钻孔泥浆及经过循环净化的泥浆,应根据钻孔方法和地层情况采用不同的性能指标。泥浆稠度应视地层变化或操作要求,灵活掌握。泥浆太稀,排渣能力小,护壁效果差;泥浆太稠,会削弱钻头冲击功能,降低钻进速度。

泥浆性能指标可参照表 3-3 选用。

泥 浆 性 能 指 标　　表 3-3

| 钻孔方法 | 地层情况 | 泥浆性能指标 | | | | | | | |
|---|---|---|---|---|---|---|---|---|---|
| | | 相对密度 | 黏度(Pa·s) | 含砂率(%) | 胶体率(%) | 失水率(mL/30min) | 泥皮厚(mm/30min) | 静切力(Pa) | 酸碱度(pH) |
| 正循环 | 一般地层 | 1.05～1.20 | 16～22 | 8～4 | ≥96 | ≤25 | ≤2 | 1.0～2.5 | 8～10 |
| | 易坍地层 | 1.20～1.45 | 19～28 | 8～4 | ≥96 | ≤15 | ≤2 | 3～5 | 8～10 |
| 反循环 | 一般地层 | 1.02～1.06 | 16～20 | ≤4 | ≥95 | ≤20 | ≤3 | 1～2.5 | 8～10 |
| | 易坍地层 | 1.06～1.10 | 18～28 | ≤4 | ≥95 | ≤20 | ≤3 | 1～2.5 | 8～10 |
| | 卵石土 | 1.10～1.15 | 20～35 | ≤4 | ≥95 | ≤20 | ≤3 | 1～2.5 | 8～10 |
| 旋挖 | 一般地层 | 1.02～1.10 | 18～22 | ≤4 | ≥95 | ≤20 | ≤3 | 1～2.5 | 8～11 |
| 冲击 | 易坍地层 | 1.20～1.40 | 22～30 | ≤4 | ≥95 | ≤20 | ≤3 | 3～5 | 8～11 |

注:1. 地下水位高或其流速大时,指标取高限,反之取低限。
2. 地质状态较好,孔径或孔深较小的取低限,反之取高限。

对大直径或超长钻孔灌注桩,泥浆的选择应根据钻孔的工程地质情况、孔位、钻机性能、泥浆材料条件等确定。在地质复杂,覆盖层较厚,护筒下沉不到岩层的情况下,宜使用丙烯酞胺即 PHP 泥浆。

4)钻机就位

钻机就位前,应对钻孔各项准备工作进行检查。钻机安装后的底座和顶端应平稳,在钻进中不应产生位移或沉陷,否则应及时处理。

### 3.4.2 钻孔

1)钻孔方法和钻具

钻头的直径要求,对于回旋钻,钻头不宜小于设计桩径;对于冲击钻,冲锤直径小于设计桩径 20mm 为宜。

(1)回转钻机钻进

回转钻机是一种在我国应用时间最长、范围最广、市场保有量最大的成孔机具,该种钻机除在卵、砾石层钻进较为困难外,在其他各种常见地层均有良好的适用性。回转钻机根据排渣方式的不同分为正循环和反循环两种。所谓正循环即在钻进的同时,泥浆泵将泥浆压进泥浆笼头,通过钻杆中心从钻头喷入钻孔内,泥浆挟带钻渣沿钻孔上升,从护筒顶部排浆孔排出至沉淀池,钻渣在此沉淀而泥浆仍进入泥浆池循环使用,如图 3-15 所示。图 3-16 为正循环旋转钻头。

反循环成孔是泥浆从钻杆与孔壁间的环状间隙流入孔内,来冷却钻头并携带沉渣由钻杆内腔返回地面的一种钻进工艺。反循环又细分为泵吸、气举、孔底泵送(射流)三种。图 3-17 为反循环旋转钻头。

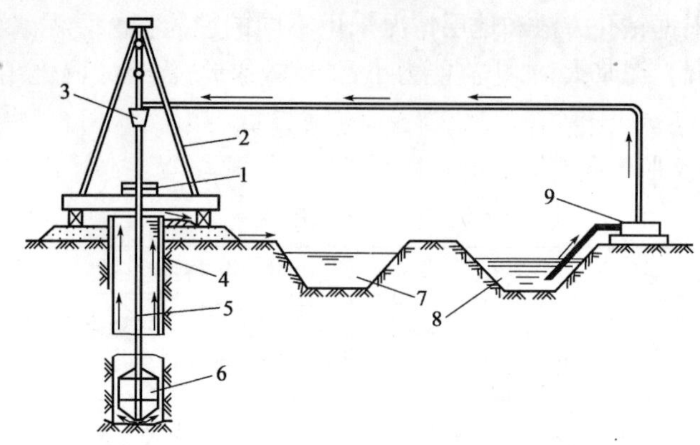


图 3-15 正循环旋转钻孔

1-钻机；2-钻架；3-泥浆笼头；4-护筒；5-钻杆；6-钻头；7-沉淀池；8-泥浆；9-泥浆泵

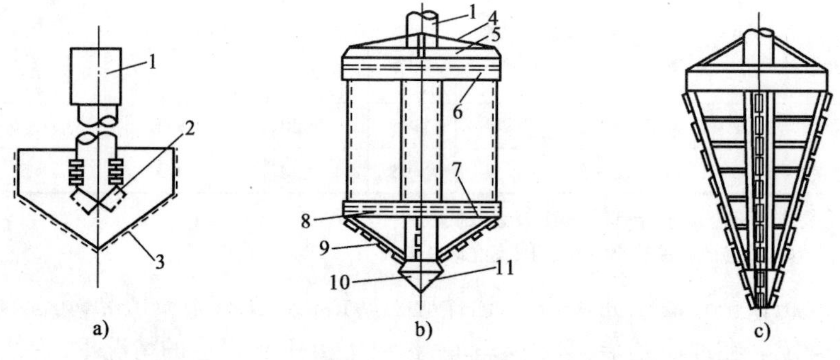


图 3-16 正循环旋转钻头

a）鱼尾钻头；b）笼式钻头；c）刺猬钻头

1-钻杆；2-出浆口；3-刀刃；4-斜撑；5-斜挡板；6-上腰围；7-下腰围；8-耐磨合金钢；9-刮板；10-超前钻；11-出浆口

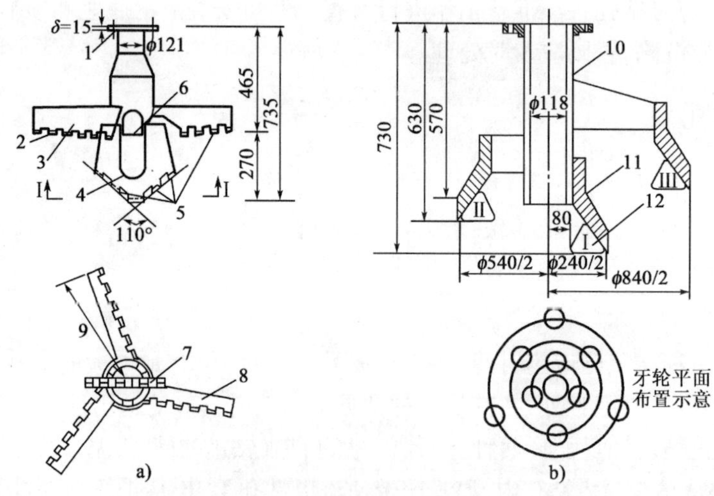


图 3-17 反循环旋转钻头（尺寸单位：mm）

a）三翼空心单尖钻锥；b）牙轮钻头

1-法兰接头；2-合金钢刀头；3-翼板（$\delta=30$mm）；4-剑尖（$\delta=30$mm）；5-合金钢刀头尖；6-排渣孔；7-剑尖；8-翼板；9-孔径；10-无缝钢管；11-牙轮架；12-牙轮

在素土层、黏土层及砂土层常采用正循环,在卵石层、砂卵石夹层、岩石层及孔底清渣常采用反循环。根据地层不同,钻头可采用不同形式,特别是在钻进坚硬岩石层时需配置滚刀钻头或牙轮钻头,回转钻机的钻孔直径可达 2 ~ 5m,深度可达百米。

正、反循环回转钻机具有应用范围广、护壁效果好、成孔质量高,施工无振动、无噪声、机具操作方便、造价较低等特点。但同时其在复杂地层成孔效率较低,施工现场用水量大、泥浆排放量大,扩孔率较难控制,又很难在卵石、漂石、基岩上施工,特别是在坚硬地层中进度缓慢,施工成本直线上升。

(2)旋挖钻机钻进

旋挖钻机是近年来发展最快的一种新型桩基成孔施工方法,它通过钻杆和钻斗的旋转,以钻斗自重并加液压作为钻进压力,使土屑装满钻斗后提升钻斗出土,通过钻斗的旋转、挖土、提升、卸土和泥浆护壁,反复循环而成孔。

旋挖钻机适用于各类黏土、粉土、密实砂土、淤泥质土、人工回填土及含有部分卵石、碎石的地层,借钻具自重和钻机加压力,耙齿切入土层,在回转力矩的作用下钻斗同时回转配合不同钻具,适应于干式(螺旋)、湿式(回转斗)的成孔作业。重庆新白沙沱长江大桥,旋挖钻机施工,孔径 3.2m,桩深 60m 左右。最大钻孔深度达 120m(主要集中在 40m 以内),最大钻孔扭矩 620kN · m。

旋挖成孔的施工方法具有施工质量可靠、成孔速度快、成孔效率高、适应性强等特点,大大缩短了工期,废浆少,低噪声,污染小,保护了环境,克服了机械成孔时孔底沉淤土多、桩侧摩阻力低、泥浆管理差的缺点,极大地提高了施工质量。但其缺点是对于厚度较大的松散砂层在钻进时易塌孔,在卵石含量较大的卵石层钻进时速度慢,不适用于坚硬岩石层入岩施工。旋挖钻机一次投入费用较大,但成孔费用消耗等经济技术指标比其他方法成孔费用低,应结合工程规模、工程量和施工进度综合考虑。

(3)长螺旋钻机钻进

长螺旋钻机成孔为干作业、非挤土灌注桩范畴,是用长螺旋钻孔机的螺旋钻头在桩位处就地切削土层,被切土块钻屑随钻头旋转,沿带有螺旋叶片的钻杆上升,自动排出孔外的成孔方法。

长螺旋钻机适用于各类填土、黏性土、粉土、粉质砂土、碎石类土,具有振动小、噪声低、不扰民、钻进速度快、无泥浆污染、桩身质量好、地层的适应性强、造价低等特点,并且根据需要,调整压力,桩径范围在 0.3 ~ 1.2m 间可调,钻孔深度一般为 10 ~ 35m。但长螺旋钻机不适宜大粒径卵石、卵砾夹石层、漂石地层施工,桩底不能入岩,一般桩径较小,单桩承载力低,并且机身庞大、自重大,运输成本高。

(4)冲击钻机钻进

冲击钻机(图 3-18)是一种比较传统的钻进机具,依靠冲击锤进行冲砸,掏渣筒(图 3-19)掏渣,上下往复冲击将土石劈裂、砸碎,部分被挤入孔壁之内,普通泥浆护壁。适用于常见的所有填土层、黏土层、密实砂层、圆砾层及角砾复合夹层,但在大漂石、卵石层及微风化地层中进尺缓慢,且冲击锤容易损坏。而且,在松散且厚度较大的砂层中钻进时容易塌孔,主要原因是冲击钻进时孔内泥浆比重不均匀,上部小下部大,掏渣筒掏渣后孔内水位降低产生水位差造成塌孔。

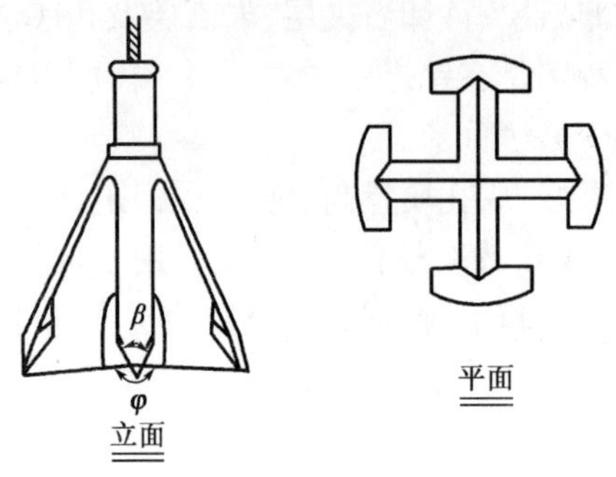

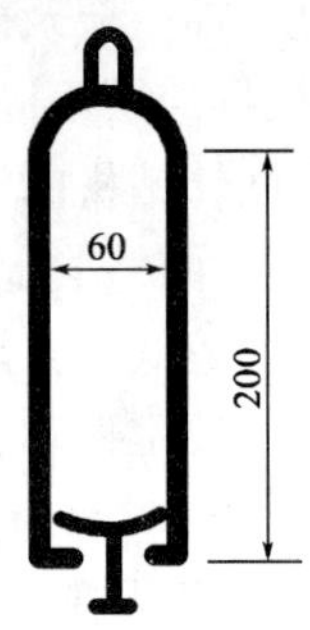


图 3-18　冲击钻锥

图 3-19　掏渣筒(尺寸单位:cm)

冲击钻具有地层适应范围广、施工速度快、场地环境要求小、造价较低等特点。但同时冲击钻劳动强度大,泥浆循环要设立泥浆回流池占地大,产生的泥浆不易外运,施工振动噪声大,环境评价差。

(5)冲抓钻进成孔

用兼有冲击和抓土作用的抓土瓣,通过钻架,由带离合器的卷扬机操纵,靠冲锥自重(重10~20kN)冲下使土瓣锥尖张开插入土层,然后由卷扬机提升锥头收拢抓土瓣将土抓出,弃土后继续冲抓钻进而成孔。

钻锥常采用四瓣或六瓣冲抓锥,其构造如图 3-20 所示。当收紧外套钢丝绳松内套钢丝绳时,内套在自重作用下相对外套下坠,便使锥瓣张开插入土中。

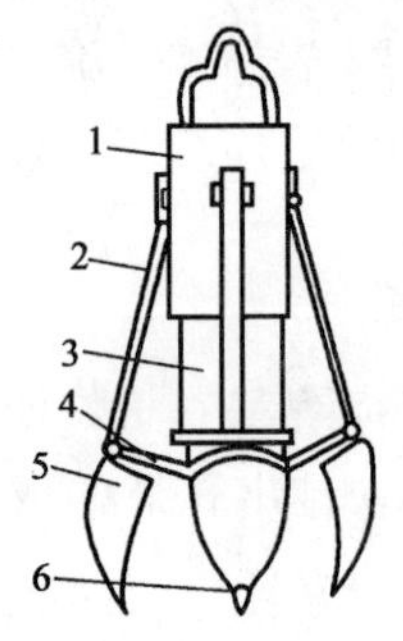


图 3-20　冲抓锥

1-外套;2-连杆;3-内套;4-支撑杆;5-叶瓣;6-锥头

冲抓成孔适用于黏性土、砂性土及夹有碎卵石的砂砾土层,成孔深度宜小于 30m。

(6)潜水钻机钻进

潜水钻机是一种旋转式钻孔机,其防水电机变速机构和钻头密封在一起,由桩架及钻杆定位后可潜入水、泥浆中钻孔,注入泥浆后通过正循环或反循环排渣法将孔内切削土粒、石渣排至孔外。

该种钻机适用于黏性土、黏土、淤泥、淤泥质土、砂土、砂砾夹层、软质岩层等地层。钻机以潜水电动机作动力,工作时动力装置潜在孔底,电动机防水性能好,运转时升温较低,过载能力强,耗用动力小,钻孔效率高,施工成本低。但潜水钻机不适用于碎石土层、超过 10cm 的卵砾夹层、卵石地层及基岩施工,且成孔时采用泥浆护壁,易造成现场泥泞,采用反循环钻孔时,如土体中有较大石块,则容易卡管并易导致桩侧土层和桩尖土层松散,使桩径扩大灌注混凝土灌注超量。图 3-21 为潜水钻机。

2)钻孔过程中容易发生的质量问题及处理方法

在钻孔过程中应防止坍孔、孔形扭歪或孔偏斜,甚至把钻头埋住或掉进孔内等事故。

(1)塌孔

在成孔过程或成孔后,有时在排出的泥浆中不断出现气泡,有时护筒内的水位突然下降,这是塌孔的迹象。其形成原因主要是土质松散、泥浆护壁不好、护筒水位不高等。如发生塌孔,应探明塌孔位置,将砂和黏土的混合物回填到塌孔位置 1~2m,如塌孔严重,应全部回填,等回填物沉积密实再重新钻孔。

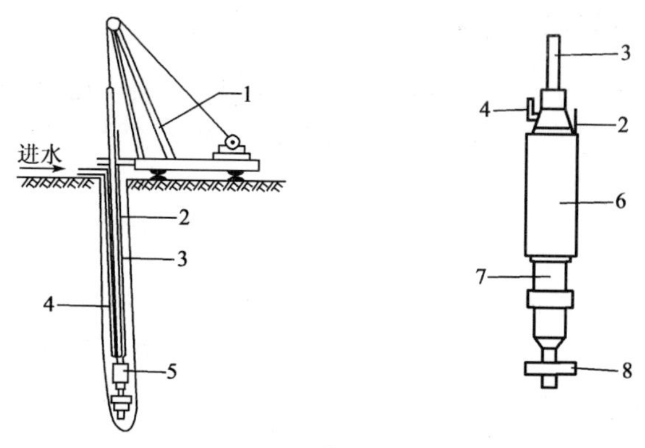


图 3-21 潜水电钻

1-钻机架;2-电缆;3-钻杆;4-进水高压水管;5-潜水电钻砂;6-密封电动机;7-密封变速箱;8-钻头母体

(2)缩孔

缩孔是指孔径小于设计孔径的现象,是由于塑性土膨胀造成的,处理时可反复扫孔,以扩大孔径。

(3)斜孔

桩孔成孔后发现较大垂直偏差,是由于护筒倾斜和位移、钻杆不垂直、钻头导向部分太短、导向性差、土质软硬不一或遇上孤石等原因造成。斜孔会影响桩基质量,并会造成施工上的困难。处理时可在偏斜处吊放钻头,上下反复扫孔,直至把孔位校直;或在偏斜处回填砂黏土,待沉积密实后再钻。

3)钻孔注意事项

(1)不论采用何种方法钻孔,开孔的孔位必须准确。开钻时均应慢速钻进,待导向部位或钻头全部进入地层后,方可加速钻进。

(2)采用正、反循环钻孔(含潜水钻)均应采用减压钻进,即钻机的主吊钩始终要承受部分钻具的重力,而孔底承受的钻压不超过钻具重力之和(扣除浮力)的80%。

(3)用全护筒法钻进时,为使钻机安装平正,压进的首节护筒必须竖直。钻孔开始后应随时检测护筒水平位置和竖直线,如发现偏移,应将护筒拔出,调整后重新压入钻进。

(4)在钻孔排渣、提钻头除土或因故停钻时,应保持孔内具有规定的水位及要求的泥浆相对密度和黏度。处理孔内事故或因故停钻,必须将钻头提出孔外。

(5)钻孔作业应分班连续进行,填写钻孔施工记录,交接班时应交代钻进情况及下一班应注意事项。应经常对钻孔泥浆进行检测和试验,不合要求时,应随时改正。

(6)钻孔时,应按设计资料绘制的地质剖面图,选用适当的钻机和泥浆。应经常注意地层变化,在地层变化处均应捞取渣样,判明后记入记录表中并与地质剖面图核对。

(7)终孔时应对桩位、孔径、形状、深度、倾斜度及孔底土质等情况进行检验,孔的中心位置允许偏差群桩100mm,单排桩50mm;孔径应不小于设计桩径;倾斜度允许偏差钻孔小于1%,挖孔小于0.5%;孔深摩擦桩不小于设计规定,支承桩比设计深度超深不小于50mm。检验合格后立即清孔、吊放钢筋笼,灌注混凝土。

### 3.4.3 清孔及装吊钢筋骨架

清孔目的是除去孔底沉淀的钻渣，以保证灌注的钢筋混凝土质量，确保桩的承载力。

清孔方法有换浆、抽浆、掏渣、空压机喷射、砂浆置换等，应根据设计要求、钻孔方法、机具设备条件和地层情况决定。

1）抽浆清孔

用空气吸泥机吸出含钻渣的泥浆而达到清孔。由风管将压缩空气输进排泥管，使泥浆形成密度较小的泥浆空气混合物，在水柱压力下沿排泥管向外排出泥浆和孔底沉渣，同时用水泵向孔内注水，保持水位不变直至喷出清水或沉渣厚度达设计要求为止，这种方法适用于孔壁不易坍塌，各种钻孔方法的柱桩和摩擦桩，如图3-22所示。

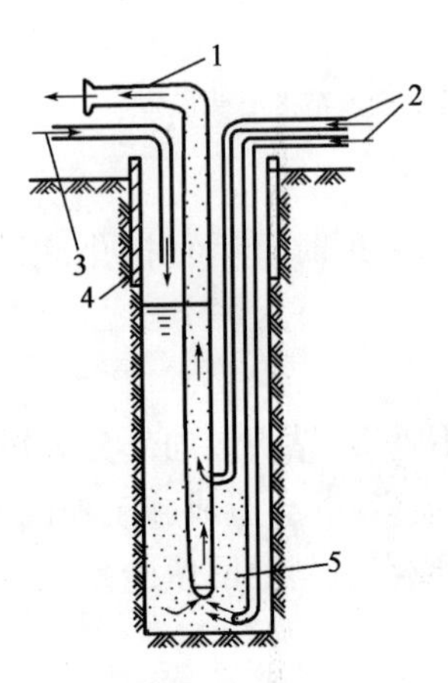


图3-22 抽浆清孔

1-泥浆砂石渣喷出；2-通入压缩空气；3-注入清水；4-护筒；5-孔底沉积物

2）掏渣清孔

用掏渣筒掏清孔内粗粒钻渣，适用于冲抓、冲击成孔的摩擦桩。

3）换浆清孔

正、反循环旋转机可在钻孔完成后不停钻、不进尺，继续循环换浆清渣，直至达到清理泥浆的要求。它适用于各类土层的摩擦桩。

不论采用何种清孔方法，在清孔排渣时，必须注意保持孔内水头，防止坍孔。清孔后应从孔底提出泥浆试样，进行性能指标试验。不得用加深钻孔深度的方式代替清孔。

清孔后沉渣厚度应满足《公路桥涵施工技术规范》（JTG/T F50—2011）规定：摩擦桩应符合设计要求，当设计无要求时，对于直径 $d \leq 1.5$m 的桩，桩端沉渣厚度 $t \leq 200$mm；对桩径 $d > 1.5$m 或桩长 >40m 或土质较差的桩，$t \leq 300$mm；支承桩应不大于设计规定。而《公路桥涵地基与基础设计规范》（JTG D63—2007）的对此的规定是：摩擦桩当桩径 $d \leq 1.5$m 时，桩端沉渣厚度 $t \leq 300$mm；当 $d > 1.5$m 时，$t \leq 500$mm，且 $0.1 < t/d < 0.3$。端承桩当 $d \leq 1.5$m 时，$t \leq 500$mm；当 $d > 1.5$m 时，$t \leq 100$mm。

清孔后泥浆指标，相对密度：1.03～1.10；黏度：17～20Pa·s；含砂率：<2%；胶体率：>98%。清孔后的泥浆指标是从桩孔的顶、中、底部分别取样检验的平均值。本项指标的测定，限指大直径桩或有特定要求的钻孔桩。

钢筋骨架采用在场内制作，现场安装分节成型（预留接头钢筋长度）现场用吊车吊起，分节入孔的方法施工。施工中骨架第一节入孔后，用支撑杆固定骨架于井口中心位置，吊起另一节骨架与第一节骨架相接，接头采用单面电弧焊或机械连接，以减少混凝土浇筑前焊接所占用的时间。放钢筋骨架前，先在孔口加设四根导向钢管，以保证钢筋骨架在吊装过程中尽量对中，不伤孔壁及控制保护层厚度。钢筋骨架就位后，采取四点固定，以防止掉笼和混凝土浇筑时骨架上浮现象发生。支撑系统对准中线防止钢筋骨架倾斜和移动。钢筋骨架上焊接控制钢筋骨架与孔壁净距的护壁筋，以确保钢筋骨架在孔中的位置、保护层的厚度。钢筋骨架在孔内的高度位置用引笼拉筋固定在孔口位置。

在吊入钢筋骨架后，灌注水下混凝土之前，应再次检查孔内泥浆性能指标和孔底沉渣厚度，如超过规定，应进行第二次清孔，符合要求后方可灌注水下混凝土。

### 3.4.4 灌注水下混凝土

目前我国多采用直升导管法灌注水下混凝土。

*1）灌注方法及有关设备*

导管法的施工过程如图3-23所示。将导管居中插入到离孔底0.30～0.40m（不能插入孔底沉积的泥浆中），导管上口接漏斗，在接口处设隔水栓，以隔绝混凝土与导管内水的接触。在漏斗中存备足够数量的混凝土后，放开隔水栓使漏斗中存备的混凝土连同隔水栓向孔底猛落，将导管内水挤出，混凝土沿导管下落至孔底堆积，并使导管埋在混凝土内，此后向导管连续灌注混凝土。导管下口埋入孔内混凝土内1～1.5m深，以保证钻孔内的水不可能重新流入导管。随着混凝土不断由漏斗、导管灌入孔内，钻孔内初期灌注的混凝土及其上面的水或泥浆不断被顶托升高，相应地不断提升导管和拆除导管，直至灌注混凝土完毕。

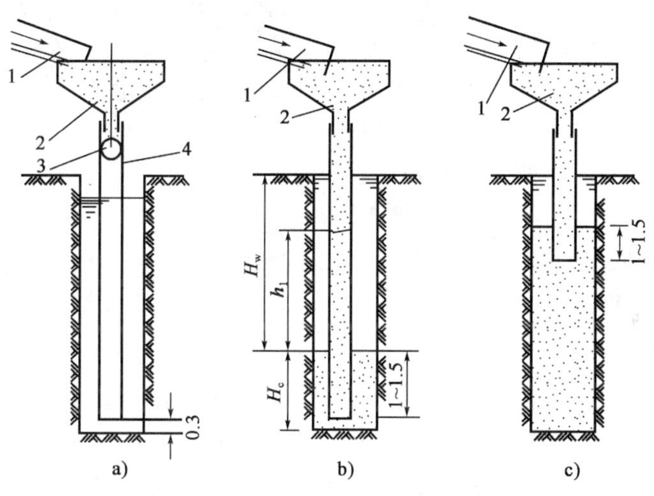


图3-23 灌注水下混凝土（尺寸单位：m）
1-通混凝土储料槽；2-漏斗；3-隔水栓；4-导管

导管是内径0.20～0.40m的钢管，壁厚3～4mm，每节长度1～2m，最下面一节导管应较长，一般为3～4m。导管接头宜采用卡口式螺纹连接法或法兰盘螺栓连接法，如果用法兰盘螺栓连接法，则应使用法兰盘端面带刻槽的O形密封圈，如图3-24所示，导管内壁应光滑，内径大小一致，连接牢固，在压力下不漏水。

隔水栓常用直径较导管内径小20～30mm的木球，或混凝土球、砂袋等，以粗铁丝悬挂在管上口或近导管内水面处，要求隔水球能在导管内滑动自如，不致卡管。木球隔水栓构造如图3-24所示。目前也有采用在漏斗与导管接斗处设置活门来代替隔水球，它是利用混凝土下落排出导管内的水，施工较简单但需有丰富操作经验。

混凝土灌注前，应采用相对密度为1.08～1.10的PHP泥浆循环置换孔内泥浆。首批混凝土灌注时，应采用大、小料斗同时储料连续浇灌，料斗的出口应能方便快捷地开启和关闭。两者相加的储料体积应大于或等于首次灌注混凝土的体积。首批混凝土灌注后可仅用小料斗进行灌注。批灌注的混凝土数量，要保证将导管内水全部压出，并能将导管初次埋入1～1.5m深。按照这个要求确定漏斗和储料斗的最小容量($m^3$)[图3-22b)]为：

$$V = h_1 \times \frac{\pi d^2}{4} + H_c \times \frac{\pi D^2}{4} \tag{3-1}$$

式中：$H_c$——导管初次埋深加开始时导管离孔底的间距(m)；

$h_1$——孔内混凝土高度为$H_c$时，导管内混凝土柱与导管外水压平衡所需高度(m)，$h_1 = H_w\gamma_w/\gamma_c$；

$H_w$——孔内水面到混凝土面的水柱高(m)；

$\gamma_w$、$\gamma_c$——孔内水(或泥浆)及混凝土的重度；

$d$、$D$——导管及桩孔直径(m)；

其余符号意义见图3-23。

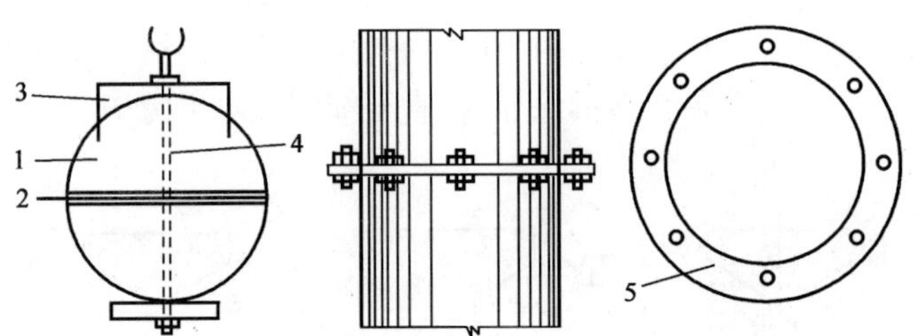


图3-24　导管接头及木球

1-木球；2-橡皮垫；3-导向架；4-螺栓；5-法兰盘

漏斗顶端应比桩顶(桩顶在水面以下时应比水面)高出至少3m，以保证在灌注最后部分混凝土时，管内混凝土能满足顶托管外混凝土及其上面的水或泥浆重力的需要。

2)对混凝土材料的要求

为保证水下混凝土的质量，设计混凝土配合比时，要将混凝土强度等级提高20%，混凝土应有必要的流动性，坍落度宜在180～220mm范围内，水灰比宜用0.5～0.6；为了改善混凝土的和易性，可在其中掺入减水剂和粉煤灰掺和物。为防卡管，石料适宜直径为5～30mm，最大粒径不应超过40mm。所用水泥强度等级不宜低于42.5级，每立方米混凝土的水泥用量不小于350kg。

3)灌注水下混凝土注意事项

灌注水下混凝土是钻孔灌注桩施工最后一道关键性的工序，其施工质量将严重影响到成桩质量，施工中应注意以下几点。

(1)混凝土拌和必须均匀，尽可能缩短运输距离和减小颠簸，防止混凝土离析而发生卡管事故。

(2)灌注混凝土必须连续作业，一气呵成，避免任何原因的中断，因此，混凝土的搅拌和运输设备应满足连续作业的要求，孔内混凝土上升到接近钢筋笼架底处时应防止钢筋笼架被混凝土顶起。

(3)在灌注过程中，要随时测量和记录孔内混凝土灌注高程和导管入孔长度，提管时控制和保证导管埋入混凝土面内有2～6m深度。防止导管提升过猛，管底提离混凝土面或埋入过浅，而使导管内进水造成断桩夹泥。但也要防止导管埋入过深，而造成导管内混凝土压不出或导管被混凝土埋住凝结，不能提升，导致中止浇灌而成断桩。

(4)灌注的桩顶高程应比设计值预加一定高度，此范围的浮浆和混凝土应凿除，以确保桩顶混凝土的质量。预加高度一般不少于0.5m，深桩应酌量增加。

待桩身混凝土达到设计强度，按规定检验后方可进行后续施工。

## 3.5 挖孔灌注桩、沉管灌注桩及预制沉桩的施工

### 3.5.1 挖孔灌注桩的施工

挖孔灌注桩适用于无地下水或少量地下水，且较密实的土层或风化岩层。若孔内产生的空气污染物超过现行《环境空气质量标准》(GB 3095—2012)规定的三级标准浓度限值时，必须采取通风措施，方可采用人工挖孔施工。挖孔桩直径不应小于1 200mm，挖孔的深度宜以15～20m为限，最大孔深不应超过25m。孔深大于10m时必须强制采取机械通风措施。

在适合挖孔桩施工的条件下，挖孔桩比钻孔桩有更多的优点：

(1)施工工艺和设备比较简单：只有护筒、套筒或简单模板，简单起吊设备如绞车，必要时设潜水泵等备用，可人工或机械开挖。

(2)质量好：不卡钻，不断桩，不塌孔，绝大多数情况下无须浇注水下混凝土，桩底无沉淀浮泥：易于扩大桩尖，提高桩身支承力。

(3)无须钻机等重大设备，易多孔平行施工，全桥进度快。

(4)成本低：成本比钻孔桩可降低30%～40%。

挖孔桩施工，必须在保证安全的基础上不间断地快速进行。每一桩孔开挖、提升出土、排水、支撑、立模板、吊装钢筋骨架、灌注混凝土等作业都应事先准备好，紧密配合。

1)挖孔桩施工的安全要求

(1)施工前必须对作业人员进行安全技术交底。

(2)挖孔作业，应详细了解地质、地下水文情况，不得盲目施工。

(3)每作业班组不得少于3人，作业人员必须身体健康，井下作业人员必须戴安全帽、安全带，安全绳必须系在孔口。

(4)井孔内设100W防水带罩灯泡照明，电压为12V低电压，电缆为防水绝缘电缆。

(5)人工挖孔作业时，应经常检查孔内空气情况。孔内遇到岩层需爆破时，应专门设计，宜采用浅眼松动爆破法，严格控制用药量并在炮眼附近加强支护，孔深大于5m时必须采用电雷管爆破，并按国家现行的《爆破安全规程》(GB 6722—2003)中的有关规定办理。孔内爆破后应先通风排烟15min并经检查无有害气体后施工人员方可下井继续施工。

2)施工准备

平整场地，清除坡面危石浮土；坡面有裂缝或坍塌迹象者应加设必要的保护，铲除松软的土层并夯实。孔口四周挖排水沟，做好排水系统；及时排除地表水，搭好孔口雨篷。安装提升设备，布置好出渣道路，合理堆放材料和机具，以免增加孔壁压力，影响施工。

孔口周围须用木料、型钢或混凝土制成框架或围圈予以围护，其高度应高出地面300mm，

防止土、石、杂物流入孔内伤人。若孔口地层松软，为防止孔口坍塌，应在孔口用混凝土护壁，高约2m。

3）开挖桩孔

一般采用人工开挖。挖掘时，不必将孔壁修成光面，要使孔壁稍有凸凹不平，以增加桩的摩阻力。挖土过程中要随时检查桩孔尺寸和平面位置，防止误差。

挖孔施工应根据地质和水文地质情况，因地制宜选择孔壁支护方案报批，并应经过计算，确保施工安全并满足设计要求。孔口处应设置高出地面至少300mm的护圈。人工挖孔桩施工时相邻两桩孔间净距离不得小于3倍桩径，当桩孔间距小于3倍间距时必须间隔交错跳挖。

挖孔弃土要及时转运，距井口四周5m范围内不得堆积余土杂物；禁止任何车辆在桩孔边5m内行驶。挖孔达到设计深度后，应进行孔底处理。必须做到孔底表面无松渣、泥、沉淀土。

如地质复杂，应探明孔底以下地质情况是否能满足设计要求，否则应与监理、设计单位研究处理。

4）护壁和支撑

桩孔必须挖一节、浇筑一节护壁，地质较好护壁高度一般为1m，严禁只挖不及时浇筑护壁的冒险作业。对软弱地层、涌水、涌沙地层，护壁段高可减少为0.3～0.5m一段。挖孔桩开挖过程中，开挖和护壁两个工序，必须连续作业，以确保孔壁不坍。应根据地质、水文条件、材料来源等情况因地制宜选择支撑和护壁方法。

常用的孔壁支护方法有下列几种。

（1）现浇混凝土支护

当桩孔较深，土质相对较差，出水量较大或遇流沙等情况时，宜采用就地灌注混凝土围圈护壁，每下挖1～2m灌注一次，随挖随支。护圈的结构形式为斜阶型（也可以等厚度），每阶高为1m，上端口护圈厚约170mm，下端口厚约100mm，必要时可配置少量钢筋，混凝土为C15～C20，采用拼装式弧形模板，如图3-25所示。有时也可在架立钢筋网后直接锚喷砂浆形成护圈来代替现浇混凝土护圈，这样可以节省模板。

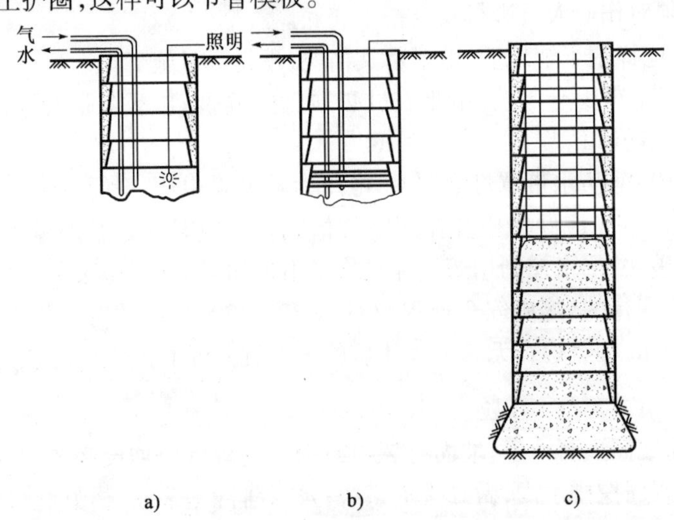


图3-25　混凝土护圈

a）在护圈保护下开挖土方；b）支模板浇筑混凝土护圈；c）浇筑桩身混凝土

(2)沉井护圈

先在桩位上制作钢筋混凝土井筒,然后在井筒内挖土,井筒靠自重或附加荷载克服井壁与土之间的摩阻力,下沉至设计高程,再在井内吊装钢筋骨架及灌注桩身混凝土。

(3)钢套管支护

在桩位处采用打入式、振动式或压入式方法将钢套管沉入土层中,再在钢套管的保护下,将管内土挖出,吊放钢筋笼,浇筑桩基混凝土。待浇筑混凝土完毕,用振动锤和人字拔杆将钢管立即强行拔出移至下一桩位使用。这种方法适用于地下水丰富的强透水地层或承压水地层,可避免产生流沙和管涌现象,能确保施工安全。

5)吊装钢筋骨架及灌注桩身混凝土

挖孔到达设计深度后,应检查和处理孔底和孔壁情况,清除孔壁、孔底浮土,孔底必须平整,土质及桩孔尺寸应符合设计要求,以保证基桩质量。吊装钢筋笼架及需要时灌注水下混凝土有关事项可参阅钻孔灌注桩有关部分。

### 3.5.2 沉管灌注桩的施工

沉管灌注桩又称为打拔管灌注桩,是采用锤击或振动的方法将一根与桩的设计尺寸相适应的钢管(下端带有桩尖)沉入土中,然后将钢筋笼放入钢管内,再灌注混凝土,并边灌边将钢管拔出,利用拔管时的振动力将混凝土捣实。其施工过程如图 3-26 所示。

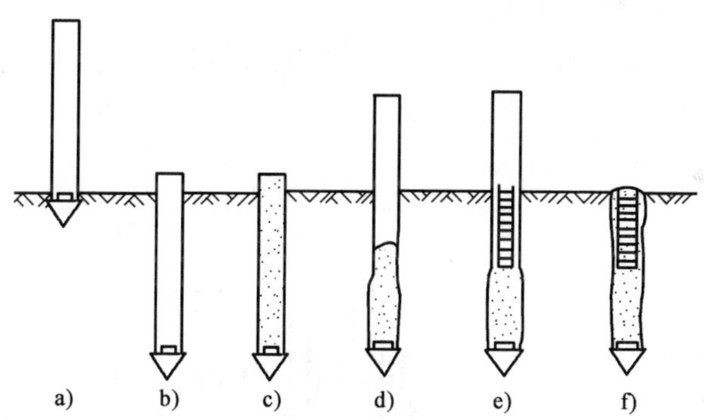


图 3-26 沉管灌注桩施工过程

a)就位;b)沉管;c)灌注混凝土;d)拔管振动;e)下钢筋笼;f)灌注成型

钢管下端有两种构造:一种是开口,在沉管时套以钢筋混凝土预制桩尖,拔管时,桩尖留在桩底土中;另一种是管端带有活瓣桩尖,沉管时,桩尖活瓣合龙,灌注混凝土后拔管时活瓣打开。

施工中应注意下列事项:

(1)套管开始沉入土中,应保持位置正确,如有偏斜或倾斜应即纠正。

(2)拔管时应先振后拔,满灌慢拔,边振边拔。在开始拔管时应测得桩靴活瓣确已张开,或钢筋混凝土确已脱离,灌入混凝土已从套管中流出,方可继续拔管。拔管速度宜控制在 1.5m/min 之内,在软土中不宜大于 0.8m/min。边振边拔以防管内混凝土被吸住上拉而缩径,每拔起 0.5m,宜停拔,再振动片刻,如此反复进行,直至将套管全部拔出。

(3)在软土中沉管时,由于排土挤压作用会使周围土体侧移及隆起,有可能挤断邻近已完成但混凝土强度还不高的灌注桩,因此桩距不宜小于 3 ~3.5 倍桩径,宜采用间断跳打的施工方法,避免对邻桩挤压过大。

(4)由于沉管的挤压作用,在软黏土中或软、硬土层交界处所产生的孔隙水压力较大或侧压力大小不一而易产生混凝土桩缩径。为了弥补这种现象可采取扩大桩径的"复打"措施,即在灌注混凝土并拔出套管后,立即在原位重新沉管再灌注混凝土。复打后的桩,其横截面增大,承载力提高,但其造价也相应增加,对邻近桩的挤压也大。

## 3.5.3 沉桩(预制桩)的施工

沉桩施工包括桩的制作、桩的吊装及运输和桩的沉入。常用的沉桩方法有打入(锤击)法、振动法和静力压入法。

沉桩施工前应具备工程地质、水文资料,并应制订专项施工技术方案,根据设计和施工总体要求,应配置合理的沉桩设备。施工前应进行试桩,确定沉桩的相关技术参数和施工工艺。按照规范的规定,试桩不得少于2根。

1)沉桩设备

(1)打桩机桩锤

打入法沉桩常用的桩锤有坠锤、单动汽锤、双动汽锤及柴油锤等几种。

坠锤是最简单的桩锤,它是铸铁重块,锤重2~20kN,用绳索沿桩架杆提升,然后自由落下锤击桩顶,如图3-27所示。坠锤打桩效率低,但设备简单,落距可调整,冲击力可大可小,适用于小型工程中打木桩或小直径的钢筋混凝土桩。

单动汽锤是利用蒸气或压缩空气将桩锤沿桩架顶起提升,自由下落锤击桩顶,如图3-28a)所示。锤重10~100kN,每分钟冲击20~40次,冲程为1.5m左右。单动汽锤是一种常用的桩锤,适用于打钢筋混凝土桩等各种桩。

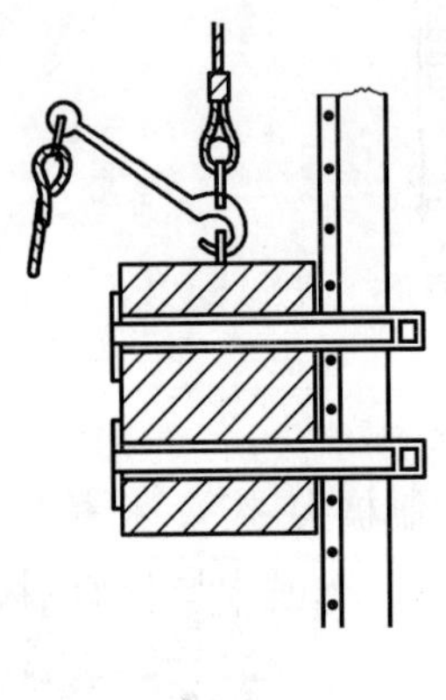

图3-27 坠锤

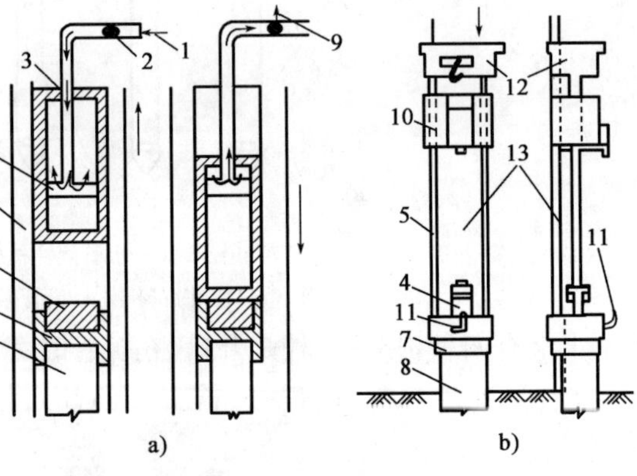

图3-28 单动汽锤及柴油锤

1-输入高压蒸汽;2-汽阀;3-外壳;4-活塞;5-导向杆;6-垫木;7-桩帽;8-桩;9-排气;10-气缸体;11-油泵;12-顶帽;13-导杆

双动汽锤也是利用蒸汽或压缩空气的作用使桩锤在气缸内上下运动,锤击桩顶。锤重3~10kN,每分钟可冲击百次以上,冲程数百毫米,打桩频率高,但一次冲击动能较小。它适用于打较轻的钢筋混凝土桩、钢板桩等各类桩,还可用于拔桩,应用广泛。

柴油锤实际上是一个柴油气缸,利用柴油在气缸内压缩发热点燃而爆炸后将气缸沿导向杆顶起,下落时锤击桩顶,如图3-28b)所示。

打入桩施工时,应适当选择桩锤重量,桩锤过轻,桩难以打下,效率较低,还可能将桩头打坏。但桩锤过重,则各种机具、动力设备都需加大,不经济。

(2)振动沉桩机

振动沉桩机的分类较多,按其振动次数分为低频率和高频率两种。按其振动力变化,分为单频率和双频率两种。

低频率振动沉桩机每分钟振动次数为400～1 000次,振动力为200～2 000kN,适用于下沉重型钢筋混凝土桩。高频率振动沉桩机每分钟振动次数在1 000次以上,振动力较小,适用于下沉轻型钢筋混凝土桩、木桩及钢板桩。

单频率振动沉桩机上下负荷轴偏心轴重量、回转半径及转速均相等,振动力的变化为正弦曲线。

双频率振动沉桩机上下负荷轴偏心轴重量、回转半径及转速均不相等,振动力的变化形成复杂的曲线,因而沉桩较快。振动力的方向还可改变,故可拔桩。

(3)静力压桩机

静力压桩机是利用油(液)压、桩机自重和附属设备(卷扬机及配重等)将预制钢筋混凝土桩分段压入土中。

(4)射水沉桩设备

射水沉桩设备必须配合锤击或振动沉桩使用。可以射水为主,也可以射水和锤击或射水和振动同时进行,或以射水与锤击、振动交替使用。

(5)桩架

桩架的作用是装吊桩锤、插桩、打桩、控制桩锤的上下方向。桩架必须有足够的强度、刚度和稳定性,保证在打桩过程中桩架不会发生移位和变位。桩架的高度应保证桩吊立的就位和必要的冲程。

桩架的类型很多,根据其采用材料的不同,常用的是钢桩架。

根据作业性的差异,桩架有简易桩架和多功能桩架(或称万能桩架)。简易桩架仅具有桩锤或钻具提升设备,一般只能打直桩,有些经调整可打斜度不大的桩;钢制万能打桩架(图3-29)的底盘带有转台和车轮(下面铺设钢轨),撑架可以调整导向杆的斜度,因此,它能沿轨道移动,能在水平面作360°旋转,能打斜桩,施工方便,但桩架本身笨重,拆装运输较困难。

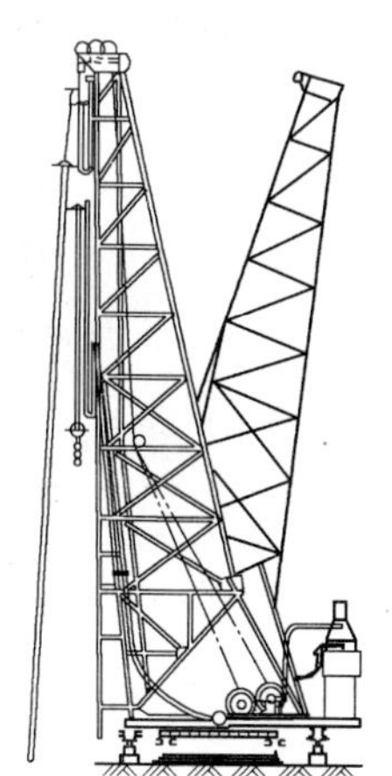

图3-29 万能打桩架

2)桩的制作

预制混凝土桩的粗集料宜采用碎石。每根或每一节桩的混凝土必须连续浇筑,不得中断,不得留施工缝。桩的混凝土强度达到设计要求的吊移、使用强度等级后,方可进行吊移和使用。桩的混凝土浇筑完毕后,应在桩上标明编号、灌制日期和吊点位置,并填写制桩记录。

钢管桩制作的材料应符合设计要求,并有出厂合格证明和试验报告。分段长度应满足桩架的有效高度、制作场地条件、运输与装卸能力,可采用成品钢管或自制钢管。焊接钢管的制作工艺应符合有关规定。

焊接管的焊接、成品外形尺寸、防腐等均应符合有关规定。

3)试桩与桩基承载力

沉桩工程开工前,如需要试桩以确定沉桩工艺和检验桩的承载力时,试验项目应包括:工艺试验、冲击试验和单桩承载力试验。若采用静载试验,可分为静压、静拔、静推试验。

除一般的中、小桥沉桩工程,其地质不复杂并有可靠的依据和实践经验可不进行试桩外,其他沉桩工程均应在施工前进行试桩,以确定沉桩工艺和检验桩的承载力。

特大桥和地质复杂的大、中桥,应采用静压试验方法确定单桩允许承载力。一般大中桥的试桩,可采用静载试验法,在条件适宜时,亦可采用动力检测法或静力触探法。锤击沉入的中、小桥试桩,在缺乏上述试验条件时,可结合具体情况,选用适当的动力公式计算单桩允许承载力。

4)桩的吊运

预制的钢筋混凝土桩由预制场地吊运到桩架内,在起吊、运输、堆放时,都应该按照设计计算的吊点位置起吊(一般吊点在桩内预埋直径为20~25mm的钢筋吊环,或以油漆在桩身标明),否则桩身受力情况与计算不符,可能引起桩身混凝土开裂。

预制的钢筋混凝土桩主筋一般是沿桩长按设计内力均匀配置的。桩吊运(或堆放)时的吊点(或支点)位置,是根据吊运或堆放时桩身产生的正负弯矩相等的原则确定的,这样较为经济。

一般长度的桩,水平起吊采用两个吊点,按上述原则吊点的位置应位于$0.207l$处,如图3-30a)所示。这时:

$$M_A = M_B = M_{AB} = 0.0214ql^2 \tag{3-2}$$

式中:$l$——桩长(m);

$q$——桩身单位长自重(kN/m)。

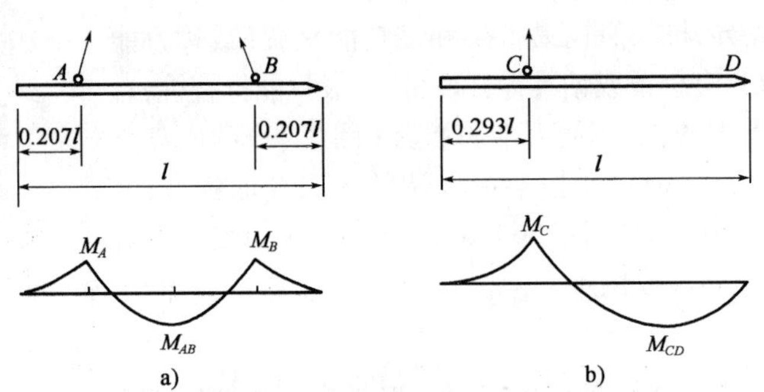


图3-30 吊点位置及桩身弯矩图

a)两吊点;b)单吊点

插桩吊立时,常为单点起吊,根据同样原则,单吊点位置应位于$0.293l$,如图3-29b)所示,这时:

$$M_C = M_{CD} = 0.0429ql^2 \tag{3-3}$$

式中符号同式(3-2)。

对于较长的桩,为了减小内力、节省钢材,有时采用多点起吊。此时应根据施工的实际情况,考虑桩受力的全过程,合理布置吊点位置,并确定吊点上作用力的大小与方向,然后计算桩身内力与配筋,或验算其吊运时的强度。

5)沉桩

沉桩前应对高空和地下障碍物进行妥善处理。沉桩顺序一般由一端向另一端进行,当桩基尺寸较大时,宜由中间向两端或四周进行。如桩埋置有深浅,宜先沉深的,后沉浅的。在斜坡地带,应先沉坡顶的,后沉斜脚的。在桩的沉入过程中,应始终注意锤、桩帽和桩身是否保持在同一轴线上。

在一个墩台桩基中,同一水平面内的桩接头数不得超过基桩总数的1/4,但采用法兰盘按等强度设计的接头,可不受此限制。接桩时,应保持各节桩的轴线在同一直线上,接好后应经检查,符合要求方可进行下道工序。

(1)锤击沉桩

预制钢筋混凝土桩和预应力混凝土桩在锤击沉桩前,桩身混凝土强度应达到设计要求。桩锤的选择应根据地质条件、桩形、土的密实程度、单桩轴向承载力、锤的性能和施工条件确定。沉桩时,锤垫、桩垫的弹性和厚度应与锤、桩相匹配,在施工过程中,应及时修理或更换,以避免损坏桩身。

锤击沉桩应考虑锤击振动对新浇筑混凝土结构物的影响,当结构物混凝土未达到5MPa时,距结构物30m范围内,不得进行沉桩。开始沉桩时,宜采用较低落距,且桩锤、送桩与桩宜保持在同一轴线上。在锤击过程中,应采用重锤低击。

斜坡上沉桩,应掌握桩的外移规律,并根据土质、坡度、水深、水流等情况,斜桩尚应考虑自重的影响,结合施工实践经验,宜将桩身向岸移一定距离下桩,以使沉桩后桩位符合设计要求。锤击沉桩应考虑锤击振动和挤土等对岸坡稳定和邻近建筑物位移的影响,可根据情况采取措施,并对岸坡和邻近建筑物位移和沉降等进行观察,及时记录,如有异常变化,应停止沉桩,并进行研究处理。

沉桩时,以控制桩尖高程为主。当桩尖已达到设计高程,而贯入度仍较大时,应继续锤击,使贯入度接近控制贯入度;贯入度已达到控制贯入度,而桩端高程未达到设计高程时,应继续锤击100mm(或锤击30~50击),如无异常变化时,即可停锤。当桩尖高程比设计高程高得多时,应与设计单位和监理共同研究确定。对发生“假极限”、“吸入”现象的桩,应按有关规定进行复打。

(2)振动沉桩

振动沉桩在选锤或换锤时,应验算振动上拔力对桩身结构的影响。振动沉桩机、机座、桩帽应连接牢固;沉桩和桩的中心轴线应保持在同一直线上。

开始沉桩时,宜用桩自重下沉或射水下沉,待桩身入土达一定深度确认稳定后,再采用振动下沉。

每一根桩的沉桩作业,应一次完成,不可中途停顿过久,以免土的阻力恢复,使继续下沉困难。

振动沉桩时,应以设计或通过试桩验证的桩尖高程控制为主,以最终贯入度(mm/min)作为校核。如果桩尖已达到设计高程,而与最终的贯入度相差校大时,应查明原因,报监理或设计单位研究确定。

(3)射水沉桩

在砂类土层、碎石类土层中,锤击沉桩困难时,宜采用射水锤击沉桩,以射水为主,锤击配合;在黏性土、粉土中使用射水锤击沉桩时,应以锤击为主;在湿陷性黄土中,且应符合设计要求。

水冲锤击沉桩,应根据土质情况随时调节冲水压力,控制沉桩速度。在射水锤击沉桩中,当桩尖接近设计高程时,应停止射水,改用锤击,以保证桩的承载力。停止射水的桩尖高程,可根据沉桩试验确定的数据及施工情况决定,当没有资料时,距设计高程不得小于2m。

钢筋混凝土桩或预应力混凝土桩用射水配合锤击沉桩时,宜用较低落距锤击。采用中心射水法沉桩,应在桩垫和桩帽上留有排水通道;侧面射水法,射水管应对称设置。用水冲锤击沉桩后,应及时与邻桩或稳定结构夹紧固定,防止桩倾斜位移。管桩下沉到位后,如设计需要以混凝土填芯时,应按要求用吸泥等法清除泥渣后,再用水下混凝土进行填芯。

6)沉桩过程中常遇到的问题

由于桩要穿过构造复杂的土层,所以在沉桩过程中要随时注意观察,凡发生贯入度突变、桩身突然倾斜、锤击时桩锤产生严重回弹、桩顶出现严重裂缝、破碎,桩身开裂、振动打桩机的振幅有异常现象等,应暂停施工,及时研究处理。

施工中常遇到的问题是:

(1)桩顶、桩身被打坏

当桩头钢筋设置不合理、桩顶与桩轴线不垂直、混凝土强度不足、桩尖通过坚硬土层、落距过大、桩锤过轻时容易出现此类问题。

(2)桩位偏斜

当桩顶不平、桩尖偏心、接桩不正、土中有障碍物时都容易发生桩位偏斜。

(3)桩打不下

施工时,桩锤严重回弹,贯入度突然变小,则可能与土层中夹有较厚砂层或其他硬土层以及钢渣、孤石等障碍物有关。当桩顶或桩身已被打坏,锤的冲击能不能有效传给桩时,也会发生桩打不下的现象。有时因特殊原因,停歇一段时间后再打,则由于土的固结作用,桩也往往不能顺利地被打入土中。

## 3.6 水中桩基础施工

水中修筑桩基础显然比旱地上施工要复杂困难得多,尤其是在深水急流的大河中修筑桩基础。与旱地施工相比较,水中桩基础施工有如下特点:

(1)地基地质条件比较复杂,江河床底一般以松散砂、砾、卵石为主,很少有泥质胶结物,在近堤岸处大多有护堤抛石,而港湾或湖滨静水地带又多为流塑状淤泥。

(2)护筒埋设难度大,技术要求高。尤其是水深流急时,必须采取专门措施,以保证施工质量。

(3)水面作业自然条件恶劣,施工具有明显的季节性。

(4)在重要的航运水道上,必须兼顾航运和施工两者安全。

(5)考虑到上部结构荷载重及基桩自由长度大,为保证基桩有足够的承载力及其安全稳定性,桩的直径较大、入土也深。

### 3.6.1 水中钻孔灌注桩施工

位于浅水区域的桩基础，多采用筑岛法施工，施工方法与旱地桩基施工一致。位于深水区域的桩基础，常采用水上施工平台法施工。

1)钢板桩围堰法

当水较深时，可采用钢板桩围堰。修建水中桥梁基础可使用单层钢板桩围堰，其支撑（一般为万能杆件构架，也采用浮箱拼装）和导向（由槽钢组成内外导环）系统的框架结构称"围囹"或"围笼"（图3-31）。

钢板桩围堰一般适用于河床为砂土、碎石土和半干硬性黏土，并可嵌入风化岩层。围堰内抽水深度最大可达20m左右。

在深水中进行钢板桩围堰施工时，先在岸边驳船上拼装围囹，然后运到墩位抛锚定位，在围囹中打定位桩，将围囹挂在定位桩上作为施工平台，撤除驳船，沿导环插打钢板桩。插桩顺序应能保证钢板桩在流水压力作用下紧贴围囹，一般自上游靠主流一角开始分两侧插向下游合龙，并使靠主流侧所插桩数多于另一侧。插打能否顺利合龙在于桩身是否垂直和围堰周边能否为钢板桩数所均分。插打合龙后再将钢板桩打至设计高程。打桩顺序应由合龙桩开始分两边依次进行。如钢板桩垂直度较好，可一次打桩至要求的深度，若垂直度较差，宜分两次施打，即先将所有桩打入约一半深度后，再第二次打到要求深度。

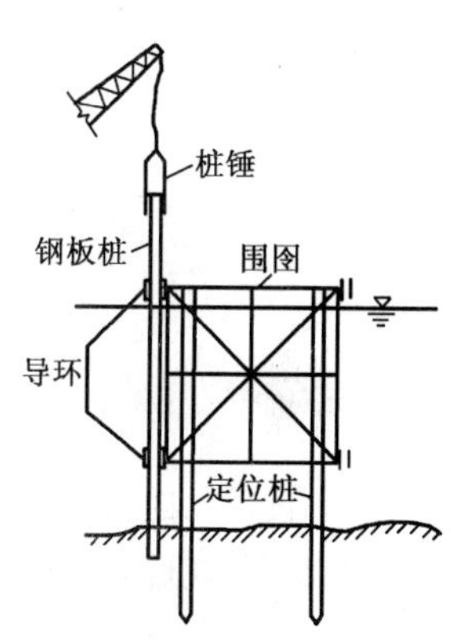

图3-31 围囹法打钢板桩

打钢板桩所用桩锤一般使用复打汽锤，下配桩帽，用吊机吊置于桩上锤击。为加速打桩进度并减少锁口渗漏，宜事先将2~3块钢板桩拼成一组。组拼时，在锁口内填充防水混合料，其配合比可为：黄油∶沥青∶锯末∶干黏土＝2∶2∶2∶1，咬合的锁口再用棉絮、油灰嵌缝严密，与封底混凝土接触的钢板桩面涂防水混合料作为隔离层，以减小后来拔桩时的阻力。组拼时每隔3~6m，以与围堰弧度相同的夹具关紧，要求组拼后的钢板桩两端平齐，误差不大于3mm，每组上下宽度一致，误差不大于30mm。

钢板桩围堰在使用过程中应防止围堰内水位高于围堰外水位，一般可在低于低水位处设置连通管，到围堰内抽水时，再予以封闭。

围堰内抽水到各层支撑导梁处，应逐层将导梁与钢板桩之间的缝隙用木楔楔紧，使导梁受力均匀。

围堰内除土一般采用$\phi$150~$\phi$250mm空气吸泥机进行，吸泥达到预计高程就可清底灌注水下混凝土封底，然后在围堰内抽水，水抽干后，在封底混凝土顶面清除浮浆和污泥后修筑基础及墩身，墩身出水后再拆除钢板桩围堰，继续周转使用。

围堰使用完毕，拔出板桩时，应先将钢板桩与导梁间焊接物切除，再在围堰内灌水至高出围堰外水位1~1.5m，使钢板桩较易与水下混凝土脱离。再在下游选择一组或一块较易拔除的钢板桩，先略锤击振动后拔高1~2m，然后依次将所有钢板桩均拔高1~2m，使其都松动后，再从下游开始分两侧向上游依次拔除。

钢板桩围堰桩基础施工的方法与步骤如下：

(1)在导向船上拼制围笼，拖运至墩位，将围笼下沉、接高、沉至设计高程，用锚船（定位船)抛锚定位(图3-32)。

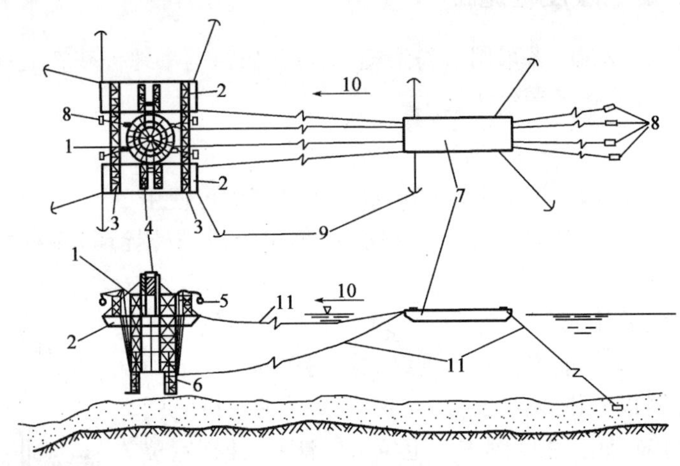


图3-32　围笼定位示意图

1-围笼;2-导向船;3-连接梁;4-起重塔梁;5-平衡重;6-围笼将军柱;7-定位船;8-混凝土锚;9-铁锚;10-水流方向;11-钢丝绳

(2)在围笼内插打定位桩(可以是基础的基桩,也可以是临时桩或护筒),并将围笼固定定位桩上,退出导向船。

(3)在围笼上搭设工作平台,安置钻机或打桩设备;沿围笼插打钢板桩,组成防水围堰。

(4)完成全部基桩的施工(钻孔灌注桩或打入桩)。

(5)用吸泥机吸泥,开挖基坑。

(6)基坑经检验后,灌注水下混凝土封底。

(7)待封底混凝土达到规定强度后,抽水,修筑承台和墩身直至出水面。

(8)拆除围笼,拔除钢板桩。

在施工中也有采用先完成全部基桩施工,再进行钢板桩围堰的施工步骤。是先筑围堰还是先打基桩,应根据现场水文、地质条件、施工条件、航运情况和所选择的基桩类型等情况而定。

2)双壁钢围堰法

在深水中修建低桩承台桩基础还可以采用双壁钢围堰。双壁钢围堰一般做成圆形结构,它本身实际上是个浮式钢沉井。井壁钢壳是由有加劲肋的内外壁板和若干层水平钢桁架组成,中空的井壁提供的浮力可使围堰在水中自浮,使双壁钢围堰在漂浮状态下分层接高下沉。在两壁之间设数道竖向隔舱板,将圆形井壁等分为若干个互不连通的密封隔舱,利用向隔舱不等高灌水来控制双壁围堰下沉及调整下沉时的倾斜。井壁底部设置刃脚以利切土下沉。如需将围堰穿过覆盖层下沉到岩层而岩面高差又较大时,可做成如图3-32所示高低刃脚密贴岩面。

双壁围堰内外壁板间距一般为1.2~1.4m,这就使围堰刚度很大,强度较高,所以能承受很大的水头差(30m以上),既能承受向内的压力,也能承受向外的压力,故能渡洪(不怕洪水淹没围堰)。围堰内无需设支撑系统,工作面开阔,吸泥下沉、清基钻孔、灌注水下混凝土均很方便。由于双壁钢壳在施工中仅起围堰作用,因而部分钢壳可以水下割除回收重复使用。

图 3-33 为长江某大桥所用双壁钢围堰的结构与构造。双壁围堰根据起重运输条件,可以分节整体制造,也可以分层分块制造。

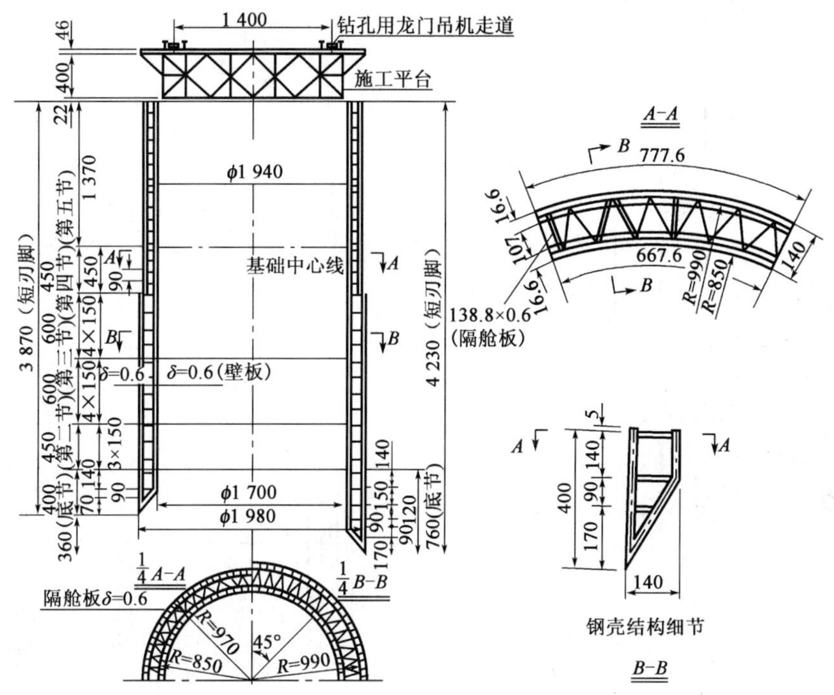


图 3-33 双壁钢围堰的结构与构造(尺寸单位:cm)

双壁钢围堰钻孔桩基础施工程序为:

(1)在拼装船上拼装底节钢壳。

(2)将拼装船及导向船拖拽到墩位抛锚定位。

(3)吊起底节钢壳撤除拼装船,将底节钢壳吊放下水,漂浮在水中。

(4)逐层接高(焊接)钢壳,并向中空的钢壳双壁内灌水,使它下沉到河床定位。

(5)在围堰内吸泥使它下沉,围堰重量不足时,可在双壁腔内填充水下混凝土加重,直到刃脚下沉到设计高程。

(6)潜水工下水将刃脚底空隙用垫块填塞,并清基。

(7)在围堰顶部搭设施工平台,安装钻机并下沉埋设钢护筒。

(8)灌注水下封底混凝土。

(9)钻孔灌注桩施工。

(10)围堰内抽水后进行承台及墩身施工。

(11)墩身出水后,在水下切割河床以上部分的钢壳围堰,吊走倒运到修建下一个桥墩基础重复使用。

双壁围堰钻孔基础是在钢板桩围堰、浮式钢沉井和管柱基础等多种深水基础施工技术上发展起来的。九江长江大桥,其正桥 5 ~7 号墩均为双壁围堰钻孔基础,围堰外径 $\phi$19.4 ~ $\phi$19.8m,内径 $\phi$17m,井壁厚 1.2 ~1.4m,围堰高度为 29.2 ~42.3m,双壁钢围堰钢壳分为 8 个隔舱,围堰内设的钻孔基础。双壁围堰通过若干个大直径钻孔基础与岩盘牢固结合,从而避免了沉井基础水下大面积清基和穿过风化岩层的缺点。它的这些优点给修建深水基础带来很大方便,因而常为一些大型桥梁深水墩基础所采用。图3-34为长江某桥水中桥墩和另一斜拉桥塔墩采用的双壁围堰钻孔基础。

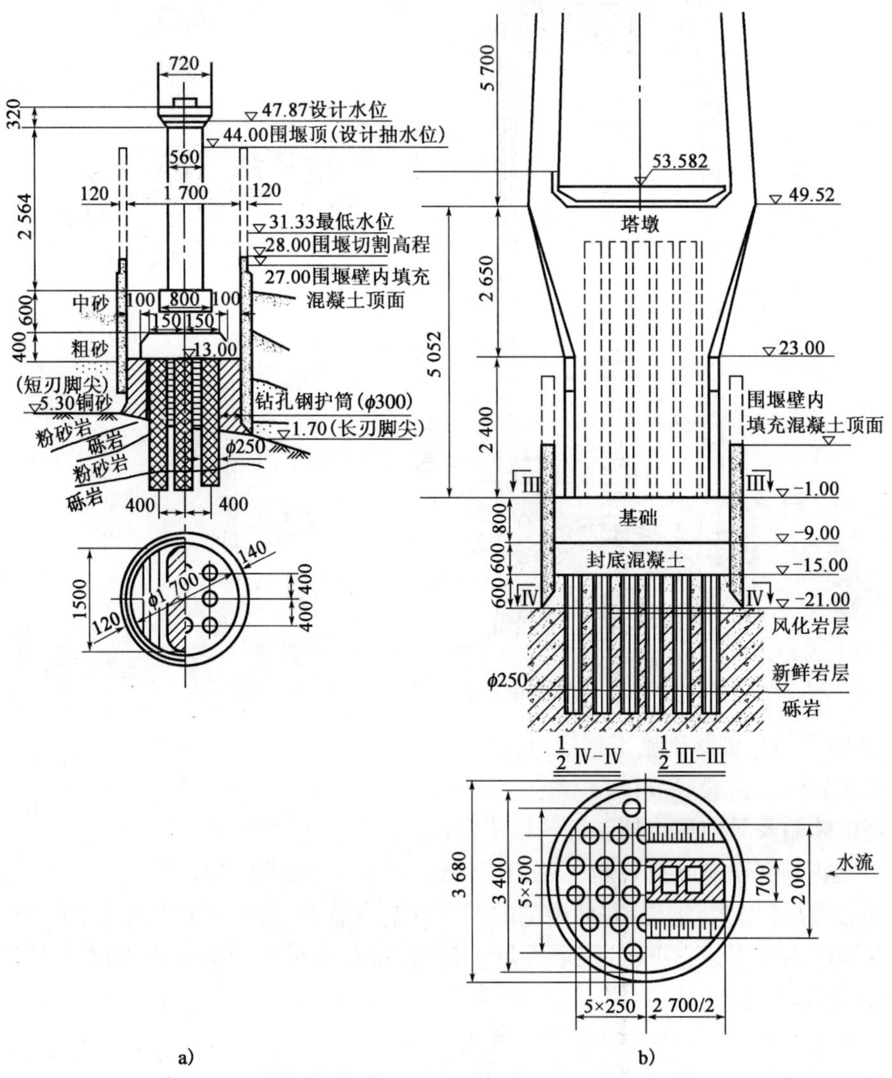


图3-34 用双壁钢围堰法建成的水中桥墩基础(尺寸单位:cm;高程单位:m)

a)长江上一大桥水中墩基础;b)长江上一斜拉桥塔墩基础

3)水域工作平台法

(1)浮动施工平台

浮动施工平台,用船只拼成,常在流速不大、风浪较小的河流中使用。一般是在间隔一定距离的两只平行船上横置工字钢,用钢丝绳将其捆扎连成整体,并在其前后左右四个方向抛锚定位。两船间距大小及船舶载重,按钻架和钻孔的操作要求确定。

(2)支架施工平台

支架施工平台为梁柱组合结构,由下部钢管桩、上部钢管桩平联(剪刀撑)、钢管桩顶部纵横梁以及平台面板组成。按组成平台梁系的构造可分为型钢平台、桁架平台和型钢与桁架组合平台。常用桁架有万能杆件、贝雷架或六四军用桁架,可根据钻机设备大小和已有设备情况选用。

对水中特大型群桩基础施工,可采用钢管桩和基桩钢护筒共同承受施工荷载的施工平台。

平台施工完毕,就可安装钻孔设备,下沉钢护筒,进行钻孔灌注桩施工。

(3)水中钢管桩施工要点

钢管桩自重轻、抗弯能力强、施工期稳定性好;直径可根据设计需要确定,在国内现有施工条件下直径可达1.6m;还可设计成斜桩,有利于抵抗水平荷载;抗锤击能力强,施工速度快,适用面广。但大直径超长钢管桩不仅对沉桩设备和工艺要求较高,也对钢管桩的制造和防腐技术提出了新的课题,尤其是水中钢管桩基础。

深水中的钢管桩一般采用变壁厚(大于20mm)结构,上段桩壁厚可比下段桩壁厚增大2mm。钢管桩采用整桩制造工艺,从钢卷到制作成管坯,所有的工艺过程均在螺旋焊管机上连续自动实现。焊缝采用大功率交直流双电源双丝自动埋弧焊工艺,质量需达到一级焊缝标准。

钢管桩防腐设计可采用以高性能熔结环氧涂层为主,辅以牺牲阳极的阴极保护,并预留一定腐蚀余量的联合防腐蚀方案。由于水下钢管桩的不同部位处于不同的腐蚀环境中,因此对钢管桩的不同部位可进行有针对性的涂层设计。钢管桩基础阴极保护设计,可以每个承台为单位,而不必在每根钢管桩上设保护点。

水中大直径钢管桩沉入施工的关键问题包括:打桩船在恶劣气象水文条件下的适应性和稳定性;海上沉桩的定位方法;超长桩的吊高、吊重;锤型选择;安全可靠的操作工艺等。

①选择打桩船

首先要合理设计锚碇系统,确定锚的重量、个数及分布形式;其次,根据钢管桩的长度选定桩架高度及吊装重量。目前国内最先进的多功能全旋转式起重打桩船有海力801号和天威号,其锚碇系统配备有7个10t的锚和4根液压锚碇桩,在恶劣的工况条件下,驻位和沉桩稳定性均好。海力801号的桩架高度为104m,天威号的桩架高度为90m(目前国内在桥梁工程中使用的最长钢管桩为89m)。

②选择打桩锤

桩的入土深度大,承载力高,必须采用大能量打桩锤。目前国内最大能量的柴油锤是D-180柴油锤,其锤芯重37.5t,最大打击能量590kJ;我国首次使用的世界上最先进的液压打桩锤,是荷兰IHC液压锤公司生产的S-280双作用液压锤,其锤芯重13.6t,最大打击能量280kJ。

③钢管桩定位

在辽阔的水(海)域中沉桩,无法用常规的方法进行打桩定位,需采用GPS－RTK实时相位差分技术。该定位测量仪的系统工作环境不受通视、雨、雾等条件的限制,可全天候工作,打桩定位全过程均可由电脑控制。

4)沉井结合法

在深水中施工桩基础,当水底河床基岩裸露或卵石、漂石土层钢板围堰无法插打时,或在水深流急的河道上为使钻孔灌注桩在静水中施工时,还可以采用浮运钢筋混凝土土沉井或薄壁沉井(有关沉井的内容见第5章)作桩基施工时的挡水挡土结构(相当于围堰),并在沉井顶设置工作平台。沉井既可作为桩基础的施工设施,又可作为桩基础的一部分即承台。薄壁沉井多用于钻孔灌注桩的施工,除能保持在静水状态施工外,还可将几个桩孔一起圈在沉井内代替单个安设护筒并可周转重复使用。

### 3.6.2 高桩承台施工

在深水中修筑高承台桩基础时,由于承台位置较高不需坐落到河底,一般采用吊箱围堰法修筑桩基础,或在已完成的基桩上安置套箱的方法修筑高桩承台。吊箱或套箱作为承台的施工模板。

钢吊(套)箱一般由底盘、侧面围堰板、内支撑、悬吊及定位系统组成。底盘用槽钢作纵、横梁,梁上铺以钢板或木板作封底混凝土的底板,并留有导向孔(大于桩径50mm)以控制桩位。侧面围堰板由钢板形成,整块吊装,有单壁和双壁两种形式。单壁钢吊箱结构简单,方便加工;双壁钢吊箱可充分利用水的浮力进行吊箱的拼装与下沉。吊箱顶部设有内支撑,内支撑由纵横梁形成,或者是由上下弦杆以及上下弦杆之间的竖撑和斜撑形成的空间桁架结构。吊(套)箱既是围堰又是承台施工模板,其最下一节将埋入封底混凝土内,以上部分可割除周转使用。

1)钢吊(套)箱围堰施工技术

(1)工厂制作,现场吊放。

(2)水上散拼,分节吊放。

(3)现场制作,浮运到位后吊放。

(4)现场原位制作,整体或逐节吊放。

(5)门架浮体运输并吊放。

2)套箱法施工步骤

这种方法是在施工平台上完成了全部基桩施工后,修筑水中高桩承台的一种方法。

(1)整体制作或分块拼装钢套箱。

(2)利用低水(潮)位在钢护筒上焊接搁置牛腿。

(3)拆除护筒区的施工平台。

(4)用固定式扒杆起重船起吊套箱,将套箱搁置在护筒牛腿上,吊船撤出。

(5)焊接钢护筒与套箱底板之间的反压牛腿,使套箱固定。

(6)封堵底板缝隙,浇筑封底混凝土。

(7)抽水后找平封底混凝土。

(8)割除护筒并凿桩头,露出桩顶钢筋。绑扎承台钢筋,浇筑承台混凝土。

3)吊箱法施工步骤

(1)在岸上或岸边驳船1上拼制吊箱围堰,浮运至墩位,吊箱2下沉至设计高程[图3-35a)]。

(2)插打围堰外定位桩3,并固定吊箱围堰于定位桩上[图3-35b)]。

(3)在钢吊箱底板导向孔内插打钢护筒,进行灌注桩5施工[图3-35c)]。

(4)填塞底板缝隙,灌注水下混凝土封底。

(5)抽水,将桩顶钢筋伸入承台,铺设承台钢筋,灌注承台及墩身混凝土。

(6)拆除吊箱围堰连接螺栓外框,吊出围堰板。

### 3.6.3 水中大直径钻孔灌注桩施工案例

现以黄石长江公路大桥为例,对桥梁深水钻孔桩基础的施工作一介绍。

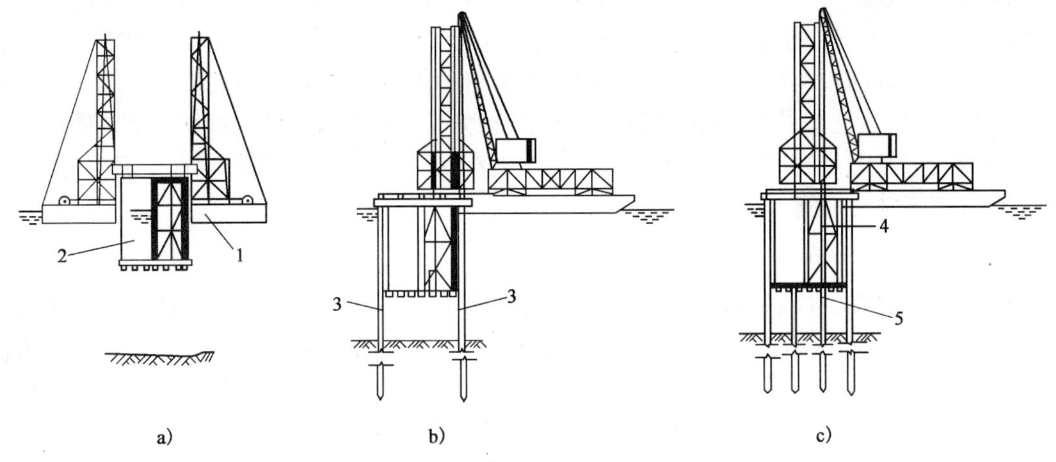


图 3-35 箱围堰修建水中桩基

1-驳船;2-吊箱;3-定位桩;4-送桩;5-基桩

黄石长江公路大桥全长 2 580.08m,其中主桥长 1 060m。主桥为 162.5m + 3 × 245m + 162.5m 的五跨预应力连续刚构桥。主桥共 6 个墩,自北向南为 1 ~ 6 号,基础均为双壁钢围堰的 3m 大直径嵌岩钻孔桩,高桩承台结构。1 号、6 号墩在外径 24.4m、内径 21.4m 的钢围堰内各有 6 根直径 3m 的钻孔桩,设计桩长 32.3 ~ 41.3m,钻岩深度 16.9 ~ 22.0m;2 ~ 5 号墩在外径 28.0m、内径 25.0m 的钢围堰内各有 16 根直径 3m 的钻孔桩,设计桩长 18.3 ~ 33.3m,钻岩深度 7.5 ~ 21.2m。主墩钻孔桩平面布置见图 3-36。

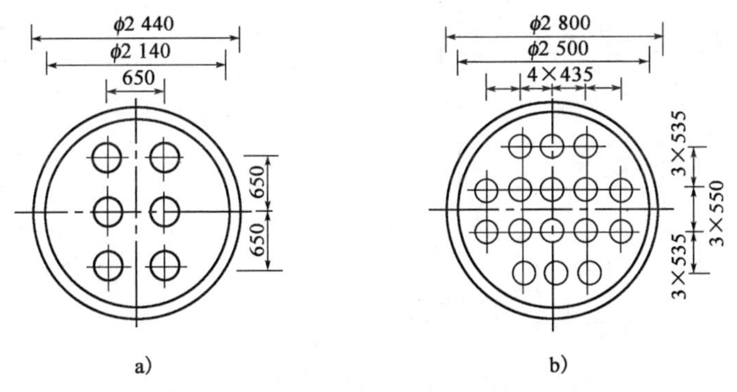


图 3-36 主墩钻孔桩平面布置图(尺寸单位:cm)

1)水文地质情况

桥址处主墩区段地层主要为第四系砂、砾(卵)石覆盖层及侏罗系中上统碎屑岩系,其岩性主要为粉砂岩、细砂岩、细—中粒砂岩、砾岩、砂砾岩、黏土岩及安山岩等,覆盖层厚薄不一。在钢围堰下沉过程中,围堰内的覆盖层已采用空气吸泥法全部清净。主墩区段地质情况比较复杂,地层产状变化也比较大,且岩性组合复杂,软硬相间夹层多。岩石单轴极限抗压强度在 15.33 ~ 111.15MPa 之间,最大高达 149MPa;岩石可钻性相差也较大,若干桩孔将经过岩石断裂带及破碎带。其总体趋势是北岸 1 ~ 3 号墩处岩石强度较低,由此向南的 4 ~ 6 号墩处岩石强度则较高;5 号墩部分桩位岩石单轴极限强度超过 149MPa;同时,该墩基岩高差大,在一个桩孔范围内,岩石高差最大达到 135cm。

钻孔灌注桩施工期间水位变化大,水位涨落在黄海高程+8.0~+21.5m之间;按设计要求,水位达+20.0m时,施工暂停,但即应暂停。但因工期紧,1992年、1993年汛期水位漫过围堰而达到+21.5m时,施工也并未停止。根据洪水期间实测墩位处最大流速为3m/s。下面将以5号墩深水钻孔桩基为例,介绍其施工技术,包括大型异形刃脚双壁钢围堰分节整体吊运与接高,在深水薄覆盖层岩面高差大条件下的定位下沉,钻孔桩钢护筒安装和水下混凝土封底,以及$\phi$3m嵌岩钻孔桩施工。

2)钻孔灌注桩基础施工

5号墩位于弯曲河段靠黄石一侧的凹岸河道深槽中,枯水季水深近25m。桥墩处河床面高程-14.5m左右,覆盖层厚度仅0.49~5.20m,钢围堰周边基岩面最大高差达4.78m。基岩顶板几无风化层,基岩单轴抗压强度最大达149MPa。5号墩为双壁钢围堰内的16$\phi$3m嵌岩钻孔桩高承台基础,双壁柔性墩身,见图3-37。双壁钢围堰外径28m,内径25m,最大高度39.05m,分为7节,每节由8个互不连通的隔舱组成。第一节设有高低异形刃脚,其最大高差4.4m。

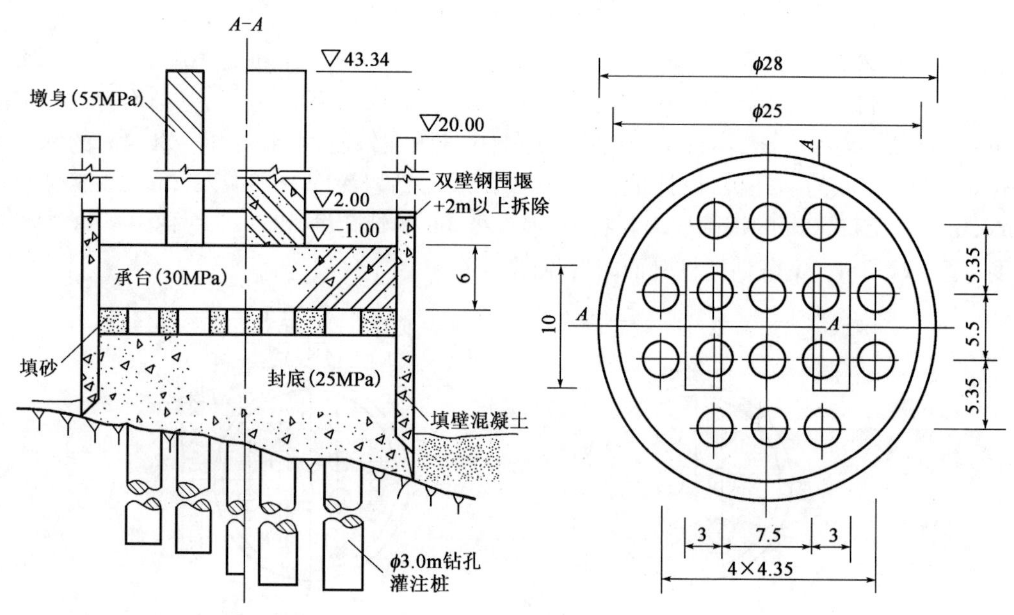


图3-37 5号桥墩钻孔桩高桩承台深水基础(尺寸单位:m;高程单位:m)

(1)双壁钢围堰分节整体吊运与接高

双壁钢围堰采用工厂制造分块(独立隔舱),浮运至现场,在浮运拼装平台上组拼成分节。用250t起重船分节整体吊运,至墩位导向船处对接接高下沉的施工工艺。施工实践表明,该工艺具有速度快,质量好,安全可靠等优点。

①定位锚碇系统

定位船为400t方驳,导向船由2艘400t加长方驳用万能杆件连接梁拼成,使用V形橡胶护舷作为柔性导向装置。采用25~45t钢筋混凝土锚。在主要锚缆上,设置了微调和测力系统。

②浮式拼装台

用3艘驳船拼连而成,平台使用面积约1 000m$^2$,泊于工地近岸水域。平台上有轮胎式起重机和拼装焊接等设备，供组装 $\phi$28m 双壁钢围堰节段，并可在其上进行首节围堰的水密、水压试验。

③吊运设备

双壁钢围堰分节最大重量 160t，用 250t 起重船吊运节段。起重船大钩用专门设计制造的 $\phi$4m 环形吊具取代，其下连 16 根吊索，吊索上有长度调整装置，以使各吊点、吊索受力趋于均匀。

④首节钢围堰吊运入水

首节钢围堰用混凝土块配平，然后自拼装平台起吊。拖轮与起重船编队，航行至导向船处，将首节钢围堰放入导向装置内，入水自浮。再用调整配重块、调整各隔舱注水量、浇筑某些刃尖混凝土等方法，调节围堰使呈竖直飘浮状态。

⑤分节对接接高

其余各节围堰，在拼装平台组装后，用起重船调运至墩位处，即可与漂浮在导向装置内的围堰对接，逐次接高，如图 3-38 所示。

⑥起吊试验

施工中，曾进行双壁钢围堰分节整体吊运试验，并监测吊索和钢围堰内、外壁板的变形及受力。结果表明，吊索受力比较均匀，钢围堰受力和变形都在允许范围之内。

图 3-38　双壁钢围堰分节整体吊运接高

1-已入水的钢围堰；2-250t 起重船；3-下游连接梁；4-吊索调整装置；5-待对接的钢围堰；6-专业环形吊具；7-桅杆吊机；8-上游连接梁；9-导向船

(2) 双壁钢围堰下沉

5 号墩处水深 25m 以上，覆盖层很薄，部分基岩近于裸露，岩面高差大。在如此不利条件下，下沉和稳定巨大的异形刃脚双壁钢围堰，其难度较大，因而采取了如下措施。

①严格控制围堰姿态

围堰刃脚接触河床时，考虑了预偏量，以便抵消下沉过程中不平衡土压力引起的偏移。

围堰内吸泥除土下沉过程中，调整各隔舱注水量。保持围堰呈竖立姿态，随时纠正偏位，严格控制扭转，以期下沉终结时，异形刃脚尽可能与岩面相吻合。

②液压支承和调平

高低异形刃脚不可能与岩面吻合而同时下沉着岩，而是个别点先接触岩面；由于基岩坚硬，几乎没有风化，刃脚难以切入岩层，加之岩面高差大，覆盖层很薄，不能钳固围堰，故部分刃脚着岩后，围堰极易产生倾斜，位置不能稳定。

事实上，5 号墩钢围堰异形刃脚有一小段首先着岩，着岩处岩面高程较勘探资料约高 60cm。由于岩面高程误差较大，下沉判断困难，试图继续下沉时，造成了围堰倾斜。

由于事先在钢围堰内壁对称地设置有 4 根 $\phi$410m 液压支腿，并采取减少隔舱内注水量，使围堰在水中的净重减至一定值后，调整支腿顶升力和顶升量，使下沉终结时产生的倾斜得到了纠正，并将围堰初步稳定地支承于岩面上。

③围堰外抛钢筋石笼和块石围护

围堰位置初步稳定后，在其外围抛填钢筋石笼和部分块石，起到如下作用：

a. 减缓围堰内部流速，平稳流态，创造潜水员下潜作业条件；

b. 抑制钢围堰外围覆盖层持续冲刷，减少锚缆受力，稳定围堰位置；

c. 抵抗水下封底混凝土的不平衡侧压力；

d. 封堵刃脚与岩面间的大空隙。

④设置刃脚钢支垫

事先在刃脚部位焊上 8 个倒牛腿，在液压支承和抛石围护后，通过潜水作业，把牛腿与岩面间垫实，使围堰刃脚受到均匀而稳定的支承。

⑤岩面抄平、刃脚支垫和封堵

在采取上述措施，清基完毕之后，向钢围堰内泵送水下不离析混凝土 310m$^3$ 左右，浇筑层厚 2m 左右，抄平了过分不平的岩面，使 60% 以上的刃脚受到混凝土的可靠支承，围堰位置最终得到稳定，并且封堵了刃脚与岩面间的空隙，使灌注水下封底混凝土时不致泄漏。

由于技术方案周密，施工措施得当，在极不利的条件下，5 号墩异形刃脚双壁钢围堰下沉取得了满意结果。实测偏差均小于施工规范要求：顶面中心偏位，偏上游侧 8.6cm，偏黄石侧 31.4cm；底面中心偏位，偏下游侧 0.8cm，偏黄石侧 25.1cm；竖向倾斜值，顺流向倾上游 0.24%，顺桥向倾黄石侧 0.16%；平面扭转为 0.4°。

(3) 钻孔桩钢护筒安装和水下混凝土封底

①钻孔桩钢护筒安装

因采用先封底、后钻孔的施工程序，故先将钻孔桩钢护筒安装在双壁钢围堰内，浇筑水下封底混凝土后，护筒在封底中留出桩孔。

钢护筒的安装方法如图 3-39 所示。在墩位外的地方拼制定位架，用 250t 起重船吊运，临时悬挂于钢围堰上部，在定位架上安装钢护筒，再用 250t 起重船整体起吊定位架及其上固定的钢护筒，解除临时悬挂，更换经计算和调整好长度的永久安装挂索，下放钢护筒及定位架，当多根悬挂索都受力后，钢护筒位置即被固定在所确定的位置上。

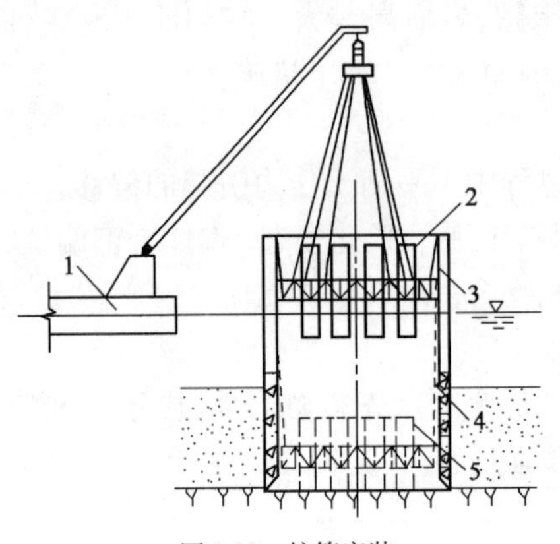


图 3-39 护筒安装

1-250t 起重船；2-拼装状态的护筒及定位架；3-临时悬挂索；4-永久悬挂索；5-安装状态的护筒及定位架

②超缓凝低坍落度混凝土水下封底

本桥施工与通航矛盾十分突出，为缓解这一矛盾，并考虑其他因素，采用了陆上混凝土工厂生产混凝土，搅拌输送车上汽渡运至墩位，混凝土泵泵送，手动布料杆分配混凝土，多根导管灌注水下混凝土封底的施工工艺。首批混凝土以活动储斗盛料，浇筑量为 20m$^3$。

上述工艺中，混凝土运输环节多，加之江面受雾天等不利气象条件影响，只能以较慢的浇筑速度进行大面积水下封底，这就要求混凝土具备缓凝和坍落度损失小的性能。

(4) 嵌岩钻孔灌注桩施工

5 号墩 16 根 $\phi$3m 嵌岩钻孔桩，除 1 个桩孔由进口的 BG50 钻机完成外，其余 15 个桩孔均使用国产的 CZY-3000 型钻机成孔。

GZY-3000 型钻机为全液压驱动回转工程钻机。在强度 100MPa 左右的岩石中，可全断面钻进并一次钻成 $\phi$3m 桩孔，钻深可达 90m。钻机转盘扭矩 200kN · m，主提升能力 100t，采用滚刀式钻头，重锤加压，气举反循环排渣、清孔。其整机，包括全部加压配重，约重 160t。

①钻孔工作平台

平台用万能杆件拼装而成，主桁高度6m，用250t起重船分块装拆。平台上可供2台钻机同时钻孔，并进行钢筋和混凝土施工作业。

②钻孔作业

使用GZY-3000或BG50型钻机钻孔，在孔位岩面不平（最大高差达135cm），岩石强度为19～120MPa的岩层中，均能比较顺利地钻进成孔，平均钻进速度达10～20cm/h。

每根桩钻岩深度7.5～11.0m，自工作平台顶面算起的最大钻深为46m，全部用$\phi$3m钻头在岩层中钻成，钻孔直径均大于3m，无缩径之虑。

钻孔倾斜度用伞形检孔器配合倒锤法检测。松开检孔器的开合控制绳，被测断面的中心位置即被确定。倒锤将水下的钻孔中心自动反映到钻孔平台顶面，测定不同断面的中心位置，即可计算出桩孔的倾斜值。

③水下混凝土灌注

$\phi$3m钻孔灌注桩使用1根$\phi$273mm导管泵送灌注混凝土。设计配合比时，使混凝土具有缓凝性，以便应对灌注过程中的不测情况。

(5)承台施工

承台是一个直径25m，厚度6m的大体积钢筋混凝土结构，混凝土设计强度30MPa，分两层施工，施工缝用混凝土表面涂缓凝剂、压力水冲毛的方法处理。为防止大体积凝土在温度应力作用下开裂，采取了混凝土内埋管通水冷却，在低温季节施工，降低混凝土入仓温度，加强养护，限制两层间施工间歇期等综合防裂措施。此外，在混凝土中埋设了测温元件，监测温度场。由于措施得当，承台未出现温度裂缝。

## 3.7 桩基础质量检验

桩基础属于隐蔽性工程，为确保桩基工程的安全可靠，基桩的质量控制和检测环节至关重要。为控制和检验桩基质量，施工中应为成桩后的完整性检测和承载力检测做好必要的准备，并严格控制每一工序，认真做好施工和检测记录，以备最后综合对桩基质量作出评价。

桩的类型、尺寸和施工方法不同，需检验内容的侧重点会有所不同，适用的检测方法也通常有所不同。总体上涉及以下三个方面的检验。

### 3.7.1 桩的几何受力条件检验

桩的几何受力条件主要是指有关桩位的平面布置、桩身倾斜度、桩顶和桩底高程等，要求这些指标在容许误差的范围之内。例如《公路桥涵施工技术规范》（JTG/T F50—2011）规定，单排桩的中心位置误差不宜超过50mm，群桩的中心位置误差不宜超过100mm；钻孔桩桩身的倾斜度应小于1/100，挖孔桩桩身的倾斜度应小于1/200；孔径不得小于设计桩径；国内一些大型桥梁工程通常制定了更为严格的技术标准，以确保桩基在符合设计要求的受力条件下工作。

### 3.7.2 桩身质量检验

桩身质量检验是指对桩的尺寸、构造及其完整性进行检测，验证桩的制作或成桩的质量。

1)预制钢筋混凝土桩

预制钢筋混凝土桩制作时应对桩的钢筋骨架、尺寸量度、混凝土强度等级和浇筑方面进行检测,验证是否符合选用的桩标准图或设计图的要求。检测的项目有主筋间距、箍筋间距、吊环位置与露出桩表面的高度、桩顶钢筋网片位置、桩尖中心线、桩的横截面尺寸和桩长、桩顶平整度及其与桩轴线的垂直度、钢筋保护层厚度等。

对混凝土质量检查包括原材料质量与计量、配合比和坍落度、桩身混凝土试块强度及成桩后表面有否产生蜂窝麻面及收缩裂缝的情况。一般桩顶与桩尖不容许有蜂窝和损伤,表面蜂窝面积不应超过桩表面积的0.5%,深度不得大于5mm;横向收缩裂缝宽度不应大于0.2mm,深度不得大于20mm,裂缝长度不得大于1/2桩宽;有棱角的桩,棱角破损深度应在5mm以内,且每10m长的边棱角上只能有1处破损,在1根桩上边棱破损的总长度不得大于500mm;长桩分节施工时需检验接桩质量,接头平面尺寸不允许超出桩的平面尺寸,注意检查电焊质量。

关于钢筋骨架和桩外形尺度在制作时的允许偏差可参阅《公路桥涵施工技术规范》(JTG/T F50—2011)中所作的具体规定。

2)钻孔灌注桩

钻孔灌注桩的尺寸取决于钻孔的大小、桩身质量与施工工艺,因此,施工中桩身质量检验应对钻孔、成孔与清孔、钢筋笼制作与安放、水下混凝土配制与灌注三个主要过程进行质量监测与检查。

检验孔径应不小于设计桩径;成孔是否有扩孔、缩径现象。孔深应比设计深度稍深:摩擦桩不小于设计规定,支承桩(柱桩)比设计深度深至少50mm。

清孔后的泥浆各项指标应满足:相对密度1.03~1.1;黏度17~20s;含砂率小于2%;胶体率大于98%。

孔内沉淀土厚度$t$应不大于设计规定。对于摩擦桩,当设计无要求时,对直径≤1.5m的桩,$t \leq 200$mm;对桩径>1.5m或桩长>40m或土质较差的桩,$t \leq 300$mm。对于支承桩,当设计无要求时,$t \leq 50$mm。

成孔后的钻孔灌注桩桩身结构完整性检验方法很多,常用的有以下几种方法(其具体测试方法和原理详见有关参考书)。

(1)基桩动测法

①低应变反射波法

在桩顶施加低能量冲击荷载,实测速度(加速度)响应时程曲线,运用一维线性波动理论的时域和频域分析,对被检桩的完整性进行评判的检测方法。

②高应变动测法

在桩顶施加高能量冲击荷载,实测力和速度信号,运用波动理论反演来推算被检桩的完整性、轴向抗压极限承载力或选择桩型和桩长、监控桩锤工作效率和打入桩桩身承受的最大锤击应力。目前该方法多用于小直径灌注桩及预支沉桩的承载力检测。

③声波透射法

根据超声波折射和投射理论,在桩身混凝土内发射并接收超声波,通过实测超声波在混凝土介质中传播的历时、波幅和频率等参数的相对变化来判定桩身完整性的方法。

对灌注桩的桩身质量判定,可分为以下四类:

优质桩:动测波形规则衰减,无异常杂波,桩身完好,达到设计桩长,波速正常,混凝土强度等级高于设计要求。

合格桩:动测波形有小畸变,桩底反射清晰,桩身有小畸变,如轻微缩径、混凝土局部轻度离析等,对单桩承载力没有影响。桩身混凝土波速正常,达到混凝土设计强度等级。

严重缺陷桩:动测波形出现较明显的不规则反射,对应桩身缺陷如裂纹、混凝土离析、缩径1/3 桩截面以上,桩身混凝土波速偏低,达不到设计强度等级,对单桩承载力有一定的影响。该类桩要求设计单位复核单桩承载力后提出是否处理的意见。

不合格桩:动测波形严重畸变,对应桩身缺陷如裂缝、混凝土严重离析、夹泥、严重缩径、断裂等。这类桩一般不能使用,需进行工程处理。

工程上还习惯于将上述四种判定类别按Ⅰ类桩、Ⅱ类桩、Ⅲ类桩、Ⅳ类桩划分。但不管怎样划分,其划分标准基本上是一致的。

(2)钻芯检验法

钻芯验桩就是利用专用钻机,从混凝土结构中钻取芯样以检测混凝土强度的方法。它是大直径基桩工程质量检测的一种手段,是一种既简便又直观的必不可少的验桩方法,它具有以下特点:

①可检查基桩混凝土胶结、密实程度及其实际强度,发现断桩、夹泥及混凝土稀释层等不良状况,检查桩身混凝土灌注质量。

②可测出桩底沉渣厚度并检验桩长,同时直观认定桩端持力层岩性。

③用钻芯桩孔对出现断桩、夹泥或稀释层等缺陷桩进行压浆补强处理。

由于具有以上特点,钻心验桩法广泛应用于大直径基桩质量检测工作中,它特别适用于大直径大荷载端承桩的质量检测。对于长径比比较大的摩擦桩,则易因孔斜使钻具中途穿出桩外而受限制。

### 3.7.3 桩身强度与单桩承载力检验

桩的承载力取决于桩身强度和地基强度。桩身强度检验除了保证上述桩的完整性外,还要检测桩身混凝土的抗压强度,预留试块的抗压强度应不低于设计采用混凝土相应的抗压强度。钻孔桩在凿平桩头后应抽查桩头混凝土质量检验抗压强度。对于大桥的钻孔桩有必要时应抽查,钻取桩身混凝土芯样检验其抗压强度。

单桩承载力的检测,在施工过程中,对于打入桩惯用最终贯入度和桩底高程进行控制,而钻孔灌注桩还缺少在施工过程中监测承载力的直接手段。成桩可做单桩承载力的检验,常采用单桩静载试验或高应变动力试验确定单桩承载力。单桩静载试验包括垂直静载试验和水平静载试验两项。

垂直静载试验之传统静力试桩法,即通过设置一定数量锚桩、反力装置及千斤顶,或通过压重等方法,在桩顶逐级施加轴向荷载,直至桩达到破坏状态为止,并在试验过程中测量桩的沉降情况,并通过预埋在桩身不同深度处的传感器间接测定各土层的桩侧摩阻力和桩底反力,测量并记录分级加载和卸载后不同时间的桩顶沉降,根据沉降与荷载及时间的关系,分析确定单桩的轴向承载力,详见4.1.2。

垂直静载试验法之自平衡试桩法,即是利用试桩自身反力平衡的原则,在桩端附近或桩身截面处预先埋设单层(或多层)荷载箱(根据提供的地质报告,按照上段桩桩侧阻力与下段桩桩侧阻力及桩端阻力之和相等的原则,确定荷载箱的埋设位置),荷载箱内布置大吨位千斤顶,可通过预埋输油管路向千斤顶加载,荷载箱张开后向上下两个方向行程,加载时荷载箱以下将产生端阻和/或侧阻以抵抗向下的位移,同时荷载箱以上将产生向下的侧阻以抵抗向上的位移,上下桩段反力大小相等,方向相反,从而达到试桩自身反力平衡加载的目的。试验时通过输压管对荷载箱施压,随着压力的增加,荷载箱伸长,上下桩段产生弹(塑)性变形,从而调动上下桩段岩土的阻力,通过位移和压力测量即可获得分段的 $Q$-$S$、$S$-lg$t$ 等曲线,采用相应的数据转换方法确定基桩的极限承载力,如图 3-40 所示。

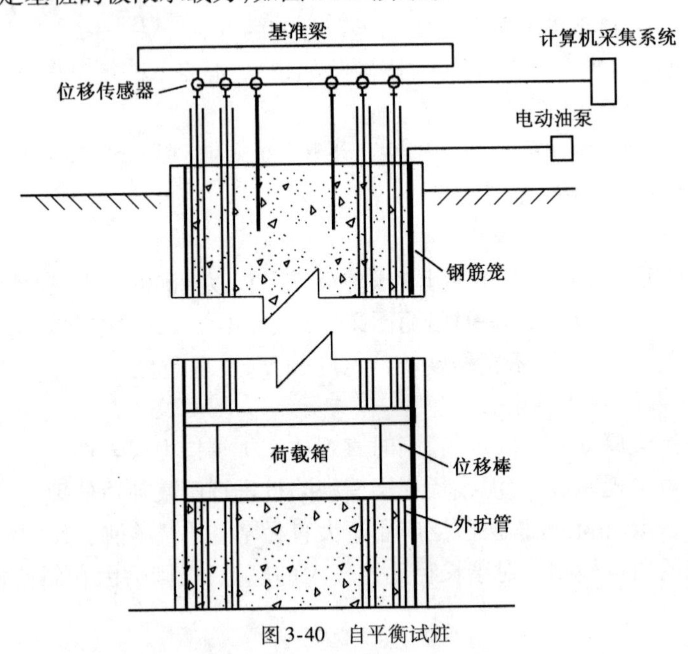


图 3-40　自平衡试桩

水平静载试验:在桩顶施加水平荷载(单向多循环加卸载法或慢速连续法),直至桩达到破坏标准为止。测量并记录每级荷载下不同时间的桩顶水平位移,根据水平位移与水平荷载及时间的关系,分析确定单桩的横向水平承载力。

总的来说,桩基静载试验可为桩基础设计提供地质参数,对设计拟定的桩长、桩径和承载能力进行验证性复合,也可作为施工中对成桩施工质量的抽检手段,是检测桩基承载能力的可靠方法。对特大桥和地质复杂的钻孔灌注桩必须进行桩的承载力试验。国内外工程实践证明,用静力检验法测试单桩竖向承载力,尽管检验仪器、设备笨重、适价高、劳动强度大、试验时间长,但迄今为止,还是其他任何动力检验法无法替代的基桩承载力检测方法,其试验结果的可靠性也是毋庸置疑的。而对于动力检验法确定单桩竖向承载力,无论是高应变法还是低应变法,均是近几十年来国内外发展起来的新的测试手段,目前仍处于发展和继续完善阶段。大桥与重要工程、地质条件复杂或成桩质量可靠性较低的桩基工程,均需做单桩承载力的检验。

## 3.8　锁口钢管桩基础及双承台管柱基础简介

随着桥梁跨度不断增大、基础入水深度不断加深、尤其是近年来国内外海湾、海峡大桥不断兴建,针对一些特殊的复杂的自然条件,采用了一些特殊基础。日本是岛国,欧洲、美洲一些国家靠海，许多大型桥梁都是跨越海湾、海峡的，水深、浪大、涌急、航运发达，修建近海大桥深水基础是困难的。为了尽可能避免和减少这些因素对大桥基础施工的干扰和影响，出现了锁口钢管桩基础。针对水深、覆盖层薄及岩性复杂的情况，我国首创“双承台钢管柱基础”。

### 3.8.1 锁口钢管桩基础

锁口钢板桩系由德国1933年首创，1955年我国修建武汉长江大桥时，曾提出用锁口钢筋混凝土管桩修建各种深水基础的方案，并曾在湖北明山水库工程实际采用。由于种种原因，这一基础类型未能在我国桥梁深水基础中得到发展。日本自1969年首次在石狩河口桥梁基础中采用后，进行了大量的工程应用和试验研究，编有《锁口管桩井筒基础设计指针同解说》。

锁口钢管桩基础是一种较新的深水桥梁基础形式，它是在墩位处打入大型锁口钢管桩，形成一个环状围堰。再以砂浆将锁口处封闭，然后在围堰内挖土到一定深度，处理平整后再灌注水下混凝土进行封底。在围堰内抽水后即可灌注承台及墩身混凝土直到水面以上，然后在围堰内回灌水，以水下切割机将承台以上的锁口钢管桩切除，就形成了锁口钢管桩桥梁基础，在日本称之为锁口管桩井筒基础，见图3-41。

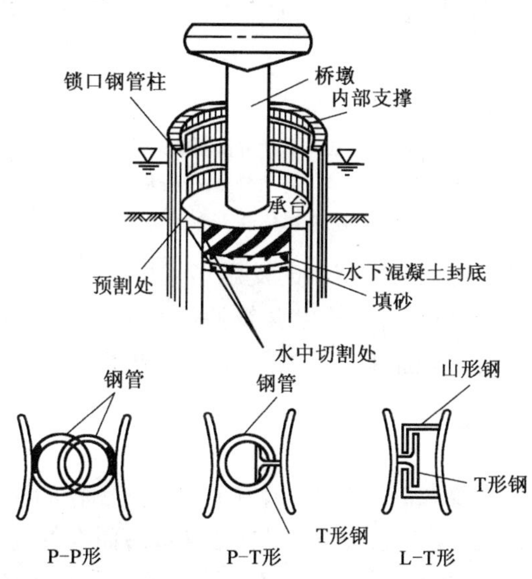


图3-41 锁口钢管桩基础示意图及锁口的不同形式

锁口钢管桩基础的结构特点是：在施工时具有管桩可分散多点流水作业的优点，而在竣工时又具有整体性好刚度大的优点。可以说，它是沉井与管桩巧妙结合的新型基础。这种基础承载力大，又有锁口钢管桩保护，不但施工方便，而且安全可靠，它可作为桥梁深水基础的一种较好的结构形式。

锁口管桩在平面上所形成的封闭形状，可随基础需要设计成多种形状，如图3-42所示。

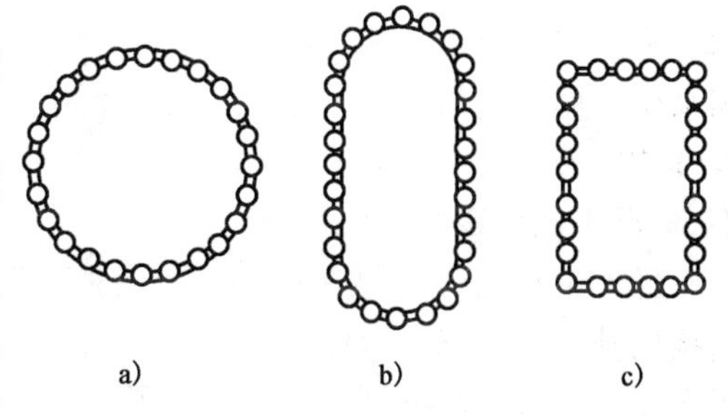


图3-42 锁门钢管桩的平面形状

根据其基础构造、施工方法和基础刚度分为3种构造形式，见图3-43。锁口管桩井筒基础按基础构造分为井筒型①和井筒与桩基混合型②两种，见图3-43a)；按施工方法分为不设围堰高承台井筒基础①,另设围堰的低承台井筒基础②及兼作围堰的低承台井筒基础③三种,见图 3-43b);而按基础的刚度分为半刚体式①和刚体式②两种,见图 3-43c)。

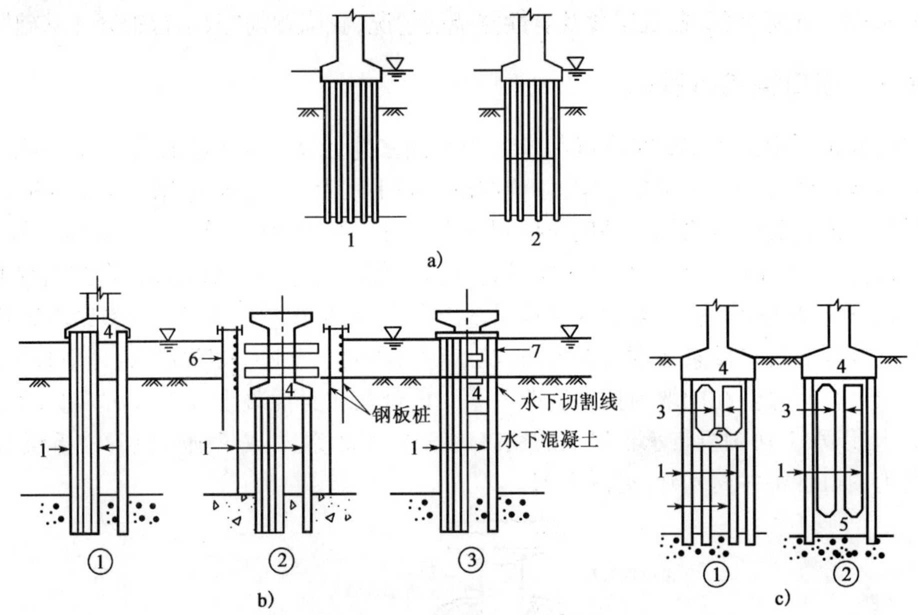


图 3-43 三种锁口管桩井筒基础的构造

a)按基础构造分类;b)按施工方法分类;c)按基础的刚度分类

1-锁口管桩;2-钢管桩;3-钢筋混凝土隔板;4-承台;5-底板;6-防水围堰;7-可拆除的锁口管桩

而且,锁口管桩井筒基础与地基持力层间的支承形式也分为:伸出部分桩支承式,即筒柱混合型;和全部管桩支承式,即井筒型。当全部井筒的桩的承载力仍不能满足设计要求时,还可在锁口管桩井筒内插加补充桩,以加大基础的承载力和刚度。

### 3.8.2 双承台管柱基础

针对水深、覆盖层浅及岩性复杂的自然条件,铁道部大桥工程局在武汉长江大桥管柱基础方案比选中首次提出有双承台管柱基础方案,见图 3-44a);而在修建广茂线肇庆西江大桥 4 号墩基础工程时又首先进行了双承台基础的工程实践。双承台管柱基础的特点是,将结构主体与施工工艺密切结合,使施工辅助工程大幅度压缩而形成一种施工上直接一体化的桥梁深水基础结构。下面就以此墩基础的设计与施工为例,对双承台管柱基础作以介绍。

肇庆西江大桥 4 号墩,位于西江主槽,为正桥 5×144m 连续钢桁梁的中间活动支承之一。墩位基岩为经挤压而胶结的石灰岩,单轴抗压极限强度大于 40MPa,有良好的支承能力。岩上覆盖粗、砾砂层,其厚度随水文情况而变化,增减在 10~13m 之间。在设计高水位时,基础的局部冲刷将达岩面。施工时,水面至岩面的深度在 38m 左右;枯水季节,墩位处水深为 25m 左右,最低水位至岩面接近 36m。

经方案比选,4 号墩基础最后决定采用双承台管柱基础,见图 3-44b)。双承台钢管柱基础结构的外形与高承台管柱基础基本相似,差别在于基底增添了下承台及建造的方法不同。上承台厚 5m,顶面露出最低水位以上承托墩身。自上承台底面至岩面的基础全高为 35.6m,分别由 26.6m 的 4 根管柱及岩面以上厚度 9m 的下承台等两部分组成。桩径 3.1m,在下部长

5m 的一段,柱径放大至 3.5m。在下承台的底面,对应上部柱心钻制直径 2.5m、深 3.0m 的钻孔伸入岩盘,以支承桥墩的全部荷载,不考虑下承台本身起承重的作用。下承台的设置,从设计角度考虑,仅为减短柱的自由长度以满足结构的侧向刚度,并不使基底钻孔遭受弯矩以避开岩性在构造上的不足。总之,下承台具有替代被冲刷的覆盖层,使基础结构发挥更为有效的嵌固作用。

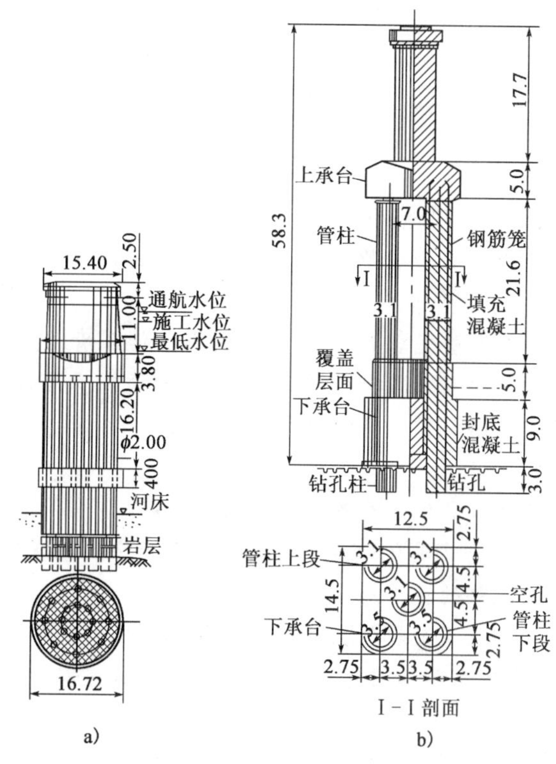


图 3-44 双承台钢管柱基础(尺寸单位:m)

a)武汉长江大桥水中基础比较方案;b)西江桥 4 号墩双承台钢管柱基础

## 【本章小结】

桩基础在技术和施工方面优势明显,适用广泛。本章主要叙述其分类、构造、施工方法。要点包括:

1. 按施工方法的不同可分为沉桩、灌注桩、管柱和钻埋空心桩基础;按承受竖向荷载性状分为摩擦桩和端承桩(也称为柱桩)。

2. 桩基础的单根基桩构造(包括直径、混凝土强度等级、钢筋直径和布置、保护层厚度等)、基桩布置、承台和系梁构造、基桩与承台和系梁的连接方法等方面有明确规定。

3. 钻孔灌注桩施工的主要工序包括:准备工作(包括准备场地、埋设护筒、制备泥浆、钻机就位)、钻孔、清孔、吊放钢筋笼架、灌注水下混凝土。所用钻机有冲击钻机、冲抓钻机、正、反循环回转钻机、冲击反循环钻机、潜水钻机、长螺旋钻机、旋挖钻机等，主要依地质情况合力选用。灌注水下混凝土采用直升导管法。

4. 深水中桩基础施工涉及围堰(包括钢板桩围堰和双壁钢围堰)、搭设水域工作平台和沉井与桩基配合使用解决施工围水问题。应根据地质及水文情况合力选择。

5. 桩基质量检验包括桩的位置、斜度、高程、桩身质量、强度和承载力等。

## 【复习思考题】

3-1 桩基础有何特点，它适用什么情况?

3-2 柱桩和摩擦桩受力情况有什么不同? 你认为各种条件具备时，哪种桩应优先考虑采用?

3-3 沉桩和灌注桩各有哪些优缺点，它们各自适用于什么情况?

3-4 高桩承台和低桩承台基础各有何特点，它们各自适用于什么情况?

3-5 钢筋混凝土桩在钢筋配置上有何要求?

3-6 钢桩有何特点?

3-7 钻孔灌注桩有哪些成孔方法? 各适用什么条件?

3-8 挖孔桩与钻孔桩各有哪些优缺点? 各自适用于什么情况?

3-9 如何保证钻孔灌注桩的施工质量?

3-10 钻孔灌注桩成孔时，泥浆起什么作用? 制备泥浆应控制哪些指标?

3-11 打入桩的施工应注意哪些问题?

3-12 水中钻孔灌注桩的施工有何特点?

3-13 从哪些方面来检测桩基础的质量? 各有何要求?

第4章

# 桩基础的设计计算

【本章学习目标】

1. 掌握单桩承载力确定的经验公式法；
2. 掌握基桩内力和位移计算方法；
3. 掌握群桩基础的竖向分析及验算方法；
4. 了解承台计算方法；
5. 了解桩基础设计流程。

【本章学习重点】

1. 采用经验公式法确定单桩轴向容许承载力；
2. 基桩内力和位移的计算方法。

【本章学习难点】

1. 基桩内力和位移的计算；
2. 承台计算方法。

## 4.1　单桩承载力的确定

桩基础由若干根基桩组成,单桩的承载能力,对于整个桩基础的设计至关重要。

单桩承载力容许值是指单桩在荷载作用下,地基土和桩本身的强度和稳定性均能得到保证,变形也在容许范围内,保证结构物的正常使用所能承受的最大荷载。它是在单桩极限承载力的基础上考虑必要的安全度后求得的。一般情况下,桩受到轴向力、横轴向力及弯矩作用,因此需分别研究和确定单桩轴向承载力和横轴向承载力。

### 4.1.1 单桩轴向荷载传递机理和特点

桩的承载力是桩与土共同作用的结果,了解单桩在轴向荷载作用下桩土间的传力途径和单桩承载力的构成特点及其发展过程,以及单桩破坏机理等基本概念,对正确确定单桩轴向承载力有指导意义。

1)荷载传递过程与土对桩的支承力

轴向荷载施加于单桩桩顶,由此带来的轴力导致桩身发生弹性压缩,使桩相对于土体产生向下的位移,引发土体对桩的摩阻力。桩侧摩阻力的存在,使桩的轴力随深度递减,以及桩身弹性压缩量、桩土相对位移量和桩侧摩阻力的相应递减。

随着荷载增加,桩身弹性压缩量和桩土相对位移量增大,桩身下部的桩侧摩阻力逐渐发挥出来,直至发展到整个桩侧。此时没有被桩侧摩阻力抵消掉的多余荷载将传至桩底土层,引发桩底土层的压缩和桩端阻力,以及侧面桩土间的进一步相对位移。

当桩身摩阻力全部发挥出来达到极限后,若继续增加荷载,其荷载增量将全部由桩端阻力承担,直至桩端阻力达到极限。此时桩所受的荷载就是桩的极限承载力。

由此可见,土对桩的支撑力是由桩侧摩阻力和桩端阻力两部分组成。桩端极限阻力的发挥会比桩侧极限摩阻力发挥产生更多的位移值,因此总是桩侧摩阻力先充分发挥出来。

试验表明:桩底阻力的充分发挥需要的位移值,在黏性土中约为桩底直径的25%,在砂性土中约为柱底直径的8%~10%;而桩侧摩阻力只要桩土间有不太大的位移就能得到充分的发挥,一般认为该位移值在黏性土中为4~6mm,在砂性土中为6~10mm。

端承桩由于桩底位移很小,桩侧摩阻力不易得到充分发挥。对于柱桩,桩底阻力占桩支承力的绝大部分,桩侧摩阻力很小。但当柱桩较长且覆盖层较厚时,由于桩身的弹性压缩较大,也足以使桩侧摩阻力得以发挥。对于很长的摩擦桩,因桩身压缩变形大,桩端阻力尚未达到极限值时,桩顶位移已超过使用限值,且传递到桩底的荷载也很微小,因此确定承载力时桩底极限阻力不宜取值过大。

2)桩侧摩阻力的影响因素及其分布

桩侧摩阻力除与桩土间的相对位移有关,还与土的性质、桩的刚度、时间因素和土中应力状态以及桩的施工方法等因素有关。

桩侧摩阻力实质上是桩侧土的剪切问题。桩侧土极限摩阻力值与桩侧土的抗剪强度有关,随着土的抗剪强度的增大而增加。而土的抗剪强度又取决于其类别、性质、状态和剪切面上的法向应力。

在各影响因素下,桩侧摩阻力沿深度的分布规律,难以精确地用物理力学方程加以描述,只能借助试验研究方法,即桩在承受竖向荷载过程中,测量桩身应力或应变,计算各截面轴力,求得桩侧阻力分布或桩端阻力值。现以图4-1所示两例来说明其分布变化,曲线上的数字为桩顶荷载。在黏性土中沉桩的桩侧摩阻力沿深度的分布近乎抛物线,桩顶处摩阻力等于零,桩身中段摩阻力比桩身下段大；而钻孔灌注桩，从地面起桩侧摩阻力呈线性增加，深度为桩径的5～10倍，而后摩阻力沿桩长较为均匀地分布。为简化起见，现常近似假设沉桩桩侧摩阻力在地面处为零，沿深度呈线性分布，钻孔灌注桩桩侧摩阻力沿桩身均匀分布。

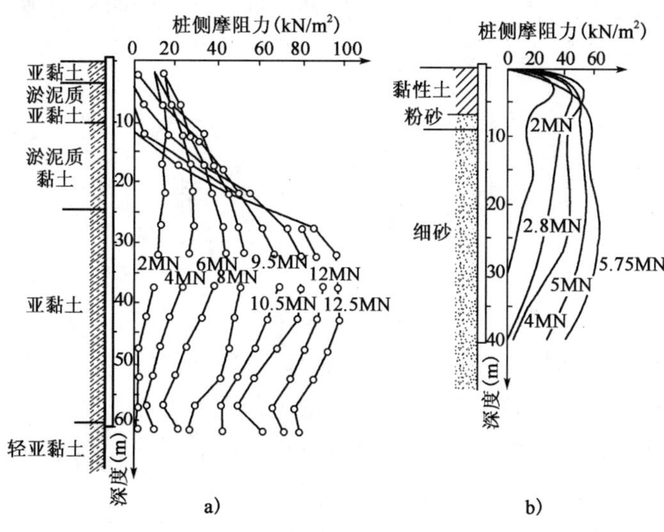


图4-1 桩侧摩阻力分布曲线

a)沉桩(预制桩)；b)钻孔灌注桩

3)桩底阻力的影响因素及其深度效应

桩底阻力与土的性质、持力层上覆荷载(覆盖土层厚度)、桩径、桩底作用力、时间及桩底进入持力层深度等因素有关，其主要影响因素仍为桩底地基土的性质。桩底地基土的受压刚度和抗剪强度大，则桩底阻力也大，桩底极限阻力取决于持力层土的抗剪强度、上覆荷载及桩径大小。由于桩底地基土层的受压固结作用是逐渐完成的，因此随着时间的增长，桩底土层的固结强度和桩底阻力也相应增大。

模型和现场的试验研究表明，桩底阻力随着桩的入土深度，特别是进入持力层的深度而变化，这种特性称为深度效应。

桩底端进入持力砂土层或硬黏土层时，桩的极限阻力随着进入持力层的深度线性增加。达到一定深度后，桩底阻力的极限值保持稳定。这一深度称为临界深度 $h_c$，它与持力层的上覆荷载和持力层土的密度有关。上覆荷载越小、持力层土密度越大，则 $h_c$ 越大。当持力层下存在软弱土层时，桩底距下卧软弱层顶面的距离 $t$ 小于某一值 $t_c$ 时，桩底阻力将随着 $t$ 的减小而下降。$t_c$ 称为桩底硬层临界厚度。持力层土密度越高、桩径越大，则 $t_c$ 越大。

由此可见，当以夹于软层中的硬层作桩底持力层时，应根据夹层厚度，综合考虑基桩进入持力层的深度和桩底硬层的厚度。

4)单桩在轴向受压荷载作用下的破坏模式

在轴向受压荷载作用下，单桩的破坏是由地基土强度破坏或桩身材料强度破坏所引起，以地基土强度破坏居多，以下介绍工程实践中常见的几种典型破坏模式(图4-2)。

(1)当桩底支承在很坚硬的地层，桩侧土为软土层，其抗剪强度很低时，桩在轴向受压荷载作用下，如同一受压杆件呈现纵向挠曲破坏，如图4-2a)所示。在荷载—沉降($P$-$S$)曲线上呈现出明显的破坏荷载。桩的承载力取决于桩身的材料强度。

(2)当具有足够强度的桩穿过抗剪强度较低的土层达到强度较高的土层时,桩在轴向受压荷载作用下,由于桩底持力层以上的软弱土层不能阻止滑动土楔的形成,桩底土体将形成滑动面而出现整体剪切破坏,如图 4-2b)所示。在 $P$-$S$ 曲线上可见明显的破坏荷载。桩的承载力主要取决于桩底土的支承力,桩侧摩阻力也起一部分作用。

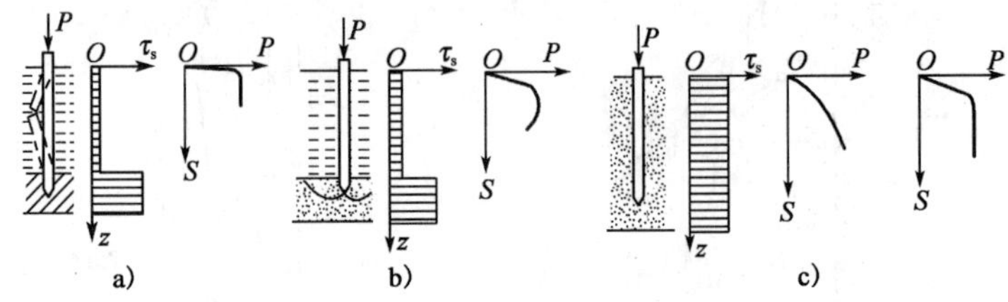


图 4-2　土强度对桩破坏模式的影响

(3)当具有足够强度的桩入土深度较大或桩周土层抗剪强度较均匀时,桩在轴向受压荷载作用下,将出现刺入式破坏,如图 4-2c)所示。根据荷载大小和土质不同,其 $P$-$S$ 曲线通常无明显的转折点。桩所受荷载由桩侧摩阻力和桩底反力共同承担,一般摩擦桩或纯摩擦桩多为此类破坏,且基桩承载力往往由桩顶所允许的沉降量控制。

因此,桩的轴向受压承载力,取决于桩周土的强度或桩本身的材料强度。一般情况下桩的轴向承载力都是由土的支承能力控制的,对于柱桩和穿过土层土质较差的长摩擦桩,则两种因素均有可能是决定因素。

单桩轴向承载力容许值的确定方法较多,考虑到地基土具有多变性、复杂性和地域性等特点,往往需选用几种方法作综合考虑和分析,以合理确定单桩轴向承载力容许值。

### 4.1.2　静载试验法确定单桩轴向承载力容许值

垂直静载试验法即在桩顶逐级施加轴向荷载,直至桩达到破坏状态为止。在试验过程中测量每级荷载下桩顶沉降随时间发展的曲线,根据沉降与荷载及时间的关系,分析确定单桩轴向承载力容许值。

试桩的材料和尺寸、入土深度以及施工方法均应与设计桩相同。考虑试验数据的离散性,试桩数目应不小于基桩总数的 2%,且不应少于 2 根。

1)试验装置

试验加载装置一般采用油压千斤顶。千斤顶的反力装置可根据现场的实际条件选用下列三种形式之一:

(1)锚桩承载梁反力装置(图 4-3):锚桩承载梁反力装置能提供的反力,应不小于预估最大试验荷载的 1.3~1.5 倍。锚桩一般采用 4 根,如入土较浅或土质松软时可增至 6 根。当试桩直径(或边长)小于或等于 800mm 时,锚桩与试桩的中心间距可为试桩直径(或边长)的 5 倍;当试桩直径大于 800mm 时,上述距离不得小于 4m。

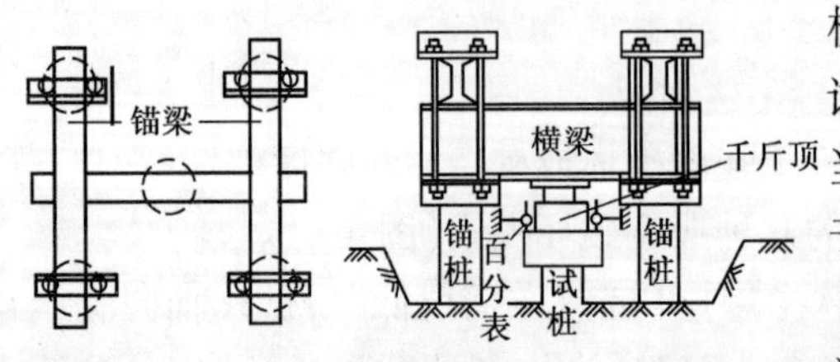


图 4-3　锚桩法试验装置

(2)压重平台反力装置:利用平台上压重作为对桩静压试验的反力装置。压重不得小于预估最大试验荷载的1.3倍，压重应在试验开始前一次施加。试桩中心至压重平台支承边缘的距离与上述试桩中心至锚桩中心距离相同。

（3）锚桩压重联合反力装置：当试桩最大加载量超过锚桩的抗拔能力时，可在承载梁上放置或悬挂一定重物，由锚桩和重物共同承受千斤顶反力。

测量位移装置的仪表必须精确，一般使用1/20mm光学仪器或力学仪表，如水平仪、挠度仪、偏移计等。支承仪表的基准架应有足够的刚度和稳定性。基准梁的一端在其支承上可以自由移动，不受温度影响而引起上拱或下挠。基准桩应埋入地基表面以下一定深度，不受气候条件等影响。在使用锚桩承载梁为反力装置时，基准桩中心与试桩及锚桩中心的距离为≥4$d$（$d$为试桩直径或边长）；在使用压重平台为反力装置时，如桩径≤800mm，基准桩中心与试桩及压重平台支承边的距离为≥2.0m；如桩径>800mm，则基准桩中心与试桩及压重平台支承边的距离为≥4.0m。

2）试验方法

加载方法：试桩加载应分级进行，每级加载量为预估最大荷载的1/15～1/10。当桩的下端埋入巨粒土、粗粒土以及坚硬的黏质土中时，第一级可按2倍的分级荷载加载。预估最大荷载，对施工过程中的检验性试验，一般可采用设计荷载的2.0倍。

沉降观测：每级加载完毕后，每隔15min观测一次；累计1h后，每隔30min观测一次。

沉降稳定标准：每级加载下，当桩端下为巨粒土、砂类土、坚硬黏质土时，30min沉降不大于0.1mm；当桩端下为半坚硬和细粒土时，1h沉降不大于0.1mm，即可认为本级荷载下沉降稳定。下沉未达稳定不得进行下一级加载。

加载终止及极限荷载取值：

（1）总位移量大于或等于40mm，本级荷载的下沉量大于或等于前一级荷载的下沉量的5倍时，加载即可终止。取此终止时荷载的前一级荷载为极限荷载。

（2）总位移量大于或等于40mm，本级荷载加上后24h未达稳定，加载即可终止。取此终止时荷载的前一级荷载为极限荷载。

（3）巨粒土、密实砂类土以及坚硬的黏质土中，总下沉量应小于40mm，但荷载已大于或等于设计荷载与设计规定的安全系数的乘积，加载即可终止。取此时的荷载为极限荷载。

（4）施工过程中的检验性试验，一般加载应持续到桩的2倍设计荷载为止。如果桩的总沉降量不超过40mm，及最后一级加载引起的沉降不超过前一级加载引起沉降的5倍，则该桩可以予以检验。

3）极限荷载和轴向承载力容许值的确定

破坏荷载求得以后，可将其前一级荷载作为极限荷载，从而确定单桩轴向承载力容许值：

$$[R_a] = \frac{P_j}{K} \tag{4-1}$$

式中：$[R_a]$——单桩轴向受压承载力容许值（kN）；

$P_j$——试桩的极限荷载（kN）；

$K$——安全系数，一般为2。

极限荷载的确定有时比较困难，应绘制荷载—沉降曲线（$P$-$S$曲线）、沉降—时间曲线（$S$-$t$曲线）确定，必要时还应绘制$S$-lg$t$曲线、$S$-lg$P$曲线（单对数法）、$S$-[$1-P/P_{max}$]曲线（百分率法）等综合比较，确定比较合理的极限荷载取值。

（1）$P$-$S$ 曲线明显转折点法

在 $P$-$S$ 曲线上，以曲线出现明显下弯转折点所对应的荷载作为极限荷载，如图 4-4 所示。因为当荷载超过极限荷载后，桩底土体达到破坏阶段发生大量塑性变形，引起桩发生较大或较长时间仍不停滞的沉降，所以在 $P$-$S$ 曲线上呈现出明显的下弯转折点。然而，若 $P$-$S$ 曲线转折点不明显，则极限荷载难以确定，需借助其他方法辅助判定，例如用对数坐标绘制 $\lg P$-$\lg S$ 曲线，可能使转折点显得明确些。

（2）$S$-$\lg t$ 法（沉降速率法）

该方法是根据沉降随时间的变化特征来确定极限荷载。大量试桩资料分析表明，桩在破坏以前的每级下沉量（$S$）与时间（$t$）的对数呈线性关系（图 4-5），可用公式表示为：

$$S = m\lg t \tag{4-2}$$

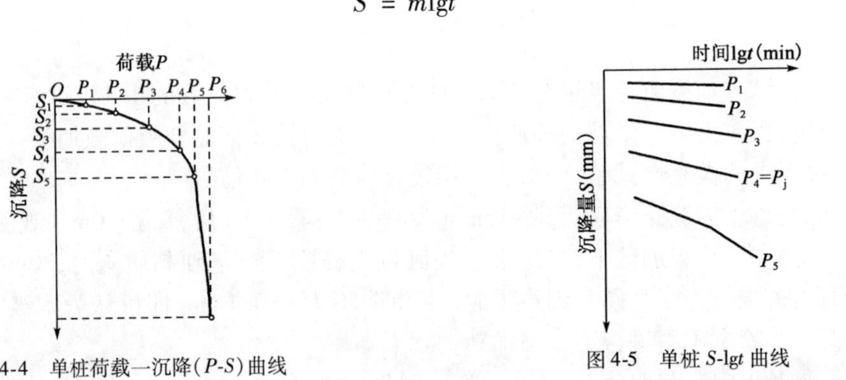


图 4-4 单桩荷载—沉降（$P$-$S$）曲线

图 4-5 单桩 $S$-$\lg t$ 曲线

直线的斜率 $m$ 在某种程度上反映了桩的沉降速率。$m$ 值不是常数，它随着桩顶荷载的增加而增大，$m$ 越大则桩的沉降速率越大。当桩顶荷载继续增大时，如发现 $S$-$\lg t$ 线不是直线而是折线时，则说明在该级荷载作用下桩沉降骤增，即地基土塑性变形骤增，桩呈现破坏。可将相应于 $S$-$\lg t$ 线形由直线变为折线的那一级荷载定为该桩的破坏荷载，其前一级荷载即为极限荷载。

采用静载试验法确定单桩承载力容许值直观可靠，可同时反映桩和土的承载力情况及施工工艺的可行性。配合其他测试设备，还能较直接地了解桩的荷载传递特征，提供有关资料，因此也是桩基础研究分析常用的试验方法。

### 4.1.3 经验公式法确定单桩轴向承载力容许值

《公路桥涵地基与基础设计规范》（JTG D63—2007）规定了以经验公式计算单桩轴向承载力容许值的方法，这是一种简化计算方法。该规范根据全国各地大量的静载试验资料，经过理论分析和统计整理，给出不同类型的桩、土的桩侧摩阻力及桩端阻力的经验数据及相应公式。以下各经验公式除特殊说明者外均适用于钢筋混凝土桩、混凝土桩及预应力混凝土土桩。

1）摩擦桩单桩轴向受压承载力容许值计算

钻（挖）孔灌注桩与沉桩，由于施工方法不同，根据试验资料所得桩侧摩阻力和桩底阻力数据不同，所给出的计算式和有关数据也不同。现分述如下：

(1)钻(挖)孔灌注桩的轴向受压承载力容许值计算

$$[R_a] = \frac{1}{2}u\sum_{i=1}^{n}q_{ik}l_i + A_p q_r \tag{4-3}$$

$$q_r = m_0\lambda[[f_{a0}] + k_2\gamma_2(h-3)] \tag{4-4}$$

式中:$[R_a]$——单桩轴向受压承载力容许值(kN),桩身自重与置换土重(当自重计入浮力时,置换土重也计入浮力)的差值作为荷载考虑;

$u$——桩身周长(m);

$A_p$——桩端截面面积($m^2$),对于扩底桩,取扩底截面面积;

$n$——土的层数;

$l_i$——承台底面或局部冲刷线以下各土层的厚度(m),扩孔部分不计;

$q_{ik}$——与 $l_i$ 对应的各土层与桩侧的摩阻力标准值(kPa),宜采用单桩摩阻力试验确定,当无试验条件时按表4-1 选用;

$q_r$——桩端处土的承载力容许值(kPa),当持力层为砂土、碎石土时,若计算值超过下列值,宜按下列值采用:粉砂为1 000kPa;细砂为1 150kPa;中砂、粗砂、砾砂为1 450kPa;碎石土为2 750kPa;

$[f_{a0}]$——桩端处土的承载力基本容许值(kPa),参照第2.4 节确定;

$h$——桩端的埋置深度(m),对于有冲刷的桩基,埋深由一般冲刷线起算;对无冲刷的桩基,埋深由天然地面线或实际开挖后的地面线起算;$h$ 的计算值不大于40m,当大于40m 时,按40m 计算;

$k_2$——容许承载力随深度的修正系数,根据桩端处持力层土类按表2-26 选用;

$\gamma_2$——桩端以上各土层的加权平均重度($kN/m^3$),若持力层在水位以下且不透水时,不论桩端以上土层的透水性如何,一律取饱和重度;当持力层透水时则水中部分土层取浮重度;

$\lambda$——修正系数,按表4-2 选用;

$m_0$——清底系数,按表4-3 选用。

**钻孔桩桩侧土的摩阻力标准值 $q_{ik}$** 表4-1

| 土类 | | $q_{ik}$(kPa) |
|---|---|---|
| 中密炉渣、粉煤灰 | | 40~60 |
| 黏性土 | 流塑 $I_L>1$ | 20~30 |
| | 软塑 $0.75<I_L\leq1$ | 30~50 |
| | 可塑、硬塑 $0<I_L\leq0.75$ | 50~80 |
| | 坚硬 $I_L\leq0$ | 80~120 |
| 粉土 | 中密 | 30~55 |
| | 密实 | 55~80 |
| 粉砂、细砂 | 中密 | 35~55 |
| | 密实 | 55~70 |

续上表

| 土类 | | $q_{ik}$(kPa) |
|---|---|---|
| 中砂 | 中密 | 45~60 |
| | 密实 | 60~80 |
| 粗砂、砾砂 | 中密 | 60~90 |
| | 密实 | 90~140 |
| 圆砾、角砾 | 中密 | 120~150 |
| | 密实 | 150~180 |
| 碎石、卵石 | 中密 | 160~220 |
| | 密实 | 220~400 |
| 漂石、块石 | | 400~600 |

注:挖孔桩的摩阻力标准值可参照本表采用。

**修正系数 λ 值** 表 4-2

| 桩端土情况 \ $\frac{h}{d}$ | 4~20 | 20~25 | >25 |
|---|---|---|---|
| 透水性土 | 0.70 | 0.70~0.85 | 0.85 |
| 不透水性土 | 0.65 | 0.65~0.72 | 0.72 |

注:$h$ 为桩的埋置深度,取值同式(4-4);$d$ 为桩的设计直径。

(2)沉桩的轴向受压承载力容许值计算

$$[R_a] = \frac{1}{2}(u\sum_{i=1}^{n}a_i l_i q_{ik} + a_r A_p q_{rk}) \quad (4\text{-}5)$$

式中:$[R_a]$——单桩轴向受压承载力容许值(kN),桩身自重与置换土重(当自重计入浮力时,置换土重也计入浮力)的差值作为荷载考虑;

$u$——桩身周长(m);

$n$——土的层数;

$l_i$——承台底面或局部冲刷线以下各土层的厚度(m);

$q_{ik}$——与 $l_i$ 对应的各土层与桩侧摩阻力标准值(kPa),宜采用单桩摩阻力试验确定或通过静力触探试验测定,当无试验条件时按表 4-4 选用;

$q_{rk}$——桩端处土的承载力标准值(kPa),宜采用单桩试验确定或通过静力触探试验测定,当无试验条件时按表 4-5 选用;

$a_i$、$a_r$——分别为振动沉桩对各土层桩侧摩阻力和桩端承载力的影响系数,按表 4-6 采用;对于锤击、静压沉桩其值均取为 1.0。

**清底系数 $m_0$ 值** 表 4-3

| $\frac{t}{d}$ | 0.3~0.1 |
|---|---|
| $m_0$ | 0.7~1.0 |

注:1. $t$、$d$ 为桩端沉渣厚度和桩的直径。
2. $d \leqslant 1.5$m 时,$t \leqslant 300$mm;$d > 1.5$m 时,$t \leqslant 500$mm,且 $0.1 < \frac{t}{d} < 0.3$。

**沉桩桩侧土的摩阻力标准值 $q_{ik}$** 表4-4

| 土类 | | $q_{ik}$(kPa) |
|---|---|---|
| 黏性土 | $1 \leqslant I_L \leqslant 1.5$ | 15~30 |
| | $0.75 \leqslant I_L < 1$ | 30~45 |
| | $0.5 \leqslant I_L < 0.75$ | 45~60 |
| | $0.25 \leqslant I_L < 0.5$ | 60~75 |
| | $0 \leqslant I_L < 0.25$ | 75~85 |
| | $I_L < 0$ | 85~95 |
| 粉土 | 稍密 | 20~35 |
| | 中密 | 35~65 |
| | 密实 | 65~80 |
| 粉、细砂 | 稍密 | 20~35 |
| | 中密 | 35~65 |
| | 密实 | 65~80 |
| 中砂 | 中密 | 55~75 |
| | 密实 | 75~90 |
| 粗砂 | 中密 | 70~90 |
| | 密实 | 90~105 |

注:表中土的液性指数 $I_L$ 是按76g平衡锥测定的数值。

**沉桩桩端处土的承载力标准值 $q_{rk}$** 表4-5

| 土类 | 状态 | 桩端承载力标准值 $q_{rk}$(kPa) | | |
|---|---|---|---|---|
| 黏性土 | $I_L \geqslant 1$ | 1 000 | | |
| | $0.65 \leqslant I_L < 1$ | 1 600 | | |
| | $0.35 \leqslant I_L < 0.65$ | 2 200 | | |
| | $I_L < 0.35$ | 3 000 | | |
| | | 桩尖进入持力层的相对深度 | | |
| | | $1 > \frac{h_c}{d}$ | $4 > \frac{h_c}{d} \geqslant 1$ | $\frac{h_c}{d} \geqslant 4$ |
| 粉土 | 中密 | 1 700 | 2 000 | 2 300 |
| | 密实 | 2 500 | 3 000 | 3 500 |
| 粉砂 | 中密 | 2 500 | 3 000 | 3 500 |
| | 密实 | 5 000 | 6 000 | 7 000 |
| 细砂 | 中密 | 3 000 | 3 500 | 4 000 |
| | 密实 | 5 500 | 6 500 | 7 500 |
| 中、粗砂 | 中密 | 3 500 | 4 000 | 4 500 |
| | 密实 | 6 000 | 7 000 | 8 000 |
| 圆砾石 | 中密 | 4 000 | 4 500 | 5 000 |
| | 密实 | 7 000 | 8 000 | 9 000 |

注:表中 $h_c$ 为桩端进入持力层的深度(不包括桩靴);$d$ 为桩的直径或边长。

系数 $\alpha_i$、$\alpha_r$ 表4-6

| 系数 $\alpha_i$、$\alpha_r$ 土类 / 桩径或边长 $d$（m） | 黏土 | 粉质黏土 | 粉土 | 砂土 |
|---|---|---|---|---|
| $d \leqslant 0.8$ | 0.6 | 0.7 | 0.9 | 1.1 |
| $0.8 < d \leqslant 2.0$ | 0.6 | 0.7 | 0.9 | 1.0 |
| $d > 2.0$ | 0.5 | 0.6 | 0.7 | 0.9 |

当采用静力触探试验测定时，沉桩承载力容许值计算中的 $q_{ik}$ 和 $q_{rk}$ 取为：

$$q_{ik} = \beta_i \overline{q}_i \tag{4-6a}$$

$$q_{rk} = \beta_r \overline{q}_r \tag{4-6b}$$

式中：$\overline{q}_i$——桩侧第 $i$ 层土的静力触探测得的局部侧摩阻力的平均值（kPa），当 $\overline{q}_i$ 小于 5kPa 时，采用 5kPa；

$\overline{q}_r$——桩端（不包括桩靴）高程以上和以下各 $4d$（$d$ 为桩的直径或边长）范围内静力触探端阻的平均值（kPa），当桩端高程以上 $4d$ 范围内端阻的平均值大于桩端高程以下 $4d$ 的端阻平均值时，则取桩端以下 $4d$ 范围内端阻的平均值；

$\beta_i$、$\beta_r$——分别为侧摩阻和端阻的综合修正系数，其值按下面判别标准选用相应的计算公式：当土层的 $\overline{q}_r$ 大于 2 000kPa，且 $\overline{q}_i/\overline{q}_r \leqslant 0.014$ 时：

$$\beta_i = 5.067(\overline{q}_i)^{-0.45} \tag{4-7a}$$

$$\beta_r = 3.975(\overline{q}_r)^{-0.25} \tag{4-7b}$$

当不满足上述 $\overline{q}_r$ 和 $\overline{q}_i/\overline{q}_r$ 条件时：

$$\beta_i = 10.045(\overline{q}_i)^{-0.55} \tag{4-7c}$$

$$\beta_r = 12.064(\overline{q}_r)^{-0.35} \tag{4-7d}$$

上列综合修正系数计算公式不适合城市杂填土条件下的短桩；综合修正系数用于黄土地区时，应做试桩校核。

钢管桩因需考虑桩底端闭塞效应及其挤土效应特点，钢管桩单桩轴向极限承载力 $P_j$，可按下式计算：

$$P_j = \lambda_s u \sum q_{ik} l_i + \lambda_p A_p q_{rk} \tag{4-8}$$

当 $h_b/d_s < 5$ 时：

$$\lambda_p = 0.16 \frac{h_b}{d_s} \cdot \lambda_s \tag{4-9}$$

当 $h_b/d_s \geqslant 5$ 时：

$$\lambda_p = 0.8\lambda_s \tag{4-10}$$

式中：$\lambda_p$——桩底端闭塞效应系数，对于闭口钢管桩 $\lambda_p = 1$，对于敞口钢管桩宜按式（4-9）、式（4-10）取值；

$\lambda_s$——侧阻挤土效应系数，对于闭口钢管桩 $\lambda_s = 1$，敞口钢管桩 $\lambda_s$ 宜按表4-7确定；

$h_b$——桩底端进入持力层深度（m）；

$d_s$——钢管桩内直径（m）；

其余符号意义同式（4-5）。

敞口钢管柱桩侧阻挤土效应系数 $\lambda_s$ 表 4-7

| 钢管桩内径(mm) | <600 | 700 | 800 | 900 | 1 000 |
|---|---|---|---|---|---|
| $\lambda_s$ | 1.00 | 0.93 | 0.87 | 0.82 | 0.77 |

(3)桩端后压浆灌注桩单桩轴向受压承载力容许值确定

桩端后压浆灌注桩单桩轴向受压承载力容许值,应通过静载试验确定。在符合《公路桥涵地基与基础设计规范》(JTG D63—2007)规定的条件下,后压浆单桩轴向受压承载力容许值可按下式计算:

$$[R_a] = \frac{1}{2}u\sum_{i=1}^{n}\beta_{si}q_{ik}l_i + \beta_p A_p q_r \tag{4-11}$$

式中:$[R_a]$——桩端后压浆灌注桩的单桩轴向受压承载力容许值(kN),桩身自重与置换土重(当自重计入浮力时,置换土重也计入浮力)的差值作为荷载考虑;

$\beta_{si}$——第 $i$ 层土的侧阻力增强系数,可按表4-8取值,当在饱和土层中压浆时,仅对桩端以上8.0~12.0m范围的桩侧阻力进行增强修正;当在非饱和土层中压浆时,仅对桩端以上4.0~5.0m的桩侧阻力进行增强修正;对于非增强影响范围,$\beta_{si}=1$;

$\beta_p$——端阻力增强系数,可按表4-8取值。

桩端后压浆侧阻力增强系数 $\beta_s$、端阻力增强系数 $\beta_p$ 表 4-8

| 土层名称 | 黏性土、粉土 | 粉砂 | 细砂 | 中砂 | 粗砂 | 砾砂 | 碎石土 |
|---|---|---|---|---|---|---|---|
| $\beta_s$ | 1.3~1.4 | 1.5~1.6 | 1.5~1.7 | 1.6~1.8 | 1.5~1.8 | 1.6~2.0 | 1.5~1.6 |
| $\beta_p$ | 1.5~1.8 | 1.8~2.0 | 1.8~2.1 | 2.0~2.3 | 2.2~2.4 | 2.2~2.4 | 2.2~2.5 |

(4)单桩轴向受拉承载力容许值计算

《公路桥涵地基与基础设计规范》(JTG D63—2007)规定,摩擦桩应根据桩承受作用的情况决定是否允许出现拉力。当桩的轴向力由结构自重、预加力、土重、土侧压力、汽车荷载和人群荷载短期效应组合所引起,桩不允许受拉;当桩的轴向力由上述荷载并与其他作用组成的短期效应组合或荷载效应的偶然组合(地震作用除外)所引起时,则桩允许受拉。摩擦桩单桩轴向受拉承载力容许值按下式计算:

$$[R_t] = 0.3u\sum_{i=1}^{n}\alpha_i l_i q_{ik} \tag{4-12}$$

式中:$[R_t]$——单桩轴向受拉承载力容许值(kN);

$u$——桩身周长(m),对于等直径桩,$u=\pi d$;对于扩底桩,自桩端起算的长度 $\sum l_i \leq 5d$ 时,取 $u=\pi D$;其余长度均取 $u=\pi d$(其中 $D$ 为桩的扩底直径,$d$ 为桩身直径);

$\alpha_i$——振动沉桩对各土层桩侧摩擦阻力的影响系数,按表4-6采用;对于锤击、静压沉桩和钻孔桩,$\alpha_i=1$。

计算作用于承台底面由外荷载引起的轴向力时,应扣除桩身自重值。

2)端承桩

支承在基岩上或嵌入基岩内的钻(挖)孔桩、沉桩的单桩轴向受压承载力容许值 $[R_a]$,可按下式计算:

$$[R_a] = c_1 A_p f_{rk} + u\sum_{i=1}^{m} c_{2i} h_i f_{rki} + \frac{1}{2}\zeta_s u \sum_{i=1}^{n} l_i q_{ik} \tag{4-13}$$

式中：$[R_a]$——单桩轴向受压承载力容许值(kN)，桩身自重与置换土重（当自重计入浮力时，置换土重也计入浮力）的差值作为荷载考虑；

$c_1$——根据清孔情况、岩石破碎程度等因素而定的端阻发挥系数，按表4-9采用；

$A_p$——桩端截面面积($m^2$)，对于扩底桩，取扩底截面面积；

$f_{rk}$——桩端岩石饱和单轴抗压强度标准值(kPa)，黏土质岩取天然湿度单轴抗压强度标准值，当$f_{rk}$小于2MPa时按摩擦桩计算($f_{rki}$为第$i$层的$f_{rk}$值)；

$c_{2i}$——根据清孔情况、岩石破碎程度等因素而定的第$i$层岩层的侧阻发挥系数，按表4-9采用；

$u$——各土层或各岩层部分的桩身周长(m)；

$h_i$——桩嵌入各岩层部分的厚度(m)，不包括强风化层和全风化层；

$m$——岩层的层数，不包括强风化层和全风化层；

$\zeta_s$——覆盖层土的侧阻力发挥系数，根据桩端$f_{rk}$确定：当$2\text{MPa} \leqslant f_{rk} < 15\text{MPa}$时，$\zeta_s = 0.8$；当$15\text{MPa} \leqslant f_{rk} < 30\text{MPa}$时，$\zeta_s = 0.5$；当$f_{rk} > 30\text{MPa}$时，$\zeta_s = 0.2$；

$l_i$——各土层的厚度(m)；

$q_{ik}$——桩侧第$i$层土的侧阻力标准值(kPa)，宜采用单桩摩阻力试验值，当无试验条件时，对于钻（挖）孔桩按表4-1选用，对于沉桩按表4-4选用；

$n$——土层的层数，强风化和全风化岩层按土层考虑。

**系数 $c_1$、$c_2$ 值** 表4-9

| 岩石层情况 | $c_1$ | $c_2$ |
|---|---|---|
| 完整、较完整 | 0.6 | 0.05 |
| 较破碎 | 0.5 | 0.04 |
| 破碎、极破碎 | 0.4 | 0.03 |

注：1. 当入岩深度小于或等于0.5m时，$c_1$乘以0.75的折减系数，$c_2 = 0$。

2. 对于钻孔桩，系数$c_1$、$c_2$值应降低20%采用；桩端沉渣厚度$t$应满足以下要求：$d \leqslant 1.5\text{m}$时，$t \leqslant 50\text{mm}$；$d > 1.5\text{m}$时，$t \leqslant 100\text{mm}$。

3. 对于中风化层作为持力层的情况，$c_1$、$c_2$应分别乘以0.75的折减系数。

当河床岩层有冲刷时，桩基须嵌入基岩，嵌岩桩应按桩底嵌固设计。其应嵌入基岩中的深度，可按下列公式计算。

圆形桩：

$$h = \sqrt{\frac{M_H}{0.065\,5\beta f_{rk} d}} \tag{4-14}$$

矩形桩：

$$h = \sqrt{\frac{M_H}{0.083\,3\beta f_{rk} b}} \tag{4-15}$$

式中：$h$——桩嵌入基岩中（不计强风化层和全风化层）的有效深度(m)，不应小于0.5m；

$M_H$——在基岩顶面处的弯矩(kN·m)；

$f_{rk}$——岩石饱和单轴抗压强度标准值(kPa)，黏土质岩取天然湿度单轴抗压强度标准值；

$\beta$——系数，$\beta=0.5\sim1.0$，根据岩层侧面构造而定，节理发育的取小值，节理不发育的取大值；

$d$——桩身直径(m)；

$b$——垂直于弯矩作用平面桩的边长(m)。

3）单桩轴向受压承载力的抗力系数

按《公路桥涵地基与基础设计规范》(JTG D63—2007)的规定，计算以钻(挖)孔灌注桩、沉桩方式成桩的摩擦桩和支承桩或嵌岩桩，以及桩端后压浆灌注桩，所得单桩轴向受压承载力容许值$[R_a]$，应根据桩的受荷阶段及受荷情况乘以表4-10规定的抗力系数。

**单桩轴向受压承载力的抗力系数** 表4-10

| 受荷阶段 | 作用效应组合 | | 抗力系数 |
|---|---|---|---|
| 使用阶段 | 短期效应组合 | 永久作用与可变作用组合 | 1.25 |
| | | 结构自重、预加力、土重、土侧压力和汽车、人群组合 | 1.00 |
| | 作用效应偶然组合(不含地震作用) | | 1.22 |
| 施工阶段 | 施工荷载效应组合 | | 1.25 |

4）摩擦桩单桩轴向受压承载力验算算例

如图4-6所示某钢筋混凝土钻孔灌注桩，设计直径$d=1.5$m，成孔直径$D=1.65$m，旋转钻进，桩孔底部不扩孔。桩端沉渣厚度$t=150$mm。桩周及持力层为中密粗砂，土颗粒重度$\gamma_s=28\text{kN/m}^3$，孔隙比$e=0.5$。桩顶荷载$N=3\,200$kN，为永久作用与可变作用正常使用极限状态短期效应组合。桩底高程为91.00m，验算单桩轴向受压承载力。

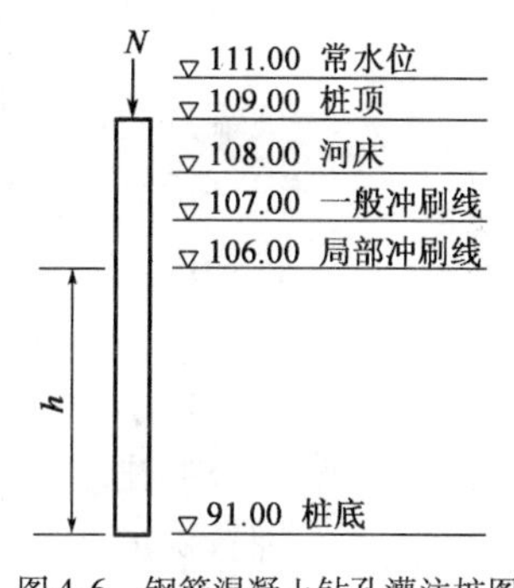

图4-6 钢筋混凝土钻孔灌注桩图(高程单位：m)

取桩为隔离体，分别计算向下的外荷载和向上的承载力，比较两者，得出验算结果。

(1)向下的外荷载

$$V = N + l_0 q_{桩} + (hq_{桩} - hq_{土})$$

式中： $l_0$——桩的自由长度，$L_0=109-106=3$(m)；

$q_{桩}$——每延米桩身自重。考虑实际成桩情况及偏于安全，取用成孔直径计算。本题旨在验算地基土给桩提供的承载力，即地基承载力，按照《公路桥涵设计通用规范》(JTG D60－2004)关于浮力的规定，可不计浮力，故按桩身材料重度取用。钻孔桩体积计算含筋量一般小于2%，故取桩身钢筋混凝土重度$\gamma_{桩}=25\text{kN/m}^3$；$q_{桩}=\frac{1}{4}\pi D^2\times1\times\gamma_{桩}=\frac{1}{4}\pi\times1.65^2\times1\times25=53.46$(kN/m)；

$hq_{桩}-hq_{土}$——局部冲刷线以下桩与土的自重之差；

$q_{土}$——桩位处原有土柱每延米自重。按照《公路桥涵地基与基础设计规范》(JTG D63—2007)的规定，当桩不计浮力时，土也不计浮力，同取天然重度计算。本例土质为粗砂，位于常水位以下，土的天然状态即为饱和状态，故以饱和重度计算；$\gamma_{土}=\frac{\gamma_s-\gamma_w}{1+e}+\gamma_w=\frac{28-10}{1+0.5}+10=22(\text{kN/m}^3)$、$q_{土}=\frac{1}{4}\pi D^2\times1\times$

$$\gamma_{土}=\frac{1}{4}\pi\times1.65^2\times1\times22=47.04(\mathrm{kN/m});$$

$h$——局部冲刷线以下桩长，$h=106-91=15(\mathrm{m})$。

$$V=3\,200+3\times53.46+(15\times53.46-15\times47.04)=3\,456.68(\mathrm{kN})$$

（2）向上的承载力

$$\gamma_{\mathrm{R}}[R_{\mathrm{a}}]=\gamma_{\mathrm{R}}\left(\frac{1}{2}u\sum l_i q_{\mathrm{ik}}+A_{\mathrm{p}}q_{\mathrm{r}}\right)$$

式中：$\gamma_{\mathrm{R}}$——抗力系数，查表4-10得$\gamma_{\mathrm{R}}=1.25$；

$u$——桩的周长，偏于安全取用设计直径计算，$u=\pi d=\pi\times1.5=4.71(\mathrm{m})$；

$l_i$——局部冲刷线以下桩长，本例只有一种土，$l_i=l_1=15(\mathrm{m})$；

$q_{\mathrm{ik}}$——局部冲刷线以下各土层与桩侧的摩阻力标准值，查表4-1得$q_{ik}=60\sim90\mathrm{kPa}$，取$q_{ik}=75\mathrm{kPa}$；

$A_{\mathrm{p}}$——桩端截面面积，无扩孔，偏于安全取设计直径计算，$A_{\mathrm{p}}=\frac{1}{4}\pi d^2=\frac{1}{4}\pi\times1.5^2=1.77(\mathrm{m}^2)$；

$q_{\mathrm{r}}$——桩端处土的承载力容许值，$q_{\mathrm{r}}=\lambda m_0[[f_{\mathrm{a0}}]+k_2\gamma_2(h_3-3)]$；

$m_0$——清底系数。桩端沉渣厚度与桩径之比$\frac{t}{d}=\frac{150}{1\,500}=0.1$，查表4-3得$m_0=1.0$；

$[f_{\mathrm{a0}}]$——桩端处土的承载力基本容许值，根据土质查表2-19得$[f_{\mathrm{a0}}]=430\mathrm{kPa}$；

$k_2$——容许承载力随深度的修正系数，按桩端土查表2-26得$k_2=5.0$；

$\gamma_2$——桩端以上各土层的加权平均重度（$\mathrm{kN/m^3}$），持力层透水时水中部分土层取浮重度，$\gamma_2=\frac{\gamma_{\mathrm{s}}-\gamma_{\mathrm{w}}}{1+e}=\frac{28-10}{1+0.5}=12(\mathrm{kN/m^3})$；

$h_3$——一般冲刷线以下桩端的埋置深度，即式（4-4）中的$h$，为与局部冲刷线以下桩端的埋置深度相区别，暂且以$h_3$表示，$h_3=107-91=16(\mathrm{m})$；

$\lambda$——入土深度修正系数。桩长$h_3=107-91=16(\mathrm{m})$，$4<\frac{h_3}{d}=10.67<20$，透水性土，查表4-2得$\lambda=0.7$。

$$q_{\mathrm{r}}=0.7\times1.0\times[430+5\times12\times(16-3)]=847.00(\mathrm{kPa})$$

当持力层为砂土、碎石土时，$q_{\mathrm{r}}$的上限值为1 450kPa。本例$q_{\mathrm{r}}=847.00<1\,450\mathrm{kPa}$，故取847.00kPa。

$$\gamma_{\mathrm{R}}[R_{\mathrm{a}}]=1.25\times\left(\frac{1}{2}\times4.71\times15\times75+1.77\times847.00\right)=5\,185.71(\mathrm{kN})$$

（3）验算

$$V=3\,456.68\mathrm{kN}<\gamma_{\mathrm{R}}\cdot[R_{\mathrm{a}}]=5\,185.71(\mathrm{kN})$$

验算通过。但两者相差较大，说明桩长过大，有所浪费。

### 4.1.4 动测试桩法

基桩动力检测是通过对桩的应力波传播特性的测定和分析来评价桩的完整性，推算桩的承载力、桩侧和桩端岩土阻力及打桩应力的检测方法。其可分为低应变反射波法、高应变动测法和超声波法。

低应变反射波法是在桩顶施加低能量冲击荷载,实测加速度(或速度)响应时程曲线,运用一维线性波动理论的时域和频域分析,对被检桩的完整性进行评判的检测方法。

高应变动测法是在桩顶施加高能量冲击荷载,实测力和速度信号,运用波动理论反演来推算被检桩的完整性、轴向抗压极限承载力或选择桩型和桩长、监控桩锤工作效率和打入桩桩身承受的最大锤击应力。

超声波法是根据超声波透射或折射原理,在桩身混凝土内发射并接收超声波,通过实测超声波在混凝土介质中传播的历时、波幅和频率等参数的相对变化来判定桩身完整性的检测方法。

以上三种方法中高应变动测法可用于检测混凝土灌注桩、预制桩和钢桩的单桩轴向抗压极限承载力。应用该方法进行单桩的轴向抗压极限承载力检测应具有相同条件下的动—静试验对比资料和现场工程实践经验。对于超长桩、大直径扩底桩和嵌岩桩不宜采用该方法进行单桩的轴向抗压极限承载力检测。

### 4.1.5 静力分析法

静力分析法是根据土的极限平衡理论和土的强度理论,计算桩底极限阻力和桩侧极限摩阻力,也即利用土的强度指标计算桩的极限承载力,然后将其除以安全系数从而确定单桩承载力容许值。

1)桩底极限阻力的确定

把桩作为深埋基础,并假定地基的破坏滑动面模式(图4-7),运用塑性力学中的极限平衡理论,导出地基极限荷载(即桩底极限阻力)的理论公式。各种假定所推导的地基极限荷载公式均可归纳为式(4-16)所列一般形式,只是所求得有关系数不同。理论公式的推导和有关系数的表达式可参考有关土力学书籍。

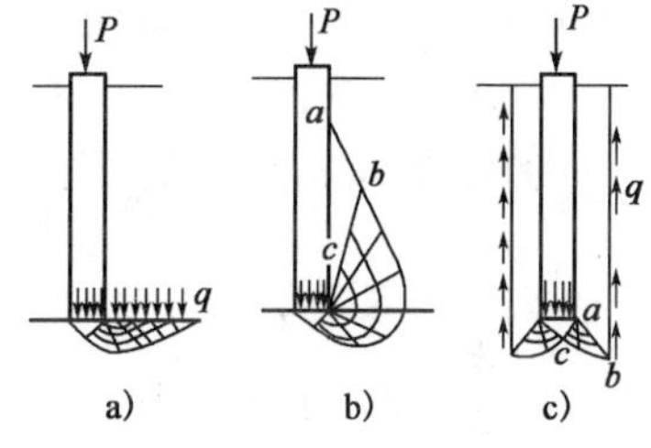


图4-7 桩底地基破坏滑动面图形

a)太沙基理论;b)梅耶霍夫理论;c)别列赞采夫理论

$$q_R = a_c N_c c + a_q N_q \gamma h \tag{4-16}$$

式中:$q_R$——桩底地基单位面积的极限荷载(kPa);

$a_c$、$a_q$——与桩底形状有关的系数;

$N_c$、$N_q$——承载力系数,均与土的内摩擦角 $\varphi$ 有关;

$c$——地基土的黏聚力(kPa);

$\gamma$——桩底平面以上土的平均重度($kN/m^3$);

$h$——桩的入土深度(m)。

在确定计算参数土的抗剪强度指标 $c$、$\varphi$ 时,应区分总应力法及有效应力法两种情况。

若桩底土层为饱和黏土时,排水条件较差,常采用总应力法分析。这时用 $\varphi=0$,$c$ 采用土的不排水抗剪强度 $c_u$,$N_q=1$,代入公式计算。

对于砂性土有较好的排水条件,可采用有效应力法分析。此时,$c=0$,$q=\gamma h$,取桩底处有效竖向应力 $\bar{p}_{v0}$,代入公式计算。

2)桩侧极限摩阻力的确定

桩侧单位面积的极限摩阻力取决于桩侧桩土间的剪切强度。按库仑强度理论得知:

$$q = p_h \tan\delta + c_a = K p_v \tan\delta + c_a \tag{4-17}$$

式中：$q$——桩侧单位面积的极限摩阻力（桩土间剪切面上的抗剪强度）(kPa)；

$p_h$、$p_v$——土的水平应力及竖向应力(kPa)；

$c_a$、$\delta$——桩、土间的黏结力(kPa)及摩擦角；

$K$——土的侧压力系数。

式(4-17)的计算仍有总应力法和有效应力法两类。在具体确定桩侧极限摩阻力时，根据计算表达式所用系数不同，人们将其归纳为 $\alpha$ 法、$\beta$ 法和 $\lambda$ 法，下面简要介绍前两种方法。

(1) $\alpha$ 法

对于黏性土，根据桩的试验结果，认为桩侧极限摩阻力与土的不排水抗剪强度有关，可寻求其相关关系，即：

$$q = \alpha c_u \tag{4-18}$$

式中：$\alpha$——黏结力系数，它与土的类别、桩的类别、设置方法及时间效应等因素有关。$\alpha$ 值的大小，各个文献提供资料不一致，一般为 0.3～1.0，软土取低值、硬土取高值。

(2) $\beta$ 法——有效应力法

该法认为，由于打桩后桩周土扰动，土的黏聚力很小，故 $c_a$ 与 $\bar{p}_h \tan\delta$ 相比也很小可以略去，则式(4-17)可改写为：

$$q = \bar{p}_h \tan\delta = K \bar{p}_v \tan\delta \text{ 或 } q = \beta \bar{p}_v \tag{4-19}$$

式中：$\bar{p}_h$、$\bar{p}_v$——土的水平向有效应力及竖向有效应力(kPa)；

$\beta$——系数。

对正常固结黏性土的钻孔桩及打入桩，由于桩侧土的径向位移较小，可认为，侧压力系数 $K = K_0$ 及 $\delta \approx \varphi'$。

$$K_0 = 1 - \sin\varphi' \tag{4-20}$$

式中：$K_0$——静止土压力系数；

$\varphi'$——桩侧土的有效内摩擦角。

对正常固结黏性土，若取 $\varphi' = 15° \sim 30°$，得 $\beta = 0.2 \sim 0.3$，其平均值为 0.25；软黏土的桩试验得到 $\beta = 0.25 \sim 0.4$，平均取 0.32。

3) 单桩轴向承载力容许值的确定

桩的极限阻力等于桩端极限阻力与桩侧极限摩阻力之和，单桩轴向承载力容许值等于桩的极限阻力除以安全系数 $K$。

### 4.1.6 按桩身材料强度确定单桩承载力

当桩穿过极软弱土层，支承（或嵌固）于岩层或坚硬的土层上时，单桩竖向承载力往往由桩身材料强度控制。基桩因桩顶荷载有无偏心而分为轴心受压杆件或偏心受压杆件，轴心受压构件又因箍筋用量不同，分为普通箍筋柱和间接钢筋柱。

当基桩作为偏心受压构件和轴心受压间接钢筋柱计算时，按照《公路钢筋混凝土及预应力混凝土桥涵设计规范》(JTG D62—2004)进行即可。当基桩作为轴心受压普通箍筋柱计算时，其特殊之处在于确定轴心受压构件的稳定系数 $\varphi$ 时，涉及的构件支点间长度 $l$ 不是直接取用桩的全长，而是当局部冲刷线以下桩长 $h < \frac{4.0}{\alpha}$ 时取用桩的全长，即 $l = l_0 + h$；而当 $h \geq \frac{4.0}{\alpha}$ 时

取用 $l = l_0 + \frac{4.0}{\alpha}$。而支撑条件中，无论桩底是否嵌岩，均将 $h \geqslant \frac{4.0}{\alpha}$ 时桩的底端定义为固定端。

具体地，根据《公路钢筋混凝土及预应力混凝土桥涵设计规范》(JTG D62—2004)，钢筋混凝土轴心受压构件，当配有箍筋(或螺旋筋或在纵向钢筋上焊有横向钢筋)时，其正截面抗压承载力计算应符合下列规定：

$$\gamma_0 N_d \leqslant 0.90\varphi(f_{cd}A + f'_{sd}A'_s) \tag{4-21}$$

式中：$N_d$——单桩轴向力组合设计值；

$\varphi$——桩的轴压纵向挠曲系数，对低承台桩基可取 $\varphi = 1$；高承台桩基可由表 4-11 查取；

$f_{cd}$——混凝土轴心抗压强度设计值；

$A$——验算截面处桩的毛截面面积；当纵向钢筋配筋率大于 3% 时，$A$ 改用桩身截面混凝土面积 $A_h = A - A'_s$；

$A'_s$——纵向钢筋截面面积；

$f'_{sd}$——纵向钢筋抗压强度设计值；

$\gamma_0$——桥梁结构的重要性系数。

**钢筋混凝土桩的纵向挠曲系数 $\varphi$** 表 4-11

| $l_p/b$ | ≤8 | 10 | 12 | 14 | 16 | 18 | 20 | 22 | 24 | 26 | 28 |
|---|---|---|---|---|---|---|---|---|---|---|---|
| $l_p/2r$ | ≤7 | 8.5 | 10.5 | 12 | 14 | 15.5 | 17 | 19 | 21 | 22.5 | 24 |
| $l_p/i$ | ≤28 | 35 | 42 | 48 | 55 | 62 | 69 | 76 | 83 | 90 | 97 |
| $\varphi$ | 1.00 | 0.98 | 0.95 | 0.92 | 0.87 | 0.81 | 0.75 | 0.70 | 0.65 | 0.60 | 0.56 |
| $l_p/b$ | 30 | 32 | 34 | 36 | 38 | 40 | 42 | 44 | 46 | 48 | 50 |
| $l_p/2r$ | 26 | 28 | 29.5 | 31 | 33 | 34.5 | 36.5 | 38 | 40 | 41.5 | 43 |
| $l_p/i$ | 104 | 111 | 118 | 125 | 132 | 139 | 146 | 153 | 160 | 167 | 174 |
| $\varphi$ | 0.52 | 0.48 | 0.44 | 0.40 | 0.36 | 0.32 | 0.29 | 0.26 | 0.23 | 0.21 | 0.19 |

注：1. 表中 $l_p$ 为构件计算长度；$b$ 为矩形截面的短边尺寸；$r$ 为圆形截面的半径；$i$ 为截面最小回转半径，$i = \sqrt{I/A}$，$I$ 为截面的惯性矩，$A$ 为截面积。

2. 构件计算长度 $l_p$ 当构件两端固定时取 $0.5l$；当一端固定一端为不移动的铰时取 $0.7l$；当两端均为不移动的铰时取 $l$；当一端固定一端自由时取 $2l$。$l$ 为构件支点间长度。$l_p$ 应结合桩在土中支承情况，根据两端支承条件确定，近似计算可参照表 4-12 取用。

**桩受弯时的计算长度 $l_p$** 表 4-12

| 单桩或单排桩桩顶铰接 | | | | 多排桩桩顶固定 | | | |
|---|---|---|---|---|---|---|---|
| 桩底支承于非岩石土中 | | 桩底嵌固于岩石内 | | 桩底支承于非岩石土中 | | 桩底嵌固于岩石内 | |
| $h < \frac{4.0}{\alpha}$ | $h \geqslant \frac{4.0}{\alpha}$ | $h < \frac{4.0}{\alpha}$ | $h \geqslant \frac{4.0}{\alpha}$ | $h < \frac{4.0}{\alpha}$ | $h \geqslant \frac{4.0}{\alpha}$ | $h < \frac{4.0}{\alpha}$ | $h \geqslant \frac{4.0}{\alpha}$ |
| $l_0$, $h$ | | $l_0$, $h$ | | $l_0$, $h$ | | $l_0$, $h$ | |
| $l_p = l_0 + h$ | $l_p = 0.7 \times \left(l_0 + \frac{4.0}{\alpha}\right)$ | $l_p = 0.7 \times (l_0 + h)$ | $l_p = 0.7 \times \left(l_0 + \frac{4.0}{\alpha}\right)$ | $l_p = 0.7 \times (l_0 + h)$ | $l_p = 0.5 \times \left(l_0 + \frac{4.0}{\alpha}\right)$ | $l_p = 0.5 \times (l_0 + h)$ | $l_p = 0.5 \times \left(l_0 + \frac{4.0}{\alpha}\right)$ |

注：$\alpha$ 为桩的变形系数。

### 4.1.7 关于桩的负摩阻力问题

1)负摩阻力的意义及其产生原因

一般情况下,桩受轴向荷载作用后,桩相对于桩侧土体作向下位移,土对桩产生向上作用的摩阻力,称正摩阻力[图4-8a)]。但当桩周土体因某种原因发生下沉,其沉降变形大于桩身的沉降变形时,在桩侧表面将出现向下作用的摩阻力,称其为负摩阻力[图4-8b)]。

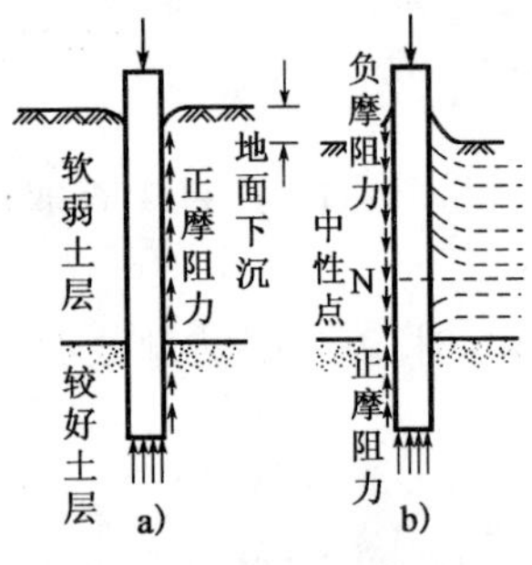

图4-8 桩的正、负摩阻力

桩的负摩阻力的发生将使桩侧土的部分重力传递给桩,因此,负摩阻力不但不能成为桩承载力的一部分,反而变成施加在桩上的外荷载。对于桥梁工程特别要注意桥头路堤高填土的桥台桩基础的负摩阻力问题,因路堤高填土是一个很大的地面荷载且位于桥台的一侧,若产生负摩阻力,还会引起桥台台背和路堤填土间的摩阻问题以及桩基础的不均匀沉降问题。

桩的负摩阻力能否产生,取决于桩与桩周土的相对位移发展情况。桩的负摩阻力产生的原因有:

(1)在桩附近地面大量堆载,引起地面沉降。

(2)土层中抽取地下水或其他原因,造成地下水位下降,使土层产生自重固结下沉。

(3)桩穿过欠压密土层(如填土)进入硬持力层,土层产生自重固结下沉。

(4)对桩数很多的密集群桩打桩时,在桩周土中产生很大的超孔隙水压力,打桩停止后桩周土的再固结作用引起下沉。

(5)在黄土、冻土中的桩,因黄土湿陷、冻土融化产生地面下沉。

由上可见,当桩穿过软弱高压缩性土层而支承在坚硬持力层上时最易发生桩的负摩阻力问题。

要确定桩身负摩阻力的大小,就要先确定土层产生负摩阻力的范围和负摩阻力强度的大小。

2)中性点的概念

产生负摩阻力的范围就是桩侧土层相对于桩向下位移的范围。它与桩侧土层的压缩、桩身弹性压缩变形和桩底下沉有关。桩侧土层在地表荷载(或土的自重)作用下,产生压缩变形,变形随深度而逐渐减小,如图4-9a)中线 $a$ 所示;桩在荷载作用下,桩底土压缩变形,桩身弹性压缩,桩的向下位移量随深度减少,桩身变形曲线如图4-9a)中线 $c$ 所示。因此,在某一深度 $O_1$ 处土层下沉量与桩身位移量相等,在此深度以上桩侧土下沉大于桩的位移,桩侧摩阻力为负;在此深度以下,桩的位移大于桩侧土的下沉,桩侧摩阻力为正。正、负摩阻力变换处摩阻力为零,称为中性点。

3)负摩阻力的计算

单桩负摩阻力的计算经验公式为:

$$N_n = u\sum_{i=1}^{n} q_{ni} l_i \tag{4-22}$$

$$q_{ni} = \beta \sigma'_{vi} \tag{4-23}$$

式中：$N_n$——单桩负摩阻力(kN)；

$u$——桩身周长(m)；

$l_i$——中性点以上各土层的厚度(m)；中性点深度 $l_n$ 应按桩周土层沉降与桩沉降相等的条件计算确定，无法按计算确定的，也可参照表4-13确定；

$q_{ni}$——与 $l_i$ 对应的各土层与桩侧负摩阻力计算值(kPa)，当计算值大于正摩阻力时，取正摩阻力值；

$\beta$——负摩阻力系数，可按表4-14取值；

$\sigma'_{vi}$——桩侧第 $i$ 层土平均竖向有效应力(kPa)，$\sigma'_{vi}=p+\gamma'_i z_i$；

$\gamma'_i$——第 $i$ 层土层底以上桩周土按厚度计算的加权平均浮重度；

$z_i$——自地面起算的第 $i$ 层土中点深度；

$p$——地面均布荷载。

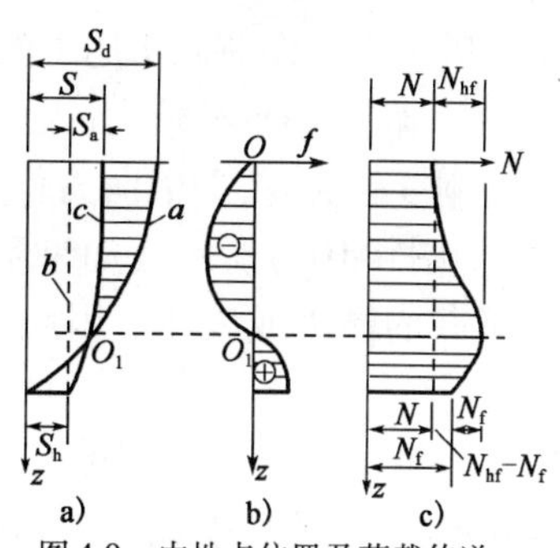


图4-9 中性点位置及荷载传递

a)位移曲线；b)桩侧摩阻力分布曲线；c)桩身轴力分布曲线

$S_d$-地面沉降；$S$-桩的沉降；$S_s$-桩身压缩；$S_h$-桩底下沉；$N_{hf}$-由负摩阻力引起的桩身最大轴力；$N_f$-总的正摩阻力

**中性点深度 $l_n$** 表4-13

| 持力层性质 | 黏性土、粉土 | 中密以上砂 | 砾石、卵石 | 基岩 |
|---|---|---|---|---|
| 中性点深度比 $l_n/l_0$ | 0.5~0.6 | 0.7~0.8 | 0.9 | 1.0 |

注：1. $l_n$、$l_0$ 分别为中性点深度和桩周沉降变形土层下限深度。

2. 桩穿越自重湿陷性黄土层时，按表列值增大10%(持力层为基岩除外)。

**负摩阻力系数 $\beta$** 表4-14

| 土　类 | $\beta$ | 土　类 | $\beta$ |
|---|---|---|---|
| 饱和软土 | 0.15~0.25 | 砂土 | 0.35~0.50 |
| 黏性土、粉土 | 0.25~0.40 | 自重湿陷性黄土 | 0.20~0.35 |

注：1. 在同类土中，对于打入桩或沉管灌注桩，取表中较大值，对于钻(冲)挖孔灌注桩，取表中较小值。

2. 填土按其组成取表中同类土的较大值。

按式(4-22)计算所得单桩负摩阻力值不应大于单桩所分配承受的桩周下沉土重(以桩为中心，水平方向1/2桩间距、竖向 $l_n$ 深度范围内土体的质量)。对于群桩的负摩阻力问题，建议按照单桩负摩阻力计算方法进行群桩中任一单桩的下拉荷载计算。

### 4.1.8 单桩横轴向承载力容许值的确定

桩的横轴向承载力，指桩在与桩轴线垂直方向的承载力。桩在横向力(包括弯矩)作用下的工作情况较轴向受力时要复杂些，但仍然是从保证桩身材料和地基强度与稳定性以及桩顶水平位移满足使用要求来分析和确定桩的横轴向承载力。

1)在横向荷载作用下，桩的破坏机理和特点

在横向荷载作用下，桩身产生横向位移或挠曲，桩土协调变形，桩土间相互作用力为侧向

土抗力。因桩在横向荷载作用下的工作性状和破坏机理不同,通常分为两种情况:

第一种情况,当桩径较大,入土深度较小或周围土层较松软,桩的刚度远大于土层刚度,即桩的相对刚度较大时,受横向力作用时桩身挠曲变形不明显,桩如同刚体一样围绕桩轴某一点转动,如图 4-10a)所示。如果不断增大横向荷载,则可能由于桩侧土强度不够而失稳,使桩丧失承载的能力或破坏。因此,基桩的横轴向承载力容许值可能由桩侧土的强度及稳定性决定。

第二种情况,当桩径较小,入土深度较大或周围土层较坚实,即桩的相对刚度较小时,受横向力作用时,桩身发生挠曲变形,其侧向位移随着入土深度的增大而逐渐减小,形成一端嵌固的地基梁,桩的变形呈图 4-10b)所示的波状曲线。如果不断增大横向荷载,可使桩身在较大弯矩处发生断裂或使桩发生过大的侧向位移而超过了结构物的容许变形值。因此,基桩的横轴向承载力容许值将由桩身材料的强度或侧向变形条件决定。

2)单桩横轴向承载力容许值的确定方法

确定单桩横轴向承载力容许值有水平静载试验和分析计算法两种途径。

(1)单桩水平静载试验

桩的水平静载试验是确定桩的横轴向承载力较为可靠且常用的方法。

试验装置如图 4-11 所示。采用千斤顶施加水平荷载,施力点与实际受力点一致。在千斤顶与试桩接触处宜安置一球形铰支座,以保证千斤顶作用力能水平通过桩身轴线。桩的水平位移宜采用大量程百分表测量。固定百分表的基准桩宜打设在试桩侧面位移的反方向,与试桩的净距不小于 1 倍试桩直径。

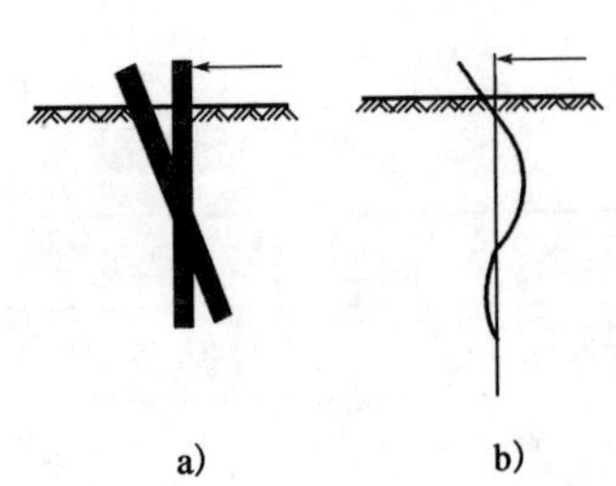


图 4-10 桩在横向力作用下变形示意图
a)刚性桩;b)弹性桩

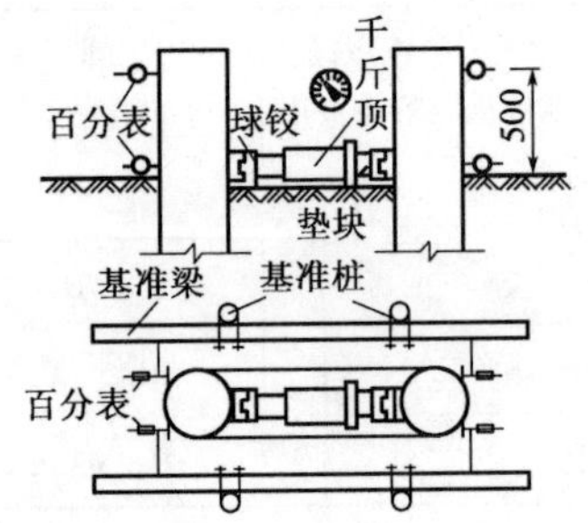


图 4-11 桩水平静载试验装置示意图(尺寸单位:mm)

试验方法主要有两种:单向多循环加卸载法和慢速连续加载法。一般采用前者,对于个别受长期横向荷载的桩也可采用后者。

①单向多循环加卸载法

这种方法可模拟基础承受反复水平荷载(风载、地震荷载、制动力和波浪冲击力等循环性荷载)。

a. 试验方法

试验加载分级,一般取预估横向极限荷载的 1/15 ~ 1/10 作为每级荷载的加载增量。根据桩径大小并适当考虑土层硬度,对于直径 300 ~ 1 000mm 的桩,每级荷载增量可取 2.5 ~ 20kN。每级荷载施加后,恒载 4min 测读横向位移,然后卸载至零,待 2min 后测读残余横向位移,至此完成一个加卸循环。5 次循环后,开始加下一级荷载。当桩身折断或水平位移超过30 ~ 40mm

（软土取 40mm）时，终止试验。

b. 单桩横向临界荷载与极限荷载的确定

根据试验数据可绘制荷载—时间—位移（$H_0$-$T$-$U_0$）曲线（图 4-12）和荷载—位移梯度（$H_0$-$\frac{\Delta U_0}{\Delta H_0}$）曲线（图 4-13）。据此可综合确定单桩横向临界荷载 $H_{cr}$ 与极限荷载 $H_u$。

横向临界荷载 $H_{cr}$ 系指桩身受拉区混凝土开裂退出工作前的荷载，会使桩的横向位移增大。相应地可取 $H_0$-$T$-$U_0$ 曲线出现突变点的前一级荷载为横向临界荷载（图 4-12），或取 $H_0$-$\frac{\Delta U_0}{\Delta H_0}$曲线第一直线段终点相对应的荷载为横向临界荷载，综合考虑。

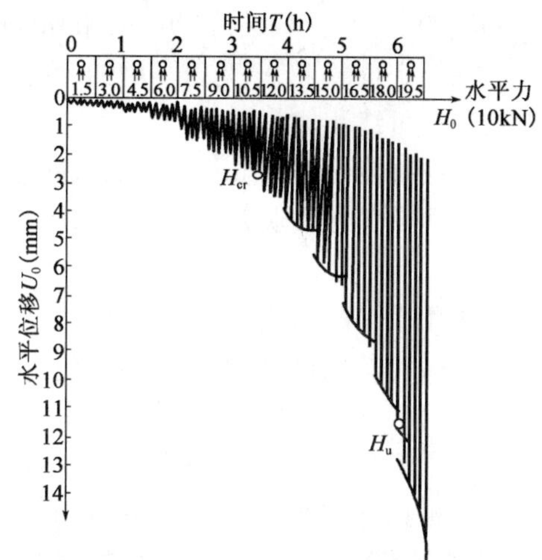


图 4-12 荷载—时间—位移（$H_0$-$T$-$U_0$）曲线

横向极限荷载可取 $H_0$-$T$-$U_0$ 曲线明显陡降（图中位移包络线下凹）的前一级荷载作为极限荷载，或取 $H_0$-$\frac{\Delta U_0}{\Delta H_0}$曲线的第二直线段终点相对应的荷载作为极限荷载综合考虑。

②慢速连续加载法

此法类似于垂直静载试验。

a. 试验方法

试验荷载分级同上种方法。每级荷载施加后维持其恒定值，并按 5min、10min、15min、30min 测读位移值，直至每小时位移小于 0.1mm，开始加下一级荷载。当加载至桩身折断或位移超过 30～40mm 便终止加载。卸载时按加载量的 2 倍逐渐进行，每 30min 卸载一级，并于每次卸载前测读一次位移。

b. 横向临界荷载和极限荷载的确定

根据试验数据绘制 $H_0$-$\frac{\Delta U_0}{\Delta H_0}$及 $H_0$-$U_0$ 曲线，如图 4-13 和图 4-14 所示。可取曲线 $H_0$-$U_0$ 及 $H_0$-$\frac{\Delta U_0}{\Delta H_0}$上第一拐点的前一级荷载为临界荷载，取 $H_0$-$U_0$ 曲线陡降点的前一级荷载和 $H_0$-$\frac{\Delta U_0}{\Delta H_0}$曲线的第二拐点相对应的荷载为极限荷载。

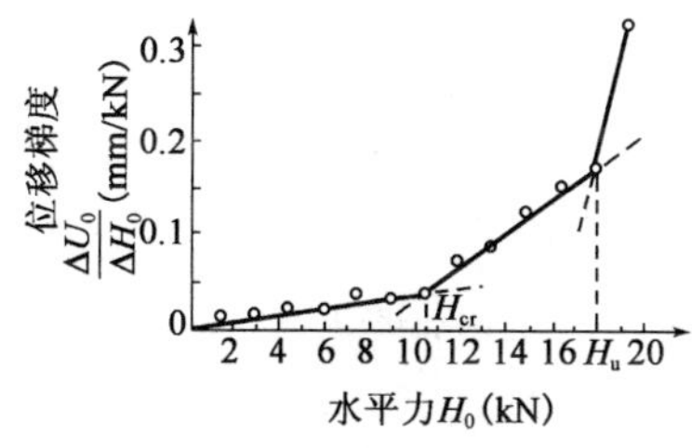


图 4-13 荷载—位移梯度$\left(H_0\text{-}\frac{\Delta U_0}{\Delta H_0}\right)$

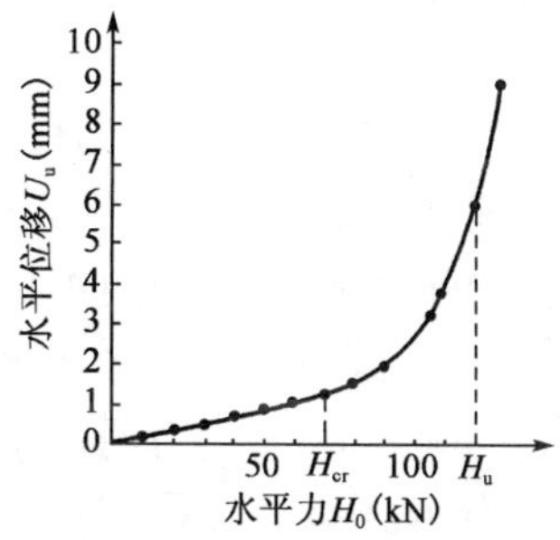


图 4-14 荷载—位移（$H_0$-$U_0$）曲线

此外,国内还采用一种称为单向单循环恒速水平加载法。此加载方法是加载每级维持20min,第0min、5min、10min、15min、20min测读位移。卸载每级维持10min,第0min、5min、10min测读。零荷载维持30min,第0min、10min、20min、30min测读。

在恒定荷载下,横变急剧增加、变位速率逐渐加快;或已达到试验要求的最大荷载或最大变位时即可终止加载。

此法确定临界荷载及极限荷载的方法同慢速加载法。

采用上述方法求得的极限荷载除以安全系数,即得桩的横轴向承载力容许值,安全系数一般取2。

采用水平静载试验确定单桩横轴向承载力容许值时,还应注意到按上述强度条件确定的极限荷载时的位移,是否超过结构使用要求的水平位移,否则应按变形条件来控制。水平位移容许值可根据桩身材料强度、土发生横向抗力的要求以及墩台顶水平位移和使用要求来确定,目前在水平静载试验中根据《公路桥涵地基与基础设计规范》(JTG D63—2007)有关的规定可取试桩在地面处水平位移不超过6mm,定为确定单桩横轴向承载力判断标准,以满足结构物和桩、土变形安全度要求,这是一种较概略的标准。

(2)分析计算法

分析计算法是根据某些假定而建立的理论(如弹性地基梁理论),计算桩在横向荷载作用下,桩身内力与位移及桩对土的作用力,验算桩身材料和桩侧土的强度与稳定以及桩顶或墩台顶位移等,从而可评定桩的横轴向承载力容许值。

关于桩身的内力与位移计算以及有关验算的内容将在第4.2节中介绍。

# 4.2 单排桩基桩内力与位移计算

本节主要介绍考虑桩与桩侧土体共同承受横轴向力和弯矩时,桩身内力的计算,从而解决桩的强度问题。

## 4.2.1 基本概念

1)文克尔地基模型与弹性地基梁

文克尔地基模型是由文克尔(E. Winkler)于1867年提出的。该模型假定地基土表面上任一点处的变形 $s_i$ 与该点所承受的压力强度 $p_i$ 成正比,而与其他点上的压力无关,即:

$$p_i = Cs_i \tag{4-24}$$

式中:$C$——地基抗力系数,也称地基系数($kN/m^3$)。

文克尔地基模型是把地基视为在刚性基座上由一系列侧面无摩擦的土柱组成,并可以用一系列独立的弹簧来模拟,如图4-15所示。其特征是地基仅在荷载作用区域下发生与压力成正比例的变形,在区域外的变形为零。基底反力分布图形与地基表面的竖向位移图形相似。显然若基础的刚度很大,受力后不发生挠曲,则按照文克尔地基的假定,基底反力成直线分布,如图4-15c)所示。受中心荷载时,则为均匀分布。设置在文克尔地基上的梁称为弹性地基梁。

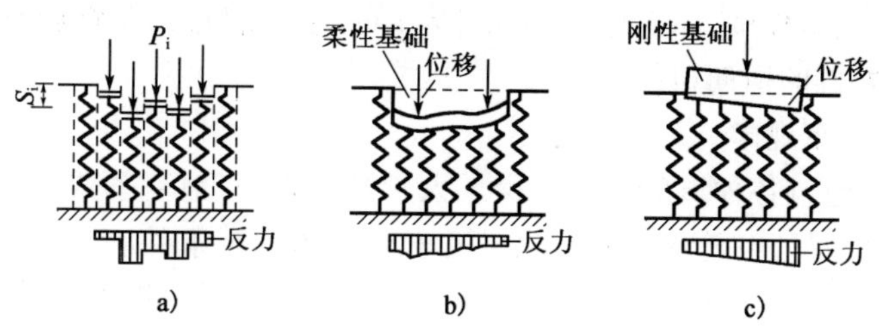


图 4-15 文克尔地基模型示意图

a)侧面无摩阻力的土桩弹簧体系;b)柔性基础下的弹簧地基模型;c)刚性基础下的弹簧地基模型

2)桩的弹性地基梁解法

忽略轴向力的影响,仅考虑横轴向力和弯矩的作用,桩可视为设置在弹性地基中的竖梁。求解其内力的方法有三种:一种是直接用数学方法解桩在受荷后的弹性挠曲微分方程,再从力的平衡条件求出桩各部分的内力和位移;另一种是将桩分成有限段,用差分式近似代替桩的弹性挠曲微分方程中的各阶导数式而求解的有限差分法;再一种则是将桩划分为有限个离散的单元体,然后根据力的平衡和位移协调条件,解得桩的各部分内力和位移的有限元法。本节介绍当前较普遍采用的第一种方法。

以文克尔假定为基础的弹性地基梁解法从土力学的观点认为是不严密的,但由于其概念明确,方法较简单,所得的结果一般较安全,故国内外使用得较为普遍,我国铁路、水利、公路在桩的设计中常用"m"法、"K"法、"C"法以及"常数"法等都属于此种方法。

3)土的弹性抗力及地基系数分布规律

(1)土的弹性抗力

在桩基础计算中,应首先确定桥梁上部结构传递给每根基桩的外力(包括轴向力、横轴向力和力矩),然后再计算各桩的内力及其分布规律。由于桩基础在荷载作用下要产生位移(包括竖向位移、水平位移及转角),桩的竖向位移如前所述,可引起桩侧土的摩阻力和桩底土的抵抗力;桩身的横向位移及转动则挤压桩侧土体,桩侧土体必然对桩产生一横向土抗力 $p_{zx}$(图 4-16),起到抵抗外力和稳定桩基础的作用。由于桩的位移量不会太大,于是可假定土体处于弹性限度内,故 $p_{zx}$ 称为土的弹性抗力。$p_{zx}$ 即指深度为 $z$ 处的横向($x$ 轴向)土抗力,其大小取决于:土体的性质、桩身的刚度大小、桩的截面形状、桩与桩的间距、桩的入土深度及荷载大小等诸多因素,因此分布规律复杂。

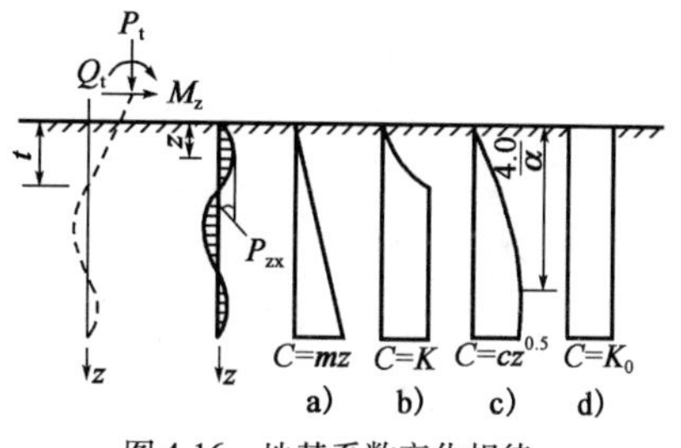


图 4-16 地基系数变化规律

为便于分析,借助文克尔假定,将地基土视作弹性变形介质,将桩视为置于其中的竖梁,并认为土的横向抗力 $p_{zx}$ 与土的横向变形成正比,如图 4-16 所示。桩基中第 $i$ 根桩在荷载 $P_i$、$Q_i$、$M_i$ 的作用下产生弹性挠曲,若已知深度 $z$ 处桩的横向位移为 $x_z$(亦为该点土的横向变形值),按上述假定该点土的弹性抗力 $p_{zx}$ 即为:

$$p_{zx} = Cx_z \tag{4-25}$$

式中:$p_{zx}$——土的横轴向弹性抗力($kN/m^2$);

$C$——横轴向地基系数(它表示单位面积土在弹性限度内产生单位变形时所需施加的

力,单位为 $kN/m^3$),它的大小与地基土的类别、物理力学性质有关;

$x_z$——深度 $z$ 处桩的横向位移(m)。

(2)地基系数的分布规律

地基系数 $C$ 值可通过各种试验方法取得。大量试验表明,地基系数 $C$ 值的大小不仅与土的类别及其性质有关,而且也随深度而变化。由于实测的客观条件和分析方法不尽相同等原因,所采用的 $C$ 值随深度的分布规律也各有不同。目前国内采用的地基系数分布规律的几种不同图式如图 4-16 所示。它们对地基系数 $C$ 分别作如下分析。

①认为地基系数 $C$ 随深度呈正比例增加,如图 4-16a)所示,即:

$$C_z = mz \tag{4-26}$$

式中:$m$——非岩石地基水平向抗力系数的比例系数($kN/m^4$)。$m$ 应通过试验确定,缺乏试验资料时,可根据地基土分类、状态按表 4-15 查用。岩石地基抗力系数不随岩层埋深变化,取 $C_z = C_0$,其值可按表 4-16 采用或通过试验确定。

**非岩石类土的 $m$ 值和 $m_0$ 值** 表 4-15

| 土的名称 | $m$ 和 $m_0$($kN/m^4$) |
|---|---|
| 流塑性黏土 $I_L > 1.0$,软塑黏性土 $1.0 \geq I_L > 0.75$,淤泥 | 3 000 ~ 5 000 |
| 可塑黏性土 $0.75 \geq I_L > 0.25$,粉砂,稍密粉土 | 5 000 ~ 10 000 |
| 硬塑黏性土 $0.25 \geq I_L \geq 0$,细砂,中砂,中密粉土 | 10 000 ~ 20 000 |
| 坚硬,半坚硬黏性土 $I_L \leq 0$,粗砂,密实粉土 | 20 000 ~ 30 000 |
| 砾砂,角砾,圆砾,碎石,卵石 | 30 000 ~ 80 000 |
| 密实卵石夹粗砂,密实漂、卵石 | 80 000 ~ 120 000 |

注:1. 本表用于基础在地面处位移最大值不应超过 6mm 的情况,当位移较大时,应适当降低。

2. 当基础侧面设有斜坡或台阶,且其坡度(横:竖)或台阶总宽与深度之比大于 1:20 时,表中 $m$ 值应减小 50% 取用。

**岩石地基抗力系数 $C_0$** 表 4-16

| 编号 | $f_{rk}$(kPa) | $C_0$($kN/m^4$) |
|---|---|---|
| 1 | 1 000 | 300 000 |
| 2 | ≥25 000 | 15 000 000 |

注:$f_{rk}$ 为岩石的单轴饱和抗压强度标准值。对于无法进行饱和的试样,可采用天然含水量单轴抗压强度标准值;当 $1\,000 < f_{rk} < 25\,000$ 时,可用直线内插法确定 $C_0$。

按图 4-16a)所示图式来计算桩在外荷载作用下,桩各截面内力的方法通常简称为“m”法。此法考虑土的弹性抗力在地面或最大冲刷线处为零,随深度成直线比例增长。

②认为地基系数 $C$ 自地面沿深度成曲线增加,当深度达到桩挠曲曲线第一个零点[图 4-16b)]后,地基系数不再增加而为常数。在深度 $t$ 以下时:

$$C = K \tag{4-27}$$

式中:$K$——可按实测确定($kN/m^3$)。

按此假定计算桩在外荷载作用下各截面内力的方法,通常简称为“K”法。

③认为地基系数 $C$ 随深度呈抛物线规律增加,当无量纲入土深度达 4 后为常数,如图 4-16c)所示,即:

$$C = cz^{0.5} \tag{4-28}$$

式中:$c$——地基系数的比例系数($kN/m^3$),其值可根据试验实测确定。

按此假定计算桩在外荷载作用下各截面内力的方法,通常简称为“C”法。

④认为地基系数 $C$ 随深度均匀分布,不随深度变化如图 4-16d)所示,即:

$$C = K_0 \tag{4-29}$$

式中:$K_0$——常数($kN/m^3$)。

按此假定计算桩在外荷载作用下各截面内力的方法,通常简称为“常数”法。

上述四种方法各自假定的地基系数随深度分布规律不同,其计算结果有所差异。实测资料分析表明,对桩的变位和内力起主要影响作用的是上部土层,故宜根据土质特性来选择恰当的计算方法。对于超固结黏土和地面为硬壳层的情况,可考虑选用“常数”法;对于其他土质一般选用“m”法或“C”法;当桩径大、容许位移小时宜选用“C”法,由于“K”法误差较大,现较少采用。

本节着重介绍当前我国公路应用较广并列入《公路桥涵地基与基础设计规范》(JTG D63—2007)的“m”法。

(3)关于“$m$”值

桩在地面处的位移量对 $m$ 的取值有一定影响。一般结构在地面处最大位移不超过 10mm,对位移敏感的结构位移为 6mm 时,可取用表 4-15 中 $m$ 值。位移较大时,应适当降低表列 $m$ 值。

当基础侧面为数种不同土层时,将地面或局部冲刷线以下 $h_m$ 深度内各土层的 $m_i$,换算为一个当量 $m$ 值,作为整个深度的 $m$ 值。

考虑到桩的横向位移即土体横向压缩量随深度减小,土的横向抗力发挥程度随之降低,因此在换算 $m$ 值时深层土的权重也应降低。

两层土 $m$ 值换算示意见图 4-17,《公路桥涵地基与基础设计规范》(JTG D63—2007)根据桩身位移挠曲线的形状图[图 4-18a)],考虑深度影响及计算简便,将权函数简化为三角形,如图 4-18b)所示,换算深度为:

$$h_m = 2(d+1),且\ h_m \leqslant h \tag{4-30}$$

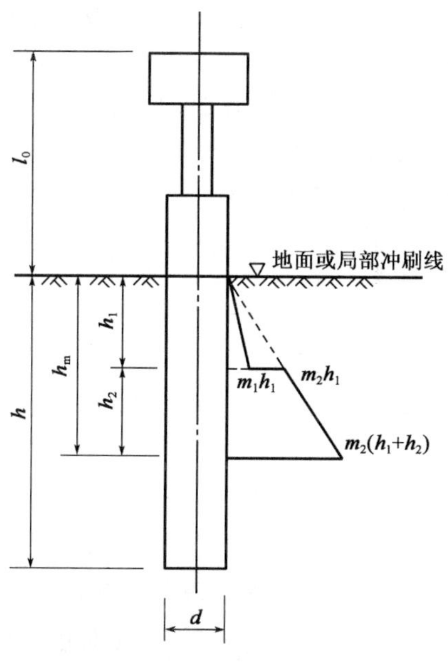


图 4-17 两层土 $m$ 值换算示意图

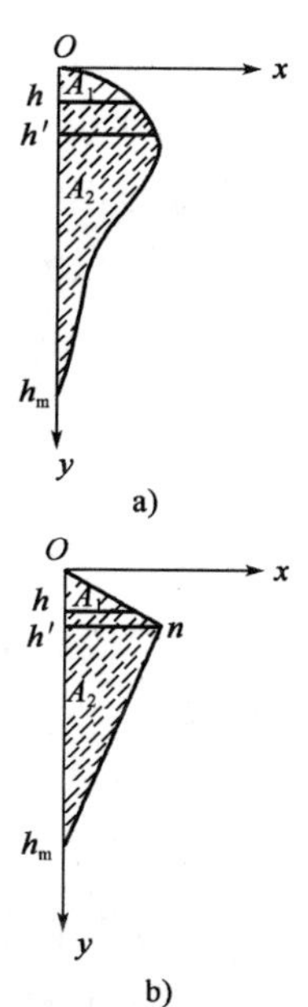


图 4-18 权函数比较

a)挠曲线加权;b)简化方法加权

权值最大点深度为：

$$h' = 0.2h_{m} \tag{4-31}$$

故双层地基当量 $m$ 值为：

$$m = \frac{m_1A_1 + m_2A_2}{A_1 + A_2} \tag{4-32}$$

进一步简化可得 $m$ 值的计算式为：

$$m = \gamma m_1 + (1 - \gamma)m_2 \tag{4-33}$$

$$\gamma = \begin{cases} 5(h_1/h_m)^2 & h_1/h_m \leqslant 0.2 \\ 1 - 1.25(1 - h_1/h_m)^2 & h_1/h_m > 0.2 \end{cases} \tag{4-34}$$

式中：$\gamma$——深度影响系数。

桩端地基竖向抗力系数 $C_0$ 为：

$$C_0 = m_0h \tag{4-35}$$

式中：$m_0$——桩端处的地基竖向抗力系数的比例系数，$m_0$ 应通过试验确定，缺乏试验资料时，可根据地基土分类、状态按表 4-15 查用；

$h$——桩的入土深度，当 $h < 10\text{m}$ 时，按 10m 计算。

4）单桩、单排桩与多排桩

计算基桩内力应先根据作用在承台底面的外力 $N$、$H$、$M$，计算出作用在每根桩顶的荷载 $N_i$、$Q_i$、$M_i$ 值，然后才能计算各桩在荷载 $N_i$、$Q_i$、$M_i$ 作用下各截面的内力与位移。

按承台底面外力 $H$ 与基桩的布置方式之间的关系，桩基础可分为单桩、单排桩与多排桩两类来计算各桩顶的受力，如图 4-19 所示。

所谓单桩、单排桩是指在与水平外力 $H$ 作用方向相垂直的平面上，由单根或多根桩组成的单根（排）桩，而在水平力作用方向上仅可投影出一根桩的桩基础，如图 4-19a）、b）所示。对于单桩来说，上部荷载全由它承担。对如图 4-19b）所示单排桩桥墩作纵向验算时，若作用于承台底面中心的荷载为 $N$、$H$、$M_y$，当 $N$ 在承台横桥向无偏心时，则可以假定它是平均分布在各桩上的，即：

$$N_i = \frac{N}{n};Q_i = \frac{H}{n};M_i = \frac{M_y}{n} \tag{4-36}$$

式中：$n$——桩的根数。

当竖向力 $N$ 在承台横桥向有偏心距 $e$ 时，如图 4-20b）所示，即 $M_x = Ne$，因此每根桩上的竖向作用力可按偏心受压计算，即：

$$N_i = \frac{N}{n} \pm \frac{M_xy_i}{\sum y_i^2} \tag{4-37}$$

当按上述公式求得单排桩中每根桩桩顶作用力后，即可以单桩形式计算桩的内力。

多排桩如图 4-19c），指在水平外力作用方向上有一根以上的桩的桩基础（对单排桩作横桥向验算时也属此情况），不能直接应用上述公式计算各桩顶作用力，须应用结构力学方法另行计算（见后述），所以另列一类。

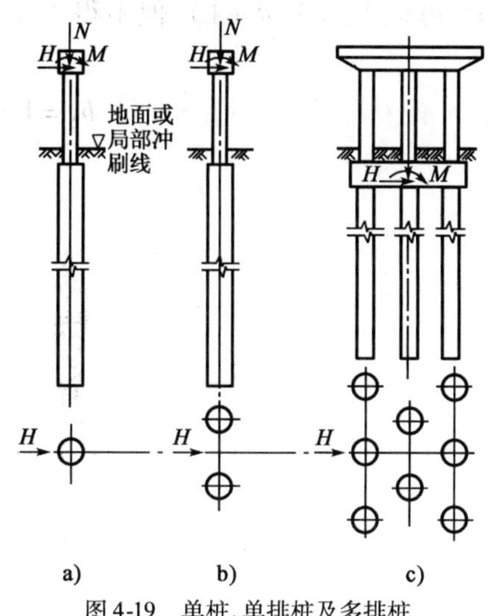

图 4-19 单桩、单排桩及多排桩

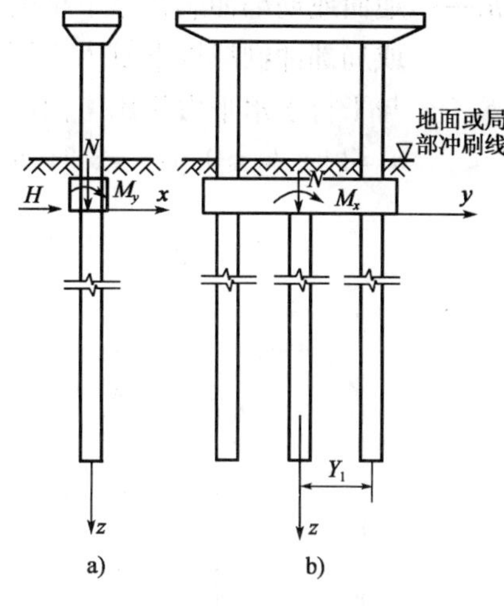

图 4-20 单排桩的计算

5)桩的计算宽度

试验研究分析可得,桩在水平外力作用下,除了桩身宽度范围内的桩侧土受挤压外,桩身宽度以外一定范围内的土体也受到一定程度的影响(空间受力),且对不同截面形状的桩,土受到的影响范围大小不同。为了将空间受力简化为平面受力,并综合考虑桩的截面形状及多排桩桩间的相互遮蔽作用,将桩的设计宽度(直径)换算成相当实际工作条件下,矩形截面桩的宽度 $b_1$,称为桩的计算宽度。根据已有的试验资料分析,《公路桥涵地基与基础设计规范》(JTG D63—2007)认为桩的计算宽度可按下式计算:

当 $d \geq 1.0$m 时

$$b_1 = kk_f(d+1) \tag{4-38}$$

当 $d < 1.0$m 时

$$b_1 = kk_f(1.5d+0.5) \tag{4-39}$$

对单排桩或 $L_1 \geq 0.6h_1$ 的多排桩:

$$k = 1.0 \tag{4-40}$$

对 $L_1 < 0.6h_1$ 的多排桩:

$$k = b_2 + \frac{1-b_2}{0.6}\frac{L_1}{h_1} \tag{4-41}$$

式中:$b_1$——桩的计算宽度(m),$b_1 \leq 2d$;

$d$——桩径或垂直于水平外力方向桩的宽度(m);

$k_f$——桩形状换算系数,视水平力作用面(垂直于水平力作用方向)而定,圆形或圆端形截面 $k_f=0.9$;矩形截面 $k_f=1.0$;对圆端形与矩形组合截面 $k_f=\left(1-0.1\times\frac{a}{d}\right)$(图 4-21);

$k$——平行于水平力作用方向的桩间相互影响系数;

$L_1$——平行于水平力作用方向的桩间净距(图 4-22);梅花形布桩时,若相邻两排桩中心距 $c$ 小于$(d+1)$时,可按水平力作用面各桩间的投影距离计算(图 4-23);

$h_1$——地面或局部冲刷线以下桩的计算埋入深度,可取 $h_1=3(d+1)$,但不得大于地面或局部冲刷线以下桩入土深度 $h$(图 4-22);

$b_2$——与平行于水平力作用方向的一排桩的桩数 $n$ 有关的系数,当 $n=1$ 时,$b_2=1.0$;当 $n=2$ 时,$b_2=0.6$;$n=3$ 时,$b_2=0.5$;$n\geqslant 4$ 时,$b_2=0.45$。

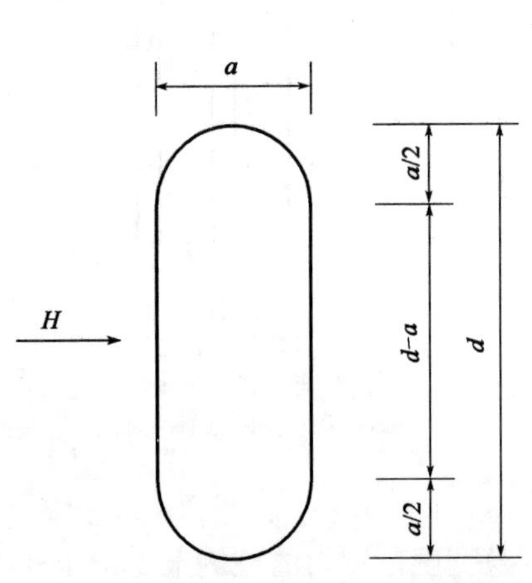


图 4-21　计算圆端形与矩形组合截面 $k_f$ 值示意图

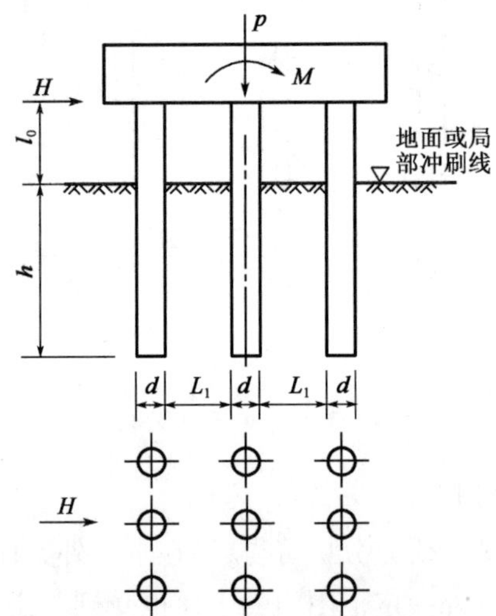


图 4-22　计算 $k$ 值时桩基示意图

在桩平面布置中,若平行于水平力作用方向的各排桩数量不等,且相邻(任何方向)桩间中心距等于或大于$(d+1)$,则所验算各桩可取同一个桩间影响系数 $k$,其值按桩数量最多的一排选取。此外,若垂直于水平力作用方向上有 $n$ 根桩时,计算宽度取 $nb_1$,但须满足 $nb_1\leqslant B+1$($B$ 为 $n$ 根桩垂直于水平力作用方向的外边缘距离,以 m 计,见图 4-24)。

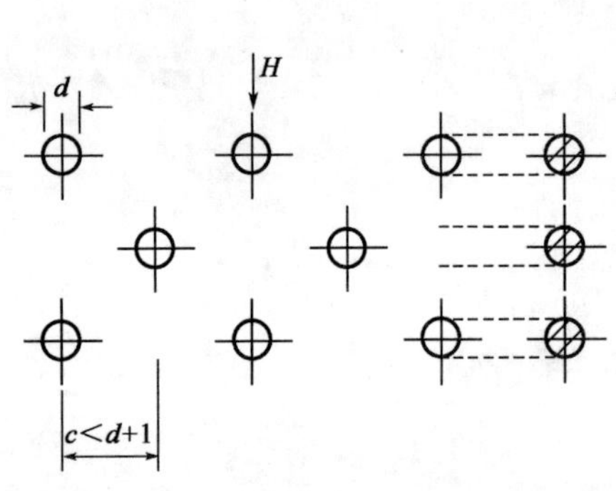


图 4-23　梅花形示意图

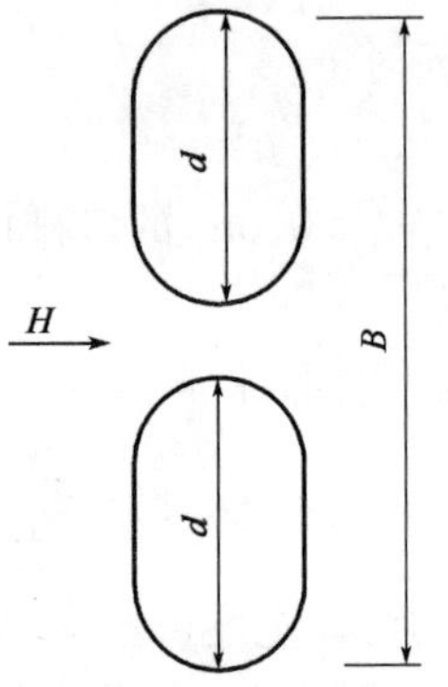


图 4-24　单桩宽度计算示意图

6)刚性桩与弹性桩

为了计算方便,可根据桩与土的相对刚度将桩划分为刚性桩和弹性桩。当桩的入土深度 $h>\dfrac{2.5}{\alpha}$时,桩的相对刚度小,必须考虑桩的实际刚度,按弹性桩来计算。其中 $\alpha$ 称为桩的变形系数,$\alpha=\sqrt[5]{\dfrac{mb_1}{EI}}$(详见后述)。一般情况下,桥梁桩基础的桩多属弹性桩。当桩的入土深度 $h\leqslant$

$\frac{2.5}{\alpha}$时,则桩的相对刚度较大,可按刚性桩计算(第 5 章介绍的沉井基础可看作刚性桩构件),其内力位移计算方法详见第 5 章。

### 4.2.2 "m"法弹性单排桩基桩内力和位移计算

考虑到桩与土在承受外荷载时的相互作用,为便于计算,做如下假定:

(1)将土视作弹性变形介质,具有随深度成比例增长的地基系数($C = mz$)。

(2)土的应力应变关系符合文克尔假定。

(3)不考虑桩与土之间的摩擦力和黏结力。

(4)桩与桩侧土在受力前后始终密贴。

(5)桩作为一弹性构件。

下面先讨论单桩在地面或局部冲刷线处受水平外力 $H_0$ 及弯矩 $M_0$ 作用,其内力和位移的计算方法。

1)桩的挠曲微分方程的建立及其解

如图 4-25 所示,桩的入土深度为 $h$,计算宽度为 $b_1$,取地面(或局部冲刷线)截面以下桩体为隔离体,该截面作用有水平力 $H_0$ 及弯矩 $M_0$,产生横向位移 $x_0$、转角 $\varphi_0$。该截面以下深度 $z$ 处产生的横向位移(挠度)$x_z$、转角 $\varphi_z$、弯矩 $M_z$ 和剪力 $Q_z$,符号规定为:$x_z$ 顺 $x$ 轴为正;$\varphi_z$ 逆时针为正;$M_z$ 左侧纤维受拉为正;$Q_z$ 顺 $x$ 轴为正,如图 4-26 所示。

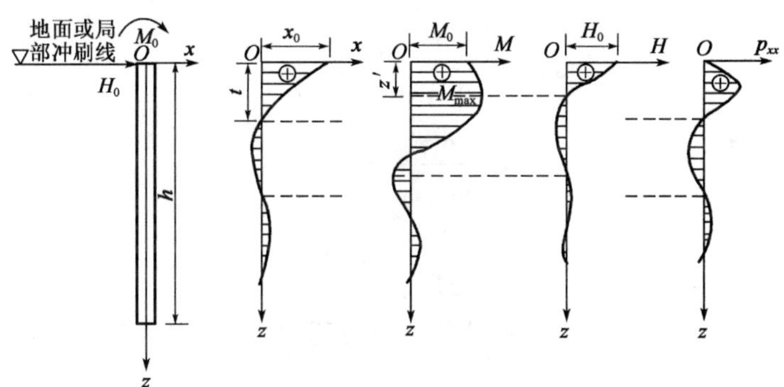


图 4-25 桩身受力图示

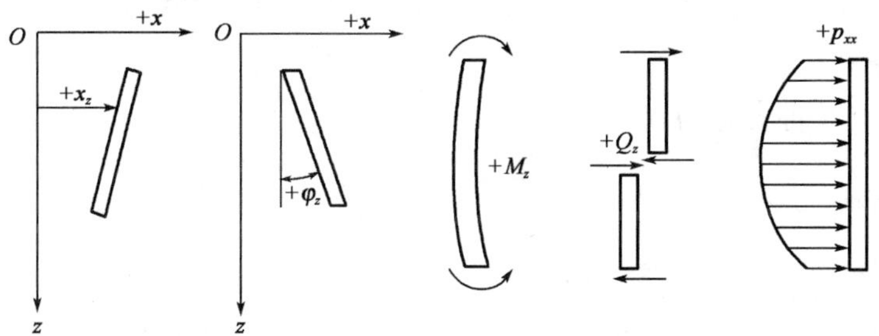


图 4-26 力与位移的符号规定

在此情况下,桩产生弹性挠曲,由材料力学可知,梁轴的挠曲变形 $x_z$ 与梁上分布荷载 $q_z$ 之间的关系式,即梁的挠曲微分方程为:

$$EI\frac{d^4x_z}{dz^4}=-q_z \tag{4-42}$$

由图4-25可知,在深度 $z$ 处,$q_z=p_{zx}b_1$,而 $p_{zx}=Cx_z$,且假定地基系数 $C=mz$,代入式(4-42)得:

$$EI\frac{d^4x_z}{dz^4}=-q_z=-p_{zx}b_1=-Cx_zb_1=-mzx_zb_1 \tag{4-43}$$

式中:$EI$——桩身抗弯刚度;

$b_1$——桩的计算宽度;

$m$——地基系数的比例系数;

$x_z$——桩在深度 $z$ 处的横向位移。

将上式整理可得:

$$\frac{d^4x_z}{dz^4}+\frac{mb_1}{EI}zx_z=0 \tag{4-44}$$

如设 $\alpha=\sqrt[5]{\frac{mb_1}{EI}}$,称为桩的变形系数($m^{-1}$)。代入式(4-44)则得:

$$\frac{d^4x_z}{dz^4}+\alpha^5zx_z=0 \tag{4-45}$$

并知道当 $z=0$,即地面处(或局部冲刷线):

$$\left.\begin{aligned}x_{(z=0)}&=x_0\\ \frac{dx_z}{dz_{(z=0)}}&=\varphi_0\\ EI\frac{d^2x_z}{dz^2_{(z=0)}}&=M_0\\ EI\frac{d^3x_z}{dz^3_{(z=0)}}&=H_0\end{aligned}\right\} \tag{4-46}$$

式(4-45)这样的一个四阶线性变系数常微分方程,可以利用高等数学幂级数展开的方法求解。设:

$$x_z=\sum_{i=0}^{\infty}a_iz^i=a_0+a_1z+a_2z^2+\cdots+a_iz^i \tag{4-47}$$

式中:$a_i$——待定系数。

解得桩的轴线挠曲方程为:

$$x_z=x_0A_1+\frac{\varphi_0}{\alpha}B_1+\frac{M_0}{\alpha^2EI}C_1+\frac{H_0}{\alpha^3EI}D_1 \tag{4-48}$$

由基本假定知 $p_{zx}=Cx_z=mzx_z$,故:

$$p_{zx}=mz\left(x_0A_1+\frac{\varphi_0}{\alpha}B_1+\frac{M_0}{\alpha^2EI}C_1+\frac{H_0}{\alpha^3EI}D_1\right) \tag{4-49}$$

式中:

$$A_1=1+\sum_{i=0}^{\infty}(-1)^k\frac{(5k-4)!!}{(5k)!}(\alpha z)^{5k}$$

上式中的$(5k-4)!!$ 及后续的$(5k-3)!!$、$(5k-2)!!$、$(5k-1)!!$ 等仅作为一种符号，它所表示的意义为：$(5k-4)!! = [5k-4][5(k-1)-4][5(k-2)-4]\cdots(5\times3-4)(5\times2-4)(5\times1-4)$。例如，假定 $k=4$，则$(5k-4)!! = (5\times4-4)(5\times3-4)(5\times2-4)(5\times1-4)=16\times11\times6\times1$。故：

$$A_1 = 1-\frac{(\alpha z)^5}{5!}+\frac{1\times6}{10!}(\alpha z)^{10}-\frac{1\times6\times11}{15!}(\alpha z)^{15}+\frac{1\times6\times11\times16}{20!}(\alpha z)^{20}-\frac{1\times6\times11\times16\times21}{25!}(\alpha z)^{25}+\cdots$$

同理：

$$B_1 = \alpha\left[z+\sum_{k=1}^{\infty}(-1)^k\frac{(5k-3)!!}{(5k+1)!}\frac{1}{\alpha}(\alpha z)^{5k+1}\right]$$

$$=\alpha z-\frac{2}{6!}(\alpha z)^6+\frac{2\times7}{11!}(\alpha z)^{11}-\frac{2\times7\times12}{16!}(\alpha z)^{16}+\frac{2\times7\times12\times17}{21!}(\alpha z)^{21}-\frac{2\times7\times12\times17\times22}{26!}(\alpha z)^{26}+\cdots$$

$$C_1 = \frac{\alpha^2}{2}\left[z^2+\sum_{k=1}^{\infty}(-1)^k\frac{(5k-2)!!}{(5k+2)!}\frac{2}{\alpha^2}(\alpha z)^{5k+2}\right]$$

$$=\frac{1}{2!}(\alpha z)^2-\frac{3}{7!}(\alpha z)^7+\frac{3\times8}{12!}(\alpha z)^{12}-\frac{3\times8\times13}{17!}(\alpha z)^{17}+\frac{3\times8\times13\times18}{22!}(\alpha z)^{22}-\frac{3\times8\times13\times18\times23}{27!}(\alpha z)^{27}+\cdots$$

$$D_1 = \frac{\alpha^3}{6}\left[z^3+\sum_{k=1}^{\infty}(-1)^k\frac{(5k-1)!!}{(5k+3)!}\frac{6}{\alpha^3}(\alpha z)^{5k+3}\right]$$

$$=\frac{1}{3!}(\alpha z)^3-\frac{4}{8!}(\alpha z)^8+\frac{4\times9}{13!}(\alpha z)^{13}-\frac{4\times9\times14}{18!}(\alpha z)^{18}+\frac{4\times9\times14\times19}{23!}(\alpha z)^{23}-\frac{4\times9\times14\times19\times24}{28!}(\alpha z)^{28}+\cdots$$

因为$\frac{dx_z}{dz}=\varphi_z$，故将式(4-46)求一次导数则得：

$$\frac{\varphi_z}{\alpha} = x_0A_2+\frac{\varphi_0}{\alpha}B_2+\frac{M_0}{\alpha^2EI}C_2+\frac{H_0}{\alpha^3EI}D_2 \tag{4-50}$$

式中：

$$A_2 = -\frac{(\alpha z)^4}{4!}+\frac{1\times6}{9!}(\alpha z)^9-\frac{1\times6\times11}{14!}(\alpha z)^{14}+\frac{1\times6\times11\times16}{19!}(\alpha z)^{19}-\frac{1\times6\times11\times16\times21}{24!}(\alpha z)^{24}+\cdots$$

$$B_2 = 1-\frac{2}{5!}(\alpha z)^5+\frac{2\times7}{10!}(\alpha z)^{10}-\frac{2\times7\times12}{15!}(\alpha z)^{15}+\frac{2\times7\times12\times17}{20!}(\alpha z)^{20}-\frac{2\times7\times12\times17\times22}{25!}(\alpha z)^{25}+\cdots$$

$$C_2 = \alpha z-\frac{3}{6!}(\alpha z)^6+\frac{3\times8}{11!}(\alpha z)^{11}-\frac{3\times8\times13}{16!}(\alpha z)^{16}+\frac{3\times8\times13\times18}{21!}(\alpha z)^{21}-$$

$$\frac{3\times8\times13\times18\times23}{26!}(\alpha z)^{26}+\cdots$$

$$D_2=\frac{1}{2!}(\alpha z)^2-\frac{4}{7!}(\alpha z)^7+\frac{4\times9}{12!}(\alpha z)^{12}-\frac{4\times9\times14}{17!}(\alpha z)^{17}+\frac{4\times9\times14\times19}{22!}(\alpha z)^{22}-\frac{4\times9\times14\times19\times24}{27!}(\alpha z)^{27}+\cdots$$

将式(4-48)求一次导数,并代入材料力学公式$\frac{d^2x_z}{dz^2}=\frac{M_z}{EI}$,得:

$$\frac{M_z}{\alpha^2EI}=x_0A_3+\frac{\varphi_0}{\alpha}B_3+\frac{M_0}{\alpha^2EI}C_3+\frac{H_0}{\alpha^3EI}D_3 \tag{4-51}$$

式中:

$$A_3=-\frac{(\alpha z)^3}{3!}+\frac{1\times6}{8!}(\alpha z)^8-\frac{1\times6\times11}{13!}(\alpha z)^{13}+\frac{1\times6\times11\times16}{18!}(\alpha z)^{18}-\frac{1\times6\times11\times16\times21}{23!}(\alpha z)^{23}+\cdots$$

$$B_3=\frac{2}{4!}(\alpha z)^4+\frac{2\times7}{9!}(\alpha z)^9-\frac{2\times7\times12}{14!}(\alpha z)^{14}+\frac{2\times7\times12\times17}{19!}(\alpha z)^{19}-\frac{2\times7\times12\times17\times22}{24!}(\alpha z)^{24}+\cdots$$

$$C_3=1-\frac{3}{5!}(\alpha z)^5+\frac{3\times8}{10!}(\alpha z)^{10}-\frac{3\times8\times13}{15!}(\alpha z)^{15}+\frac{3\times8\times13\times18}{20!}(\alpha z)^{20}-\frac{3\times8\times13\times18\times23}{25!}(\alpha z)^{25}+\cdots$$

$$D_3=\alpha z-\frac{4}{6!}(\alpha z)^6+\frac{4\times9}{11!}(\alpha z)^{11}-\frac{4\times9\times14}{16!}(\alpha z)^{16}+\frac{4\times9\times14\times19}{21!}(\alpha z)^{21}-\frac{4\times9\times14\times19\times24}{26!}(\alpha z)^{26}+\cdots$$

将式(4-57)求一次导数,并代入材料力学公式$\frac{d^3x_z}{dz^3}=\frac{Q_z}{EI}$,得:

$$\frac{Q_z}{\alpha^3EI}=x_0A_4+\frac{\varphi_0}{\alpha}B_4+\frac{M_0}{\alpha^2EI}C_4+\frac{H_0}{\alpha^3EI}D_4 \tag{4-52}$$

式中:

$$A_4=-\frac{(\alpha z)^2}{2!}+\frac{1\times6}{7!}(\alpha z)^7-\frac{1\times6\times11}{12!}(\alpha z)^{12}+\frac{1\times6\times11\times16}{17!}(\alpha z)^{17}-\frac{1\times6\times11\times16\times21}{22!}(\alpha z)^{22}+\cdots$$

$$B_4=-\frac{2}{3!}(\alpha z)^3+\frac{2\times7}{8!}(\alpha z)^8-\frac{2\times7\times12}{13!}(\alpha z)^{13}+\frac{2\times7\times12\times17}{18!}(\alpha z)^{18}-\frac{2\times7\times12\times17\times22}{23!}(\alpha z)^{23}+\cdots$$

$$C_4=-\frac{3}{4!}(\alpha z)^4+\frac{3\times8}{9!}(\alpha z)^9-\frac{3\times8\times13}{14!}(\alpha z)^{14}+\frac{3\times8\times13\times18}{19!}(\alpha z)^{19}-$$

$$\frac{3\times8\times13\times18\times23}{24!}(\alpha z)^{24}+\cdots$$

$$D_4=1-\frac{4}{5!}(\alpha z)^5+\frac{4\times9}{10!}(\alpha z)^{10}-\frac{4\times9\times14}{15!}(\alpha z)^{15}+\frac{4\times9\times14\times19}{20!}(\alpha z)^{20}-\frac{4\times9\times14\times19\times24}{25!}(\alpha z)^{25}+\cdots$$

以上式(4-48) ~式(4-52)中 $A_1$、$B_1$、$C_1$、$D_1$、$A_2$、$B_2$、…$C_4$、$D_4$16 个无量纲系数,也称作影响函数,根据不同的换算深度计算并汇成表格收于《公路桥涵地基与基础设计规范》(JTG D63—2007),见附表 17。计算表明,在 $\alpha z>4.0$ 处,可以认为 $M_z$、$Q_z$、$p_{zx}$ 等于零。

分析式(4-48)、式(4-50) ~式(4-52)四个基本公式可知,当 $x_0$、$\varphi_0$、$M_0$、$H_0$ 为已知值时,桩在地面(或局部冲刷线)以下各处的 $x_z$、$\varphi_z$、$M_z$、$Q_z$ 就有确定的数值。

2)$M_0$、$H_0$ 的计算

式(4-48) ~式(4-52)中 $M_0$、$H_0$ 可由已知的桩顶受力情况确定。当为如图 4-27a)、b)所示单排桩桥墩时,地面或局部冲刷线处桩的作用效应弯矩和剪力为:

$$\left.\begin{aligned}M_0&=M+H(h_2+h_1)\\H_0&=H\end{aligned}\right\}\tag{4-53}$$

当为如图 4-27c)、d)所示单排桩桥台时,由于桩在自由长度段受梯形分布荷载作用,地面或局部冲刷线处桩的作用效应弯矩和剪力为:

$$\left.\begin{aligned}M_0&=M+H(h_0+h_1)+\frac{1}{6}h_2[(2q_1+q_2)h_2+3(q_1+q_2)h_1]+\frac{1}{6}(2q_3+q_4)h_1^2\\H_0&=H+\frac{1}{2}(q_1+q_2)h_2+\frac{1}{2}(q_3+q_4)h_1\end{aligned}\right\}\tag{4-54}$$

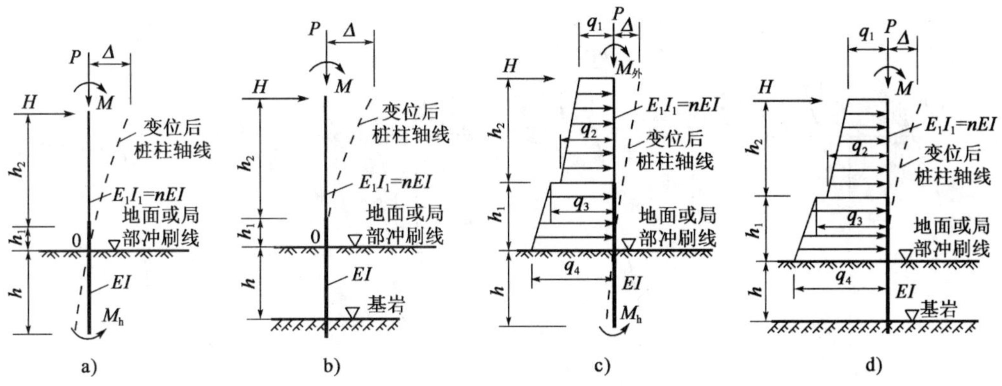


图 4-27 单排桩柱式桥墩桥台承受桩柱顶荷载时位移计算图示

a)桥墩非嵌岩桩;b)桥墩嵌岩桩;c)桥台非嵌岩桩;d)桥台嵌岩桩

3)$x_0$、$\varphi_0$ 的计算

式(4-48) ~(4-52)中另外两个参数 $x_0$、$\varphi_0$ 则需根据桩底边界条件确定。由于不同类型桩,其桩底边界条件不同,现根据不同的边界条件求解 $x_0$、$\varphi_0$ 如下。

(1)摩擦桩、柱桩 $x_0$、$\varphi_0$ 的计算

摩擦桩、柱桩在外荷载作用下，桩底将产生位移 $x_h$、$\varphi_h$ 当桩底产生转角位移 $\varphi_h$ 时，桩底的土抗力情况如图 4-28 所示，与之相应的桩底弯矩值 $M_h$ 为：

$$M_h = \int_{A_0} x\mathrm{d}P_x = -\int_{A_0} x \cdot x \cdot \varphi_h C_0 \mathrm{d}A_0 = -\varphi_h C_0 \int_{A_0} x^2 \mathrm{d}A_{A_0} = -\varphi_h C_0 I_0 \tag{4-55}$$

式中：$A_0$——桩底面积；

$I_0$——桩底面积对其重心轴的惯性矩；

$C_0$——基底土的竖向地基系数，$C_0 = m_0 h$。

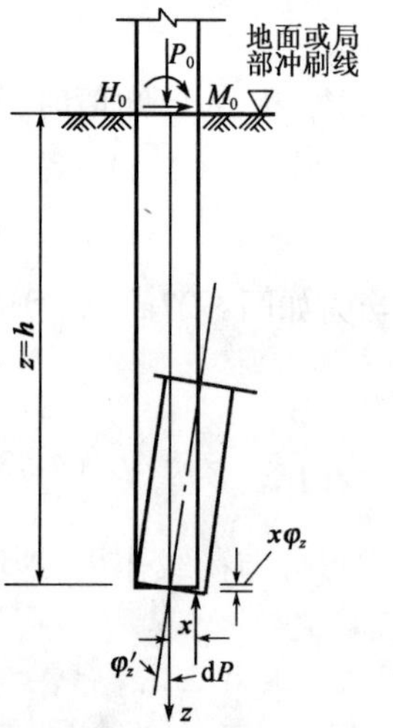

此外，由于假定忽略桩与桩底土之间的摩阻力，所以认为 $Q_h = 0$，作为另一个边界条件。

将 $M_h = -\varphi_h C_0 I_0$ 及 $Q_h = 0$ 分别代入式(4-51)、式(4-52)中得：

$$M_h = \alpha^2 EI\left(x_0 A_3 + \frac{\varphi_0}{\alpha}B_3 + \frac{M_0}{\alpha^2 EI}C_3 + \frac{H_0}{\alpha^3 EI}D_3\right) = -\varphi_h C_0 I_0$$

$$Q_h = \alpha^3 EI\left(x_0 A_4 + \frac{\varphi_0}{\alpha}B_4 + \frac{M_0}{\alpha^2 EI}C_4 + \frac{H_0}{\alpha^3 EI}D_4\right) = 0$$

又

$$\varphi_h = \varphi_{(z=h)} = \alpha\left(x_0 A_2 + \frac{\varphi_0}{\alpha}B_2 + \frac{M_0}{\alpha^2 EI}C_2 + \frac{Q_0}{\alpha^3 EI}D_2\right)$$

联解以上三式，并令 $\frac{C_0 I_0}{\alpha EI} = k_h$，则得：

$$\left.\begin{aligned} x_0 &= H_0\delta_{HH}^{(0)} + M_0\delta_{HM}^{(0)} \\ \varphi_0 &= -(H_0\delta_{MH}^{(0)} + M_0\delta_{MM}^{(0)}) \end{aligned}\right\} \tag{4-56}$$

图 4-28 桩底的土抗力情况

式中：$\delta_{HH}^{(0)}$、$\delta_{HM}^{(0)}$、$\delta_{MH}^{(0)}$、$\delta_{MM}^{(0)}$——地面或局部冲刷线处作用单位“力”时，该截面产生的变位。见图 4-29a）和图 4-29b）。

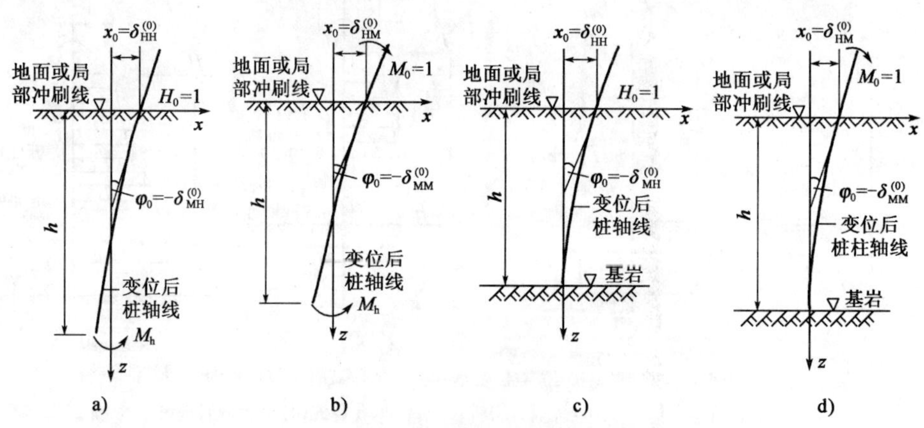


图 4-29 地面或局部冲刷线处单位“力”引起的变位

$H_0 = 1$ 作用时的水平位移

$$\delta_{HH}^{(0)} = \frac{1}{\alpha^3 EI} \times \frac{(B_3 D_4 - B_4 D_3) + k_h(B_2 D_4 - B_4 D_2)}{(A_3 B_4 - A_4 B_3) + k_h(A_2 B_4 - A_4 B_2)} \tag{4-57a}$$

$H_0 = 1$ 作用时的转角（rad）

$$\delta_{\mathrm{MH}}^{(0)}=\frac{1}{\alpha^{2}EI}\times\frac{(A_3D_4-A_4D_3)+k_{\mathrm{h}}(A_2D_4-A_4D_2)}{(A_3B_4-A_4B_3)+k_{\mathrm{h}}(A_2B_4-A_4B_2)} \tag{4-57b}$$

$M_0=1$ 作用时的水平位移

$$\delta_{\mathrm{HM}}^{(0)}=\delta_{\mathrm{MH}}^{(0)}=\frac{1}{\alpha^{2}EI}\times\frac{(B_3C_4-B_4C_3)+k_{\mathrm{h}}(B_2C_4-B_4C_2)}{(A_3B_4-A_4B_3)+k_{\mathrm{h}}(A_2B_4-A_4B_2)} \tag{4-57c}$$

$M_0=1$ 作用时的转角(rad)

$$\delta_{\mathrm{MM}}^{(0)}=\frac{1}{\alpha EI}\times\frac{(A_3C_4-A_4C_3)+k_{\mathrm{h}}(A_2C_4-A_4C_2)}{(A_3B_4-A_4B_3)+k_{\mathrm{h}}(A_2B_4-A_4B_2)} \tag{4-57d}$$

计算 $\delta_{\mathrm{HH}}^{(0)}$、$\delta_{\mathrm{HM}}^{(0)}$、$\delta_{\mathrm{MH}}^{(0)}$、$\delta_{\mathrm{MM}}^{(0)}$ 时，系数 $A_i$、$B_i$、$C_i$、$D_i$ 根据 $\bar{h}=\alpha h$，由附表 17 查取。

根据分析，摩擦桩且 $\alpha h>2.5$ 或柱桩且 $\alpha h>3.5$ 时，$\varphi_{\mathrm{h}}$ 甚小，$M_{\mathrm{h}}$ 几乎为零，且此时 $k_{\mathrm{h}}$ 对 $\delta_{\mathrm{HH}}^{(0)}$、$\delta_{\mathrm{HM}}^{(0)}$、$\delta_{\mathrm{MH}}^{(0)}$、$\delta_{\mathrm{MM}}^{(0)}$ 的影响极小，可以认为 $k_{\mathrm{h}}=0$。

(2)嵌岩桩 $x_0$、$\varphi_0$ 的计算

如果桩底嵌固于未风化岩层内有足够的深度，可根据桩底 $x_{\mathrm{h}}=0$ 和 $\varphi_{\mathrm{h}}=0$ 这两个边界条件，将式(4-48)、式(4-52)写成：

$$x_{\mathrm{z}}=x_0A_1+\frac{\varphi_0}{\alpha}B_1+\frac{M_0}{\alpha^{2}EI}C_1+\frac{H_0}{\alpha^{3}EI}D_1=0$$

$$\varphi_{\mathrm{h}}=\alpha\left(x_0A_2+\frac{\varphi_0}{\alpha}B_2+\frac{M_0}{\alpha^{2}EI}C_2+\frac{H_0}{\alpha^{3}EI}D_2\right)=0$$

联立解仍得：

$$\left.\begin{aligned}x_0&=H_0\delta_{\mathrm{HH}}^{(0)}+M_0\delta_{\mathrm{HM}}^{(0)}\\ \varphi_0&=-(H_0\delta_{\mathrm{MH}}^{(0)}+M_0\delta_{\mathrm{MM}}^{(0)})\end{aligned}\right\} \tag{4-58}$$

式中：$\delta_{\mathrm{HH}}^{(0)}$、$\delta_{\mathrm{HM}}^{(0)}$、$\delta_{\mathrm{MH}}^{(0)}$、$\delta_{\mathrm{MM}}^{(0)}$——地面或局部冲刷线处作用单位“力”时，该截面产生的变位，见图 4-29c)和图 4-29d)。

$H_0=1$ 作用时的水平位移

$$\delta_{\mathrm{HH}}^{(0)}=\frac{1}{\alpha^{3}EI}\times\frac{B_2D_1-B_1D_2}{A_2B_1-A_1B_2} \tag{4-59a}$$

$H_0=1$ 作用时的转角(rad)

$$\delta_{\mathrm{MH}}^{(0)}=\frac{1}{\alpha^{2}EI}\times\frac{A_2D_1-A_1D_2}{A_2B_1-A_1B_2} \tag{4-59b}$$

$M_0=1$ 作用时的水平位移

$$\delta_{\mathrm{HM}}^{(0)}=\delta_{\mathrm{MH}}^{(0)}=\frac{1}{\alpha^{2}EI}\times\frac{B_2C_1-B_1C_2}{A_2B_1-A_1B_2} \tag{4-59c}$$

$M_0=1$ 作用时的转角(rad)

$$\delta_{\mathrm{MM}}^{(0)}=\frac{1}{\alpha EI}\times\frac{A_2C_1-A_1C_2}{A_2B_1-A_1B_2} \tag{4-59d}$$

大量计算表明，$\alpha h\geqslant4.0$ 时，桩身在地面处的水平位移 $x_0$、转角 $\varphi_0$ 与桩底边界条件无关，因此 $\alpha h\geqslant4.0$ 时，嵌岩桩与摩擦桩(或柱桩)$x_0$、$\varphi_0$ 计算公式均可通用。

求得 $x_0$、$\varphi_0$ 后，便可连同已知的 $M_0$、$H_0$ 一起代入式(4-48)～式(4-52)，从而求得桩在地面(或局部冲刷线)以下任一深度的内力、位移及桩侧土抗力。

按上述方法，用基本公式(4-48)、式(4-50)～式(4-52)计算 $x_z$、$\varphi_z$、$M_z$、$Q_z$，计算工作量大，适合于编制电子表格计算，只要一次性将 $A_1$、$B_1$、…、$D_4$ 表输入 Excel 留存，以后便可反复使用。将计算内容的公式输入 Excel，自动计算。这种方法套用了现行规范的公式，姑且称为规范法。

4)计算桩身内力及位移的无量纲法

在不方便使用电子表格的情况下，若桩的支承条件及入土深度符合一定要求，可采用无量纲法进行手工计算，即直接由已知的 $M_0$ 和 $H_0$ 求解，但需查更多的无量纲系数表格。

(1)$\alpha h>2.5$ 的摩擦桩及 $\alpha h>3.5$ 的柱桩

将式(4-57)代入式(4-58)后再代入式(4-45)、式(4-50)～式(4-52)，整理得：

$$x_z = \frac{H_0}{\alpha^3 EI}A_x + \frac{M_0}{\alpha^2 EI}B_x \tag{4-60a}$$

$$\varphi_z = \frac{H_0}{\alpha^2 EI}A_\varphi + \frac{M_0}{\alpha EI}B_\varphi \tag{4-60b}$$

$$M_z = \frac{H_0}{\alpha}A_M + M_0 B_M \tag{4-60c}$$

$$Q_z = H_0 A_Q + \alpha M_0 B_Q \tag{4-60d}$$

式中：

$$A_x = A_1 A_{x_0} - B_1 A_{\varphi_0} + D_1, B_x = A_1 B_{x_0} - B_1 B_{\varphi_0} + C_1$$

$$A_\varphi = A_2 A_{x_0} - B_1 A_{\varphi_0} + D_2, B_\varphi = A_2 B_{x_0} - B_2 B_{\varphi_0} + C_2$$

$$A_M = A_3 A_{x_0} - B_3 A_{\varphi_0} + D_3, B_M = A_3 B_{x_0} - B_3 B_{\varphi_0} + C_3$$

$$A_Q = A_4 A_{x_0} - B_4 A_{\varphi_0} + D_4, B_Q = A_4 B_{x_0} - B_4 B_{\varphi_0} + C_4$$

其中：

$$A_{x_0} = \frac{B_3 D_4 - B_4 D_3}{A_3 B_4 - A_4 B_3}, B_{x_0} = \frac{B_3 C_4 - B_4 C_3}{A_3 B_4 - A_4 B_3}$$

$$A_{\varphi_0} = \frac{A_3 D_4 - A_4 D_3}{A_3 B_4 - A_4 B_3}, B_{\varphi_0} = \frac{A_3 C_4 - A_4 C_3}{A_3 B_4 - A_4 B_3}$$

(2)$ah>2.5$ 的嵌岩桩

将式(4-59)代入式(4-58)后再代入式(4-48)、式(4-50)～式(4-52)，整理得：

$$x_z = \frac{H_0}{\alpha^3 EI}A_x^0 + \frac{M_0}{\alpha^2 EI}B_x^0 \tag{4-61a}$$

$$\varphi_z = \frac{H_0}{\alpha^2 EI}A_\varphi^0 + \frac{M_0}{\alpha EI}B_\varphi^0 \tag{4-61b}$$

$$M_z = \frac{H_0}{\alpha}A_M^0 + M_0 B_M^0 \tag{4-61c}$$

$$Q_z = H_0 A_Q^0 + \alpha M_0 B_Q^0 \tag{4-61d}$$

式(4-60)、式(4-61)即为桩在地面下位移及内力的无量纲计算公式，其中 $A_x$、$B_x$、$A_\varphi$、$B_\varphi$、$A_M$、$B_M$、$A_Q$、$B_Q$ 及 $A_x^0$、$B_x^0$、$A_\varphi^0$、$B_\varphi^0$、$A_M^0$、$B_M^0$、$A_Q^0$、$B_Q^0$ 为无量纲系数，均为 $\alpha h$ 和 $\alpha z$ 的函数，已将其制

成表格供查用(附表1~附表12)。使用时,根据不同的桩底支承条件,选择不同的计算公式,然后按$\alpha h$、$\alpha z$查出相应的无量纲系数,再将这些系数代入式(4-60)、式(4-61)求出所需的未知量。

当$\alpha h \geqslant 4.0$时,无论桩底支承情况如何,均可采用式(4-60)或式(4-61)及相应的系数来计算。其计算结果极为接近。

5)桩身最大弯矩的计算

(1)桩身最大弯矩位置$z_{Mmax}$和最大弯矩$M_{max}$的确定

通过计算$M_z$,绘制$M_z$-$z$图,掌握桩身各截面弯矩值及分布情况,用于检验桩的截面强度和配筋计算。其中最大弯矩$M_{max}$值可以从图中读取,也可用数解法求得更加精准的数值,方法如下。

在最大弯矩截面处,其剪力等于零,因此$Q_z=0$处即为最大弯矩所在的位置$z_{Mmax}$。

由式(4-60),令$Q_z=H_0A_Q+\alpha M_0B_Q=0$,则:

$$\frac{\alpha M_0}{H_0}=-\frac{A_Q}{B_Q}=C_Q \tag{4-62}$$

式中:$C_Q$——与$\alpha z$有关的系数,列于附表13。$C_Q$值从式(4-62)求得后,即可从附表13中求得相应的$\alpha z$。因为$\alpha=\sqrt[5]{\frac{mb_1}{EI}}$为已知,所以最大弯矩所在的位置$z=z_{Mmax}$可求得。又由式(4-62)可得:

$$M_0=\frac{H_0}{\alpha}C_Q \tag{4-63}$$

将式(4-63)代入式(4-60c)则得:

$$M_{max}=\frac{H_0}{\alpha}A_M+\frac{H_0}{\alpha}B_MC_Q=\frac{H_0}{\alpha}K_Q \tag{4-64}$$

式中:$K_Q=A_M+B_MC_Q$,亦为无量纲系数,同样根据$C_Q$由附表13查取。

(2)最大弯矩值的修正

如图4-30所示,当基础侧面地面或局部冲刷线以下$h_m=2(d+1)$(对$\alpha h \leqslant 2.5$的情况,取$h_m=h$)深度内有两层土时,桩身实际最大弯矩可按下式进行修正:

$$M_{max}=\xi M_{zmax} \tag{4-65}$$

$$\begin{cases}\xi=\dfrac{2\delta}{\delta+2}\dfrac{h_1}{h_m}+1 & \dfrac{h_1}{h_m}\leqslant\dfrac{1}{6}(\delta+2)\\[2ex] \xi=\dfrac{2\delta}{\delta-4}\dfrac{h_1}{h_m}+\dfrac{4+\delta}{4-\delta} & \dfrac{h_1}{h_m}>\dfrac{1}{6}(\delta+2)\end{cases}$$

$$\delta=\frac{H_0}{H_0+0.1M_0}\lg\frac{m_2}{m_1}$$

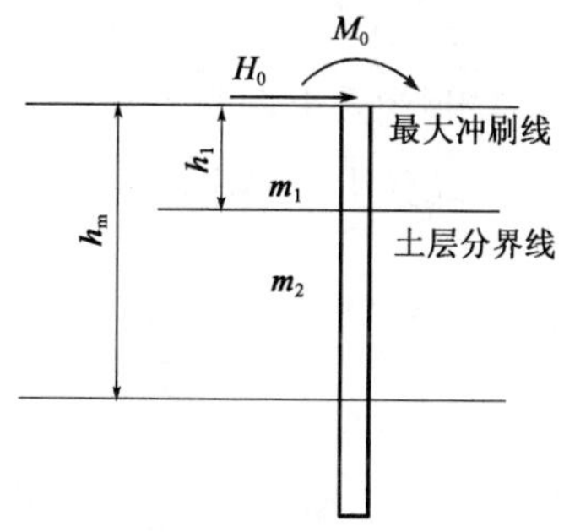


图4-30 最大弯矩修正系数计算图示

注:$H_0$单位为kN,$M_0$单位为kN·m。

式中:$M_{zmax}$——按“m”法计算的桩身最大弯矩值;

$M_{max}$——桩身实际最大弯矩值;

$\xi$——最大弯矩修正系数;

$h_1$——$h_m$ 范围内第一层土的厚度；

$m_1$、$m_2$——分别为 $h_m$ 范围内第一、二层土的地基系数比例系数。

6）桩顶位移的计算公式

桩顶位移计算图示如图4-27所示，已知桩柱露出地面（或局部冲刷线的）长度为 $h+h_2$，若柱顶为自由端，其上作用了水平力 $H$、弯矩 $M$，对于桥台还有桩柱身所受梯形荷载，则顶端的位移可应用叠加原理计算。设桩顶的水平位移为 $\Delta$，它是由桩在地面（或局部冲刷线）处的水平位移 $x_0$、地面（或局部冲刷线）处转角的 $\varphi_0$ 所引起在柱顶的水平位移、桩露出地面（或局部冲刷线）段作为悬臂梁在 $H$、$M$ 及受梯形荷载作用下产生的水平位移几项组成。

（1）柱式桥墩柱顶位移计算

$\alpha h>2.5$ 时，单排桩柱式桥墩，柱顶自由，承受柱顶荷载时柱顶水平位移计算如下：

$$\Delta = x_0 - \varphi_0(h_2 + h_1) + \Delta_0 \tag{4-66}$$

$$\Delta_0 = \frac{H}{E_1I_1}\left[\frac{1}{3}(nh_1^3 + h_2^3) + nh_1h_2(h_1 + h_2)\right] + \frac{M}{2E_1I_1}[h_2^2 + nh_1(2h_2 + h_1)] \tag{4-67}$$

式中：$n$——桩式桥墩上段抗弯刚度 $E_1I_1$ 与下段抗弯刚度 $EI$ 的比值，$E_1I_1=0.8E_cI_1$；

$E_c$——桩身混凝土抗压弹性模量；

$I_1$——桩上段毛截面惯性矩。若地面或局部冲刷线以上桩为等截面，$h_2$ 取全高，$h_1=0$。

（2）柱式桥台柱顶位移计算

$\alpha h>2.5$ 时，单排桩柱式桥台，柱顶自由，承受柱顶荷载时柱顶水平位移计算如下：

$$\Delta = x_0 - \varphi_0(h_2 + h_1) + \Delta_0 \tag{4-68}$$

$$\begin{aligned}\Delta_0 = {} & \frac{M}{2E_1I_1}(nh_1^2 + 2nh_1h_2 + h_2^2) + \frac{H}{3E_1I_1}(nh_1^3 + 3nh_1^2h_2 + 3nh_1h_2^2 + h_2^3) + \frac{1}{120E_1I_1} \\ & [(11h_2^4 + 40nh_2^3h_1 + 50nh_2^2h_1^2 + 20nh_2h_1^3)q_1 + 4(h_2^4 + 5nh_2^3h_1 + 10nh_2^2h_1^2 + \\ & 5nh_2h_1^3)q_2 + (11nh_1^4 + 15nh_2h_1^3)q_3 + (4nh_1^4 + 5nh_2h_1^3)q_4]\end{aligned} \tag{4-69}$$

式中：$q_1$、$q_2$、$q_3$、$q_4$——作用于桩上的土压力强度（kN/m），可根据《公路桥涵设计通用规范》（JTG D60—2004）第4.2.3条规定确定土压力作用及其在桩上的计算宽度。若地面或局部冲刷线以上桩为等截面，$h_2$ 取全高，$h_1=0$。

7）桩端最大和最小压应力验算

桩端最大和最小压应力应满足式（4-70）的要求：

$$p_{\substack{\max\\\min}} = \frac{N_{hk}}{A_0} \pm \frac{M_{hk}}{W_0} \leqslant q_r\text{（钻孔桩）} \tag{4-70a}$$

$$p_{\substack{\max\\\min}} = \frac{N_{hk}}{A_0} \pm \frac{M_{hk}}{W_0} \leqslant \alpha_r q_{rk}\text{（沉入桩）} \tag{4-70b}$$

式中：$p_{\substack{\max\\\min}}$——桩端最大、最小压应力；

$N_{hk}$——桩底面的轴向力标准值，对于非岩石类地基：$N_{hk}=P_k+G_k-T_k$；对于岩石类地基：$N_{hk}=P_k+G_k$；

$P_k$——桩柱顶面处轴向力标准值；

$G_k$——全部桩柱自重；对非岩石类地基钻（挖）孔桩，局部冲刷线以下部分为桩身自重减去置换土重（当桩重计入浮重时，置换土重也计入浮重）；

$T_k$——局部冲刷线以下桩侧面土的摩阻力标准值总和；

$M_{hk}$——桩底弯矩，令 $z=h$ 由 $M_z$ 计算公式求得；当 $\alpha h \geqslant 4.0$ 时，取 $M_{hk}=0$；

$A_0$、$W_0$——桩端面积及面积抵抗矩；

$q_r$——桩端处土的承载力容许值（kPa），按《公路桥涵地基与基础设计规范》（JTG D63—2007）的规定取用；

$q_{rk}$——桩端处土的承载力标准值（kPa），按《公路桥涵地基与基础设计规范》（JTG D63—2007）的规定取用；

$\alpha_r$——沉桩桩底承载力的影响系数，按《公路桥涵地基与基础设计规范》（JTG D63—2007）的规定取用。

此外，对置于非岩石类土或岩石面上 $\alpha h>3.5$，以及嵌入岩石中 $\alpha h>4.0$ 的桩，认为桩底压力均匀分布，可不验算桩端土的压应力。对支承在基岩面上的桩，当 $e>\rho$ 时（$e$ 为荷载偏心矩，$\rho$ 为桩底面核心半径），应考虑桩底的压力重分布；对嵌入基岩中的桩应验算嵌固处截面强度。

8）单桩、单排桩计算步骤及验算要求

综上所述，对单桩及单排桩基础的设计计算，首先应根据上部结构的类型、荷载性质与大小、地质与水文资料、施工条件等情况，初步拟定出桩的直径、承台位置、桩的根数及排列等，然后进行如下计算。

（1）计算各桩桩顶所承受的荷载 $N_i$、$Q_i$、$M_i$。

（2）确定桩在局部冲刷线以下的入土深度（桩长的确定），一般情况可根据持力层位置、荷载大小、施工条件等初步确定，通过验算再予以修改；在地基土较单一，桩底端位置不易根据土质判断时，也可根据已知条件，用单桩轴向受压承载力容许值计算公式初步反算桩长。

（3）验算单桩轴向受压承载力容许值。

（4）确定桩的计算宽度 $b_1$。

（5）计算桩的变形系数 $\alpha$ 值。

（6）计算地面处桩截面的作用力 $H_0$、$M_0$，并验算桩在地面或局部冲刷线处的横向位移 $x_0$（不大于6mm），然后求算桩身各截面的内力，进行桩身配筋及桩身截面强度和稳定性验算。

（7）计算桩顶位移和墩台顶位移。

（8）弹性桩桩侧最大土抗力 $p_{zx_{max}}$ 是否验算，目前无一致意见，现行《公路桥涵地基与基础设计规范》（JTG D63—2007）对此也未作要求。

### 4.2.3 单排桩基础算例（双柱式桥墩钻孔灌注桩基础）

1）设计资料

计算图示参见图4-31。

（1）地质与水文资料

地基土为密实细砂夹砾石，地基土比例系数 $m=10\,000\text{kN/m}^4$；地基土的桩侧摩阻力标准值

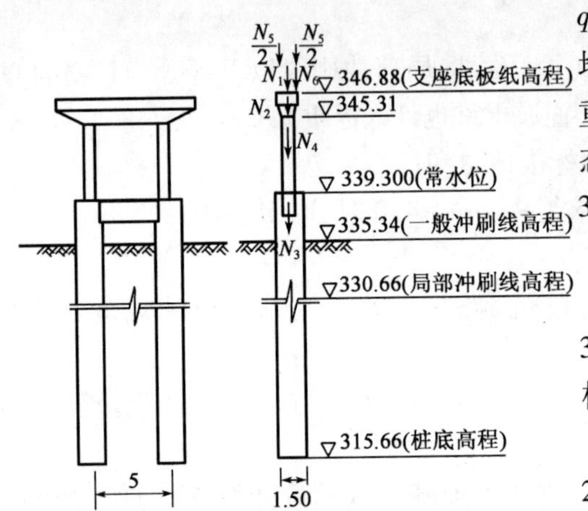


图4-31 单排桩基础并例图(高程单位:m)

$q_k = 70\text{kPa}$;地基土内摩擦角 $\varphi = 40°$,黏聚力 $c = 0$;地基土承载力基本容许值$[f_{a0}] = 400\text{kPa}$;土天然重度 $\gamma = \gamma_{sat} = 21.80\text{kN/m}^3$(天然状态即为饱和状态);常水位高程为339.00m,一般冲刷线高程为335.34m,局部冲刷线高程为330.66m。

(2)桩、墩尺寸与材料

墩帽顶高程为346.88m,墩柱顶高程为345.31m,桩顶高程为339.00m,墩柱直径1.30m,桩设计直径1.50m,成孔直径1.65m;

桩身混凝土用C25,其受压弹性模量 $E_c = 2.8 \times 10^4\text{MPa}$。

(3)荷载情况

桥墩为单排双柱式,桥面宽7m,设计荷载为公路—Ⅱ级,人群荷载3.0kN/m²,两侧人行道各宽1.5m。

上部为30m预应力混凝土简支梁,每一根墩柱承受的荷载为:

两跨恒载反力 $N_1 = 1\,376.00\text{kN}$;

盖梁自重反力 $N_2 = 256.50\text{kN}$;

系梁自重反力 $N_3 = 76.40\text{kN}$;

一根墩柱(直径1.5m)自重 $N_4 = 279.00$。

局部冲刷线以上桩每延米自重,考虑实际成桩状况及偏于安全,取用成孔直径计算,$q = \frac{\pi \times 1.65^2}{4} \times 25 = 53.46(\text{kN/m})$。

局部冲刷线以下桩与土每延米自重差值,桩与土都不计浮力,与同时计入浮力效果一致,$\Delta q = \frac{\pi \times 1.65^2}{4} \times (25 - 21.8) = 6.84(\text{kN/m})$。

两跨汽车荷载反力(已计入冲击系数影响)$N_5 = 800.6\text{kN}$;一跨汽车荷载反力(已计入冲击系数影响)$N_6 = 400.3\text{kN}$;车辆荷载反力已按偏心受压原理考虑横向分布的影响。

两跨人群荷载反力 $N_7 = 270.00\text{kN}$;一跨人群荷载反力 $N_8 = 135.00\text{kN}$。

$N_6$ 在顺桥向引起的弯矩 $M_6 = 120.09\text{kN}$;$N_8$ 在顺桥向引起的弯矩 $M_8 = 40.50\text{kN}$。

制动力 $H = 30.00\text{kN}$(已按墩台和支座刚度进行分配)。

纵向风力,盖梁部分 $W_1 = 3.0\text{kN}$,对桩顶力臂7.06m;墩身部分 $W_2 = 2.70\text{kN}$,对桩顶力臂3.15m;

桩基础采用旋转钻进钻孔灌注桩基础,摩擦桩。清底系数 $m_0 = 0.7$,入土深度修正系数 $\lambda = 0.8$。

2)桩长的计算

由于地基土层单一,用《公路桥涵地基与基础设计规范》(JTG D63—2007)确定单桩轴向受压承载力容许值经验公式初步反算桩长。

(1)承载力计算

设桩埋入局部冲刷线以下深度为 $h$,一般冲刷线以下深度为 $h_3$,则单桩容许承载力

$$[R_a] = \frac{1}{2}u\sum q_{ik}l_i + A_p m_0 \lambda[[f_{a0}] + k_2\gamma_2(h_3 - 3)]$$

其中：$u = \pi d = \pi \times 1.5 = 4.71(\text{m})$；$q_{ik} = 70\text{kPa}$；$l_i = h$；$A_p = \frac{\pi d^2}{4} = \frac{\pi \times 1.5^2}{4} = 1.77(\text{m}^2)$；$k_2 = 4.0$；$\gamma_2 = \gamma' = 21.80 - 10 = 11.80(\text{kN/m}^3)$。故：

$$[R_a] = \frac{1}{2} \times 4.71 \times 70 \times h + 1.77 \times 0.8 \times 0.7 \times [400.00 + 4.0 \times (21.80 - 10)(h + 335.34 - 330.66 - 3)] = 475.08 + 211.63h$$

(2)外荷载计算

根据《公路桥涵地与基础设计规范》(JTG D63—2007)第1.0.8条，地基进行竖向承载力验算时，传至基底或承台底面的作用效应应按正常使用极限状态的短期效应组合采用，其中可变作用的频遇值系数均取为1.0，且汽车荷载应计入冲击系数。

当两跨活载时，桩所承受的竖向荷载最大，则：

$$\begin{aligned} N_h &= 1.0 \times (N_1 + N_2 + N_3 + N_4 + l_0 q + h \cdot \Delta q) + 1.0 \times N_5 + 1.0 \times N_7 \\ &= 1.0 \times [1\,376.00 + 256.50 + 76.40 + 279.00 + (339.00 - 330.66) \times 53.46 + h \times 6.84] + 1.0 \times 800.60 + 1.0 \times 270.00 \\ &= 3\,504.36 + 6.84h \end{aligned}$$

(3)桩长求解

令 $N_h = [R_a]$，解得 $h = 14.79$ m。

取 $h = 15$ m，则桩底高程为315.66m，桩总长为23.34m。

当 $h = 15$ m，$[R_a] = 3\,649.53\text{kN} > N_h = 3\,606.96\text{kN}$，承载力满足要求。

3)桩顶荷载计算

(1)确定桩的计算宽度 $b_1$

$$b_1 = kk_f(d+1) = 1.0 \times 0.9 \times (1.5 + 1) = 2.25(\text{m})$$

(2)计算桩的变形系数 $\alpha$

$$\alpha = \sqrt[5]{\frac{mb_1}{EI}} = \sqrt[5]{\frac{10\,000 \times 2.25}{0.8 \times 2.8 \times 10^7 \times 0.25}} = 0.332\ (\text{m}^{-1})$$

其中 $I = \frac{\pi d^4}{64} = \frac{\pi \times 1.5^4}{64} = 0.25\ \text{m}^4$；$EI = 0.8E_c I$。

桩的换算深度 $\bar{h} = \alpha h = 0.332 \times 15 = 4.98 > 2.5$，所以按弹性桩计算。

(3)计算墩柱顶外力 $N_i$、$Q_i$、$M_i$ 及局部冲刷线处桩上外力 $N_0$、$H_0$、$M_0$

墩柱顶的外力计算按一跨活载计算。

根据《公路桥涵地基与基础设计规范》(JTG D63—2007)第1.0.5条，按承载能力极限状态要求，结构构件自身承载力应采用作用效应基本组合验算。

根据《公路桥涵设计通用规范》(JTG D60—2004)第1.4.6条，恒载分项系数取1.2，汽车荷载、人群荷载及制动力作用的分项系数均取1.4，风荷载分项系数取1.1。当除汽车荷载(含汽车冲击力)外尚有一种可变作用参与组合时，其组合系数取0.8，当除汽车荷载(含汽车冲击力)外尚有两种可变作用参与组合时,其组合系数取0.7,当除汽车荷载(含汽车冲击力)外尚有三种可变作用参与组合时,其组合系数取0.6。

$$N_i = 1.2 \times (1\,376.00 + 256.50) + 1.4 \times 400.30 + 0.8 \times 1.4 \times 135.00 = 2\,670.62(\text{kN})$$

$$Q_i = 0.7 \times (1.4 \times 30.00 + 1.1 \times 3.00) = 31.71(\text{kN})$$

$$M_i = 1.4 \times 120.09 + 0.6 \times \{1.4 \times 30.00 \times (346.88 - 345.31) + 1.4 \times 40.50 + 1.1 \times 3.00 \times [7.06 - (345.31 - 339.00)]\} = 243.20(\text{kN}\cdot\text{m})$$

换算到局部冲刷线处:

$$N_0 = 2\,670.62 + 1.2 \times [76.40 + 279.00 + 53.46 \times (339.00 - 330.66)] = 3\,632.13\ (\text{kN})$$

$$H_0 = 0.7 \times [1.4 \times 30.00 + 1.1 \times (3.00 + 2.70)] = 33.79(\text{kN})$$

$$M_0 = 1.4 \times 120.09 + 0.6 \times \{1.4 \times 30.00 \times (346.88 - 330.66) + 1.4 \times 40.50 + 1.1 \times 3.00 \times [7.06 + (339.00 - 330.66)] + 1.1 \times 2.70 \times [3.15 + (339.00 - 330.66)]\} = 661.86(\text{kN}\cdot\text{m})$$

4)局部冲刷线以下深度 $z$ 处桩截面的弯矩 $M_z$ 计算

(1) $x_0$、$\varphi_0$ 的计算

当地面或局部冲刷线处作用单位"力"时,该截面产生的变位为:

$$\delta_{HH}^{(0)} = \frac{1}{\alpha^3 EI} \times \frac{(B_3D_4 - B_4D_3) + k_h(B_2D_4 - B_4D_2)}{(A_3B_4 - A_4B_3) + k_h(A_2B_4 - A_4B_2)}$$

$$\delta_{MH}^{(0)} = \frac{1}{\alpha^2 EI} \times \frac{(A_3D_4 - A_4D_3) + k_h(A_2D_4 - A_4D_2)}{(A_3B_4 - A_4B_3) + k_h(A_2B_4 - A_4B_2)}$$

$$\delta_{HM}^{(0)} = \delta_{MH}^{(0)} = \frac{1}{\alpha^2 EI} \times \frac{(B_3C_4 - B_4C_3) + k_h(B_2C_4 - B_4C_2)}{(A_3B_4 - A_4B_3) + k_h(A_2B_4 - A_4B_2)}$$

$$\delta_{MM}^{(0)} = \frac{1}{\alpha EI} \times \frac{(A_3C_4 - A_4C_3) + k_h(A_2C_4 - B_4C_2)}{(A_3B_4 - A_4B_3) + k_h(A_2B_4 - A_4B_2)}$$

地面或局部冲刷线处桩变位

$$x_0 = H_0\delta_{HH}^{(0)} + M_0\delta_{HM}^{(0)}$$

$$\varphi_0 = -(H_0\delta_{MH}^{(0)} + M_0\delta_{MM}^{(0)})$$

将以上两组公式及式中涉及的 $\alpha z = 4.0$ 时的 $A_1$、$B_1$、…、$D_4$ 输入 Excel 表,算得 $x_0$、$\varphi_0$,见表4-17。

(2) $M_z$ 的计算

地面或局部冲刷线以下深度 $z$ 处桩各截面弯矩为 $M_z = \alpha^2 EI(x_0A_3 + \frac{\varphi_0}{\alpha}B_3 + \frac{M_0}{\alpha^2 EI}C_3 + \frac{H_0}{\alpha^3 EI}D_3)$,将上式及计算涉及的 $A$、$B$、$C$、$D$ 输入 Excel 表,算得 $M_z$。计算结果见表4-18和图4-32。

**$x_0$、$\varphi_0$、$\Delta$ 计算表** 表4-17

| 无量纲系数录入 | | 结构尺寸外力 | | | 位移计算 | | |
|---|---|---|---|---|---|---|---|
| $A_1$ | -5.853 33 | 尺寸输入 | $\alpha$ | 0.332 | 当地面或局部冲刷线处作用单位“力”时，该截面产生的变位计算 | $A_3B_4-A_4B_3$ | 1.09E+02 |
| $B_1$ | -5.940 97 | | $\alpha h$ | 4.0 | | $B_3D_4-B_4D_3$ | 2.66E+02 |
| $C_1$ | -0.926 77 | | $k_h$ | 0.0 | | $\delta_{HH}^{(0)}$ | 1.20E-05 |
| $D_1$ | 4.547 80 | | $h_1$ | 8.34 | | $A_3D_4-A_4D_3$ | 1.77E+02 |
| $A_2$ | -6.533 16 | | $h_2$ | 6.31 | | $\delta_{MH}^{(0)}$ | 2.64E-06 |
| $B_2$ | -12.158 10 | 模量计算 | $E$ | 2.2.E+07 | | $B_3C_4-B_4C_3$ | 1.77E+02 |
| $C_2$ | -10.608 40 | | $d$ | 1.570 | | $\delta_{HM}^{(0)}$ | 2.64E-06 |
| $D_2$ | -3.766 47 | | $EI$ | 5.57E+06 | | $A_3C_4-A_4C_3$ | 1.91E+02 |
| $A_3$ | -1.614 28 | | $d_1$ | 1.3 | | $\delta_{MM}^{(0)}$ | 9.47E-07 |
| $B_3$ | -11.730 66 | | $EI_1$ | 3.1.E+06 | 局部冲刷线处位移计算 | $x_0$ | 0.002 2 |
| $C_3$ | -17.918 60 | | $n$ | 0.5642 | | $\varphi_0$ | -0.000 7 |
| $D_3$ | -15.0755 0 | 外力输入 | $H_0$ | 33.79 | 墩柱顶面处移计算 | $\left[\frac{1}{3}(nh_1^3+h_2^3)+nh_1h_2(h_1+h_2)\right]$ | 627.79 |
| $A_4$ | 9.243 68 | | $M_0$ | 661.86 | | $[h_2^2+nh_1(2h_2+h_1)]$ | 138.44 |
| $B_4$ | -0.357 62 | | $H_i$ | 31.71 | | $\Delta_0$ | 0.011 7 |
| $C_4$ | -15.610 50 | | $M_i$ | 243.2 | | $\Delta$ | 0.024 3 |
| $D_4$ | -23.140 40 | | | | | | |

**$M_z$ 计算表** 表4-18

| $\bar{z}=\alpha z$ | $A_3$ | $B_3$ | $C_3$ | $D_3$ | $M_z$ | $P_{zx}$ |
|---|---|---|---|---|---|---|
| 0.0 | 0.000 00 | 0.000 00 | 1.000 00 | 0.000 00 | 661.86 | 0.00 |
| 0.2 | -0.001 33 | -0.000 13 | 0.999 99 | 0.200 00 | 680.62 | 10.51 |
| 0.4 | -0.010 67 | -0.002 13 | 0.999 74 | 0.399 98 | 691.12 | 16.61 |
| 0.6 | -0.036 00 | -0.010 80 | 0.998 06 | 0.599 74 | 688.34 | 19.12 |
| 0.8 | -0.085 32 | -0.034 12 | 0.991 81 | 0.798 54 | 670.14 | 18.86 |
| 1.0 | -0.166 52 | -0.083 29 | 0.975 01 | 0.994 45 | 636.75 | 16.59 |
| 1.2 | -0.287 37 | -0.172 60 | 0.937 83 | 1.183 42 | 589.91 | 13.02 |
| 1.4 | -0.455 15 | -0.319 33 | 0.865 73 | 1.358 21 | 532.50 | 8.77 |
| 1.6 | -0.676 29 | -0.543 48 | 0.738 59 | 1.506 95 | 467.99 | 4.36 |
| 1.8 | -0.955 64 | -0.867 15 | 0.529 97 | 1.611 62 | 399.87 | 0.20 |
| 2.0 | -1.295 35 | -1.313 61 | 0.206 76 | 1.646 28 | 331.56 | -3.45 |
| 2.2 | -1.693 34 | -1.905 67 | -0.270 87 | 1.575 38 | 266.01 | -6.39 |
| 2.4 | -2.141 17 | -2.663 29 | -0.948 85 | 1.352 01 | 205.62 | -8.56 |
| 2.6 | -2.621 26 | -3.599 87 | -1.877 34 | 0.916 79 | 152.12 | -9.93 |
| 2.8 | -3.103 41 | -4.717 48 | -3.107 91 | 0.197 29 | 106.65 | -10.56 |
| 3.0 | -3.540 58 | -5.999 79 | -4.687 88 | -0.891 26 | 69.79 | -10.55 |
| 3.5 | -3.919 21 | -9.543 67 | -10.340 40 | -5.854 02 | 13.97 | -8.33 |
| 4.0 | -1.614 28 | -11.730 66 | -17.918 60 | -15.075 50 | 0.00 | -4.13 |

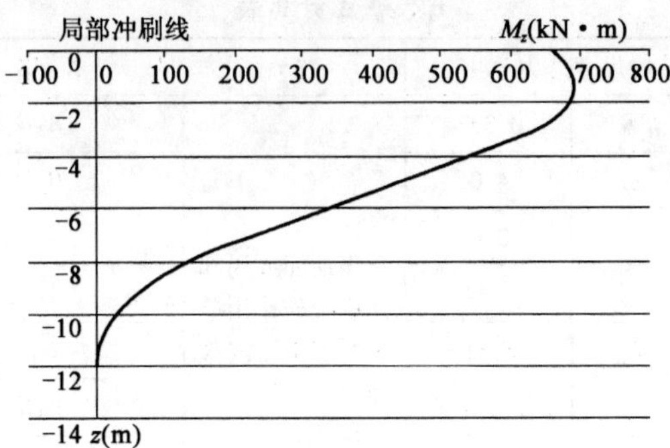


图4-32 桩身弯矩图

5)无量纲法计算局部冲刷线以下深度 $z$ 处桩截面的弯矩 $M_z$

与Excel对比,弯矩计算过程如下:

$$M_z = \frac{H_0}{\alpha}A_M + M_0 B_M = \frac{33.79}{0.311}A_M + 661.86B_M$$

无量纲系数 $A_M$、$B_M$ 由附表3、附表7分别查得,$\alpha h > 4.0$ 取4.0,$M_z$ 计算列表如表4-19。

**$M_z$ 计算列表** 表4-19

| $\bar{z} = \alpha z$ | $z$ | $A_M$ | $B_M$ | $\frac{H_0}{\alpha}A_M$ | $M_0 B_M$ | $M_z$ |
|---|---|---|---|---|---|---|
| 0.0 | 0.00 | 0.000 00 | 1.000 00 | 0.00 | 661.86 | 661.86 |
| 0.2 | 0.64 | 0.196 96 | 0.998 06 | 20.05 | 660.58 | 680.62 |
| 0.4 | 1.29 | 0.377 39 | 0.986 17 | 38.41 | 652.71 | 691.12 |
| 0.6 | 1.93 | 0.529 38 | 0.958 61 | 53.88 | 634.47 | 688.34 |
| 0.8 | 2.57 | 0.645 61 | 0.913 24 | 65.71 | 604.44 | 670.15 |
| 1.0 | 3.22 | 0.723 05 | 0.850 89 | 73.59 | 563.17 | 636.76 |
| 1.2 | 3.86 | 0.761 83 | 0.774 15 | 77.54 | 512.38 | 589.92 |
| 1.4 | 4.50 | 0.764 98 | 0.686 94 | 77.86 | 454.66 | 532.52 |
| 1.6 | 5.14 | 0.737 34 | 0.593 73 | 75.04 | 392.97 | 468.01 |
| 1.8 | 5.79 | 0.684 88 | 0.498 89 | 69.71 | 330.20 | 399.90 |
| 2.0 | 6.43 | 0.614 13 | 0.406 58 | 62.50 | 269.10 | 331.60 |
| 2.2 | 7.07 | 0.531 60 | 0.320 25 | 54.10 | 211.96 | 266.07 |
| 2.4 | 7.72 | 0.443 34 | 0.242 62 | 45.12 | 160.58 | 205.70 |
| 2.6 | 8.36 | 0.354 58 | 0.175 46 | 36.09 | 116.13 | 152.22 |
| 2.8 | 9.00 | 0.269 96 | 0.119 79 | 27.48 | 79.28 | 106.76 |
| 3.0 | 9.65 | 0.193 05 | 0.075 95 | 19.65 | 50.27 | 69.92 |
| 3.5 | 11.25 | 0.050 81 | 0.013 54 | 5.17 | 8.96 | 14.13 |
| 4.0 | 12.86 | 0.000 05 | 0.000 09 | 0.01 | 0.06 | 0.06 |

6）桩身最大弯矩 $M_{max}$ 及最大弯矩位置 $Z_{Mmax}$ 计算

$$C_Q = \frac{\alpha M_0}{Q_0} = \frac{0.332 \times 661.86}{33.79} = 6.503$$

$\alpha h > 4.0$ 取 4.0，查附表 13 得 $Z_{Mmax} = 0.470$ m，$K_Q = 6.810$

$$M_{max} = \frac{Q_0}{\alpha}K_Q = \frac{33.79}{0.332} \times 6.810 = 693.10\ (\text{kN} \cdot \text{m})$$

因为本例土质均一，故最大弯矩无需修正。

7）桩端最大、最小压应力验算

因为 $\alpha h > 3.5$，所以不需要验算桩端最大、最小压应力。

8）部冲刷线以下深度 $z$ 处横向土抗力 $p_{zx}$ 计算

可将式(4-49)输入 Excel，算得 $p_{zx} = mz\left(x_0 A_1 + \frac{\varphi_0}{\alpha}B_1 + \frac{M_0}{\alpha^2 EI}C_1 + \frac{H_0}{\alpha^3 EI}D_1\right)$，结果列入表4-18。

也可采用无量纲方法：

$$p_{zx} = mzx_z$$

$$x_z = \frac{H_0}{\alpha^3 EI}A_x + \frac{M_0}{\alpha^2 EI}B_x$$

$$\alpha = \sqrt[5]{\frac{mb_1}{EI}}$$

联立以上 3 式解得：

$$\begin{aligned} p_{zx} &= \frac{\alpha Q_0}{b_1}(\alpha z)A_x + \frac{\alpha^2 M_0}{b_1}(\alpha z)B_x \\ &= \frac{0.332 \times 33.79}{2.25}(\alpha z)A_x + \frac{0.332^2 \times 661.86}{2.25}(\alpha z)B_x \\ &= 4.986(\alpha z)A_x + 32.423(\alpha z)B_x \end{aligned}$$

取 $\alpha h = 4.0$，无量纲系数 $A_x$、$B_x$ 由公式列表算得，或由附表 1、附表 5 分别查得，$p_{zx}$ 计算列表如表 4-20 所示。

**$p_{zx}$ 计算列表** 表 4-20

| $\bar{z} = \alpha z$ | $z$ | $A_x$ | $B_x$ | $\frac{\alpha H_0}{b_1}(\alpha z)A_x$ | $\frac{\alpha^2 M_0}{b_1}(\alpha z)B_x$ | $p_{zx}$ |
|---|---|---|---|---|---|---|
| 0.0 | 0.0 | 2.440 66 | 1.621 00 | 0.00 | 0.00 | 0.00 |
| 0.2 | 0.6 | 2.117 79 | 1.290 88 | 2.11 | 8.37 | 10.48 |
| 0.4 | 1.3 | 1.802 73 | 1.000 64 | 3.60 | 12.98 | 16.57 |
| 0.6 | 1.9 | 1.502 68 | 0.749 81 | 4.50 | 14.59 | 19.08 |
| 0.8 | 2.6 | 1.223 70 | 0.537 27 | 4.88 | 13.94 | 18.82 |
| 1.0 | 3.2 | 0.970 41 | 0.361 19 | 4.84 | 11.71 | 16.55 |
| 1.2 | 3.9 | 0.745 88 | 0.219 08 | 4.46 | 8.52 | 12.99 |
| 1.4 | 4.5 | 0.551 75 | 0.107 93 | 3.85 | 4.90 | 8.75 |

续上表

| $\bar{z}=\alpha z$ | $z$ | $A_x$ | $B_x$ | $\frac{\alpha H_0}{b_1}(\alpha z)A_x$ | $\frac{\alpha^2 M_0}{b_1}(\alpha z)B_x$ | $p_{zx}$ |
|---|---|---|---|---|---|---|
| 1.6 | 5.1 | 0.388 10 | 0.024 22 | 3.10 | 1.26 | 4.35 |
| 1.8 | 5.8 | 0.253 86 | -0.035 72 | 2.28 | -2.08 | 0.19 |
| 2.0 | 6.4 | 0.146 96 | -0.075 72 | 1.47 | -4.91 | -3.44 |
| 2.2 | 7.1 | 0.064 61 | -0.099 40 | 0.71 | -7.09 | -6.38 |
| 2.4 | 7.7 | 0.003 48 | -0.110 30 | 0.04 | -8.58 | -8.54 |
| 2.6 | 8.4 | -0.039 86 | -0.111 36 | -0.52 | -9.39 | -9.90 |
| 2.8 | 9.0 | -0.069 02 | -0.105 44 | -0.96 | -9.57 | -10.54 |
| 3.0 | 9.6 | -0.087 41 | -0.094 71 | -1.31 | -9.21 | -10.52 |
| 3.5 | 11.3 | -0.104 95 | -0.056 98 | -1.83 | -6.47 | -8.30 |
| 4.0 | 12.9 | -0.107 88 | -0.014 87 | -2.15 | -1.93 | -4.08 |

$p_{zx}$的最大值应不大于该深度处被动土压力与主动土压力之差，参见沉井计算相关内容，此处从略。

9）桩身配筋计算及桩身材料截面强度验算

按结构设计原理相关规定进行，此处从略。

10）墩柱顶纵向水平位移计算

$$\Delta = x_0 - \varphi_0(h_2 + h_1) + \Delta_0$$

$$\Delta_0 = \frac{H}{E_1 I_1}\left[\frac{1}{3}(nh_1^3 + h_2^3) + nh_1 h_2(h_1 + h_2)\right] + \frac{M}{2E_1 I_1}\left[h_2^2 + nh_1(2h_2 + h_1)\right]$$

$$h_1 = 339.00 - 330.66 = 8.34(\mathrm{m}), h_2 = 345.31 - 339.00 = 6.31(\mathrm{m})$$

$$I_1 = \frac{\pi d_1^4}{64} = \frac{\pi \times 1.3^4}{64}(\mathrm{m}^4), I = \frac{\pi d^4}{64} = \frac{\pi \times 1.5^4}{64}(\mathrm{m}^4), E_1 = E = 0.8E_c, n = \frac{E_1 I_1}{EI}$$

结果见表4-17。

## 4.3 多排桩基桩内力与位移计算

如图4-33所示，竖直多排桩桥墩基础，承台具有至少一个对称面 $x$-$z$ 面，承台底面形心处有外载 $P$、$H$、$M$ 沿此对称面作用，并假定承台与桩顶刚性连接。各桩因平面相对位置不同，使桩顶变位不同，因此从承台处分得的荷载 $N_i$、$Q_i$、$M_i$ 也不同。将桩基础简化为 $x$-$z$ 面内的平面框架，用结构位移法解出各桩顶的作用力 $N_i$、$Q_i$、$M_i$ 后，再应用单桩的计算方法，进行桩的承载力与位移计算。

### 4.3.1 计算公式及其推导

为计算群桩在外荷载 $P$、$H$、$M$ 作用下各桩桩顶的 $N_i$、$Q_i$、$M_i$ 的数值，先要求得承台的变位，并确定承台变位与桩顶变位的关系，然后再由桩顶的变位来求得各桩顶受力值。

假设承台为一绝对刚性体，桩头嵌固于承台内，当承台在外荷载作用下产生变位后，各桩顶之间的相对位置不变，各桩桩顶的转角与承台的转角相等。现设承台底面中心 $O$ 点在外荷载 $P$、$H$、$M$ 作用下，产生横向位移 $a$、竖向位移 $c$ 及转角 $\beta$，($a$ 和 $c$ 以坐标轴正方向为正，$\beta$ 以顺时针转动为正)，则可得第 $i$ 排桩桩顶(与承台联结处)沿 $x$ 轴和 $z$ 轴方向的线位移 $a_i$、$c_i$ 和转角 $\beta_i$。

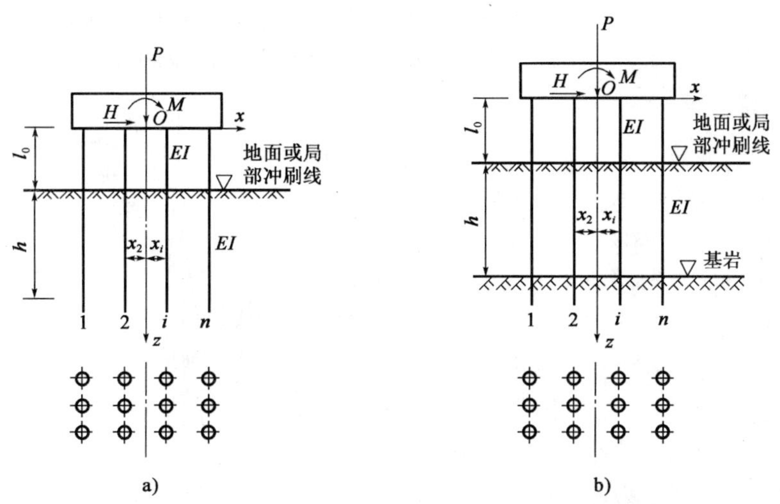


图 4-33 多排对称布置的竖直桩桥墩基础(高承台桩基)计算图示

a)桩底布置在非岩石类土或基岩面上；b)桩底嵌固在基岩中

$$\left.\begin{aligned} c &= \frac{P}{\gamma_{cc}} \\ a &= \frac{\gamma_{\beta\beta}H - \gamma_{a\beta}M}{\gamma_{aa}\gamma_{\beta\beta} - (\gamma_{a\beta})^2} \\ \beta &= \frac{\gamma_{aa}M - \gamma_{a\beta}H}{\gamma_{aa}\gamma_{\beta\beta} - (\gamma_{a\beta})^2} \end{aligned}\right\} \tag{4-71}$$

式中： $P$、$H$、$M$——荷载作用于承台底面原点 $O$ 处的竖直力、水平力和弯矩。

$\gamma_{aa}$、$\gamma_{cc}$、$\gamma_{\beta\beta}$、$\gamma_{a\beta}$——承台发生单位变位时，所有桩顶对承台作用“反力”之和，由结构力学求解。

承台变位带动与之刚接的桩顶截面产生相应的变位，第 $i$ 排桩桩顶的变位竖直位移、水平位移和转角分别为：

$$\left.\begin{aligned} c_i &= c + x_i\beta \\ a_i &= a \\ \beta_i &= \beta \end{aligned}\right\} \tag{4-72}$$

式中：$x_i$——由坐标原点 $O$ 至各桩轴线的距离，见图 4-33，在坐标原点 $O$ 以右为正，以左为负。

对于其中任一单桩桩顶，有变位则必有与之对应的外力发生，此外力就是承台分配给该桩的外荷载。该外荷载，是进一步求解桩长和桩身内力的依据。其中任一桩顶轴向力、剪力和弯矩分别为：

$$N_i = c_i\rho_{PP} = (c + \beta x_i)\rho_{PP}$$

$$Q_i = a_i\rho_{HH} - \beta_i\rho_{HM} = a\rho_{HH} - \beta\rho_{HM}$$

$$M_i = \beta_i \rho_{MM} - a_i \rho_{MH} = \beta \rho_{MM} - a\rho_{MH} \tag{4-73}$$

式中：$\rho_{PP}$、$\rho_{HH}$、$\rho_{HM}$、$\rho_{MH}$、$\rho_{MM}$——任一桩顶发生单位变位时桩顶产生的作用效应。具体地：

$\rho_{PP}$——沿桩轴线仅发生单位位移时，桩顶产生的轴向力；

$\rho_{HH}$——垂直桩轴线方向仅发生单位位移时，桩顶产生的横轴向力；

$\rho_{MH}$——垂直桩轴线方向仅发生单位位移时，桩顶产生的弯矩；

$\rho_{HM}$——桩顶仅发生单位转角时，桩顶产生的横轴向；

$\rho_{MM}$——桩顶仅发生单位转角时，桩顶产生的弯矩。

1）$\rho_{PP}$的求解

桩顶受轴向力 $N$ 而产生的轴向位移包括：桩身材料的弹性压缩变形 $\delta_c$ 及桩底地基土的沉降 $\delta_k$ 两部分。

计算桩身弹性压缩变形时应考虑桩侧土的摩阻力影响。对于打入摩擦桩和振动下沉摩擦桩，考虑到由于打入和振动会使桩侧土越往下越挤密，所以可近似地假设桩侧土的摩阻力随深度成三角形分布，如图 4-34a）所示。对于钻、挖孔桩则假定桩侧土摩阻力在整个入土深度内近似地沿桩身成均匀分布，如图 4-34b）所示。对端承桩则不考虑桩侧土摩阻力的作用。

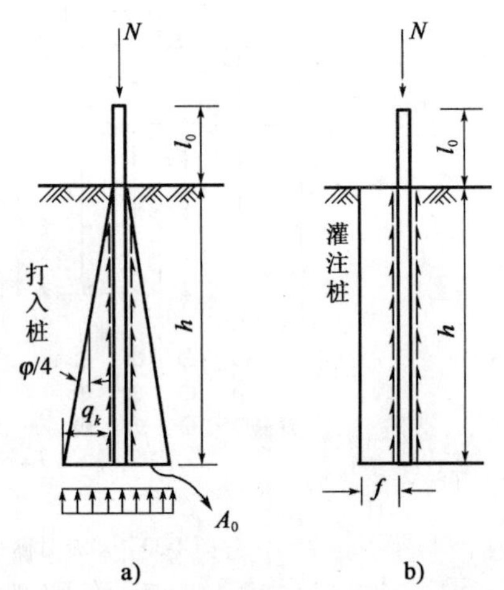


图 4-34　打入桩与灌注桩桩侧摩阻力分布图

当桩侧土的摩阻力按三角形分布时，设桩底平面 $A_0$ 处的摩阻力为 $q_h$，桩身周长为 $u$，令桩底承受的荷载与总荷载 $N$ 之比值为 $\gamma'$，则 $q_h = \dfrac{2N(1-\gamma')}{uh}$

作用于地面以下深度 $z$ 处桩身截面上的轴向力 $N_z$ 为：

$$N_z = N - \frac{z^2}{h^2}N(1-\gamma')$$

因此桩身的弹性压缩变形为 $\delta_c$：

$$\delta_c = \frac{Nl_0}{EA} + \frac{1}{EA}\int_0^h N_z dz = \frac{Nl_0}{EA} + \frac{1}{EA}h\,\frac{2}{3}(1+\frac{\gamma'}{2}) = \frac{l_0+\xi h}{EA}N \tag{4-74}$$

式中：$\xi$——系数，对于端承桩，$\xi=1$；对于摩擦桩（或摩擦支承管桩），打入或振动下沉时$\xi=\dfrac{2}{3}(1+\dfrac{\gamma'}{2})$；灌注桩 $\xi=\dfrac{1}{2}(1+\dfrac{\gamma'}{2})$；

$A$——入土部分桩的平均截面积；

$E$——$E=0.8E_c$；

$E_c$——桩身混凝土抗压弹性模量。

桩底平面处地基沉降的计算，假定外力借桩侧土的摩阻力和桩身作用自地面以 $\bar{\varphi}/4$ 角扩散至桩底平面处的面积 $A_0$ 上（$\varphi$ 为土的内摩擦角），如此面积大于以相邻底面中心距为直径所得的面积，则 $A_0$ 采用相邻桩底面中心距为直径所得的面积（图 4-34）。因此桩底地基土沉降 $\delta_k$ 即为：

$$\delta_k = \frac{N}{C_0 A_0} \tag{4-75}$$

式中：$C_0$——桩底平面的地基土竖向地基系数，$C_0=m_0h$，比例系数 $m_0$ 按"m"法规定取用。

因此桩顶的轴向变形

$$c_i=\delta_C+\delta_k=\frac{N(l_0+\xi h)}{EA}+\frac{N}{C_0A_0} \tag{4-76}$$

当 $c_i=1$ 时，求得的 $N$ 值即为 $\rho_{PP}$，因此可得：

$$\rho_{PP}=\frac{1}{\dfrac{l_0+\xi h}{EA}+\dfrac{1}{C_0A_0}} \tag{4-77}$$

式中：$A_0$——摩擦桩 $A_0=\begin{cases}\pi\left(\dfrac{d}{2}+h\tan\dfrac{\overline{\varphi}}{4}\right)^2\\ \dfrac{\pi}{4}S^2\end{cases}$ 取小值，端承桩 $A_0=\dfrac{\pi d^2}{4}$；

$\overline{\varphi}$——桩所穿过土层平均内摩擦角；

$S$——桩底中心距；

$d$——桩底直径。

2)《规范》方法的 $\rho_{HH}$、$\rho_{HM}$、$\rho_{MH}$、$\rho_{MM}$ 求解

(1)单位力作用时的桩顶位移

桩顶截面有外力 $H$、$M$ 作用时，桩顶的位移由自由长度 $l_0$ 段产生的位移与局部冲刷线处的位移叠加而成。以桩顶作用单位水平力 $H=1$ 时桩顶水平位移 $\delta_{HH}$ 为例分析，$H=1$ 作用于桩顶，在局部冲刷线处引起水平力 $H_0=1$ 和弯矩 $M_0=l_0\times1=l_0$。则 $H=1$ 引起的桩顶水平位移 $\delta_{HH}$ 以下五项构成：

①局部冲刷线处的 $H_0=1$ 引起的水平位移 $\delta_{HH}^{(0)}$，反映在桩顶仍为 $\delta_{HH}^{(0)}$；

②局部冲刷线处的 $H_0=1$ 引起的转角 $\delta_{MH}^{(0)}$，在自由长度段引起的水平位移为 $\delta_{MH}^{(0)}l_0$；

③局部冲刷线处的 $M_0=l_0$ 引起的水平位移 $\delta_{HM}^{(0)}\times l_0$，反映在桩顶仍为 $\delta_{HM}^{(0)}l_0$；

④局部冲刷线处的 $M_0=l_0$ 引起的转角 $\delta_{MM}^{(0)}\times l_0$，在自由长度段引起的水平位移 $\delta_{MM}^{(0)}l_0\times l_0=\delta_{MM}^{(0)}l_0^2$；

⑤$H=1$ 在自由长度段引起的挠度，按悬臂梁计算为$\dfrac{l_0^3}{3EI}$。

叠加以上5项得桩顶作用单位水平力 $H=1$ 时桩顶水平位移为：

$$\delta_{HH}=\frac{l_0^3}{3EI}+\delta_{MM}^{(0)}l_0^2+2\delta_{MH}^{(0)}l_0+\delta_{HH}^{(0)} \tag{4-78a}$$

同理可知：

桩顶作用单位水平力 $H=1$ 时桩顶转角(rad)

$$\delta_{MH}=\frac{l_0^2}{2EI}+\delta_{MM}^{(0)}l_0+\delta_{MH}^{(0)} \tag{4-78b}$$

桩顶作用单位弯矩 $M=1$ 时桩顶水平位移

$$\delta_{HM}=\delta_{MH}=\frac{l_0^2}{2EI}+\delta_{MM}^{(0)}l_0+\delta_{HM}^{(0)} \tag{4-78c}$$

桩顶作用单位弯矩 $M=1$ 时桩顶转角(rad)

$$\delta_{MM} = \frac{l_0}{EI} + \delta_{MM}^{(0)} \tag{4-78d}$$

$\delta_{HH}$、$\delta_{HM}$、$\delta_{MH}$和$\delta_{MM}$见图4-35。

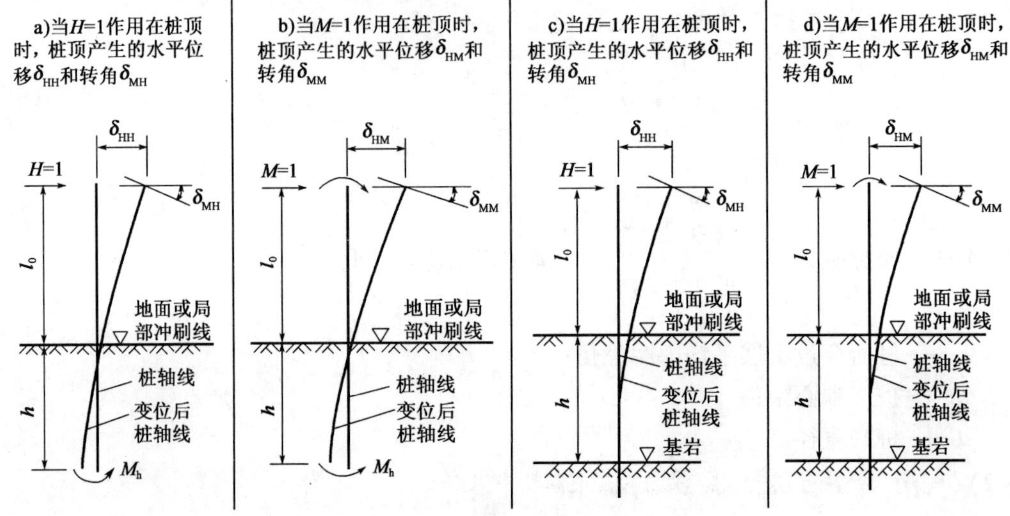


图4-35 $\delta_{HH}$、$\delta_{HM}$、$\delta_{MH}$和$\delta_{MM}$示意图

(2)水平力$H$和弯矩$M$的作用下的桩顶位移

由叠加原理，桩顶在水平力$H$和弯矩$M$的作用下，水平位移$a_i$和转角$\beta_i$为：

$$\left.\begin{aligned} a_i &= \delta_{HH}H + \delta_{HM}M \\ \beta_i &= \delta_{MH}H + \delta_{MM}M \end{aligned}\right\} \tag{4-79}$$

(3)桩顶单位位移对应的桩顶外力

联解式(4-73)，得：

$$\left.\begin{aligned} H &= \frac{\delta_{MM}a_i - \delta_{HM}\beta_i}{\delta_{HH}\delta_{MM} - \delta_{HM}^2} \\ M &= -\frac{\delta_{MH}a_i - \delta_{MM}\beta_i}{\delta_{HH}\delta_{MM} - \delta_{HM}^2} \end{aligned}\right\} \tag{4-80}$$

当桩顶仅产生单位横向位移即$a_i = 1$，而$\beta_i = 0$时，代入式(4-74)得桩顶产生的水平力和弯矩：

$$\rho_{HH} = H = \frac{\delta_{MM}}{\delta_{HH}\delta_{MM} - \delta_{HM}^2} \tag{4-81a}$$

$$\rho_{MH} = -M = \frac{\delta_{MH}}{\delta_{HH}\delta_{MM} - \delta_{HM}^2} \tag{4-81b}$$

同理，当桩顶仅产生单位横向位移$a_i = 0$，而$\beta_i = 0$时，代入式(4-80)得桩顶产生的水平力和弯矩：

$$\rho_{HM} = \rho_{MH} = \frac{\delta_{MH}}{\delta_{HH}\delta_{MM} - \delta_{HM}^2} \tag{4-82a}$$

$$\rho_{MM} = \frac{\delta_{HH}}{\delta_{HH}\delta_{MM} - (\delta_{MH})^2} \tag{4-82b}$$

3）无量纲法的 $\rho_{HH}$、$\rho_{HM}$、$\rho_{MH}$、$\rho_{MM}$

为便于手算，按单排桩计算的无量纲法，也可推得式(4-83a)、式(4-83b)、式(4-83c)：

$$\rho_{HH} = \alpha^3 EI \cdot x_Q \tag{4-83a}$$

$$\rho_{MH} = \alpha^2 EI \cdot x_M \tag{4-83b}$$

$$\rho_{MM} = \alpha EI \cdot \varphi_M \tag{4-83c}$$

式(4-83)中 $x_Q$、$x_M$、$\varphi_M$ 也是无量纲系数，均是 $\bar{h} = \alpha h$ 和 $\bar{l}_0 = \alpha l_0$ 的函数，已制成附表14、附表15、附表16，当设计的桩符合下列条件之一时可查用：①$\alpha h > 2.5$ 的摩擦桩；②$\alpha h \geqslant 3.5$ 的端承桩；③$\alpha h \geqslant 4.0$ 的嵌岩桩。

4）$a$、$c$、$\beta$ 的计算

$a$、$c$、$\beta$ 可按结构力学的位移法求得。沿承台底面取隔离体，考虑作用力的平衡，即 $\sum P = 0$，$\sum H = 0$，$\sum M = 0$（对 $O$ 点取矩），可列出位移法的典型方程如下：

$$\left.\begin{aligned} a\gamma_{ca} + c\gamma_{cc} + \beta\gamma_{c\beta} - P &= 0 \\ a\gamma_{aa} + c\gamma_{ac} + \beta\gamma_{a\beta} - H &= 0 \\ a\gamma_{\beta a} + c\gamma_{\beta c} + \beta\gamma_{\beta\beta} - M &= 0 \end{aligned}\right\} \tag{4-84}$$

式中：$\gamma_{aa}$、$\gamma_{cc}$、$\gamma_{\beta\beta}$、$\gamma_{\alpha\beta}$——桩群刚度系数。承台发生单位变位时所有桩顶对承台作用“反力”之和。

承台产生竖向单位位移时，桩顶竖向反力之和为：

$$\gamma_{cc} = n\rho_{PP} \tag{4-85a}$$

承台产生水平单位位移时，桩顶水平反力之和为：

$$\gamma_{aa} = n\rho_{HH} \tag{4-85b}$$

承台绕原点 $O$ 产生单位转角时，桩顶水平反力之和，或承台水平方向产生单位位移时，桩柱顶反弯矩之和为：

$$\gamma_{a\beta} = \gamma_{\beta a} = -n\rho_{HM} = -n\rho_{MH} \tag{4-85c}$$

承台发生单位转角时，桩顶反弯矩之和为：

$$\gamma_{\beta\beta} = n\rho_{MM} + \rho_{PP}\sum K_i x_i^2 \tag{4-85d}$$

式中：$n$——桩总根数；

$x_i$——各桩轴线的坐标；

$K_i$——第 $i$ 排桩根数。

将式(4-85)代入典型方程式(4-84)，解得承台底面形心位移。当基桩为等直径且竖直对称布置时，可简化为：

竖直位移

$$c = \frac{P}{n\sum_{i=1}^{n}\rho_{PP}} \tag{4-86}$$

水平位移

$$a = \frac{\left(n\rho_{MM} + \rho_{PP}\sum_{i=1}^{n}x_i^2\right)H + n\rho_{MH}M}{n\rho_{HH}\left(n\rho_{MM} + \rho_{PP}\sum_{i=1}^{n}x_i^2\right) - n^2\rho_{MH}^2} \tag{4-87}$$

转角(rad)

$$\beta = \frac{n\rho_{\mathrm{MH}}H + n\rho_{\mathrm{HH}}M}{n\rho_{\mathrm{HH}}(n\rho_{\mathrm{MM}} + \rho_{\mathrm{PP}}\sum_{i=1}^{n}x_i^2) - n^2\rho_{\mathrm{MH}}^2} \tag{4-88}$$

5)桩顶作用效应

至此,计算承台分配给任一桩顶的荷载计算公式式(4-73)所需参数均为已知,只需代入即可算得任一桩顶的竖向力、横向力和弯矩。

$$\begin{cases} N_i = (c + \beta x_i)\rho_{\mathrm{PP}} \\ Q_i = a\rho_{\mathrm{HH}} - \beta\rho_{\mathrm{HM}} = \dfrac{H}{n} \\ M_i = \beta\rho_{\mathrm{MM}} - a\rho_{\mathrm{MH}} \end{cases} \tag{4-89}$$

将桩顶荷载换算到地面或局部冲刷线处,桩截面上的作用的水平力和弯矩为:

$$\begin{cases} H_0 = Q_i \\ M_0 = M_i + Q_i l_0 \end{cases} \tag{4-90}$$

### 4.3.2 $\alpha h > 2.5$ 时多排竖直桩桥台桩侧面受土压力作用时的作用效应及位移计算

如图4-36所示,多排竖直桩桥台,桩侧面受土压力影响,为此计算与桥墩方法原理相同,直接列出结论。

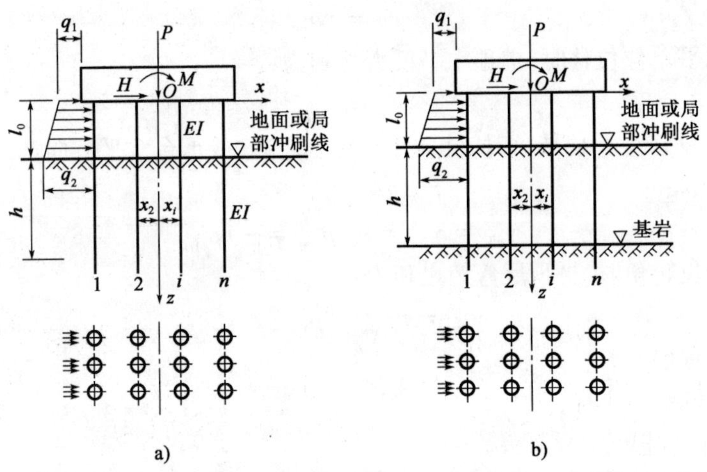


图4-36 多排对称布置的竖直桩桥台基础(高承台桩基,桩侧承受梯形荷载)计算图示

a)桩底设置在非岩石类土或基岩面上;b)桩底嵌固在基岩中

1)承台变位

承台变位底面形心竖直位移、水平位移和转角分别为:

$$\left.\begin{aligned} c &= \frac{P}{\gamma_{\mathrm{cc}}} \\ a &= \frac{\gamma_{\beta\beta}(H - \sum Q_{\mathrm{q}}) - \gamma_{a\beta}(M - \sum M_{\mathrm{q}})}{\gamma_{aa}\gamma_{\beta\beta} - (\gamma_{a\beta})^2} \\ \beta &= \frac{\gamma_{aa}(M - \sum M_{\mathrm{q}}) - \gamma_{a\beta}(H - \sum Q_{\mathrm{q}})}{\gamma_{aa}\gamma_{\beta\beta} - (\gamma_{a\beta})^2} \end{aligned}\right\} \tag{4-91}$$

式中：$P$、$H$、$M$——荷载作用于承台底面原点 $O$ 处的竖直力、水平力和弯矩；

$\sum M_q$、$\sum Q_q$——分别为承受土压力的桩顶面作用于承台上的反弯矩和剪力之和。

2）桩顶内力

任一桩顶轴向力：

$$N_i = (c + \beta x_i)\rho_{PP}$$

任一桩顶剪力：

$$Q_i = a\rho_{HH} - \beta\rho_{HM} = \frac{H}{n}$$

直接承受土压力桩：

$$Q_i' = Q_i + Q_q$$

任一桩顶弯矩：

$$M_i = \beta\rho_{MM} - a\rho_{MH}$$

直接承受土压力桩：

$$M_i' = M_i + M_q$$

3）地面或局部冲刷线处桩顶截面上的作用力

水平力：

$$H_0 = Q_i$$

直接承受土压力桩：

$$H_0' = Q_i + Q_q + \left(\frac{q_1 + q_2}{2}\right)l_0$$

弯矩：

$$M_0 = M_i + Q_i l_0$$

直接承受土压力桩：

$$M_0' = M_i + M_q + (Q_i + Q_q)l_0 + \left(\frac{2q_1 + q_2}{6}\right)l_0^2$$

以上式中：$q_1$、$q_2$——作用于桩顶与地面处的土压力强度；

$M_q$、$Q_q$——直接承受土压力的桩上端（与承台连接处）作用于承台上的弯矩和剪力。

4）$M_q$ 和 $Q_q$ 的计算公式

$M_q$、$Q_q$ 由联立方程式求解：

$$\left.\begin{aligned}
&M_{l_0} = M_q + Q_q l_0 + \left(\frac{q_1}{2!} + \frac{q_2 - q_1}{3!}\right)l_0^2 \\
&Q_{l_0} = Q_q + \left(q_1 + \frac{q_2 - q_1}{2!}\right)l_0 \\
&\frac{1}{EI}\left[\frac{M_q l_0^2}{2!} + \frac{Q_q l_0^3}{3!} + \frac{q_1 l_0^4}{4!} + \frac{(q_2 - q_1)l_0^4}{5!}\right] = M_{l_0}\delta_{HM}^{(0)} + Q_{l_0}\delta_{HH}^{(0)} \\
&\frac{1}{EI}\left[M_q l_0 + \frac{Q_q l_0^2}{2!} + \frac{q_1 l_0^3}{3!} + \frac{(q_2 - q_1)l_0^3}{4!}\right] = -\left[M_{l_0}\delta_{HM}^{(0)} + Q_{l_0}\delta_{HH}^{(0)}\right]
\end{aligned}\right\} \tag{4-92}$$

式中：$M_{l_0}$、$Q_{l_0}$——直接承受土压力的桩，上端视为刚性嵌固于承台内，下端视为弹性嵌固在地面处时，桩在地面处的弯矩和剪力，如图 4-37 所示。

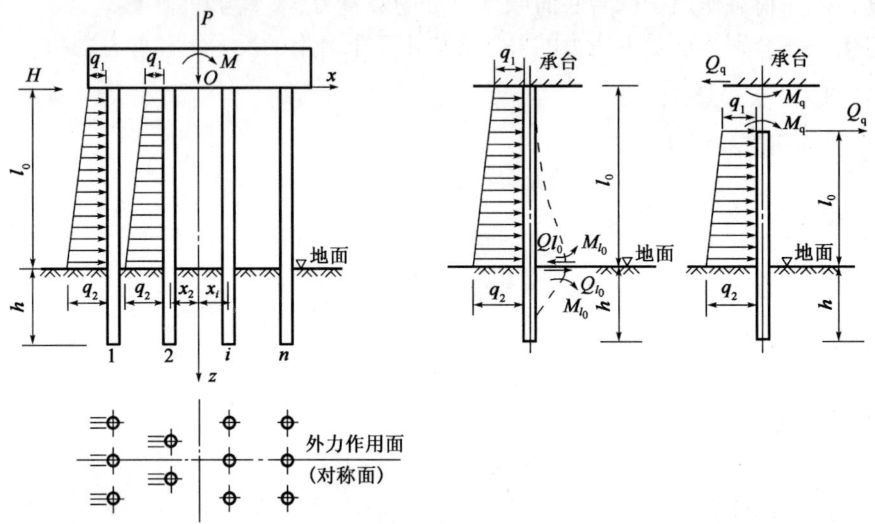


图 4-37 $M_q$ 和 $Q_q$ 的计算示意图

### 4.3.3 当竖直桩布置不对称时的计算公式

1）桩侧面不受土侧压力时

承台的竖向位移、水平位移和转角由下列方程式联解求得：

$$\left.\begin{aligned}c\gamma_{cc}+\beta\gamma_{c\beta}-P&=0\\a\gamma_{aa}+\beta\gamma_{a\beta}-H&=0\\a\gamma_{\beta a}+c\gamma_{\beta c}+\beta\gamma_{\beta\beta}-M&=0\end{aligned}\right\}\tag{4-93}$$

2）桩侧面受土压力时

承台的竖向位移、水平位移和转角由下列方程式联解求得：

$$\left.\begin{aligned}c\gamma_{cc}+\beta\gamma_{c\beta}-P&=0\\a\gamma_{aa}+\beta\gamma_{a\beta}-(H-\sum Q_q)&=0\\a\gamma_{\beta a}+c\gamma_{\beta c}+\beta\gamma_{\beta\beta}-(M-\sum M_q)&=0\end{aligned}\right\}\tag{4-94}$$

式中：$\gamma_{c\beta}=\gamma_{\beta c}=\rho_{PP}\sum K_i x_i$——分别为承台绕坐标原点。产生单位转角时，所有桩顶对承台作用的竖向反力之和，或承台产生单位竖向位移时所有桩顶对承台作用的反弯矩之和；

$x_i$——坐标原点。至各桩轴线的距离，原点 $O$ 以右为正，以左为负；

$\sum Q_q$、$\sum M_q$——直接承受土压力的各桩 $Q_q$ 和 $M_q$ 的总和。

3）当地面或局部冲刷线在承台底以上时

承台周围土视作弹性介质，此时，形常数 $\gamma_{cc}$、$\gamma_{aa}$、$\gamma_{a\beta}$、$\gamma_{c\beta}$、$\gamma_{\beta\beta}$ 按下列公式计算：

$$\left.\begin{aligned}\gamma_{cc} &= n\rho_{PP}\\ \gamma_{aa} &= n\rho_{HH} + b_1F^c\\ \gamma_{a\beta} &= \gamma_{\beta a} = -n\rho_{HM} + b_1S^c = -n\rho_{MH} + b_1S^c\\ \gamma_{c\beta} &= \gamma_{\beta c} = \rho_{PP}\sum K_ix_i\\ \gamma_{\beta\beta} &= n\rho_{MM} + \rho_{PP}\sum K_ix_i^2 + b_1I^c\end{aligned}\right\} \tag{4-95a}$$

$$\left.\begin{aligned}F^c &= \frac{c_ch_c}{2}\\ S^c &= \frac{c_ch_c^2}{6}\\ I^c &= \frac{c_ch_c^3}{12}\end{aligned}\right\} \tag{4-95b}$$

式中：$b_1$——与水平力相垂直的承台作用面底边的计算宽度；

$F^c$、$S^c$、$I^c$——分别为承台底面以上水平向地基系数 $c$ 的图形面积对底面的面积矩和惯性矩；

$c_c$——承台底面处水平向土的地基系数，$c_c = mh_c$；

$h_c$——承台底面埋入地面或局部冲刷线下的深度。

在计算 $\rho_{PP}$、$\rho_{HH}$、$\rho_{MH}$ 和 $\rho_{MM}$ 时，令有关公式中的 $l_0 = 0$；查规范求系数 $A_1$、$B_1$、…$C_4$、$D_4$ 时，换算深度 $\bar{h} = \alpha z$ 中的 $z$ 自承台底面算起。本情况可不考虑桩侧土压力。

### 4.3.4 多排桩算例

双排式钢筋混凝土钻孔灌注桩桥墩基础如图 4-38 所示。

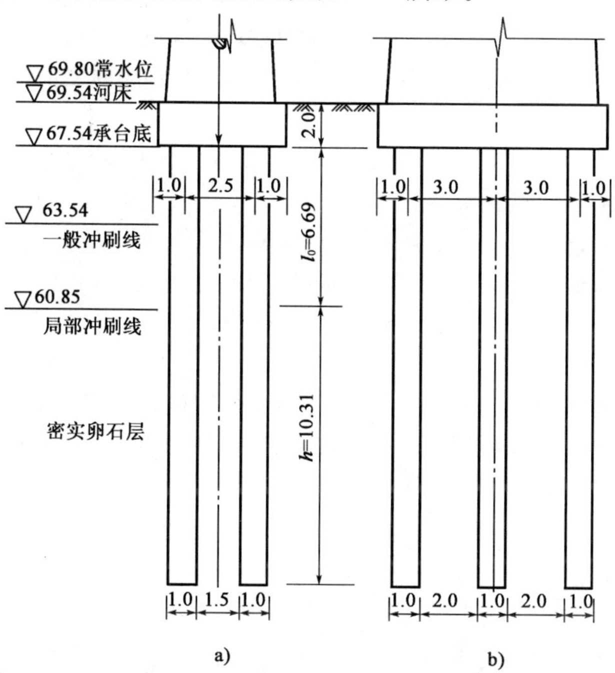


图 4-38 双排桩计算例题图(尺寸单位:m;高程单位:m)

a)纵桥向断面;b)横桥向断面

1)设计资料

(1)地质及水文资料

河床土质为卵石,粒径 50 ~ 60mm 约占 60 %,20 ~ 30mm 约占 30%,石质坚硬,孔隙大部分由砂密实填充,卵石层深度达 58.6m。

地基土水平向抗力系数的比例系数 $m = 120\ 000 \text{kN/m}^4$(密实卵石);地基土承载力基本容许值 $[f_{a0}] = 1\ 000 \text{kPa}$;桩侧摩阻力标准值 $q_k = 400 \text{kPa}$;土的重度 $\gamma = 20.00 \text{kN/m}^3$(未计入浮力);土内摩擦 $\overline{\varphi} = 40°$。

地面(河床)高程 69.54m;一般冲刷线高程 63.54m;局部冲刷线高程 60.85m;承台底高程 67.54m;常水位高程 69.80m。

(2)荷载

多排桩的计算过程主要包括:以多排桩方法,将承台底面形心处的荷载分配到各桩顶→以最大的桩顶轴向力计算桩长→以最大的桩顶横轴向力和弯矩,采用单排桩方法,计算桩身内力和位移并验算。

对多排桩,需事先假定桩长,方能进行桩顶荷载的计算。在算得桩顶荷载后,再验算、调整桩长,直至桩长合理。而桩身内力和位移验算不通过时,也涉及调整尺寸重新计算的问题。因此这是一个反复试算的过程,所以推荐 Excel 电子表格方法计算。

桥墩顺桥向计算的活载布置可分为单孔布载和双孔布载两种情况。

桩长计算和轴向受压承载力验算时,可分别采用单孔布载和双孔布载两种布载方式,取最不利结果,即单桩桩顶外载最大的情况。作用效应组合采用正常使用极限状态的短期效应组合,且可变作用的频遇值系数均取 1.0。

桩身内力和位移验算时,一般为单孔布载控制设计,作用效应组合采用承载能力极限状态的基本组合,其分项系数及组合系数参照《公路桥涵设计通用规范》(JTG D60—2004)第 4.1.6 条。

本例为节省篇幅,将桩长确定的过程从略,仅就桩身内力计算之前,承台向桩顶分配荷载的过程进行计算。

本例上部为等跨 30m 的预应力混凝土梁桥,荷载为纵向控制设计,作用于桥墩承台底面中心纵桥向的荷载恒载及一孔活载为:

$$P = 8\ 591.40 \text{kN}$$

$$H = 358.60 \text{kN}\text{(制动力及风力)}$$

$$M = 5\ 334.50 \text{kN} \cdot \text{m}$$

(3)桩基础形式

采用高桩承台摩擦桩基础,根据施工条件,桩拟采用设计直径 $d = 1.0\text{m}$,以冲抓锥施工。桩群布置经初步计算拟采用 6 根灌注桩,其排列如图 4-38 所示,为对称竖直双排桩基础,经试算桩底高程拟采用 50.54m。

2)弹性桩判断

(1)桩的计算宽度 $b_1$

$$b_1 = kk_f(d + 1)$$

已知:$k_f = 0.9, d = 1.0\text{m}, L_1 = 1.5\text{m}, h_1 = 3 \times (d + 1) = 6\text{m}, L_1 = 1.5 < 0.6h_1 = 3.6, n = 2,$ $b_2 = 0.6, k = b_2 + \dfrac{1 - b_2}{0.6} \cdot \dfrac{L_1}{h^1} = 0.767$

$b_1=0.767\times0.9\times(1+1)=1.38(\mathrm{m})$

(2)桩的变形系数 $\alpha$

$$\alpha=\sqrt[5]{\frac{mb_1}{EI}}$$

$m=120\,000\mathrm{kN/m^4}$, $E=0.8E_c=0.8\times2.8\times10^7(\mathrm{kN/m^2})$, $I=\frac{\pi}{64}d^4=0.049\,1(\mathrm{m^4})$

$$\alpha=\sqrt[5]{\frac{120\,000\times1.38}{0.8\times2.8\times10^7\times0.049\,1}}=0.685(\mathrm{m^{-1}})$$

(3)弹性桩判断

桩在局部冲刷线以下深度 $h=10.31\mathrm{m}$,其计算长度则为:$\bar{h}=\alpha h=0.685\times10.31=7.06>2.5$,故按弹性桩计算。

3)桩顶刚度系数 $\rho_{\mathrm{PP}}$、$\rho_{\mathrm{HH}}$、$\rho_{\mathrm{MH}}$、$\rho_{\mathrm{MM}}$ 值计算

(1)$\rho_{\mathrm{PP}}$ 计算

$$\rho_{\mathrm{PP}}=\frac{1}{\dfrac{l_0+\xi h}{AE}+\dfrac{1}{C_0A_0}}$$

$$l_0=67.54-60.85=6.69(\mathrm{m}),h=10.31(\mathrm{m}),\xi=\frac{1}{2},A=\frac{\pi d^2}{4}=0.785(\mathrm{m^2})$$

$$C_0=m_0h=120\,000\times10.31=1.237\times10^6(\mathrm{kN/m^3})$$

$$A_0=\begin{cases}\pi\left(\dfrac{d}{2}+h\tan\dfrac{\bar{\varphi}}{4}\right)^2=\pi\left(\dfrac{1}{2}+10.31\tan\dfrac{40}{4}\right)^2=16.88(\mathrm{m^2})\\ \dfrac{\pi}{4}S^2=\dfrac{\pi}{4}\times2.5^2=4.91(\mathrm{m^2})\end{cases}$$

两者取小值,故 $A_0=4.91\mathrm{m^2}$。

$$\rho_{\mathrm{PP}}=\left(\frac{6.69+\dfrac{1}{2}\times10.31}{0.785\times0.8\times2.8\times10^7}+\frac{1}{1.237\times10^6\times4.91}\right)^{-1}=1.193\times10^6=1.085EI$$

(2)《规范》方法计算 $\rho_{\mathrm{HH}}$、$\rho_{\mathrm{MH}}$、$\rho_{\mathrm{MM}}$

将已知式(4-57)、式(4-78)、式(4-81)输入 Excel,自动计算出桩顶单位位移时的作用"力"效应。见表4-21。

**桩顶单位位移时的作用"力"效应计算表** 表4-21

| 无量纲系数录入 | | 结构尺寸 | | | 位移计算 | | |
|---|---|---|---|---|---|---|---|
| $A_1$ | -5.853 33 | 尺寸输入及模量计算 | $\alpha$ | 0.685 | 当地面或局部冲刷线处作用单位"力"时,该截面产生的变位计算 | $A_3B_4-A_4B_3$ | 109.011 766 |
| $B_1$ | -5.940 97 | | $\alpha h$ | 4.0 | | $B_3D_4-B_4D_3$ | 266.0 608 644 |
| $C_1$ | -0.926 77 | | $k_h$ | 0.0 | | $\delta_{\mathrm{HH}}^{(0)}$ | 6.905 85E-06 |
| $D_1$ | 4.547 80 | | $E$ | 2.2.E+07 | | $A_3D_4-A_4D_3$ | 176.7 081 828 |
| $A_2$ | -6.533 16 | | $d$ | 1.00 | | $\delta_{\mathrm{MH}}^{(0)}$ | 3.141 83E-06 |
| $B_2$ | -12.158 10 | | $I$ | 0.05 | | $B_3C_4-B_4C_3$ | 176.713 418 2 |
| $C_2$ | -10.608 40 | | $EI$ | 1.10E+06 | | $\delta_{\mathrm{HM}}^{(0)}$ | 3.141 93E-06 |
| $D_2$ | -3.766 47 | | $l_0$ | 6.69 | | $A_3C_4-A_4C_3$ | 190.833 522 4 |
| $A_3$ | -1.614 28 | | | | | $\delta_{\mathrm{MM}}^{(0)}$ | 2.324 19E-06 |

续上表

| 无量纲系数录入 | | 结构尺寸 | | | 位移计算 | | |
| --- | --- | --- | --- | --- | --- | --- | --- |
| $B_3$ | -11.730 66 | | | | 桩顶作用单位“力”时的位移 | $\delta_{HH}$ | 0.000 243 734 |
| $C_3$ | -17.918 60 | | | | | $\delta_{MH}$ | 3.904 25E-05 |
| $D_3$ | -15.075 50 | | | | | $\delta_{MM}$ | 8.408 44E-06 |
| $A_4$ | 9.243 68 | | | | 桩顶单位位移时的作用“力”效应 | $\delta_{HH}\delta_{MM}-\delta_{HM}^2$ | 5.251 11E-10 |
| $B_4$ | -0.357 62 | | | | | $\rho_{HH}$ | 0.014 6*EI* |
| $C_4$ | -15.610 50 | | | | | $\rho_{MH}$ | 0.067 6*EI* |
| $D_4$ | -23.140 40 | | | | | $\rho_{MM}$ | 0.422 1*EI* |

$$\begin{cases}\rho_{HH}=\dfrac{\delta_{MM}}{\delta_{HH}\delta_{MM}-\delta_{HM}^2}\\ \delta_{MH}=\dfrac{\delta_{MH}}{\delta_{HH}\delta_{MM}-\delta_{HM}^2}\\ \delta_{MM}=\dfrac{\delta_{HH}}{\delta_{HH}\delta_{MM}-(\delta_{HM})^2}\end{cases},\begin{cases}\delta_{HH}=\dfrac{l_0^3}{3EI}+\delta_{MM}^{(0)}l_0^2+2\delta_{MH}^{(0)}l_0+\delta_{HH}^{(0)}\\ \delta_{MH}=\dfrac{l_0^2}{2EI}+\delta_{MM}^{(0)}l_0+\delta_{MH}^{(0)}\\ \delta_{MM}=\dfrac{l_0}{EI}+\delta_{MM}^{(0)}\end{cases}$$

$$\begin{cases}\delta_{HH}^{(0)}=\dfrac{1}{a^3EI}\times\dfrac{(B_3D_4-B_4D_3)+k_h(B_2D_4-B_4D_2)}{(A_3B_4-A_4B_3)+k_h(A_2B_4-A_4B_2)}\\ \delta_{MH}^{(0)}=\dfrac{1}{a^2EI}\times\dfrac{(A_3D_4-A_4D_3)+k_h(A_2D_4-A_4D_2)}{(A_3B_4-A_4B_3)+k_h(A_2B_4-A_4B_2)}\\ \delta_{MM}^{(0)}=\dfrac{1}{aEI}\times\dfrac{(A_3C_4-A_4C_3)+k_h(A_2C_4-A_4C_2)}{(A_3B_4-A_4B_3)+k_h(A_2B_4-A_4B_2)}\end{cases}$$

(3)无量纲法计算$\rho_{HH}$、$\rho_{MH}$、$\rho_{MM}$

桩顶单位位移时的作用“力”效应也可采用手工计算方法。

已知$\bar{h}=\alpha h=7.06>4.0$，取用4.0，$\bar{l}_0=\alpha l_0=4.58$，查附表14～附表16得：

$$x_Q=0.045\,39,x_M=0.144\,26,\phi_M=0.616\,54$$

由式(4-83)得：

$$\rho_{HH}=\alpha^3EIx_Q=0.014\,6EI$$
$$\rho_{MH}=\alpha^2EIx_M=0.067\,7EI$$
$$\rho_{MM}=\alpha EI\phi_M=0.422\,3EI$$

4)算承台底面原点$O$处位移$c$、$a$、$\beta$(单孔活载+恒载+制动力等)

由式(4-86)～式(4-88)得：

$$c=\frac{P}{n\cdot\sum_{i=1}^{n}\rho_{PP}}=\frac{8\,591.40}{6\times1.085EI}=\frac{1\,319.72}{EI}$$

$$a=\frac{(n\rho_{MM}+\rho_{PP}\sum_{i=1}^{n}x_i^2)H+n\rho_{MH}M}{n\rho_{HH}(n\rho_{MM}+\rho_{PP}\sum_{i=1}^{n}x_i^2)-n^2\rho_{MH}^2}$$

$$=\frac{(6\times0.422\,3EI+1.085EI\times6\times1.25^2)\times358.6+6\times0.067\,7EI\times5\,334.50}{6\times0.014\,6EI\times(6\times0.422\,3EI+1.085EI\times6\times1.25^2)-6^2\times(0.067\,7EI)^2}=\frac{7\,091.77}{EI}$$

$$\beta=\frac{n\rho_{MH}H+n\rho_{HH}M}{n\rho_{HH}(n\rho_{MM}+\rho_{PP}\sum_{i=1}^{n}x_i^2)-n^2\rho_{MH}^2}$$

$$=\frac{6\times0.0677EI\times358.6+6\times0.0146EI\times5334.50}{6\times0.0146EI\times(6\times0.4223EI+1.085EI\times6\times1.25^2)-6^2\times(0.0677EI)^2}=\frac{646.58}{EI}$$

5)计算作用在每根桩顶上作用力 $N_i$、$Q_i$、$M_i$

按式(4-73)计算:

任一桩顶轴向力

$$N_i=(c+\beta x_i)\rho_{PP}=\left(\frac{1319.72}{EI}\pm\frac{646.58}{EI}\times1.25\right)\times1.085EI=\begin{cases}2308.82(\text{kN})\\554.97(\text{kN})\end{cases}$$

任一桩顶剪力

$$Q_i=a\rho_{HH}-\beta\rho_{HM}=\frac{7091.77}{EI}\times0.0146EI-\frac{646.58}{EI}\times0.0677EI=59.77(\text{kN})$$

任一桩顶弯矩

$$M_i=\beta\rho_{MM}-a\rho_{MH}=\frac{646.58}{EI}\times0.4223EI-\frac{7091.77}{EI}\times0.0677EI=-207.06(\text{kN}\cdot\text{m})$$

校核:

$$nQ_i=6\times59.77=358.62(\text{kN})\approx H=358.60(\text{kN})$$

$$\sum_{i=1}^{n}x_iN_i+nM_i=3\times(2308.82-554.97)\times1.25+6\times(-207.06)$$

$$=5334.57(\text{kN}\cdot\text{m})\approx M=5334.50(\text{kN}\cdot\text{m})$$

6)计算局部冲刷线处桩身弯矩 $M_0$、水平力 $H_0$

水平力 $H_0=Q_i=59.77(\text{kN})$

弯矩 $M_0=M_i+Q_il_0=-207.06+59.77\times6.69=192.80(\text{kN}\cdot\text{m})$

求得 $M_0$、$H_0$ 后就可按单桩进行计算和验算,然后进行群桩基础承载力和沉降(需要时)验算(方法见4.4节)。

## 4.4 群桩基础的竖向分析及其验算

群桩基础在荷载作用下,由于基桩间的相互影响及其与承台的共同作用,其工作性状显然与单桩不同。本节主要讨论群桩基础在荷载作用下的竖向分析和群桩基础的竖向承载力与变形验算问题。

### 4.4.1 群桩基础的工作性状及其特点

群桩基础的竖向分析主要取决于荷载的传递特征,不同受力条件下的基桩有着不同的荷载传递特征,这也就决定了不同类型基桩的群桩基础呈现出不同的工作性状与特点。

1)端承型群桩基础

端承型群桩基础,桩顶荷载主要由桩底岩层(或坚硬土层)支承。各桩的应力叠加仅可能发生在桩底以下持力层深部，各桩的工作状态近于独立单桩，如图 4-39 所示，群桩基础的承载力等于各单桩承载力之和，其沉降量等于单桩沉降量。

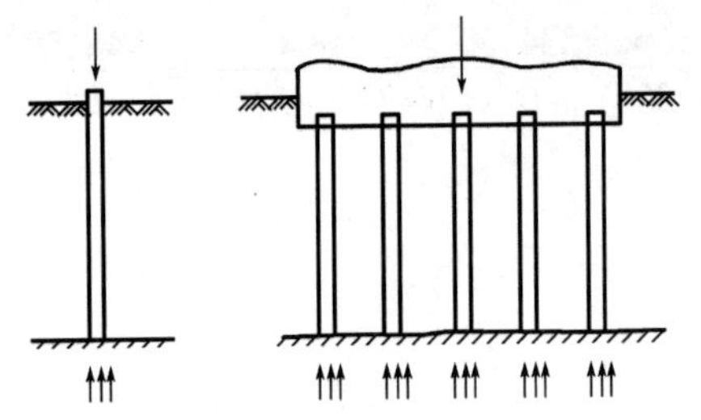

图 4-39　端承型桩桩底平面的应力分布

2）摩擦型群桩基础

摩擦型群桩基础，桩顶荷载主要通过桩侧土的摩阻力传递到桩周和桩端土层中。桩周土体应力扩散，使桩周下部及桩底土体可能出现应力叠加（图 4-40），因而使各桩所拥有的支撑土体少于单桩工作的情形，群桩基础的承载力不等于各单桩计算承载力总和。群桩桩底处地基土受到的压应力比单桩大，荷载传递的影响范围也比单桩深（图 4-41），因此桩底以下地基土层产生的压缩变形和群桩基础的沉降都比单桩大。

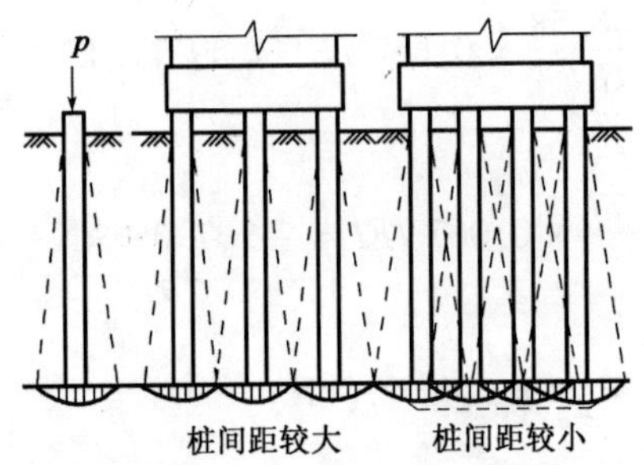


图 4-40　摩擦型桩桩底平面的应力分布

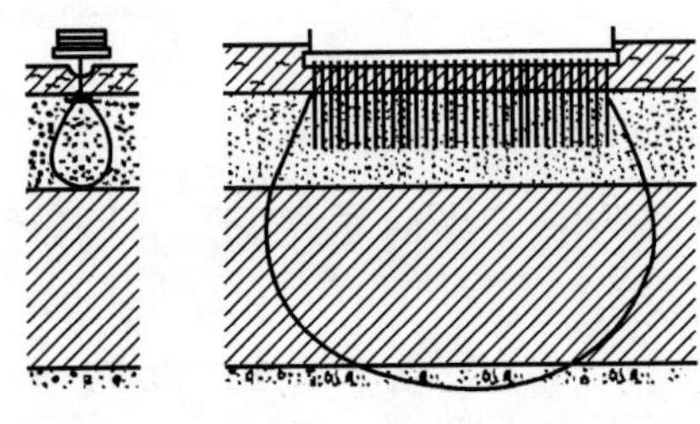

图 4-41　群桩和单桩应力传布深度比较

摩擦型群桩基础受竖向荷载后，桩侧阻力、桩端阻力、沉降等性状与单桩明显不同，这种群桩不同于单桩的工作性状所产生的效应，称其为群桩效应。

影响群桩基础承载力和沉降的因素很复杂，与土的性质、桩长、桩距、桩数、群桩的平面排列和承台尺寸大小等因素有关。模型试验研究和现场测定结果表明，上述诸因素中，桩距大小的影响是主要的，其次是桩数。

同时发现，当桩距较小、土质较坚硬时，在荷载作用下，桩间土与桩群作为一个整体而下沉，桩底土层受压缩，破坏时呈“整体破坏”，即指桩、土形成整体，破坏状态类似一个实体深基础。而当桩距足够大、土质较软时，桩与土之间产生剪切变形，桩群呈“刺入破坏”。在一般情况下，群桩基础兼有这两种性状。

对于低桩承台群桩基础，承台底面土有可能会参与工作，分担部分外荷载，从而影响桩的承载能力。

### 4.4.2　群桩基础承载力验算

《公路桥涵地基与基础设计规范》（JTG D63—2007）规定：9 根桩及 9 根桩以上的多排摩擦桩群桩在桩端平面内桩距小于 6 倍桩径时，群桩作为整体基础验算桩端平面处土的承载力。当桩端平面以下有软土层或软弱地基时，还应验算该土层的承载力。

1）桩底持力层承载力验算

如图 4-42 所示，将桩基础视为相当于 *cdea* 范围内的实体基础，认为群桩侧外力以 $\bar{\varphi}/4$ 角

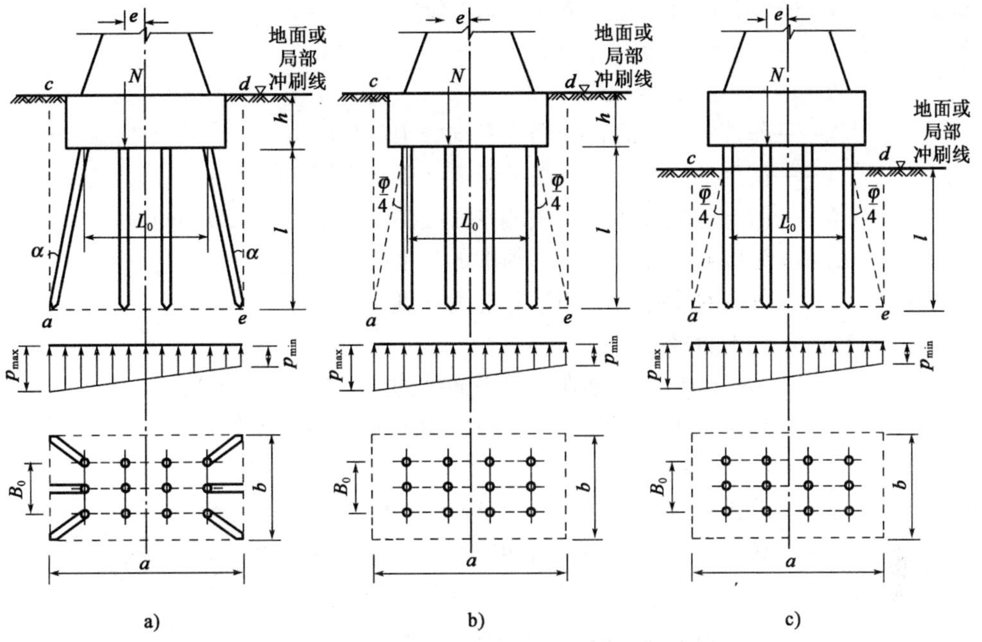


图4-42 群桩作为整体基础计算示意图

向下扩散,可按下式验算桩底平面处土层的承载力:

(1)当轴心受压时:

$$p = \bar{\gamma} l + \gamma h - \frac{BL\gamma h}{A} + \frac{N}{A} \leqslant [f_a] \tag{4-96}$$

(2)当偏心受压时,除满足式(4-96)外,尚应满足下列条件:

$$p_{max} = \bar{\gamma} l + \gamma h - \frac{BL\gamma h}{A} + \frac{N}{A}\left(1 + \frac{eA}{W}\right) \leqslant \gamma_R [f_a] \tag{4-97}$$

$$A = a \times b \tag{4-98}$$

当桩的斜度 $\alpha \leqslant \frac{\bar{\varphi}}{4}$ 时:

$$\left.\begin{aligned} a &= L_0 + d + 2l\tan\frac{\bar{\varphi}}{4} \\ b &= B_0 + d + 2l\tan\frac{\bar{\varphi}}{4} \end{aligned}\right\} \tag{4-99}$$

当桩的斜度 $\alpha > \frac{\bar{\varphi}}{4}$ 时:

$$\left.\begin{aligned} a &= L_0 + d + 2l\tan\alpha \\ b &= B_0 + d + 2l\tan\alpha \end{aligned}\right\} \tag{4-100}$$

$$\bar{\varphi} = \frac{\varphi_1 l_1 + \varphi_2 l_2 + \cdots + \varphi_n l_n}{l} \tag{4-101}$$

以上式中:$p$、$p_{max}$——桩端平面处的平均压应力、最大压应力(kPa);

$\bar{\gamma}$——承台底面包括桩的重力在内至桩端平面土的平均重度(kN/m$^3$);

$l$——桩的深度(m);

$\gamma$——承台底面以上土的重度($kN/m^3$);

$L$——承台的长度(m);

$B$——承台的宽度(m);

$N$——作用于承台底面合力的竖向分力(kN);

$A$——假想的实体基础在桩端平面处的计算面积($m^2$);

$a$、$b$——假想的实体基础在桩端平面处的计算宽度和长度(m);

$L_0$——外围桩中心围成矩形轮廓的长度(m);

$B_0$——外围桩中心围成矩形轮廓的宽度(m);

$d$——桩的直径(m);

$W$——假想的实体基础在桩端平面处的截面抵抗矩($m^3$);

$e$——作用于承台底面合力的竖向分力对桩端平面处计算面积重心轴的偏心距(m);

$\bar{\varphi}$——基桩所穿过土层的平均土内摩擦角;

$\varphi_1 l_1$、$\varphi_2 l_2$、…、$\varphi_n l_n$——各层土的内摩擦角与相应土层厚度的乘积;

$[f_a]$——修正后桩端平面处土的承载力容许值;

$h$——承台的高度(m),对图4-42所示的高承台桩基,$h=0$,埋置深度即为$l$;

$\gamma_R$——抗力系数。

2)软弱下卧层强度验算

软弱下卧层验算方法是按土力学中的土应力分布规律计算出软弱土层顶面处的总应力不得大于该处土的承载力容许值。

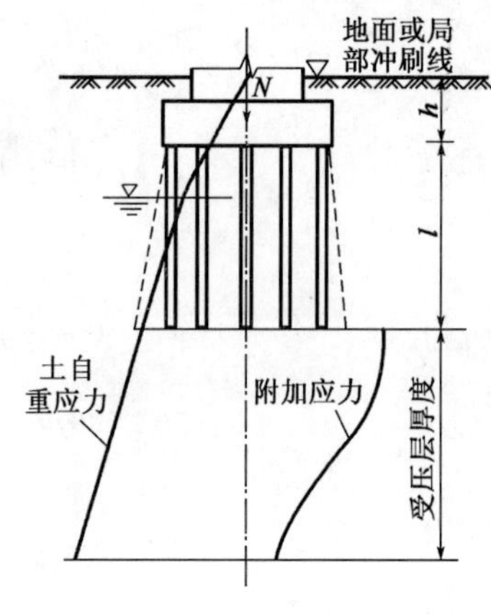

图4-43　群桩地基变形计算

### 4.4.3　群桩基础沉降验算

当桩基为端承桩或桩端平面内桩的中距大于桩径(或边长)的6倍时,桩基的总沉降量可取单桩的沉降量。当桩的中心距小于6倍桩径的摩擦型群桩基础,则作为实体基础考虑,如图4-43所示,可采用分层总和法计算沉降量,并满足《公路桥涵地基与基础设计规范》(JTG D63—2007)关于规定墩台基础沉降的规定。

## 4.5　承台的设计计算

承台是桩基础的重要组成部分,应具有足够的强度和刚度,以便把上部结构的荷载传递给各桩,并将各单桩连接成整体。

承台设计包括承台材料、形状、高度、底面高程和平面尺寸的等构造要求,已在第3.3节介绍,本节仅介绍承台强度验算。

### 4.5.1　承台底面单桩竖向力设计值

承台底面单桩竖向力设计值,是承台后续验算的作用力,可按下列公式计算:

$$N_{id} = \frac{F_d}{n} \pm \frac{M_{xd}y_i}{\sum y_i^2} \pm \frac{M_{yd}x_i}{\sum x_i^2} \tag{4-102}$$

式中：$N_{id}$——第 $i$ 根桩的单桩竖向力设计值；

$F_d$——由承台底面以上的作用(或荷载)产生的竖向力组合设计值；

$M_{xd}$、$M_{yd}$——由承台底面以上的作用(或荷载)绕通过桩群形心的 $x$ 轴、$y$ 轴的弯矩组合设计值；

$n$——承台下面桩的总根数；

$x_i$、$y_i$——第 $i$ 排桩中心至 $y$ 轴、$x$ 轴的距离。

## 4.5.2 桩顶处的局部受压验算

桩顶作用于承台混凝土的压力，如不考虑桩身与承台混凝土间的黏结力，局部承压时按下式计算：

$$\gamma_0 N_d \leqslant 0.9\beta A_l f_{cd} \tag{4-103}$$

$$\beta = \sqrt{\frac{A_b}{A_l}} \tag{4-104}$$

式中：$\gamma_0$——结构重要性系数；

$N_d$——承台内一根基桩承受的最大轴向力计算值(kN)；

$\beta$——局部承压强度提高系数；

$A_l$——承台内基桩桩顶横截面面积($m^2$)；

$A_b$——承台内计算底面积($m^2$)，具体计算方法参见《公路圬工桥涵设计规范》(JTG D61—2005)；

$f_{cd}$——混凝土轴心抗压强度设计值($kN/m^2$)。

如验算结果不符合上式要求，应在承台内桩的顶面以上设置 1 ~ 2 层钢筋网，钢筋网的边长应大于桩径的 2.5 倍，钢筋直径不宜小于 12mm，网孔为 100mm × 100mm，如图 4-44 所示。

## 4.5.3 承台的冲切承载力验算

1)柱或墩台向下冲切承台

柱或墩台向下冲切的破坏锥体应采用自柱或墩台边缘至相应桩顶边缘连线构成的锥体；桩顶位于承台顶面以下一倍有效高度 $h_0$ 处。锥体斜面与水平面的夹角不应小于 45°，当小于 45°时取用 45°。

柱或墩台向下冲切承台的冲切承载力按下列规定计算：

$$\gamma_0 F_{ld} \leqslant 0.6 f_{td} h_0 [2\alpha_{px}(b_y + a_y) + 2\alpha_{py}(b_x + a_x)] \tag{4-105}$$

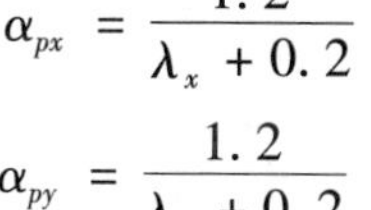

$$\alpha_{px} = \frac{1.2}{\lambda_x + 0.2}$$

$$\alpha_{py} = \frac{1.2}{\lambda_y + 0.2}$$

图 4-44　承台桩顶处钢筋网

式中：$F_{ld}$——作用于冲切破坏棱体上的冲切力设计值，可取柱或墩台的竖向力设计值减去锥体范围内桩的反力设计值；

$\gamma_0$——桥梁结构的重要性系数；

$b_x$、$b_y$——柱或墩台作用面积的边长(图4-45)；

$a_x$、$a_y$——冲跨，冲切破坏锥体侧面顶边与底边间的水平距离，即柱或墩台边缘到桩边缘的水平距离，其值不应大于 $h_0$(图4-45)；

$\lambda_x$、$\lambda_y$——冲跨比 $\lambda_x = a_x/h_0$、$\lambda_y = a_y/h_0$，当 $a_x < 0.2h_0$ 或 $a_y < 0.2h_0$ 时，取 $a_x = 0.2h_0$ 或 $a_y = 0.2h_0$；

$\alpha_{px}$、$\alpha_{py}$——分别与冲跨比 $\lambda_x$、$\lambda_y$ 对应的冲切承载力系数；

$f_{td}$——混凝土轴心抗拉强度设计值。

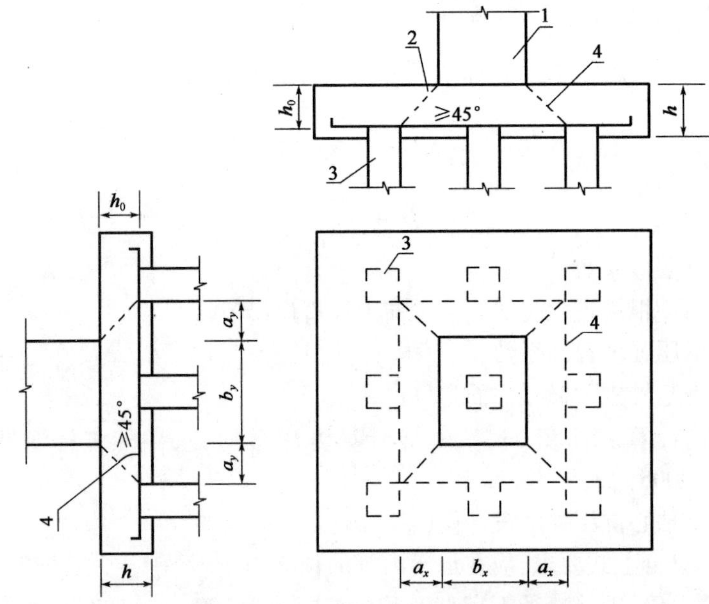


图4-45　柱、墩台向下冲切承台破坏锥体

1-柱、墩台；2-承台；3-桩；4-破坏锥体

2)柱或墩台向下冲切破坏锥体以外的角桩和边桩向上冲切承台

对于柱或墩台向下的冲切破坏锥体以外的角桩和边桩，其向上冲切承台的冲切承载力按下列规定计算：

(1)角桩

$$\gamma_0 F_{ld} \leqslant 0.6 f_{td} h_0 \left[ \alpha'_{px}\left(b_y + \frac{a_y}{2}\right) + \alpha'_{py}\left(b_x + \frac{a_x}{2}\right) \right] \tag{4-106}$$

$$\alpha'_{px} = \frac{0.8}{\lambda_x + 0.2}$$

$$\alpha'_{py} = \frac{0.8}{\lambda_y + 0.2}$$

式中：$F_{ld}$——角桩竖向力设计值；

$b_x$、$b_y$——承台边缘至桩内边缘的水平距离(图4-46)；

$a_x$、$a_y$——冲跨，为桩边缘至相应柱或墩台边缘的水平距离，其值不应大于 $h_0$(图4-46)；

$\lambda_x$、$\lambda_y$——冲跨比 $\lambda_x = a_x/h_0$、$\lambda_y = a_y/h_0$，当 $a_x < 0.2h_0$ 或 $a_y < 0.2h_0$ 时，取 $a_x = 0.2h_0$ 或 $a_y =$

$0.2h_0$;

$\alpha'_{px}$、$\alpha'_{py}$——分别与冲跨比 $\lambda_x$、$\lambda_y$ 对应的冲切承载力系数。

(2)边桩

当 $b_p+2h_0 \leqslant b$ 时($b$ 见图4-46):

$$\gamma_0 F_{ld} \leqslant 0.6 f_{td} h_0 [\alpha'_{px}(b_p+h_0)+0.667(2b_x+a_x)] \tag{4-107}$$

式中:$F_{ld}$——边桩竖向力设计值;

$b_x$——承台边缘至桩内边缘的水平距离;

$b_p$——方桩的边长;

$a_x$——冲跨,为桩边缘至相应柱或墩台边缘的水平距离,其值不应大于 $h_0$(图4-46)。

按上述式(4-105)~式(4-107)计算时,圆形截面桩可换算为边长等于0.8倍圆桩直径的方形截面桩。

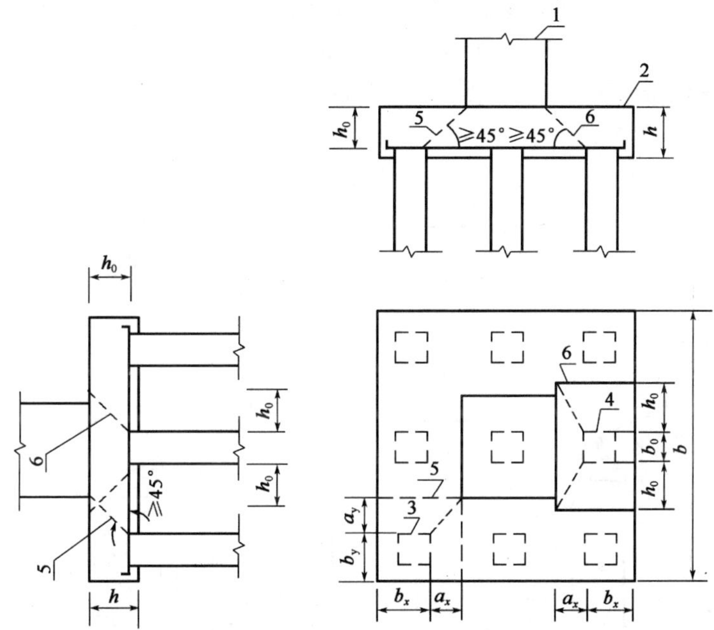


图4-46 角桩和边桩向上冲切承台破坏锥体

1-柱、墩台;2-承台;3-角桩;4-边桩;5-角桩上破坏棱体;6-边桩上破坏棱体

### 4.5.4 承台抗弯承载力验算

1)外排桩中心距墩台身边缘大于承台高度

当承台下面外排桩中心距墩台身边缘大于承台高度时,其正截面(垂直于 $x$ 轴和 $y$ 轴的竖向截面)抗弯承载力可作为悬臂梁按《公路钢筋混凝土及预应力混凝土桥涵设计规范》(JTG D62—2004)中的"梁式体系"进行计算。

(1)承台截面计算宽度

①当桩中距不大于3倍桩边长或桩直径时,取承台全宽;

②当桩中距大于3倍桩边长或桩直径时:

$$b_s = 2a + 3D(n-1) \tag{4-108}$$

式中：$b_s$——承台截面计算宽度；

$a$——平行于计算宽度的边桩中心距承台边缘距离；

$D$——桩边长或桩直径；

$n$——平行于计算截面的桩的根数。

(2)承台计算截面弯矩设计值计算(图4-47)

$$\left.\begin{aligned} M_{xcd} &= \sum N_{id}x_{ci} \\ M_{ycd} &= \sum N_{id}y_{ci} \end{aligned}\right\} \tag{4-109}$$

式中：$M_{xcd}$、$M_{ycd}$——计算截面外侧各排桩竖向力产生的绕 $x$ 轴和 $y$ 轴在计算截面处的弯矩组合设计值；

$N_{id}$——计算截面外侧第 $i$ 排桩的竖向力设计值，取该排桩根数乘以该排桩中最大单桩竖向力设计值；

$x_{ci}$、$y_{ci}$——垂直于 $y$ 轴和 $x$ 轴方向，自第 $i$ 排桩中心线至计算截面的距离。

在确定承台的计算截面弯矩后，可根据钢筋混凝土矩形截面受弯构件按极限状态设计法进行承台纵桥向及横桥向配筋计算或验算截面抗弯强度。

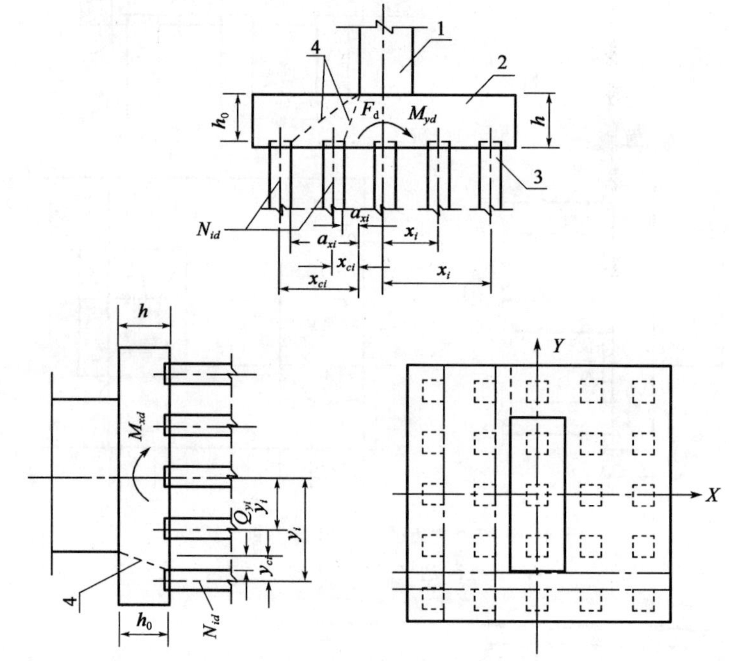


图4-47 桩基承台计算

1-墩身；2-承台；3-桩；4-剪切破坏斜截面

2)外排桩中心距墩台身边缘等于或小于承台高度

当外排桩中心距墩台身边缘等于或小于承台高度时，承台短悬臂可按“撑杆－系杆体系”计算撑杆的抗压承载力和系杆的抗拉承载力(图4-48)。

(1)撑杆抗压承载力可按下式计算：

$$\gamma_0 D_{id} \leqslant t b_s f_{cd,s} \tag{4-110a}$$

$$f_{cd,s} = \frac{f_{cu,k}}{1.43 + 304\varepsilon_1} \leqslant 0.48 f_{cu,k} \tag{4-110b}$$

$$\varepsilon_1 = \left(\frac{T_{id}}{A_s E_s} + 0.002\right)\cot^2\theta_i \tag{4-110c}$$

$$t = b\sin\theta_i + h_a\cos\theta_i \tag{4-110d}$$

$$h_a = s + 6d \tag{4-110e}$$

式中：$D_{id}$——撑杆压力设计值，包括 $D_{1d}/N_{1d}/\sin\theta_1$，$D_{2d}/N_{2d}/\sin\theta_2$，其中 $N_{1d}$、$N_{2d}$分别为承台悬臂下面，“1”排桩和“2”排桩内，该排桩的根数乘以该排桩中最大单桩竖向力设计值，按式(4-110a)计算撑杆抗压承载力时，式中 $D_{id}$取 $D_{1d}$和 $D_{2d}$两者较大值；

$f_{cd,s}$——撑杆混凝土轴心抗压强度设计值；

$t$——撑杆计算高度；

$b_s$——撑杆计算宽度，按式(4-108)有关正截面抗弯承载力计算时对计算宽度的规定；

$b$——桩的支撑宽度，方形截面桩取截面边长，圆形截面桩取直径的 0.8 倍；

$f_{cu,k}$——边长为 150mm 的混凝土立方体抗压强度标准值；

$T_{id}$——与撑杆相应的系杆拉力设计值，包括 $T_{1d}=N_{1d}/\tan\theta_1$，$T_{2d}=N_{2d}/\tan\theta_2$；

$A_s$——在撑杆计算宽度 $b_s$(系杆计算宽度)范围内系杆钢筋截面面积；

$s$——系杆顶层钢筋中心至承台底的距离；

$d$——系杆钢筋直径，当采用不同直径的钢筋时，$d$ 取加权平均值；

$\theta_i$——撑杆压力线与系杆拉力线的夹角，包括 $\theta_1=\tan^{-1}\dfrac{h_0}{a+x_1}$，$\theta_2=\tan^{-1}\dfrac{h_0}{a+x_2}$，其中 $h_0$ 为承台有效高度；$a$ 为撑杆压力线在承台顶面的作用点至墩台边缘的距离，取 $a=0.15h_0$；$x_1$和 $x_2$为桩中心至墩台边缘的距离。

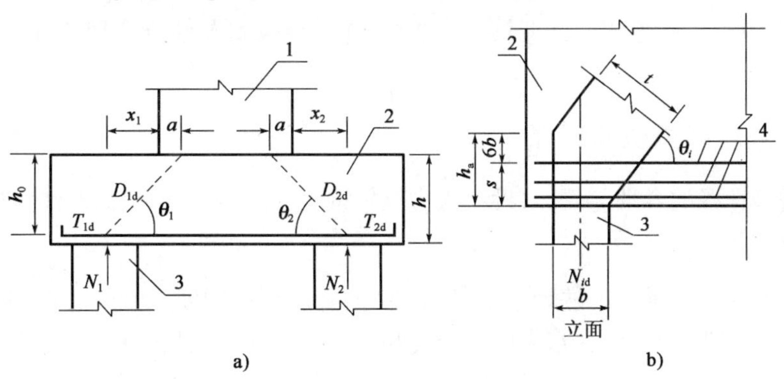


图 4-48 承台按“撑杆—系杆体系”计算

a)撑杆—系杆”力系；b)撑杆计算高度

1-墩台身；2-承台；3-桩；4-系杆钢筋

(2)系杆抗拉承载力可按下式计算：

$$\gamma_0 T_{id} \leqslant f_{sd} A_s \tag{4-111}$$

式中：$T_{id}$——系杆拉力设计值，取 $T_{1d}$与 $T_{2d}$两者较大者；

$f_{sd}$——系杆钢筋抗拉强度设计值。

### 4.5.5 承台斜截面抗剪承载力验算

承台应有足够的厚度，防止沿墩身底面边缘的剪切破坏斜截面处产生剪切破坏(图

4-47)。承台的斜截面抗剪承载力计算应符合下式规定:

$$\gamma_0 V_d \leqslant \frac{0.9\times10^{-4}(2+0.6P)\sqrt{f_{cu,k}}}{m}b_s h_0 \tag{4-112}$$

式中:$V_d$——由承台悬臂下面桩的竖向力设计值产生的计算斜截面以外各排桩最大剪力设计值(kN)的总和;每排桩的竖向力设计值,取其中一根最大值乘以该排桩的根数;

$f_{cu,k}$——边长为150mm的混凝土立方体抗压强度标准值(MPa);

$P$——斜截面内纵向受拉钢筋的配筋百分率,$P=100\rho$,$\rho=A_s/bh_0$,当$P>2.5$时,取$P=2.5$,其中$A_s$为承台截面计算宽度内纵向受拉钢筋截面面积;

$m$——剪跨比,$m=a_{xi}/h_0$或$m=a_{yi}/h_0$,当$m<0.5$时,取$m=0.5$。其中$a_{xi}$和$a_{yi}$,分别为沿$x$轴和$y$轴墩台边缘至计算斜截面外侧第$i$排桩边缘的距离;当为圆形截面桩时,可换算为边长等于0.8倍圆桩直径的方形截面桩;

$b_s$——承台计算宽度(mm);

$h_0$——承台有效高度(mm)。

当承台的同方向可作出多个斜截面破坏面时,应分别对每个斜截面进行抗剪承载力计算。承台可不进行裂缝宽度和挠度验算。

## 4.6 桩基础的设计

桩基础设计,应根据结构使用要求、上部结构形式、荷载性质及大小、地质与水文资料,材料供应及施工条件等因素,拟定桩基础设计方案,包括桩基类型、桩长、桩径、桩数、布置等,经过对基桩、承台及桩基础整体的强度及变形验算,并结合技术及经济合理性,确定较为理想的设计方案。

### 4.6.1 桩基础类型的选择

桩基础类型选择的合理与否,对设计优劣至关重要,应综合考虑全部条件因素。

1)承台底面高程的考虑

选择承台底面高程需考虑的因素很多,如荷载情况、桩的刚度、地形、地质、水流、施工难易等。低桩承台稳定性较好,但在水中施工难度和工程量较大,因此可用于季节性河流、冲刷小的河流或旱地结构物的基础。对于常年有流水,冲刷较深,施工水位较高的情况,当受力条件允许时,应尽可能采用高桩承台。目前一般采用的桩径都比较大,因此桩基础的强度和刚度基本不成问题,所以在选择承台底面的高程时,施工难易程度的考虑占比上升。

承台底面高程宜根据桥位情况、施工难易程度、美观与整体协调综合确定。冻胀土地区,承台底面在土中时,其埋置深度应位于冻结线以下不少于0.25m。有流冰的河流,承台底面高程应在最低冰层底面以下不小于0.25m,以防撞击。当有流筏、其他漂流物或船舶撞击时,承台底面高程应保证桩不受直接撞击损伤。

2)柱桩桩基和摩擦桩桩基的考虑

柱桩和摩擦桩的选择主要由地质条件决定。柱桩基础承载力大,沉降量小,较为安全可靠,因此当地质条件和施工条件允许时,应首先考虑采用柱桩。当条件不具备时,则采用摩擦桩。但在同一桩基础中不宜同时采用柱桩和摩擦桩,同时也不宜采用不同材料、不同直径和长度相差过大的桩,以避免发生不均匀沉降。当采用柱桩时,如基岩覆盖层较薄,或水平荷载较大,则需将桩底端嵌入基岩成为嵌岩桩,以增加桩基的稳定性和承载能力。

3)桩型与施工方法的考虑

桩型与施工方法的选择应按照基础工程的方案,根据地质情况、上部结构要求、桩的使用功能和施工技术设备等条件来确定。

### 4.6.2 桩径、桩长的拟定

应根据荷载、土质、桩基类型、桩的长径比、施工设备、技术条件、经济性等因素,通盘考虑桩径、桩长和桩的数量。

1)桩径拟定

桩的类型选定后,桩径即可根据桩的类型特点与常用尺寸选择确定。

2)桩长拟定

确定桩长的关键在于选择桩端持力层,应首先根据地质条件结合施工条件选择适宜的桩端持力层初步确定桩长。

对于摩擦桩,持力层可能有多种选择,而桩长与桩数两者相互牵连。因此可通过试算比较,选择较合理的桩长。摩擦桩的桩长不应太短,否则无法发挥桩基础的优势,且必然增加桩的数量,扩大承台尺寸。此外,为保证发挥摩擦桩桩底土层支承力,桩底端部应尽可能达到该土层的桩端阻力的临界深度,一般不宜小于1m。

### 4.6.3 确定基桩根数及其平面布置

1)桩的根数估算

一个基础所需桩的根数可根据承台底面上的竖向荷载和单桩承载力容许值按下式估算:

$$n \geqslant \mu \frac{P}{[R_a]} \tag{4-113}$$

式中:$n$——桩的根数;

$P$——作用在承台底面上的竖向荷载(kN);

$[R_a]$——单桩承载力容许值(kN);

$\mu$——考虑偏心荷载时各桩受力不均而适当增加桩数的经验系数,可取1.1~1.2。

桩数的确定还应满足桩基础水平承载力的要求。若有水平静载试验资料,可用各单桩水平承载力之和作为桩基础的水平承载力,来校核按式(4-113)估算的桩数。

2)桩间距的确定

为了避免基桩对相邻基桩的不利影响,应该根据桩的类型、施工工艺和排列方式确定桩的最小中心距,详见3.3节。

3)桩的平面布置

桩的数量确定后,如桩数众多,多排桩是必然选择。当桩数量不多,单排或多排布置均可

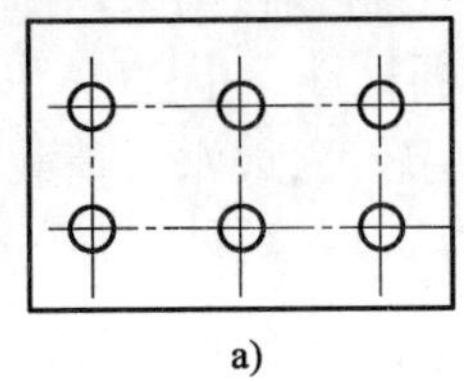
a)

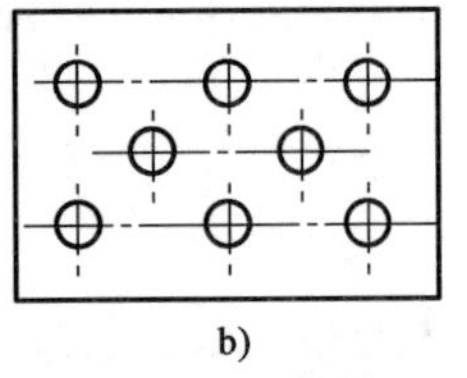
b)

图4-49　桩的平面布置

时,则应根据荷载情况选择。多排桩稳定性好,抗弯刚度较大,能承受较大的水平荷载,水平位移小,但可能会增大承台的尺寸,有时还影响航道;单排桩与此相反,能较好地与柱式墩台配用,可节省圬工,减小作用在桩基的竖向恒载。因此,当桥跨不大、桥高较矮时,或单桩承载力较大,需用桩数不多时常采用单排基础。

桩的排列形式常采用行列式,如图4-49所示,在相同的承台底面积下,后者可排列较多的基桩,而前者有利于施工。

为保证各桩受力均匀,充分发挥每根桩的承载能力,使各桩沉降基本一致,在基桩平面布置时,应尽可能使桩群横截面的重心与荷载合力作用点重合或接近。当作用于承台的弯矩较大时,宜尽量将基桩远离承台形心布置,采用外密内疏的布置方式,以增大基桩对承台形心或合力作用点的惯性矩,提高桩基的抗弯能力。

此外,基桩布置还应考虑使承台受力较为有利,例如桩柱式墩台应尽量使墩柱轴线与基桩轴线重合,盖梁式承台的桩柱布置应使承台发生的正负弯矩接近或相等,以减小承台所承受的弯曲应力。

### 4.6.4　桩基础设计计算与验算内容

根据上述原则所拟定的桩基础设计方案应进行验算,即对桩基础的承载力、强度和变形进行必要的验算,并选取与验算项目相应的最不利荷载组合进行。

1)单根基桩的验算

单根基桩的验算包括单桩轴向和横向承载力验算、单桩水平位移及墩台顶面水平位移验算、弹性桩桩侧土的土抗力验算,若为冻土地区,还应进行基桩抗冻拔强度和稳定性的验算。

单桩承载力的验算,应从土的承载能力和桩身材料强度两方面给予保证。对于一般性桥梁和结构物,在各种工程的初步设计阶段可按规范经验公式计算;而对于大型、重要桥梁或复杂地基条件还应通过静载试验等方法,做详细分析比较,较准确合理地确定。

2)群桩基础承载力和沉降量的验算

当符合规范有关群桩效应发生条件时,应将群桩作为整体基础,验算桩端平面处土的承载力及软弱下卧层的承载力。

3)承台强度验算

承台作为构件,一般应进行局部受压、抗冲切、抗弯和抗剪强度验算(见4.5节)。

### 4.6.5　桩基础设计计算步骤与程序

综合上述,桩基础设计是一个系统工程工作,为取得良好的技术与经济效果,有时(尤其对大桥或特大桥)应作几种方案比较或对已拟订方案进行修正是施工图设计成为方案设计的实施与保证。为阐明桩基础设计与计算的整个过程,现以框图4-50来说明,也作为本章内容的扼要概括。

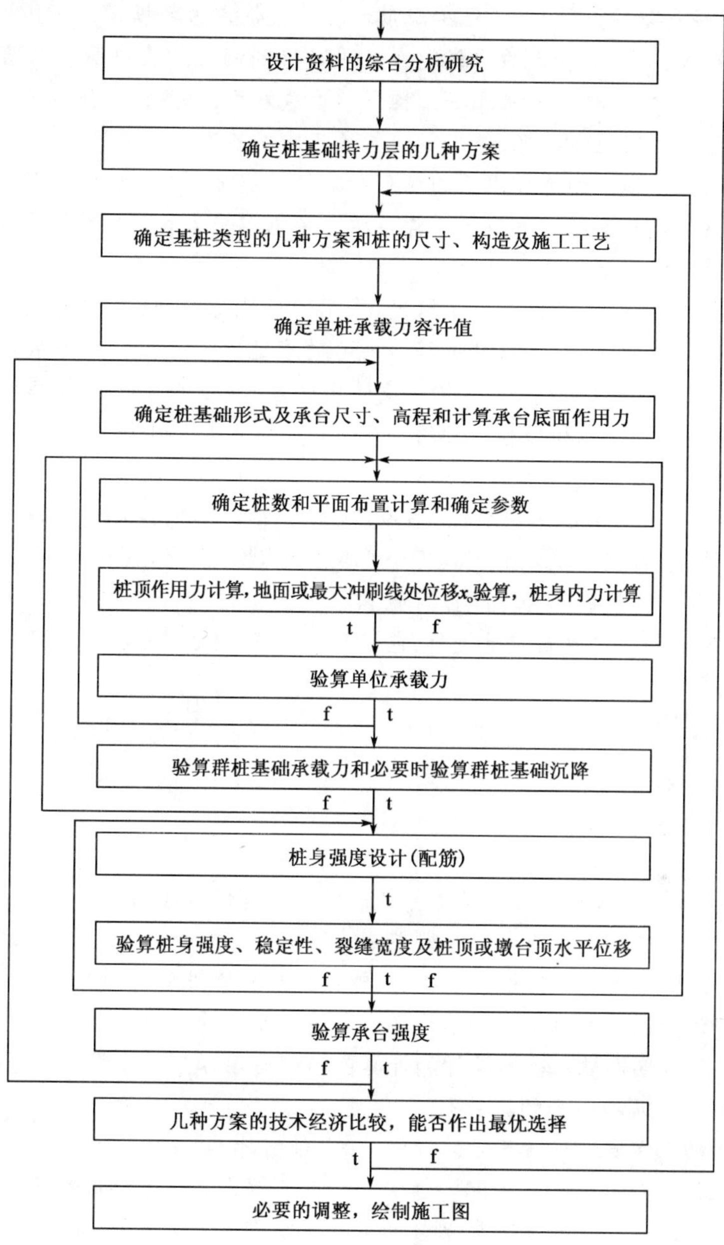


图4-50 桩基础设计计算步骤与程序示意框图

t-肯定或满足;f-否定或不满足

注:框图内“计算和确定参数”是指需参与计算的各常数及单排桩、多排桩计算需用的各种参数。

## 【本章小结】

本章主要叙述桩基础(包括单桩和桩群)承载力的确定方法、基桩和承台的内力和位移计算方法,进而完成桩基础的设计,并为结构配筋和验算提供内力数据。

1. 桩的破坏模式显示,桩和土的承载能力应同时得到满足。其中荷载试验的方法能同时验证桩与土的承载能力,经验公式法表征土提供的承载能力,桩身材料强度计算的方法表征桩的承载能力。经验公式因地质情况、施工方法等的不同而不同。

2. 定性地依据桩在横轴向力作用下的变形和破坏特征,定量地依据 $\alpha h$ 值是否大于2.5来划分刚性桩与弹性桩。桩基础一般多属于弹性桩。依据水平力和弯矩作用方向上有单排还是多排基桩来划分单排桩和多排桩基础。

对于单桩和单排桩基础,依据文克尔假定,采用弹性地基梁法(具体为"m"法),建立单桩的挠曲微分方程并求解,得到单桩桩身位移和内力的表达式。直接代入系数计算位移和内力的规范方法,或根据边界条件将表达式进一步简化处理,通过查表计算位移和内力的无量纲法,都可以达到计算桩身内力和位移的目的。前者比较适合自编小程序,以解决重复计算工作量大的问题,后者比较便于手算。

对于多排桩通过结构力学方法,将承台所受荷载分配至各个基桩,再进一步求解单桩位移和内力。

3. 在特定条件下,群桩的整体承载力将小于单桩承载力之和,沉降也有所不同,此为群桩效应所致,应对桩群整体承载力和沉降另行验算。

4. 承台的强度计算应按照新规范进行,包括局部受压、冲切、抗弯、抗剪验算。

## 【复习思考题】

4-1　什么是"m"法,它的理论根据是什么?这方法有什么优缺点?

4-2　地基土的水平向土抗力大小与哪些因素有关?

4-3　"m"法为什么要分多排桩和单排桩,弹性桩和刚性桩?

4-4　在"m"法中高桩承台与低桩承台的计算有什么异同?

4-5　用"m"法对单排桩基础的设计和计算包括哪些内容?计算步骤是怎样的?

4-6　承台应进行哪些内容的验算?

4-7　什么情况下需要进行桩基础的沉降计算,如何计算?

4-8　桩基础的设计包括哪些内容?通常应验算哪些内容?怎样进行这些验算?

4-9　什么是地基系数?确定地基系数的方法有哪几种?目前我国公路桥梁桩基础设计计算时采用的是哪一种?

4-10　多排桩各桩受力分配计算时,采用的主要计算参数有哪些?说明各参数代表的含义。

4-11　一级公路,汽车专用。路基宽度23m,分离式路基。正交直线桥梁,全桥三跨,每跨30m。上部结构装配式预应力混凝土简支T梁。一般地区,设计基本风速 $V_d=32.8\text{m/s}$,地表粗糙度B类。设计水位为115.50m,河床高程桥墩处为110.00m,桥台处为112.00m,一般冲刷(土)1.9m,局部冲刷1.2m。土质均一,为硬塑黏性土,$I_L=0.1$,$\gamma_s=27.00\text{kN/m}^3$,$e=0.4$,$q_{ik}=70\text{kPa}$。设计任务:

1. 拟定肋板式埋置桥台、柱式桥墩、双排钻孔桩基础尺寸;

2. 针对其中一个桥墩计算桩长和桩身内力;

3. 为基桩配筋并绘制钢筋布置图。

# 第5章

# 沉井及其他深水基础

**【本章学习目标】**

1. 掌握沉井的概念、特点及适用条件；
2. 掌握沉井的类型及构造；
3. 掌握沉井的施工方法；
4. 了解沉井的设计与计算方法；
5. 了解沉箱基础的构造及施工方法；
6. 了解地下连续墙的构造及施工方法；
7. 了解设置基础的结构形式及特点。

**【本章学习重点】**

1. 沉井的基本概念；
2. 沉井的类型及构造；
3. 沉井施工方法。

**【本章学习难点】**

沉井的设计与计算。

# 5.1 沉井的概念、特点及适用条件

如图5-1所示,沉井是一种井筒状的结构物,在预制好的井筒内挖土,依靠井筒自重或借助外力克服井壁与地层间的摩擦阻力逐步沉入土中至设计高程,然后封底、填芯,最终形成桥梁墩台或其他建筑物的基础。用沉井法修筑的基础叫做沉井基础,是一种深基础形式。

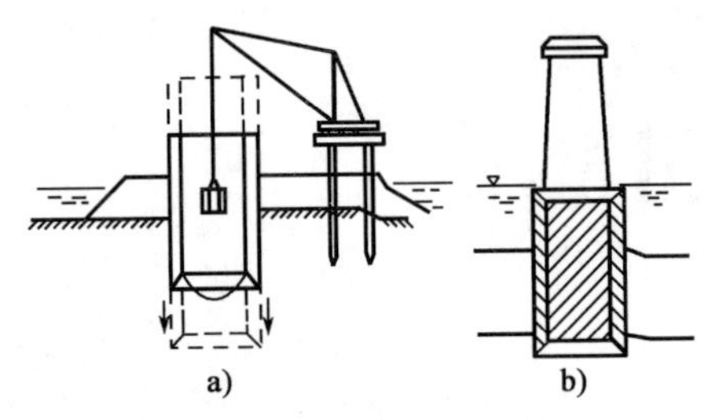


图5-1 沉井基础示意图
a)沉井下沉;b)沉井基础

沉井基础的优点是:埋置深度可以很大,整体性强、稳定性好,有较大的承载面积,能承受较大的垂直荷载和水平荷载。沉井既是基础的组成部分,又是下沉过程挡土和防水的围堰,简化了施工,施工中占地面积小,与放坡大开挖相比挖土量少。

沉井基础的缺点是:施工工期较长;对粉、细砂类土在井内抽水易发生流砂现象;沉井下沉过程中遇到大的孤石、树干、老桥基等难于清除的障碍物,或井底岩层表面倾斜过大,均会给施工带来一定的困难。

根据"经济合理、施工上可能"的原则,一般在下列情况下,可以考虑采用沉井基础:

(1)上部荷载较大,表层地基土承载力不足,扩大基础开挖工作量大,支撑困难,而在一定深度下有较好的持力层,且与其他基础方案相比较为经济合理。

(2)在山区河流中,虽土质较好,但冲刷大,或河中有较大卵石不便桩基础施工。

(3)岩层表面较平坦且覆盖层薄,但河水较深,采用扩大基础施工围堰有困难。

# 5.2 沉井的类型和构造

## 5.2.1 沉井的分类

1)沉井按施工方法分类

一般沉井,指直接在基础设计位置上制造,然后挖土,依靠沉井自重下沉。若基础位于水中,则先在水中筑岛,再在岛上筑井下沉。

浮运沉井,指先在岸边制造,再浮运就位下沉的沉井。通常在深水地区(如水深大于10m),人工筑岛困难或不经济,或有通航要求,流速在2m/s以内,可采用浮运沉井。

2)沉井按建筑材料分类

混凝土沉井,抗压强度高,抗拉强度低,因此这种沉井宜做成圆形,并适用于下沉深度不大(4~7m)的松软土层。

钢筋混凝土沉井,配筋率不应小于0.1%,抗压、抗拉强度较高,下沉深度大(可达数十米以上),可做成重型或薄壁就地制造下沉的沉井,也可做成薄壁浮运沉井及钢丝网水泥沉井等,在工程中应用最广。

钢沉井,由钢材制作,其强度高、重量轻、易于拼装、用钢量大,适于制造空心浮运沉井。

3)按沉井形状分类

(1)按沉井的平面形状和井孔的布置方式分类

按沉井的平面形状可分为圆形、矩形和圆端形三种基本类型。根据井孔的布置方式,又可分为单孔、双孔和多孔沉井(图5-2)。

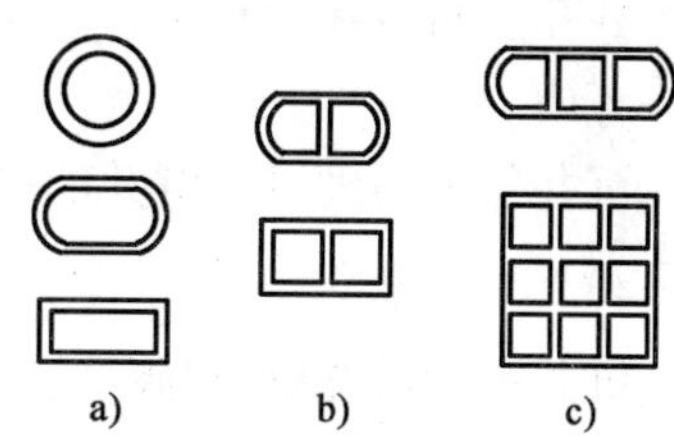


图5-2 沉井的平面形状

a)单孔沉井;b)双孔沉井;c)多孔沉井

圆形沉井,在下沉过程中易于控制方向,便于机械取土。在土压力和水压力作用下,井壁内力以受压为主,充分利用混凝土抗压性能。但与矩形墩台配合不好,造成浪费。可用于窄桥、斜交桥或水流方向不定的桥墩基础。

矩形沉井,制造方便,与矩形墩台配合良好。但在侧压力作用下,井壁弯拉应力较大。在流水中阻水系数较大,冲刷较严重。

圆端形沉井,取圆形和矩形沉井的优点,但制作略为复杂。

对平面尺寸较大的沉井,可在沉井中设隔墙,构成双孔或多孔,以改善井壁受力情况,便于控制均匀取土下沉。沉井棱角处宜做成圆角或钝角,避免应力集中,且便于取土。

(2)按沉井的立面形状分类

沉井外壁可做成垂直面、斜面(坡度为1/50~1/20)或与斜面坡度相当的台阶形(图5-3)。

直壁柱形沉井,受周围土体约束较均衡,下沉过程中不易发生倾斜,井壁接长较简单,模板可重复利用。但井壁摩阻力较大,适用于入土不深或土质较松软的情况。

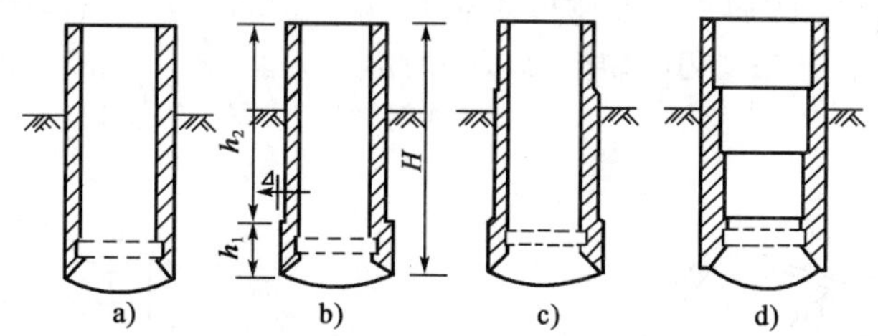


图5-3 沉井剖面图

a)直壁柱型;b)外壁单阶型;c)外壁多阶型;d)内壁多阶型

台阶形或斜面沉井,井壁的摩阻力小,施工较复杂,消耗模板多,沉井下沉过程中易发生倾斜,适用于土质较密实,沉井下沉深度大,且要求沉井自重不太大的情况。阶梯形井壁的台阶宽为100~200mm,最底下一层台阶高度 $h_1 = (1/4 \sim 1/3)H$,以起到导向作用。

此外,沉井可按数量和相互影响,分为单井和群井。单个独立的沉井,或多个沉井,但沉井之间的间距较大,功能独立,互不影响可以称之为单井。沉井数量较多,沉井之间的间距较小,功能相互影响的沉井群可以称之为群井,多见于坝体基础。沉井深度超过30m,可以称为大深度沉井。

### 5.2.2 沉井基础的构造

1)沉井的轮廓尺寸

沉井平面形状及尺寸应根据墩台身底面尺寸、地基土的承载力及施工要求确定。沉井顶面襟边宽度应根据沉井施工容许偏差而定，不应小于沉井全高的1/50，且不应小于0.2m，浮式沉井另加0.2m。沉井顶部需设置围堰时，其襟边宽度应满足安装墩台身模板的需要。对于矩形沉井，为保证下沉的稳定性，长短边之比不宜大于3。

井孔的布置和大小应满足取土机具操作的需要，对顶部设置围堰的沉井，宜结合井顶围堰统一考虑。

沉井每节高度可视沉井的平面尺寸、总高度、地基土情况和施工条件而定，不宜高于5m。

2）沉井一般构造

沉井一般由井壁、刃脚、内隔墙、井孔、凹槽、封底、填芯和顶盖板等组成，如图5-4所示，有时井壁中还预埋射水管等。各组成部分的作用如下：

（1）井壁

井壁是沉井的主要组成部分，施工期挡土围水、提供重力，使用期传递荷载。

沉井井壁的厚度应根据结构强度、施工下沉需要的重力、便于取土和清基等因素而定，可采用0.8～1.5m；但钢筋混凝土薄壁浮运沉井及钢模薄壁浮运沉井的壁厚不受此限。混凝土强度等级不应低于C20，当为薄壁浮运沉井时，不应低于C25。

对于薄壁沉井，应采用触变泥浆润滑套、壁外喷射高压空气等减阻助沉措施，以降低沉井下沉时的摩阻力，达到减薄井壁厚度的目的。但对于这种薄壁沉井的抗浮问题，应谨慎核算，并采取适当有效的措施。

（2）刃脚

井壁最下端做成刀刃状的部分称为刃脚，起切土下沉的作用。

根据地质情况，沉井刃脚可采用尖刃脚或带踏面刃脚。若土质坚硬，刃脚面应以型钢加强或底节外壳采用钢结构。刃脚底面宽度可为0.1～0.2m，若为软土地基可适当放宽。刃脚斜面与水平面交角不宜小于45°，刃脚斜面高度一般不小于1.0m，如图5-5所示。刃脚混凝土强度等级不应低于C25。

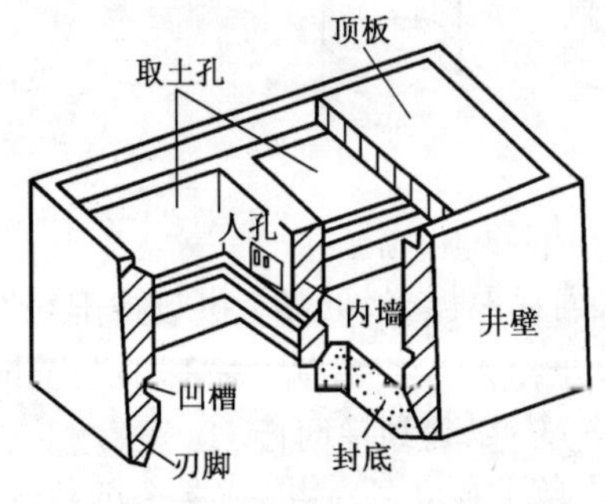


图5-4　深井构造图

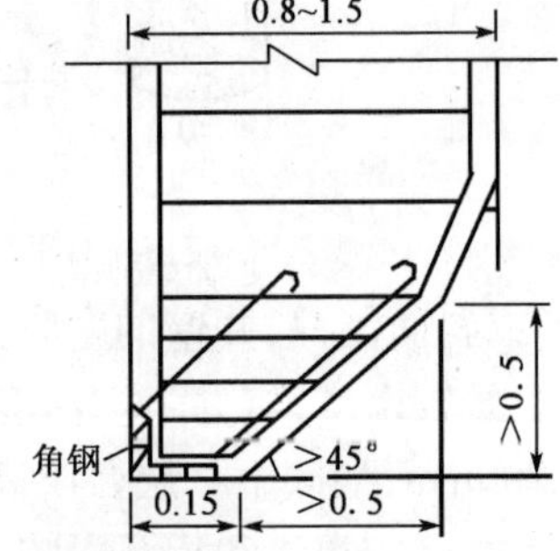


图5-5　刃脚构造示意图（尺寸单位：m）

沉井内隔墙底面比刃脚底面至少应高出0.5m。当沉井需要下沉至稍有倾斜的岩面上时，在掌握岩层高低差变化的情况下，可将刃脚做成与岩面倾斜度相适应的高低刃脚。

（3）内隔墙

沉井内隔墙减小井壁计算跨度，增加沉井在下沉过程中的刚度，把整个沉井分隔成多个施工井孔，便于控制均衡取土，也便于沉井偏斜时的纠偏。内隔墙厚度相对沉井外壁要薄一些，为0.5~1.0m,混凝土强度等级不应低于C20,当为薄壁浮运沉井时,不应低于C25。隔墙底面应高出刃脚踏面0.5m以上,避免被土搁住而妨碍下沉。若为人工挖土,还应在隔墙下端设置过人孔(小于1.0m×1.0m),以便工作人员在井孔间往来。

(4)井孔

沉井的内隔墙在沉井内隔成的格子状空间称作井孔,其为取土的工作空间和通道。井孔最小尺寸应视取土机具而定,一般不小于2.5m。其布置应简单、对称。

(5)射水管

当沉井下沉深度大,且穿越的优质土层,预计下沉困难时,可在井壁中预埋射水管组。射水管应均匀布置,并可分区控制水压和水量来调整下沉方向,一般水压不小于600kPa。

(6)凹槽

为了使封底混凝土与井壁间有更好的连接,以传递基底反力,使沉井成为空间结构受力体系,常于刃脚上方井壁内侧预留凹槽,凹槽的高度应根据底板厚度决定。凹槽底面一般距刃脚踏面2.5m左右,凹槽高约1.0m,凹入深度为150~250mm。

(7)封底

当沉井下沉到设计高程,经过地基检验并对井底清理整平后,即可封底,以防止地下水渗入井内。

封底混凝土厚度由计算确定,但其顶面应高出刃脚根部(即刃脚斜面的顶点处)不小于0.5m。封底混凝土强度等级,非岩石地基不应低于C25,岩石地基不应低于C20。

(8)井孔填料

沉井井孔内是否需要填实应根据沉井受力和稳定的要求来确定。沉井填料可采用混凝土、片石混凝土或浆砌片石;在无冰冻地区亦可采用粗砂和砂砾填料;空心沉井应考虑受力和稳定要求。

当为薄壁浮运沉井时,腹腔内填料不应低于C15。

(9)盖板

粗砂、砂砾填芯沉井和空心沉井的顶面均须设置钢筋混凝土盖板,盖板厚度通过计算确定,一般为1.5~2.0m,钢筋配置由计算确定。

3)浮运沉井构造

浮运沉井有不带气筒的浮运沉井和带气筒的浮运沉井两种。

(1)不带气筒的浮运沉井

不带气筒的浮运沉井适应于水深较浅、流速不大、河床较平和冲刷较小的自然条件。一般在岸边制造,通过滑道拖拉下水,浮运到墩位,再接高下沉到河床。这种沉井可用钢、木、钢筋混凝土、钢丝网及水泥等材料组合。

钢丝网水泥薄壁沉井是由内、外壁组成的空心井壁沉井,这是制造浮运沉井较好的方法,具有施工方便、节省钢材等优点。沉井的内壁、外壁及横隔板都是钢筋钢丝网水泥制成。做法是将若干层钢丝网均匀地铺设在钢筋网两侧,外面涂抹不低于M5的水泥砂浆,使它充满钢筋网和钢丝网之间的间隙并形成厚1~3mm的保护层。图5-6是钢丝网水泥薄壁浮运沉井的一种形式。

不带气筒的浮运沉井的另一种形式是带临时底板的浮运沉井。底板一般是在底节的井孔下端刃脚处设置的木质底板及其支撑。底板的结构应保证其水密性,能承受工作水压并便于拆除。带底板的浮运沉井就位后，即可接高井壁使其逐渐下沉，沉到河床后向井孔充水至与外面水面齐平，即可拆除临时底板。这种带底板的浮运沉井与筑岛法、围堰法施工相比，可以节省工程量，施工速度也较快。

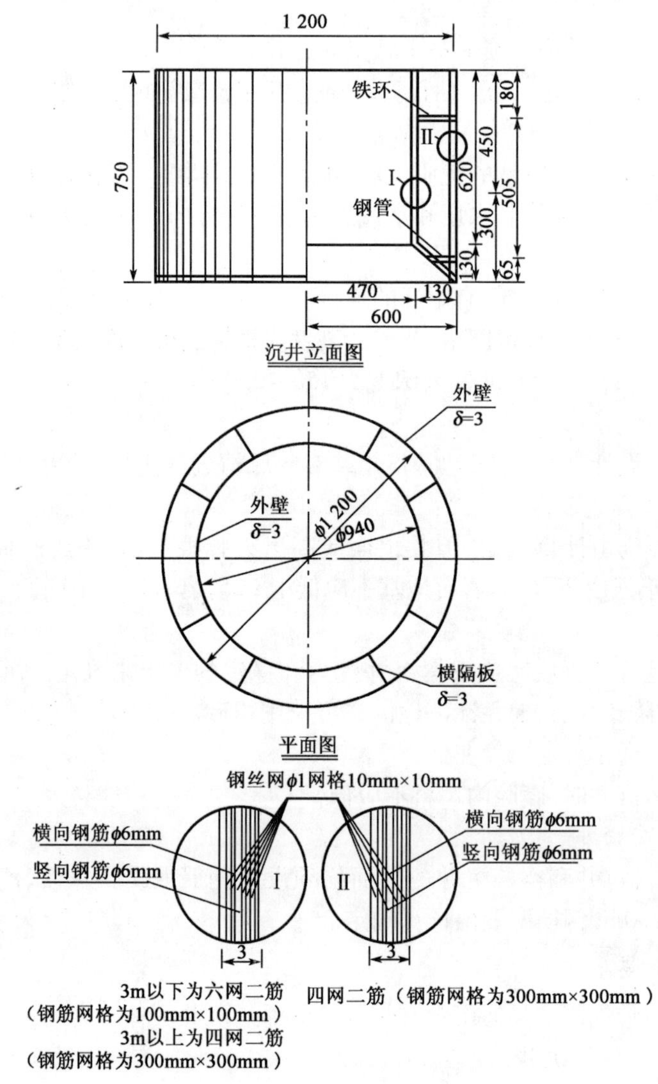


图5-6　钢丝网水泥薄壁浮运沉井(尺寸单位:cm)

(2)带钢气筒的浮运沉井

带钢气筒的浮运沉井适用于水深流急的巨型沉井。图5-7为一带钢气筒的圆形浮运沉井构造图，它主要由双壁的沉井底节、单壁钢壳、钢气筒等组成。双壁钢沉井底节是一个可以自浮于水中的壳体结构，底节能上能下的井壁采用单壁钢壳。它一般由6mm厚的钢板及若干竖向肋骨角钢构成，并以水平圆环作承受井壁外水压时的支撑。钢壳沿高度可分为几节，在接高时拼焊，单壁钢壳既是防水结构，又是接高时灌注沉井外圈混凝土的模板一部分。钢气筒是沉井内部的防水结构，它依据压缩空气排开气筒内的水提供浮式沉井在接高过程中所需的浮力，同时在悬浮下沉中可以通过给气筒充气或放气及不同气筒内的气压调节使沉井可以上浮、下沉及调正偏斜,落入河床后如偏移过大,还可以将气筒全部充气,使沉井重新浮起,重新定位下沉。

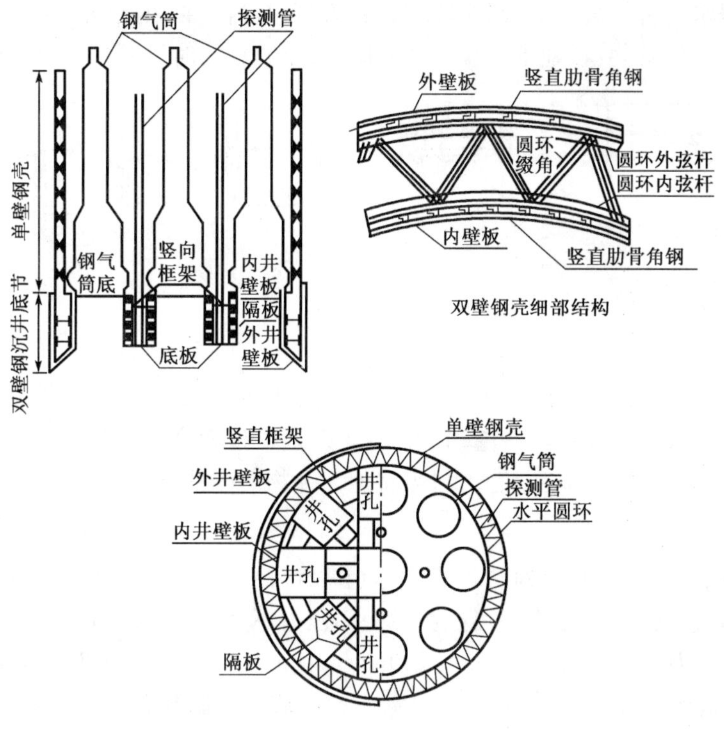


图5-7 带钢气筒的浮运沉井

4)组合式沉井

当采用低桩承台而围水挖基浇筑承台有困难时,或沉井刃脚遇到倾斜较大的岩层或在沉井范围内地基土软硬不均匀而水深较大时,可采用沉井下设置桩基的混合式基础,或称组合式沉井。施工时按设计尺寸做成沉井,下沉到预定高程后,浇筑封底混凝土和承台,在井内预留孔位钻孔灌注成桩。这种混合式沉井既有围水挡土作用,又可作为桩基础的承台。

# 5.3 沉井的施工

沉井的制作应根据沉井施工方法而确定,在沉井施工前,应对沉井入土地层及其地基岩石地质资料详细掌握,并依次制定沉井下沉方案;对洪汛、凌汛、河床冲刷、通航及漂浮物等做好调查研究,并制订必要的安全、技术措施,以确保沉井下沉。

沉井基础施工一般可分为旱地施工、水中筑岛及浮运沉井三种。

## 5.3.1 旱地沉井施工

桥梁墩台位于旱地时,沉井可就地制造、挖土下沉、封底、充填井孔以及浇筑顶板

（图5-8）。在这种情况下，一般较容易施工，工序如下：

1）清整场地

沉井位于浅水或可能被水淹没的岸滩时，宜采用筑岛沉井；在无被水淹没可能的岸滩上，可就地整平夯实制作沉井；在地下水位较低的岸滩，土质较好时可开挖基坑制作沉井。

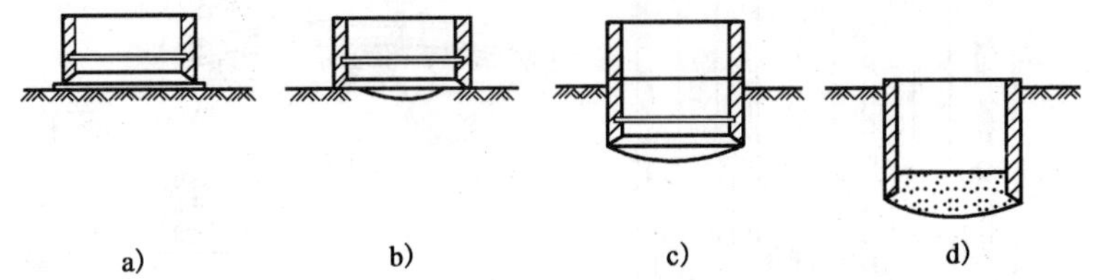

图5-8 沉井施工顺序示意图

a）制作第一节沉井；b）抽垫木、挖土下沉；c）沉井接高下沉；d）封底

若土质松软时，应在场地平整并夯实后，在其上铺垫300～500mm的砂垫层，铺以垫木，垫木之间用砂填平，且不允许在垫木下垫塞木块、石块来调整顶面高程，以防压重（也称配重）后产生不均匀沉降。若天然地面土质较硬，只需将地表杂物清净并整平，就可在其上制造沉井。

2）制造第一节沉井

制造沉井前，应先在刃脚处对称铺满垫木（图5-9），以支承第一节沉井的重量，并按垫木定位立模板以绑扎钢筋。垫木数量可按垫木底面压力不大于100kPa计算，其布置应考虑抽垫方便。垫木一般为枕木或方木（200mm×200mm），其下垫一层厚约0.3m的砂找平，垫木之间间隙用砂填实（填到半高即可）。然后在刃脚位置处放上刃脚角钢，竖立内模（图5-10），绑扎钢筋，再立外模，浇筑第一节沉井。模板应有较大刚度，以免挠曲变形。当场地土质较好时也可采用土模。

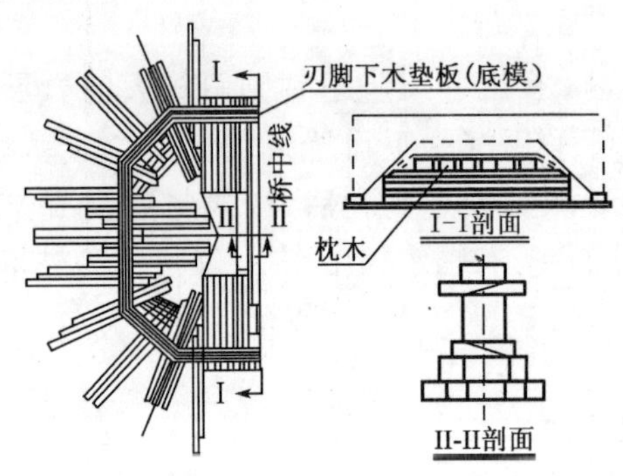

图5-9 垫木布置示例图

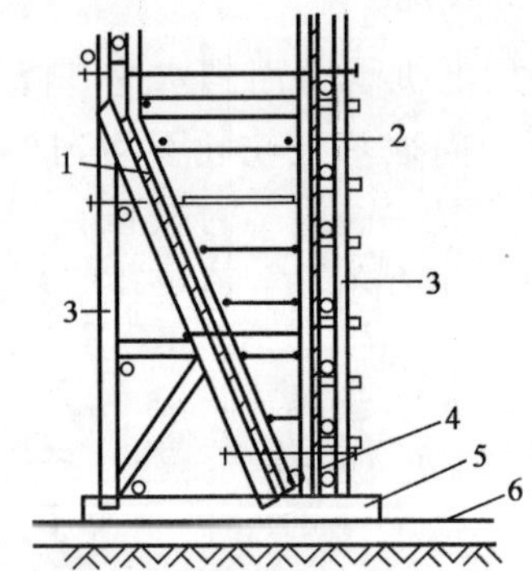

图5-10 沉井刃脚立模

1-内模；2-外模；3-立柱；4-角钢；5-垫木；6-砂垫层

3）拆模及抽垫

抽垫工作是沉井的开始，也是整个沉井下沉工作中极为重要的工序之一。拆除垫木，必须在沉井混凝土达到设计强度等级后方可进行。

（1）抽垫应分区、依次、对称、同步地进行。抽撤垫木的顺序为：先内壁下，再短边，再长边，最后定位垫木。

(2)抽垫前应将井孔内的所有杂物清除干净,准备工作全部就绪后,方可进行抽垫。

(3)抽垫时,先挖垫木下的填砂,再抽垫木,垫木宜从外侧抽出。垫木抽出后,应回填土,开始几组可不做回填,当抽出几组垫木出现空挡后,即应回填。回填材料可用砂、砂夹碎石,回填时应分层洒水夯实,每层厚度为200~300mm,但回填料不允许从沉井内或筑岛材料中获取,以防沉井歪斜。回填高度应使最后分配的定位垫木重量不致压断垫木以及垫木下土体承压应力不超过岛面极限承压应力为准,必要时可加高回填高度,甚至在隔墙下进行回填,以满足要求。

(4)抽垫时的定位垫木的位置,应按设计确定。

(5)当抽垫抽至垫木的2/3时,沉井下沉较为均匀,下沉量小,回填时间较为充分,便于较好地抽垫和回填。当继续抽垫时,下沉量逐步加大,回填也较困难,甚至出现下沉太快以至于回填时间不足,造成垫木压坏或间断。因此,抽垫开始阶段宜缓慢进行,以便有足够时间充分回填夯实,力求尽量改变最后阶段下沉快、沉降量大、断垫现象。

4)挖土下沉

沉井宜采用不排水挖土下沉,在稳定的土层中,也可采用排水挖土下沉。挖土方法可采用人工或机械挖土,人工挖土可使沉井均匀下沉,且易于清除井内障碍物,但应有安全措施。不排水下沉时,可使用空气吸泥机、抓土斗、水力吸石筒、水力吸泥机等挖土。通过黏土或胶结层挖土困难时,可采用高压射水破坏土层。

沉井正常下沉时,应自中间向刃脚处均匀对称除土,排水下沉时应严格控制设计支承点土的排除,并随时注意沉井正位姿态,保持竖直下沉,无特殊情况不宜采用爆破施工。

5)接高沉井

当第一节沉井下沉至一定深度(井顶露出地面不小于0.5m,或露出水面不小于1.5m)时,停止挖土,接筑下节沉井。接筑前刃脚不得掏空,并应尽量纠正上节沉井的倾斜,凿毛顶面,立模,然后对称均匀浇筑混凝土,待强度达设计要求后再拆模继续下沉。

6)设置井顶防水围堰

沉井沉至顶面低于地面或水面之前,应在井顶接筑临时性防水围堰,围堰的平面尺寸略小于沉井,其下端与井顶上预埋锚杆相连。井顶防水围堰应因地制宜,合理选用,常见的有土围堰、砖围堰和钢板桩围堰。若水深流急,围堰高度大于5.0m时,宜采用钢板桩围堰。

7)基底检验和处理

沉井沉至设计高程后,应检验基底地质情况是否与设计相符。排水下沉时可直接检验,不排水下沉则应进行水下检验,必要时可用钻机取样进行检验。

当基底达设计要求后,应对地基进行必要的处理。砂性土或黏性土地基,一般可在井底铺一层砾石或碎石至刃脚底面以上200mm。风化岩石地基,应凿除风化岩层,若岩层倾斜,还应凿成阶梯形。要确保井底地基尽量平整,将浮土、软土清除干净,以保证封底混凝土、沉井与地基结合紧密。

8)沉井封底

基底经检验合格后应及时封底。排水下沉时,如渗水量上升速度不大于6mm/min可采用普通混凝土封底,否则宜用水下混凝土封底。若沉井面积大,可采用多导管先外后内、先低后高依次浇筑。封底一般为素混凝土,但必须与地基紧密结合,不得存在有害的夹层、夹缝。

9)井孔填充和顶板浇筑

封底混凝土达设计强度后,再排干井孔中的水,填充井孔。如井孔中不填料或仅填砾石,则井顶应浇筑钢筋混凝土顶板,以支承上部结构,且应保持无水施工。然后砌筑井上构筑物,再拆除临时井顶围堰。

## 5.3.2 水中沉井施工

1)筑岛法

当水深小于3m,流速不大于1.5m/s时,可采用砂或砾石在水中筑岛[图5-11a)],周围用草袋围护;若水深或流速加大,可采用围堤防护筑岛[图5-11b)];当水深较大(通常小于15m)或流速较大时,宜采用钢板桩围堰筑岛[图5-11c)]。岛面应高出最高施工水位0.5m以上,砂岛地基强度应符合要求,围堰筑岛时,围堰距井壁外缘距离 $b \geqslant H\tan(45° - \varphi/2)$,且大于或等于2m($H$ 为筑岛高度,$\varphi$ 为砂在水中的内摩擦角)。其余施工方法与旱地沉井施工相同。

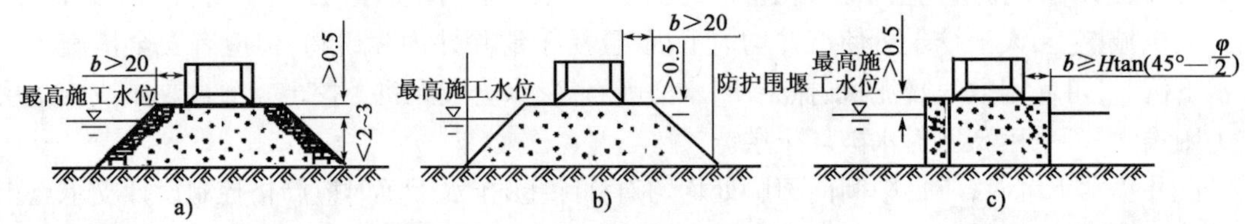


图5-11 水中筑岛下沉沉井(尺寸单位:cm)

a)无围堰防护土岛;b)有围堰防护土岛;c)围堰筑岛

2)浮运沉井施工

若水深较大(如大于10m),人工筑岛困难或不经济时,可采用浮运法施工,即将沉井在岸边作成空体结构,或采用其他措施(如带钢气筒等)使沉井浮于水上,利用在岸边铺成的滑道滑入水中(图5-12),然后用绳索牵引至设计位置。在悬浮状态下,逐步将水或混凝土注入空体中,使沉井徐徐下沉至河底。若沉井较高,需分段制造,在悬浮状态下逐节接长,下沉至河底,整个过程应保证沉井本身稳定。当刃脚切入河床一定深度后,即可按一般沉井下沉方法施工。

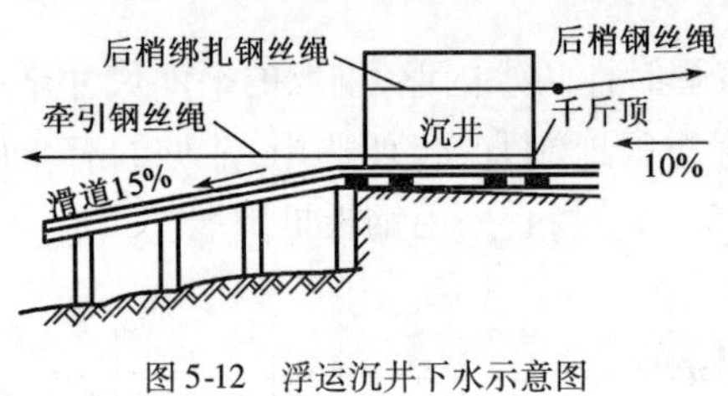


图5-12 浮运沉井下水示意图

## 5.3.3 泥浆润滑套与壁后压气沉井施工方法

对于下沉较深的沉井,井侧土质较好时,井壁与土层间的摩阻力很大,若采用增加井壁厚度或压重等办法受限时,通常可采用触变泥浆润滑套(井壁后填充减摩泥浆)法和空气幕(壁后压气)法,降低井壁阻力。相对泥浆润滑套法,壁后压气沉井法更为方便,在停气后即可恢复土对井壁的摩阻力,下沉量易于控制,且所需施工设备简单,可以水下施工,经济效果好,适用于细、粉砂类土和黏性土中。

1)泥浆润滑套法

泥浆润滑套是借助泥浆泵和输送管道将特制的泥浆压入沉井外壁与土层之间,在沉井外围形成有一定厚度的泥浆层。泥浆通常由膨润土(35%～45%)、水(55%～65%)和碳酸钠分散剂(0.4%～0.6%)配置而成,具有良好的固壁性、触变性和胶体稳定性。主要利用泥浆的润滑减阻,降低沉井下沉中的摩擦阻力(可降低至3～5kPa,一般黏性土为25～50kPa)。相对而言,该技术具有施工效率高,井壁圬工数量少,沉井下沉深、速度快,并具有良好的施工稳定性等优点。

泥浆润滑套的构造主要包括:射口挡板,地表围圈及压浆管。射口挡板可用角钢或钢板弯制,置于每个泥浆射出口处固定在井壁台阶上(图5-13),其作用是防止压浆管射出的泥浆直冲土壁,以免土壁局部坍落堵塞射浆口。地表围圈用木板或钢板制成,埋设在沉井周围,其作用是防止沉井下沉时土壁坍落,保持一定储量泥浆的流动性,用于沉井下沉过程中新造成空隙的泥浆补充,及调整各压浆管的出浆不均衡。围圈高度与沉井台阶相同,高1.5～2.0m,顶面高出地面或岛面0.5m,圈顶面宜加盖。压浆管可分为内管法(厚壁沉井)和外管法(薄壁沉井)两种,分别如图5-13和图5-14所示。通常用$\phi38$～$\phi50$的钢管制成,沿沉井周边每3～4m布置一根。

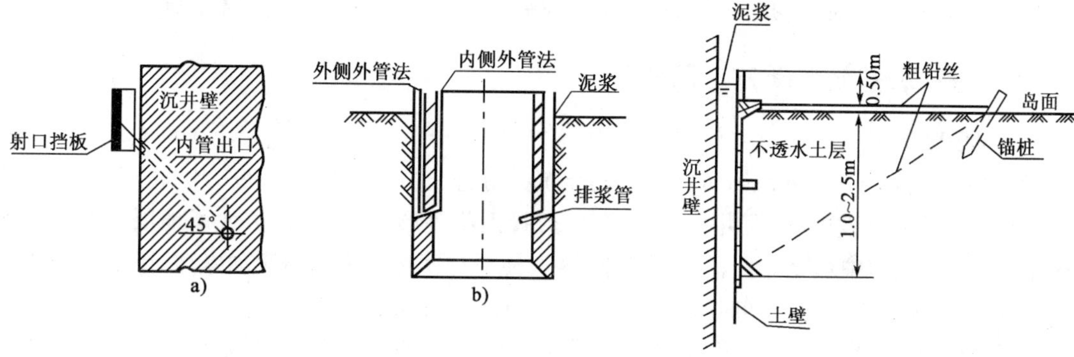


图5-13 射口挡板与压浆管构造

a)射口挡板;b)外管法压浆构造

图5-14 泥浆润滑套地表围圈

沉井下沉过程中要勤补浆,勤观测,发现倾斜、漏浆等问题要及时纠正。当沉井沉到设计高程时,若基底为一般土质,井壁摩阻力较小,会形成边清基边下沉的现象,为此,应压入水泥砂浆置换泥浆,以增大井壁的摩阻力。此外,该法不宜用于容易漏浆的卵石、砾石土层。

2)壁后压气沉井法

用空气幕下沉是一种减少下沉时井壁摩阻力的有效方法。江阴大桥北锚墩沉井采用空气幕井壁减阻助沉技术,通过向沿井壁四周预埋的气管中压入高压气流,气流沿喷气孔射出再沿沉井外壁上升,在沉井周围形成一圈空气"帷幕"(空气幕),井壁周围土松动或液化,摩阻力减小,促使沉井顺利下沉。

空气幕沉井在构造上增加了一套压气系统,该系统由气斗、井壁中的气管、压缩空气机、储气筒以及输气管等组成,见图5-15。

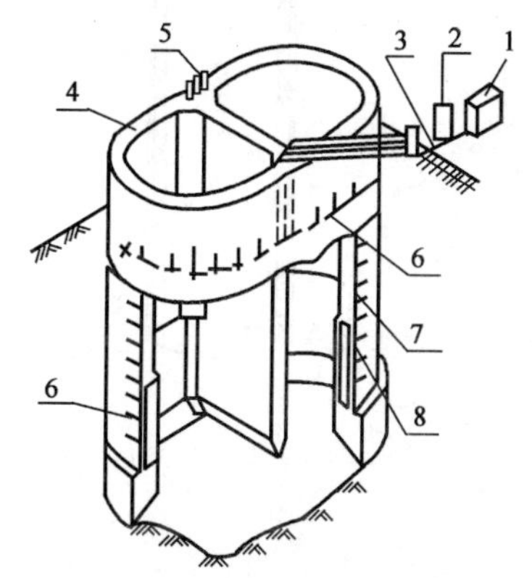


图5-15 空气幕沉井压气系统构造

1-压缩空气机;2-储气筒;3-输气管路;4-沉井;5-竖管;6-水平喷气管;7-气斗;8-喷气孔

气斗是沉井外壁上凹槽及槽中的喷气孔,凹槽的作用是保护喷气孔,使喷出的高压气流有一扩散空间,然后较均匀地沿井壁上升,形成气幕。气斗应布设简单、不易堵塞、便于喷气，目前多为棱锥形（150mm×150mm），其数量根据每个气斗作用有效面积确定。喷气孔直径1mm，可按等距离分布，上下交错排列布置。

气管有水平喷气管和竖管两种，可采用内径25mm的硬质聚氯乙烯管。水平管连接各层气斗，每1/4或1/2周设一根，以便纠偏。每根竖管连接两根水平管，并伸出井顶。

由压缩空气机输出的压缩空气应先输入储气筒，再由地面输气管送至沉井外壁，以防止压气时压力骤然降低而影响压气效果。

在整个下沉过程中，应先在井内挖土，消除刃脚下土的抗力后再压气，但也不得过分挖土而不压气，一般挖土面低于刃脚0.5~1.0m时，即应压气下沉。压气时间不宜过长，一般不超过5min/次。压气顺序应先上后下，以形成沿沉井外壁上喷的气流。气压不应小于喷气孔最深处理论水压的1.4~1.6倍（一般取静水压力的2.5倍），并尽可能使用风压机的最大值。

停气时应先停下部气斗，依次向上，最后停上部气斗，并应缓慢减压，不得将高压空气突然停止，防止造成瞬时负压，使喷气孔内吸入泥沙而被堵塞。空气幕下沉沉井适用于砂类土、粉质土及黏性土地层，对于卵石土、砾类土及风化岩等地层同样由于漏气而不宜使用。

### 5.3.4 沉井施工新方法简介

20世纪90年代以来，国外一些发达国家提出了压沉法、SS（Space System Caisson）法和SOCS（Super Open Caisson System）法，自动化沉井等施工方法。例如，1997年日本日产建设和沉井研究所共同开发的SS沉井技术，对沉井刃脚钢靴改形，外撇钢靴扩大了地层与井筒间的缝隙（20cm），缝隙中填充卵石辅助循环水技术，使滑动摩擦变为球体滚动摩擦，下沉时阻力大幅度减小（可降至7kPa）。同时采用导槽技术控制姿态，保证井筒的垂直度（偏心量<0.1m，倾斜度<1/150），见图5-16。SS沉井技术设备简单、成本低，且井筒不易发生倾斜、偏心，故问世以来，施工实例猛增。1998年6月获日本国技术审查通过证书，成为当前一种极有竞争力的新施工方法。

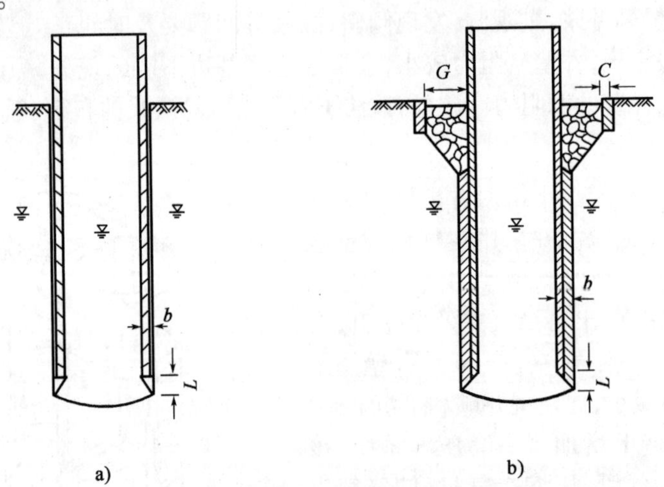


图5-16 SS沉井与普通自沉沉井

a）一般自沉法施工；b）SS施工方法施工

a）：L-刃脚钢靴（垂直）；b-缝隙宽度（5~10cm），填充土体

b）：L-刃脚钢靴（八字形）；b-缝隙宽度（20cm），填充卵砾；G-井筒外壁到导向墙间的距离（填充卵砾）；C-导向墙厚度

SOSC 施工方法是采用预制管片拼接井筒，自动挖土、排土，自动压沉，并控制井筒姿态的高精度沉井施工方法，包括了井筒预制管片拼装系统、自动挖土排土系统和自动沉降管理系统三部分构成的自动化施工系统。SOSC 施工方法适用的土质范围宽，抗压强度小于 5MPa 的地层均可适用。作业周期短，对周围地层的影响小。节约人力，可以减轻作业人员的负担，成本低。对于 8m < 直径 < 30m 的沉井均可适用。而且施工过程振动小、噪声小，该施工方法极适合于有快速施工要求的市区施工。

### 5.3.5 沉井下沉过程中遇到的问题及处理方法

1）偏斜

沉井偏斜大多发生在下沉不深时，导致偏斜的主要原因有：①土岛表面松软，或制作场地或河底高低不平，软硬不均；②刃脚制作质量差，井壁与刃脚中线不重合；③抽垫方法欠妥，回填不及时；④除土不均匀对称，下沉时有突沉和停沉现象；⑤刃脚遇障碍物顶住而未及时发现；⑥排土堆放不合理，或单侧受水流冲击淘空等导致沉井承受不对称外力作用，引起偏移。

纠正偏斜，通常可用除土、压重、顶部施加水平力或刃脚下支垫等方法处理，空气幕沉井也可采用单侧压气纠偏。若沉井倾斜，可在高侧集中除土，加重物，或用高压射水冲松土层；低侧回填砂石，且必要时在井顶施加水平力扶正。若中心偏移则先除土，使井底中心向设计中心倾斜，然后在对侧除土，使沉井恢复竖直，如此反复至沉井逐步移近设计井位中心。当刃脚遇障碍物时，须先清除再下沉。如遇树根、大孤石或钢料铁件，排水施工时可人工排除，必要时用少量炸药（少于 200g）炸碎。不排水施工时，可由潜水工进行水下切割或爆破。

2）下沉困难

下沉困难指沉井下沉过慢或停沉。导致下沉困难的主要原因是：①开挖面深度不够，刃脚正面阻力大；②偏斜或刃脚下遇到障碍物、坚硬岩层和土层；③井壁摩阻力大于沉井自重；④井壁无减阻措施或泥浆套、空气幕等减阻构件遭到破坏。

解决下沉困难的措施主要是增加压重和减少井壁摩阻力。增加压重的方法有：①提前接筑下节沉井，增加沉井自重；②在井顶加压砂袋、钢轨等重物迫使沉井下沉；③不排水下沉时，可井内抽水，减少浮力，迫使下沉，但需保证土体不产生流砂现象。减小井壁摩阻力的方法有：①沉井设计成阶梯形、钟形，或使外壁光滑；②井壁内埋设高压射水管组，射水辅助下沉；③利用泥浆套或空气幕辅助下沉；④增大开挖范围和深度，必要时还可采用 0.1 ~ 0.2kg 炸药起爆助沉，但同一沉井每次只能起爆一次，且需适当控制炮振次数。

3）突沉

突沉常发生于软土地区，容易使沉井产生较大的倾斜或超沉。引起突沉的主要原因是井壁摩阻力较小，当刃脚下土被挖除时，沉井支承削弱，或排水过多、挖土太深、出现塑流等。防止突沉的措施一般是控制均匀挖土，减小刃脚处挖土深度。此外，在设计时可采用增大刃脚踏面宽度或增设底梁的措施提高刃脚阻力。

4）流砂

在粉、细砂层中下沉沉井，经常出现流砂现象，若不采取适当措施将造成沉井严重倾斜。产生流砂的主要原因是土中动水压力的水头梯度大于临界值。防止流砂的措施是：①排水下沉时发生流砂,可采取向井内灌水,或不排水除土下沉时,减小水头梯度;②采用井点,或深井和深井泵降水,降低井壁外水位,改变水头梯度方向,使土层稳定,防止流砂发生。

# 5.4 沉井的计算

沉井既是结构物的基础,又是施工过程中挡土、围水的结构物,因此,沉井的计算应包括两部分内容,即沉井作为整体深基础计算和施工过程中沉井结构强度计算。

## 5.4.1 沉井作为整体深基础的计算

沉井基础埋置深度仅数米时,可按浅基础计算,即不考虑沉井周围土体对沉井的约束作用。当沉井埋置较深时,则需要考虑井壁外侧土体横向弹性抗力的影响,按刚性桩计算内力和土抗力,同时应考虑井壁外侧接触面摩阻力,进行地基基础的承载力、变形和稳定性分析与验算。采用泥浆套施工且采取了恢复侧面土的约束能力措施后,方可考虑土的弹性抗力作用。对高低刃脚的沉井基础,验算抗倾覆和抗滑动稳定性时,应考虑岩面倾斜的不利因素,并采取必要的措施。

沉井基础作为整体深基础时,在横向外力作用下可视为刚体,即相当于"m"法中 $\alpha h \leqslant 2.5$ 的刚性桩。基本假定条件如下:

(1)地基土作为弹性变形介质,水平向地基系数随深度成正比例增加。

(2)不考虑基础与土之间的黏着力和摩阻力。

(3)沉井基础的刚度与土刚度的比值,可认为是无限大。

根据地质情况,分非基岩地基和基岩地基两种情况进行分析。

1)非岩石地基上沉井基础计算

沉井基础受到墩台水平力 $H$ 及偏心竖向力 $N$ 作用时[图 5-17a)],为了计算方便,将上述外力转化为中心作用竖向力 $N$ 和水平力 $H$,转化后的水平力 $H$ 至基底的力臂为 $\lambda$[图 5-17b)]。

$$\lambda = \frac{Ne + Hl}{H} = \frac{\sum M}{H} \tag{5-1}$$

将水平力 $H$ 和竖向力 $N$ 的作用分别考虑,再行叠加。

首先,在水平力 $H$ 作用下,假定沉井围绕位于地面下 $z_0$ 深度处 $A$ 点转动 $\omega$ 角(图 5-18),于是地面下深度 $z$ 处沉井基础产生的水平位移 $x_z$ 和土的横向抗力 $p_{zx}$ 分别为:

$$x_z = (z_0 - z)\tan\omega$$

$$p_{zx} = x_z C_z = C_z (z_0 - z)\tan\omega$$

式中:$z_0$——转动中心 $A$ 离地面或局部冲刷线的距离(m);

$C_z$——深度 $z$ 处水平向地基系数,$C_z = mz$,(kN/m$^3$);

$m$——地基系数随深度变化的比例系数(kN/m$^4$)。

将 $C_z = mz$ 代入 $p_{zx}$ 的表达式,可以得到:

$$p_{zx} = mz(z_0 - z)\tan\omega \tag{5-2}$$

即沉井井壁外侧土的横向抗力沿深度为二次抛物线变化。

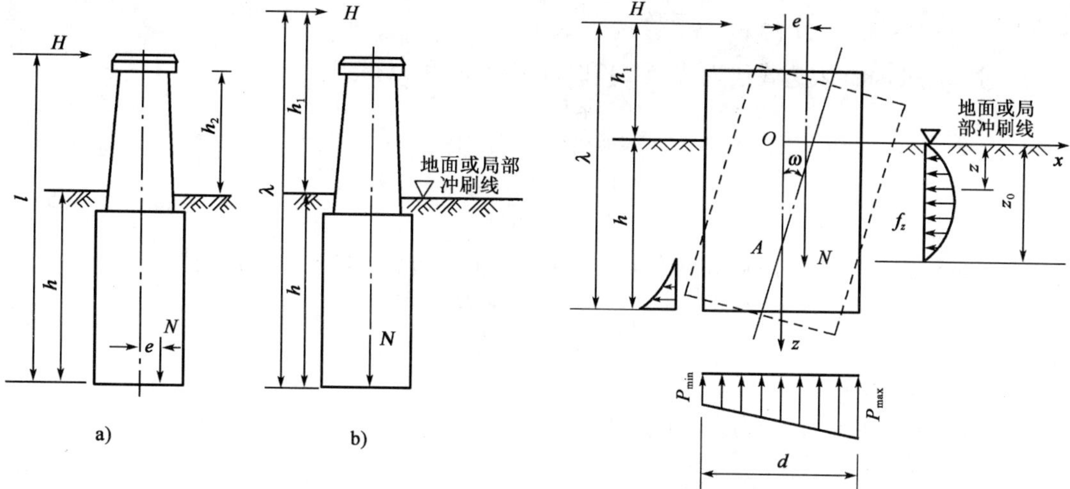


图 5-17　荷载作用情况

图 5-18　水平及竖直荷载作用下的应力分布

沉井基础底面处的压应力计算,考虑基底水平面上竖向地基系数 $C_0$ 不变,故其压应力图形与基础竖向位移图相似,有

$$p_{\frac{d}{2}} = C_0\delta_1 = C_0\frac{d}{2}\tan\omega \tag{5-3}$$

式中:$C_0$——基底土竖向地基系数;

$d$——基底宽度或直径。

在上述公式中,含有两个未知数 $z_0$ 和 $\omega$,可建立如下两个平衡方程式:

由 $\sum X=0$,可以得到:

$$H-\int_0^h p_{zx}b_1\mathrm{d}z = H-b_1m\tan\omega\int_0^h z(z_0-z)\mathrm{d}z = 0$$

由 $\sum M_0=0$,可以得到:

$$Hh_1-\int_0^h p_{zx}b_1z\mathrm{d}z-p_{\frac{d}{2}}W_0 = 0$$

式中:$b_1$——横向力作用面基础计算宽度,按 4.2 节有关内容计算;

$W_0$——沉井基底截面模量。

联立上述两式可得:

$$z_0 = \frac{\beta b_1h^2(4\lambda-h)+6dW_0}{2\beta b_1h(3\lambda-h)}$$

$$\tan\omega = \frac{6H}{Amh}$$

式中:$\beta$——深度 $h$ 处基础侧面的地基系数与基础底面土的地基系数之比,$\beta=\frac{C_h}{C_0}=\frac{mh}{m_0h}=\frac{m}{m_0}$,其中 $m$、$m_0$ 按第 4 章有关规定选用;

$A$——参数，$A=\dfrac{\beta b_1 h^3+18dW_0}{2\beta(3\lambda-h)}$。

将上述 $z_0$ 和 $\tan\omega$ 表达式代入式(5-2)和式(5-3)中，可以得到：

$$p_{zx}=\frac{6H}{Ah}z(z_0-z) \tag{5-4}$$

$$p_{\frac{d}{2}}=\frac{3dH}{A\beta} \tag{5-5}$$

将式(5-5)再叠加上竖向荷载 $N$ 的作用，则基底平面边缘处的地基压应力为：

$$p_{\substack{\max\\ \min}}=\frac{N}{A_0}\pm\frac{3dH}{A\beta} \tag{5-6}$$

式中：$A_0$——基础底面积。

地面或局部冲刷线以下深度 $z$ 处基础截面上的弯矩为：

$$M_x=H(\lambda-h+z)-\int_0^z p_{zx}b_1(z_0-z)\mathrm{d}z=H(\lambda-h+z)-\frac{Hb_1z^3}{2hA}(2z_0-z) \tag{5-7}$$

2)基底嵌入基岩内的计算方法

若沉井基底嵌入基岩内，在水平力 $H$ 作用下，可以认为基底不产生水平位移，仅围绕基底中心 $A$ 点转动 $\omega$ 角，即 $z_0=h$ 为已知(图5-19)。但同时基底嵌岩处存在一水平阻力 $H_1$，由于 $H_1$ 对基底中心 $A$ 点的力臂很小，一般可忽略 $P$ 对 $A$ 点的力矩。

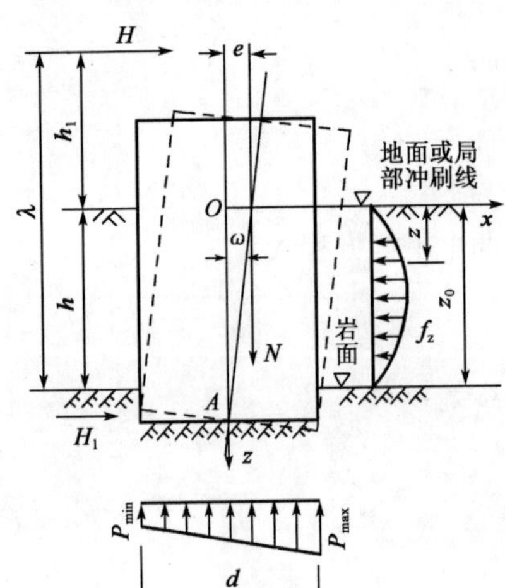


图5-19　水平力作用下的应力分布

当基础水平力 $H$ 作用时，地面或局部冲刷线下深度 $z$ 处的水平位移 $x_z$ 及横向土抗力 $p_{zx}$ 分别为：

$$x_z=(h-z)\tan\omega$$

$$p_{zx}=C_zx_z=mz(h-z)\tan\omega \tag{5-8}$$

水平力 $H$ 引起的基底边缘处的竖向应力为：

$$p_{\frac{d}{2}}=C_0\frac{d}{2}\tan\omega=\frac{mhd}{2\beta}\tan\omega \tag{5-9}$$

建立一个弯矩平衡方程 $\sum M_A=0$：

$$H(h+h_1)-\int_0^h p_{zx}b_1(h-z)dz-p_{\frac{d}{2}}W_0=0$$

解上式得：

$$\tan\omega=\frac{H}{mhD_0}$$

式中：$D_0=\dfrac{b_1\beta h^3+6dW_0}{12\lambda\beta}$。

将上述解出的 $\tan\omega$ 代入式(5-8)和式(5-9)，可以得到：

$$p_{zx}=(h-z)z\frac{H}{D_0h} \tag{5-10}$$

$$p_{\frac{1}{2}} = \frac{Hd}{2\beta D_0} \tag{5-11}$$

再叠加中心竖向力 $N$ 的作用,得基底边缘处的应力为:

$$p_{\substack{max \\ min}} = \frac{N}{A_0} \pm \frac{Hd}{2\beta D_0} \tag{5-12}$$

根据水平荷载的平衡关系 $\sum X = 0$,可以求出嵌入处未知的水平阻力 $H_1$:

$$H_1 = \int_0^h b_1 p_{zx} \mathrm{d}z - H = H(\frac{b_1 h^2}{6D_0} - 1) \tag{5-13}$$

地面以下 $z$ 深度处沉井基础截面上的弯矩为:

$$M_z = H(\lambda - h + z) - \frac{z^3 b_1 H}{12D_0 h}(2h - z) \tag{5-14}$$

尚需注意,当基础仅受偏心竖向力 $N$ 作用时,$\lambda \to \infty$,上述公式均不能应用。此时,应以 $M = Ne$ 代替沉井基础 $O$ 点弯矩等于零平衡式中的 $Hh_1$,同理可导得上述两种情况下相应的计算公式,此不赘述,详见《公路桥涵地基与基础设计规范》(JTG D63—2007)。

3)墩台顶面的水平位移

沉井基础在水平力 $H$ 和力矩 $M$ 作用下,墩台顶面水平位移计算采用下式计算:

$$\Delta = k_1 \omega z_0 + k_2 \omega l_0 + \delta_0 \tag{5-15}$$

式中:$l_0$——地面或局部冲刷线至墩台顶面的高度;

$\delta_0$——在 $l_0$ 范围内墩台身与基础变形产生的墩台顶面水平位移;

$k_1$、$k_2$——考虑基础刚性影响的系数,按表 5-1 采用。

**墩顶水平位移修正系数** 表 5-1

| $\alpha h$ | 系数 | $\lambda/h$ | | | | |
|---|---|---|---|---|---|---|
| | | 1 | 2 | 3 | 4 | ∞ |
| 1.6 | $k_1$ | 1.0 | 1.0 | 1.0 | 1.0 | 1.0 |
| | $k_2$ | 1.0 | 1.1 | 1.1 | 1.1 | 1.1 |
| 1.8 | $k_1$ | 1.0 | 1.1 | 1.1 | 1.1 | 1.1 |
| | $k_2$ | 1.1 | 1.2 | 1.2 | 1.2 | 1.2 |
| 2.0 | $k_1$ | 1.1 | 1.1 | 1.1 | 1.1 | 1.1 |
| | $k_2$ | 1.2 | 1.3 | 1.4 | 1.4 | 1.4 |
| 2.2 | $k_1$ | 1.1 | 1.2 | 1.2 | 1.2 | 1.2 |
| | $k_2$ | 1.2 | 1.5 | 1.6 | 1.6 | 1.7 |
| 2.4 | $k_1$ | 1.1 | 1.2 | 1.3 | 1.3 | 1.3 |
| | $k_2$ | 1.3 | 1.8 | 1.9 | 1.9 | 2.0 |
| 2.6 | $k_1$ | 1.2 | 1.3 | 1.4 | 1.4 | 1.4 |
| | $k_2$ | 1.4 | 1.9 | 2.1 | 2.2 | 2.3 |

注:如 $\alpha h < 1.6$,则 $k_1 = k_2 = 1.0$。当仅有偏心竖向力作用时,$\lambda/h \to \infty$。

4)验算

(1)基底应力验算

沉井荷载作用效应分析中，沉井基底计算的最大压应力，不应超过沉井底面处地基土的承载力容许值，即

$$p_{max} \leqslant [f_a] \tag{5-16}$$

(2)横向抗力验算

沉井侧面土的横向抗力 $p_{zx}$，是基于文克尔假定限制在弹性限度内才能发生，所以 $p_{zx}$ 应小于土的极限抗力值 $p_p$ 与 $p_a$ 之差。沉井在深度 $z$ 处的水平位移达到极限平衡时，将在井壁背离土体一侧产生主动土压力 $p_a$，而在井壁挤压土体一侧产生被动土压力 $p_p$，故：

$$p_{zx} \leqslant p_p - p_a \tag{5-17}$$

由朗金土压力理论可知：

$$p_p = \gamma z\tan^2\left(45° + \frac{\varphi}{2}\right) + 2c\tan\left(45° + \frac{\varphi}{2}\right)$$

$$p_a = \gamma z\tan^2\left(45° - \frac{\varphi}{2}\right) + 2c\tan\left(45° - \frac{\varphi}{2}\right)$$

代入式(5-17)，可以得到：

$$p_{zx} \leqslant \frac{4}{\cos\varphi}(\gamma z\tan\varphi + c) \tag{5-18}$$

式中：$\gamma$——土的重度，对于透水性土，$\gamma$ 取浮重度，在验算深度范围内有数层土时，取各层土的加权平均值；

$\varphi$——土的内摩擦角；

$c$——土的黏聚力。

沉井侧壁土的横向抗力 $p_{zx}$ 最大值，一般出现在 $z=\frac{h}{3}$、$z=h$ 处，代入上式可以得到：

$$p_{\frac{h}{3}} \leqslant \frac{4}{\cos\varphi}\left(\frac{\gamma h}{3}\tan\varphi + c\right)\eta_1\eta_2 \tag{5-19}$$

$$p_h \leqslant \frac{4}{\cos\varphi}(\gamma h\tan\varphi + c)\eta_1\eta_2 \tag{5-20}$$

式中：$p_{\frac{h}{3}}$、$p_h$——相应于 $z=\frac{h}{3}$ 和 $z=h$ 深度处井壁外侧土的横向抗力(kPa)；

$\eta_1$——系数，对于外超静定推力拱桥的墩台 $\eta_1=0.7$，其他结构体系的墩台 $\eta_1=1.0$；

$\eta_2$——考虑结构重力在总荷载中所占百分比的系数，$\eta_2=1-0.8\frac{M_g}{M}$；

$M_g$——结构自重对基础底面重心产生的弯矩；

$M$——全部荷载对基础底面重心产生的总弯矩。

(3)墩台顶面水平位移验算

桥梁墩台设计时，需验算地基变形和墩台身弹性水平变形所引起的墩台顶水平位移是否满足上部结构设计要求。

### 5.4.2 沉井施工过程中结构强度计算

在进行沉井结构设计时，必须根据各个施工阶段可能出现的最不利荷载作用，对沉井各组成部分进行设计和验算。

1)沉井自重下沉验算

为使沉井顺利下沉,沉井重力(不排水下沉时,应计浮重度)应大于井壁与土体间的摩阻力标准值。下沉系数按下式计算:

$$k = \frac{G}{R} \tag{5-21}$$

$$R = R_r + R_f \tag{5-22}$$

式中:$k$——下沉系数,应根据土类别及施工条件取大于 1 的数值,一般为 1.15 ~ 1.25;

$G$——沉井自重(kN);

$R$——沉井底端地基总反力 $R_r$ 与沉井侧面总摩阻力 $R_f$ 之和。

其中沉井底端地基总反力 $R_r$ 可假定为地基承载力容许值与基底面积的乘积:

$$R_r = [f_a]A \tag{5-23}$$

沉井侧面总摩阻力 $R_f$ 的计算,可假定单位面积摩阻力沿深度呈梯形分布,距地面 5m 范围内按三角形分布,其下为常数,如图 5-20 所示。

$$R_f = U(h - 2.5)q \tag{5-24}$$

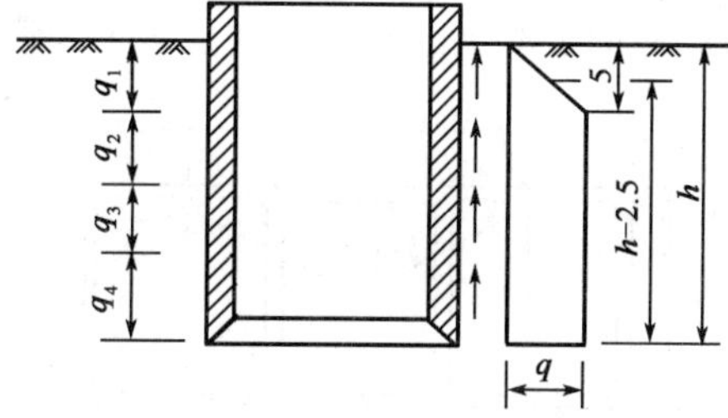


图 5-20 井侧摩阻力分布假定(单位:cm)

式中:$U$——沉井的周长(m);

$h$——沉井的入土深度(m);

$q$——单位面积平均摩阻力(kPa),为土层厚度加权平均值,$q = \frac{\sum q_{ik} h_i}{\sum h_i}$;

$h_i$——各土层厚度(m);

$q_{ik}$——土层 $i$ 井壁单位面积摩阻力标准值(kPa),可根据沉井所在地点土层已有测试资料来估算,也可以参考以往类似的沉井设计中的侧面摩阻力采用之,如无资料,对下沉深度在 20m 以内,最大不超过 30m 的沉井,可参照表 5-2 的数值选用。

**土与井壁间摩阻力标准值** 表 5-2

| 土的名称 | 土与井壁间摩阻力标准值(kPa) | 土的名称 | 土与井壁间摩阻力标准值(kPa) |
|---|---|---|---|
| 黏性土 | 25 ~ 50 | 砾石 | 15 ~ 20 |
| 砂性土 | 12 ~ 25 | 软土 | 10 ~ 12 |
| 卵石 | 15 ~ 30 | 泥浆套 | 3 ~ 5 |

当不能满足上式要求时,可选择下列措施直至满足要求:加大井壁厚度;改不排水下沉者为下沉到一定深度后排水下沉;增加附加荷载压沉或射水助沉;采用泥浆润滑套或壁后压气法减阻等措施。

2)第一节(底节)沉井的竖向挠曲验算

底节沉井在抽垫及除土下沉过程中,由于施工方法不同,刃脚下支承点位置也可能不同。沉井自重将导致井壁内产生较大的竖向挠曲应力。若挠曲应力大于井壁的抗拉强度,则应在井壁内设置水平向钢筋。

(1)排水挖土下沉

如图5-21a)所示，当排水挖土下沉时，沉井的支承位置可以控制在受力最有利的范围。对于圆端形或长方形沉井，当其长边大于1.5倍短边时，支承点可设于长边，两支点的间距等于0.7倍边长，以使支承处产生的负弯矩与长边中点处产生的正弯矩绝对值大致相等，并按此条件验算沉井自重所引起的井壁顶部或底部混凝土的抗拉强度。对圆形沉井则假定支撑于一对相互垂直的直径端点。

(2)不排水挖土下沉

当不排水挖土下沉时，因无法控制支点位置，可将底节沉井作为梁并按下列两种可能的不利支承情况进行验算。首先假定底节沉井仅支承于长边的中点(图5-22)的点"2"，两端悬空，验算由于沉井重力在长边中点附近最不利竖截面上所产生的井壁顶部混凝土抗拉强度。然后假定底节沉井支承于长边的两端点(图5-22)的点"3"，验算由于沉井自重在长边中点处引起的刃脚底面混凝土的抗拉强度。对于圆形沉井则假定支撑于一条直径的两端。

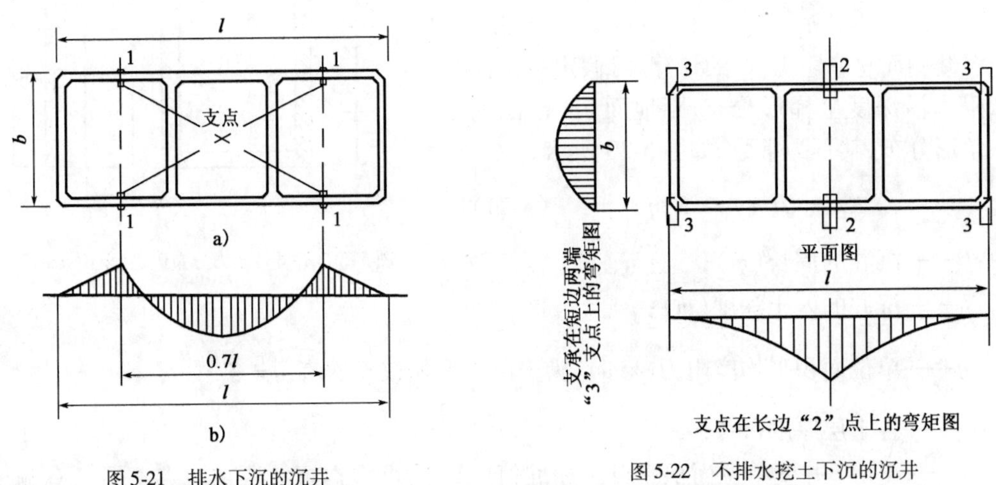


图5-21　排水下沉的沉井

a)平面图；b)弯矩图

图5-22　不排水挖土下沉的沉井

若底节沉井隔墙跨度较大，还需验算隔墙的抗拉强度。其最不利受力情况是底节沉井内土已挖空，上节沉井刚浇筑尚未形成强度，此时隔墙成为两端支承在井壁上的梁，承受两节沉井隔墙和模板等重量。若底节隔墙强度不够，可布置水平向抗弯拉钢筋，或在隔墙下夯填粗砂以承受荷载。

3)沉井刃脚计算

沉井刃脚一方面可看作固着在刃脚根部处的悬臂梁，梁长等于外壁刃脚斜面部分的高度；另一方面，刃脚又可看作为一个封闭的水平框架。因此，刃脚应按悬臂和框架分别进行计算，用以布设刃脚竖直和水平钢筋并验算其混凝土的强度。而作用在刃脚侧面上的水平力将由两种不同的构件即悬臂梁和框架来共同承担，将水平力乘以分配系数分别作用于悬臂和框架。按变形协调关系可得分配系数如下：

悬臂作用分配系数

$$\alpha = \frac{0.1 l_1^4}{h^4 + 0.05 l_1^4} \leqslant 1.0 \tag{5-25}$$

框架作用分配系数

$$\beta = \frac{h^4}{h^4 + 0.05l_2^4} \leqslant 1.0 \tag{5-26}$$

式中：$l_1$——沉井外壁支承于内隔墙间的最大计算跨径(m)；

$l_2$——沉井外壁支承于内隔墙间的最小计算跨径(m)；

$h$——刃脚斜面部分的高度(m)。

上述公式适用于当内隔墙的刃脚踏面底高出外壁的刃脚踏面底不大于0.5m，或者大于0.5m但有竖直承托加强时，否则，全部水平力都由悬臂梁刃脚承担(即 $\alpha = 1$)。

(1)刃脚作为悬臂梁计算其竖直方向的弯曲强度

①刃脚向外弯曲。如图5-23所示，在沉井下沉过程中，刃脚内侧切入土中约1m，而在地面以上还露出尽可能大的高度。此时，刃脚所受荷载包括：刃脚自重，刃脚外侧的土压力、水压力和摩阻力，踏面和斜面上的土抗力。刃脚根部截面产生最大的向外弯矩。沿井壁的水平方向取一个单位宽度计算。

a. 刃脚范围内外侧的土侧压力和水压力分别为$\frac{E_1 + E_2}{2}h$ 和$\frac{W_1 + W_2}{2}h$，其中 $E_1$ 和 $E_2$ 分别为刃脚上端和底面的土侧压力，$W_1$ 和 $W_2$ 分别为刃脚上端和底面的水压力。

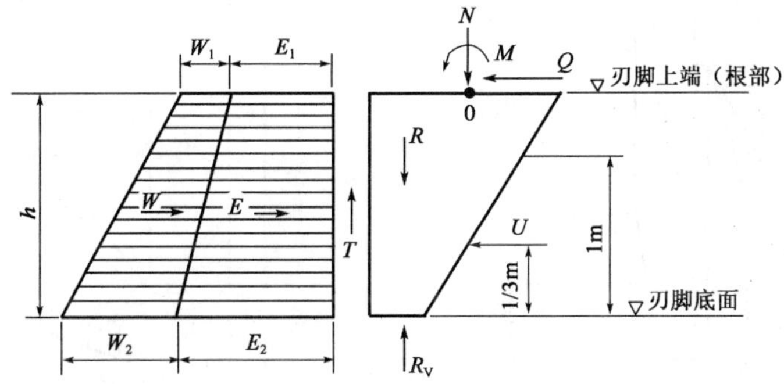


图5-23 在刃脚上的外力

在计算刃脚向外弯曲时，作用在刃脚外侧的计算侧土压力和50%水压力的总和，不应大于静水压力的70%，否则就按70%的静水压力计算。

b. 如图5-24所示，为求得刃脚下最大的土竖向反力 $R_V$，需先计算井壁外侧单位宽度上的摩阻力 $T$，按以下两式计算，取其较小值。

$$T' = 0.5E \tag{5-27}$$

$$T = qA \tag{5-28}$$

式中：$T$——沿井壁单位周长上沉井侧面总摩阻力(kN/m)；

$E$——作用在井壁上每米宽度的总土压力(kN/m)；

$q$——土与井壁间的单位摩阻力，按表5-2选用；

$A$——沉井侧面与土接触的单位宽度上的总面积($m^2$)。

c. 刃脚底单位周长上土的竖向反力 $R_V$，可按下式计算(图5-24)：

$$R_V = G - T \tag{5-29}$$

式中：$G$——沿沉井外壁单位周长上的沉井重力，其值等于该高度沉井的总重除以沉井的周长；在不排水挖土下沉时，应在沉井总重中扣去淹没水中部分的浮力。

如图5-25所示，计算$R_V$的作用点，假定作用在刃脚斜面上的土反力与斜面的外摩擦角为$\beta$（一般取$\beta=30°$），作用在刃脚斜面上的土反力可分解为水平力$U$与垂直力$V_2$，假定$V_2$为三角形分布，刃脚底面上的垂直反力为$V_1$，则：

$$R_V = V_1 + V_2 \tag{5-30}$$

$$\frac{V_1}{V_2} = \frac{fa}{\frac{1}{2}fb} = \frac{2a}{b} \tag{5-31}$$

式中：$a$——刃脚踏面底宽（m）；

$b$——刃脚入土斜面的水平投影长度（m）；

$f$——竖直反力强度（kN/m）。

解以上联立方程式即可求得$V_1$和$V_2$及其合力$R_V$的作用点。

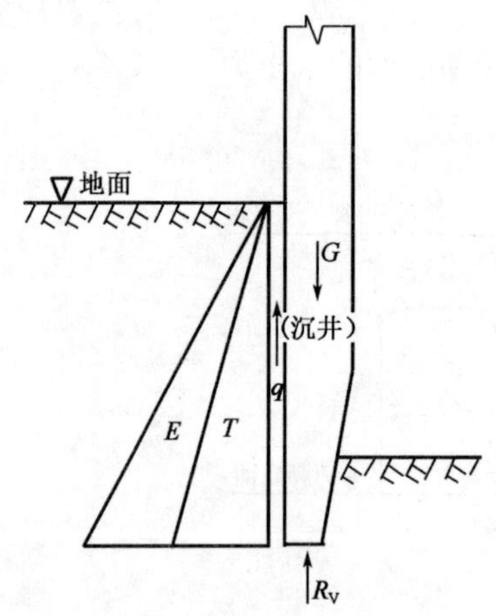


图5-24　井壁摩阻力$T$及刃脚下土的反力$R_V$

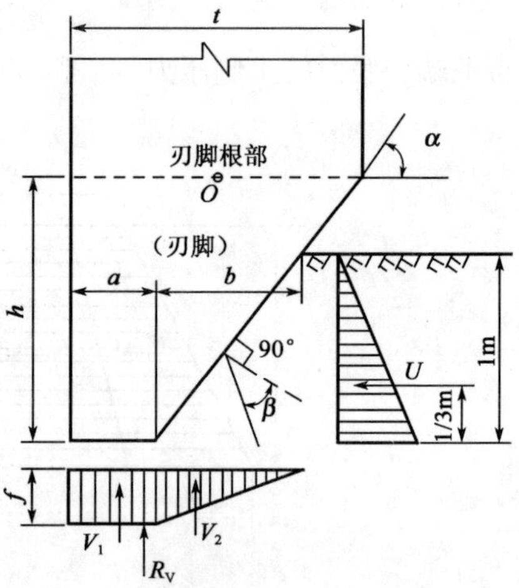

图5-25　刃脚向外挠曲受力分析

d. 作用在刃脚斜面上的水平力$U$可按下式计算：

$$U = V_2\tan(\alpha - \beta) \tag{5-32}$$

式中：$\alpha$——刃脚斜面与水平面所成的夹角。

e. 刃脚重力$g$按下式计算：

$$g = \gamma_h h \frac{t + a}{2} \tag{5-33}$$

式中：$\gamma_h$——混凝土重度（kN/m$^3$），若不排水下沉，应扣除水的浮力；

$t$——井壁的厚度（m）；

$h$——刃脚斜面的高度（m）。

f. 作用在刃脚外侧的摩阻力，其计算方法与计算井壁外侧摩阻力$T$的方法相同，但在$T=0.5E$和$T=qA$两式中取大值，其目的为使刃脚弯矩最大。$A$为单宽刃脚面积。

求得作用在刃脚上的所有外力的大小、方向和作用点以后，即可求算刃脚根部处截面上每单位周长井壁内的轴向压力$N$、水平剪力$Q$及对刃脚根部截面重心$O$点的弯矩$M$（图5-25），并据以计算刃脚内侧的竖向钢筋数量。

②刃脚向内弯曲。当沉井沉到设计高程，刃脚下的土已挖空，这时刃脚处于向内弯曲的不利情况，如图 5-26 所示。按此情况确定刃脚外侧竖向钢筋。

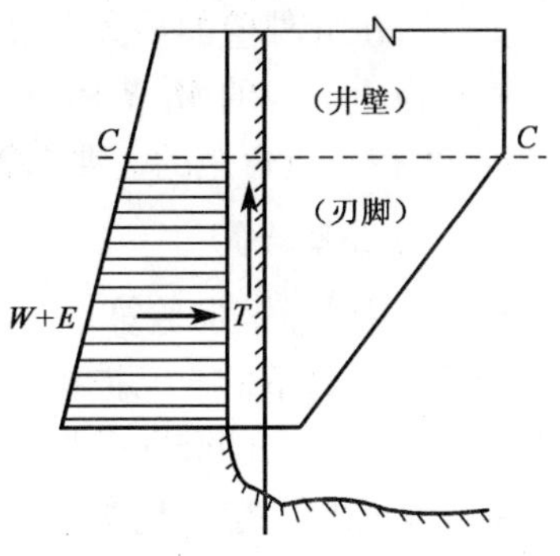


图 5-26 刃脚向内弯曲

沿沉井周边取一单位周长计算，刃脚所受荷载包括：刃脚自重、刃脚外侧的土压力、水压力和摩阻力。

刃脚外侧的土压力和水压力，当不排水下沉时，井壁外侧水压力按 100% 计算，井内水压力一般按 50% 计算，但也可按施工中可能出现的水头差计算；当排水下沉时，在透水不良土中，外侧水压力可按静水压力的 70% 计算。

刃脚井壁外侧的摩阻力 $T$ 在 $T = 0.5E$ 和 $T = qA$ 之间取较小值。$A$ 为单宽刃脚面积。

根据以上计算的所有外力，可以算出刃脚根部处截面上每单位周长（外侧）内的轴向力 $N$、水平力 $Q$ 及对截面重心轴的弯矩 $M$，并据以计算刃脚外侧的竖向钢筋数量。

刃脚内侧和外侧的竖向钢筋，均应伸至刃脚根部以上 $0.5l_1$（$l_1$ 为沉井外壁的最大计算跨径）。

(2) 刃脚作为水平框架计算其水平方向的弯曲强度。

当沉井下沉到设计高程，刃脚下的土已被掏空时，刃脚将受到最大的水平力。图 5-27 所示为刃脚上沿井壁水平方向截取的单位高度水平框架，作用在这个水平框架上的外力计算与上述求算刃脚外侧钢筋的方法相同，但水平钢筋只分担作用在水平框架上的荷载。

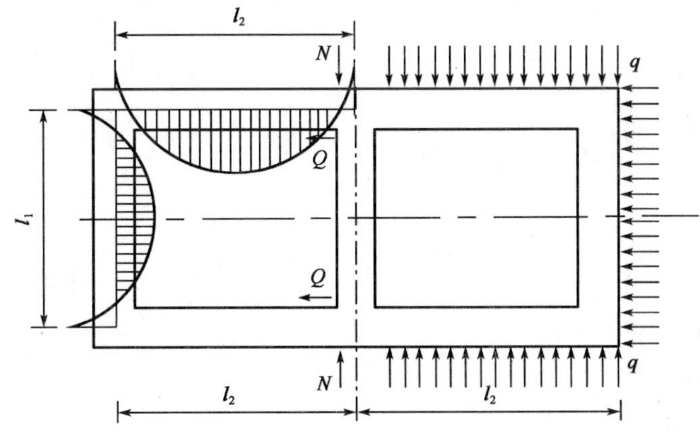


图 5-27 矩形沉井刃脚上的水平框架

作用在矩形沉井上的最大弯矩 $M$、轴向力 $N$ 及剪力 $Q$ 可按下列近似公式计算：

$$M = \frac{ql_1^2}{16} \tag{5-34}$$

$$N = \frac{ql_2}{2} \tag{5-35}$$

$$Q = \frac{ql_1}{2} \tag{5-36}$$

式中：$q$——作用在刃脚框架上的水平均布荷载；

$l_1$、$l_2$——沉井外壁的最大和最小计算跨径。

根据以上计算的 $M$、$N$ 和 $Q$，设计刃脚内的水平钢筋。为便于施工，不必按正负弯矩将钢筋弯起，可按正负弯矩的需要布置成内、外两圈。

4）沉井井壁验算

（1）沉井井壁竖向验算

当沉井刃脚下的土已被掏空时，井壁上部可能被土层夹住，井壁下部处于悬挂状态，井壁中段就会产生最大的竖向受拉。

对于等截面井壁，从井壁受竖向受拉的最不利条件考虑，假设摩阻力的分布如图 5-28 所示。

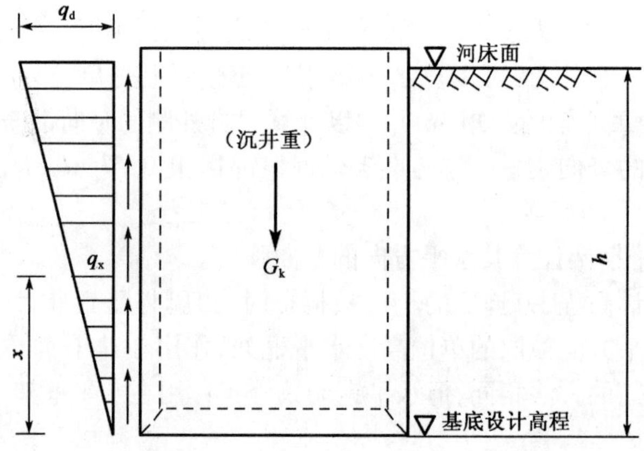


图 5-28　等截面沉井井壁竖向受拉计算图

由 $G_k = \frac{1}{2}q_d hu$，可知 $q_d = \frac{2G_k}{hu}$。所以：

$$q_x = \frac{q_d}{h}x = \frac{2G_k}{hu} \cdot \frac{x}{h} = \frac{2G_k x}{h^2 u} \tag{5-37}$$

式中：$G_k$——沉井重力（kN）；

$u$——井壁周长（m）；

$h$——沉井入土深度（m）；

$q_d$——作用于河床表面处的井壁上的单位摩阻力（kPa）；

$q_x$——作用在距刃脚底面 $x$ 高度处井壁上的单位摩阻力（kPa）。

井壁高度 $x$ 处的拉力 $P_x$ 为：

$$P_x = \frac{G_k x}{h} - \frac{q_x x u}{2} = \frac{G_k x}{h} - \frac{G_k x^2}{h^2} \tag{5-38}$$

令 $\frac{dP_x}{dx} = 0$，解得，$x = \frac{h}{2}$，得：

$$P_{max} = \frac{G_k}{4} \tag{5-39}$$

对台阶形井壁,最大拉力发生在各截面变化处。每段井壁都应进行拉力计算,然后取最大值。

(2)沉井井壁水平框架验算

沉井下沉至设计高程,刃脚下的土已被掏空,沉井井壁受最大水平方向水压力和土压力作用,此时把井壁作为水平框架来验算。这种水平弯曲验算分为两部分:

首先验算位于刃脚根部以上其高度等于井壁厚度 $t$ 的一段井壁,据此设置该段的水平钢筋。因这段井壁 $t$ 又是刃脚悬臂梁的固定端,施工阶段作用于该段的水平荷载,除本身所受的水平荷载外,还承受由刃脚传来的水平力 $Q$(图 5-29)。作用在该段井壁上的平均荷载 $q$ 为:

$$q = W + E + Q \tag{5-40}$$

$$W = \frac{W_1 + W_2}{2}t \tag{5-41}$$

$$W_1 = \lambda h_1 \gamma_w \tag{5-42}$$

$$W_2 = \lambda h_2 \gamma_w \tag{5-43}$$

$$E = \frac{E_1 + E_2}{2}t \tag{5-44}$$

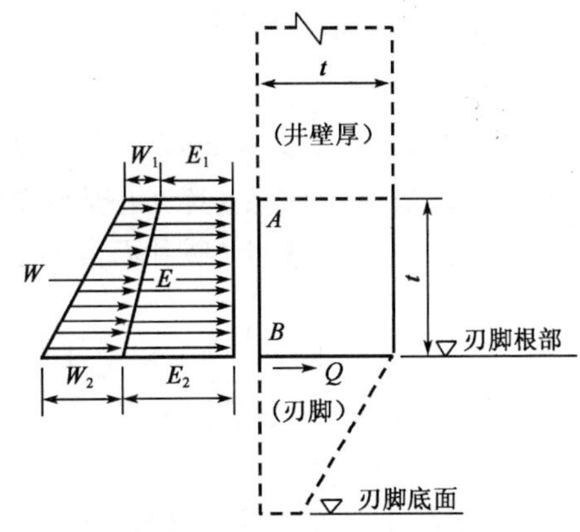


图 5-29 刃脚根部以上高度等于井壁厚度的一段井壁框架荷载分布图

式中:$q$——作用在井壁高度 $t$ 段上的均布荷载(kN/m);

$W$——作用在井壁高度 $t$ 段上的水压力(kN/m);

$W_1$——作用在刃脚根部以上,高度 $t$ 范围内截面 $A$ 上的单位水压力(kPa);

$W_2$——作用在刃脚根部截面 $B$ 的单位水压力(kPa);

$t$——井壁厚度(m);

$h_1$、$h_2$——验算截面 $A$ 和 $B$ 距水面的高度(m);

$\gamma_w$——水的重度;

$\lambda$——折减系数。排水挖土时,井内无水压,井外水压视土质而定,砂类土 $\lambda = 1.0$;黏性土 $\lambda = 0.7$;不排水挖土时,井外水压以 100% 计,$\lambda = 1.0$,井内水压以 50% 计,$\lambda = 0.5$;

$E$——作用在 $t$ 段井壁上的土侧压力(kPa);

$E_1$——作用在刃脚根部以上,高度 $t$ 处 $A$ 截面的单位土侧压力(kPa);

$E_2$——作用在刃脚根部处 $B$ 截面的单位土侧压力(kPa);

$Q$——由刃脚传来的水平力(kN/m),其值等于作用在刃脚悬臂梁上的水平力乘以分配系数 $\alpha$。

$W$ 的作用点距刃脚根部为 $\dfrac{W_2 + 2W_1}{W_2 + W_1}\dfrac{t}{3}$,$E$ 的作用点距刃脚根部为 $\dfrac{E_2 + 2E_1}{E_2 + E_1}\dfrac{t}{3}$。

根据以上计算出来的 $q$ 值,即可按框架分析求刃脚根部以上 $t$ 高度内截面的作用效应。

其余各段井壁的计算,可按井壁断面的变化,将井壁分成数段,取每一段最下端的单位高度进行计算。作用在框架上的均布荷载 $q = W + E$。然后用同样的计算方法,求得水平框架内截面的作用效应,并将水平筋布置在全段上。

采用泥浆套下沉的沉井,在下沉过程中所受到的侧压力,应将沉井外侧泥浆压力按 100% 计算,因为泥浆压力一定要大于水压力及土压力总和,才能保证泥浆套不被破坏。

采用空气幕沉井,在下沉过程中受到土侧压力,根据试验沉井测量结果,压气时气压对井壁的作用不明显,可以略去不计,仍按普通沉井的有关规定计算。

在计算空气幕沉井下沉过程中结构强度时,由于井壁的摩擦力在开气时减小,不开气时仍与普通沉井相同,因此视计算内容,按最不利情况采用。

5)混凝土封底及顶盖的计算

(1)封底混凝土计算

混凝土封底的厚度应根据基底的水压力和地基土的向上反力计算确定。井孔不填充混凝土的沉井,封底混凝土须承受沉井基础全部荷载所产生的基底反力,井内如填砂时应扣除其重力。井孔内如填充混凝土(或片石混凝土),封底混凝土须承受填充混凝土前的沉井底部的静水压力。

沉井封底混凝土应按如下规定计算:在施工抽水时,封底混凝土应承受基底水和土的向上反力,此时如因混凝土的龄期不足,应考虑降混凝土强度。封底层混凝土厚度,一般不宜小于1.5倍井孔直径或短边边长。

封底混凝土厚度,可按下列两种方法计算并取其控制者。

①弯拉验算

封底混凝土视为支承在凹槽或隔墙底面和刃脚上的底板,按周边支承的双向板(矩形或圆端形沉井)或圆板(圆形沉井)计算,底板与井壁的连接一般按简支考虑;当连接可靠(由井壁内预留钢筋连接等)时,也可按弹性固定考虑。封底混凝土的厚度可按下式计算:

$$h_t = \sqrt{\frac{6\gamma_{si} r_m M_{tm}}{bR_w^j}} \tag{5-45}$$

式中:$h_t$——封底混凝土的厚度(m);

$M_{tm}$——在最大均布反力作用下的最大计算弯矩(kN),按简支或弹性固定支承不同条件考虑的荷载系数,可由结构设计手册查取;

$R_w^j$——混凝土弯曲抗拉极限强度(kPa);

$\gamma_{si}$——荷载安全系数;

$r_m$——材料安全系数;

$b$——计算宽度,此处取1m。

有时为简单初步估算,也可采用式(2-8)。具体验算时,要求计算所得的弯曲拉应力应小于混凝土的弯曲抗拉设计强度。

②剪切验算

封底混凝土按受剪计算,即计算封底混凝土承受基底反力后,是否有沿井孔范围内周边剪断的可能性。若剪应力超过其抗剪强度则应加大封底混凝土的抗剪面积。

(2)钢筋混凝土盖板计算

空心或井孔内填以砾砂石的沉井,井顶必须浇筑钢筋混凝土盖板,用以支承墩台及其上部全部荷载。盖板厚度一般是预先拟定的,按盖板承受最不利荷载组合,假定为均布荷载的双向板进行内力计算和配筋设计。

沉井盖板应按现行《公路钢筋混凝土及预应力混凝土桥涵设计规范》(JTG D62—2004)进行承载能力极限状态计算和正常使用极限状态计算。如墩身全部位于井孔内,还应验算盖板的剪应力和井壁支承压力。如墩身较大,部分支承在井壁上则不需进行盖板的剪力验算,只进行井壁压应力的验算。

### 5.4.3 浮运沉井计算要点

浮式沉井施工应计算各施工阶段的沉井重力、入水深度、浮体稳定性、井壁水头差、井壁出水高度及其受力部分混凝土的龄期强度,计算各种可能水位和河床高程时沉井就位的相应内力,以及落地后所控制的沉井浮重和刃脚可能达到的高程。通过每一施工阶段的计算,可能得到井壁各部位可能承受的内力并作为设计的依据。

薄壁浮运沉井在浮运过程中(沉入河床前),应验算横向稳定性。

1)浮运沉井稳定性验算

(1)计算浮心位置

如图5-30a)所示,沉井高度 $H$,宽度 $B_0$。

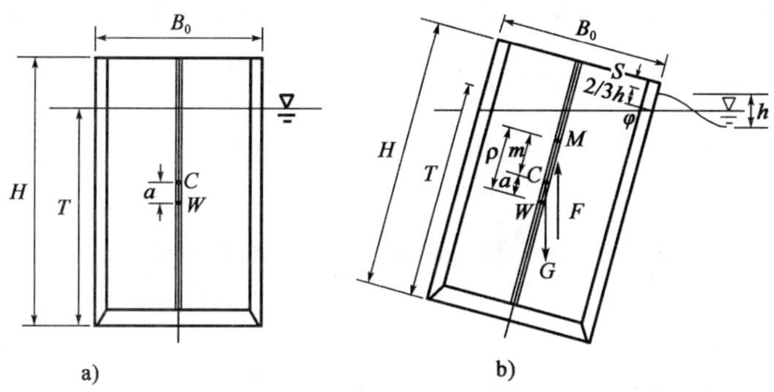


图5-30 浮运沉井计算图示

根据阿基米德定律,沉井的重力 $G$ 等于沉井排开水的体积 $V$ 乘以水的重度 $\gamma_w$。当沉井直立,可知沉井的排水体积 $V$、吃水深度 $T$ 和浮力的合力作用点 $W$。$W$ 称为浮心,是排水体积 $V$ 的重心位置。

(2)计算重心位置

沉井重心位置 $C$ 的计算,不仅应考虑沉井自身的结构,还应考虑压仓物的种类和布置。按照直立状态,计算沉井的重心 $C$ 的位置。

(3)定倾半径的计算

沉井会因拖曳或风浪而倾斜,如图5-30b)所示,倾斜并处于平衡位置后,排开水体的形状改变,浮力的合力作用点改变,新的浮力作用线与浮心 $W$—重心 $C$ 连线的交点称为定倾中心 $M$。定倾中心 $M$ 至原浮心 $W$ 的距离称为定倾半径 $\rho$。

(4)浮运沉井稳定的必要条件

定倾中心 $M$ 至重心 $C$ 的距离称为定倾高度 $m$,设重心 $C$ 至浮心 $W$ 的距离为 $a$,重心在浮心之上为正,反之为负,则 $m=\rho-a$。

当 $m>0$ 时,重心 $C$ 在定倾中心 $M$ 之下,浮力与重力形成的力偶将沉井扶正,所以沉井处于稳定的平衡状态;当 $m=0$ 时,重心 $C$ 与定倾中心 $M$ 重合,沉井处于随遇平衡状态;当 $m<0$ 时,重心 $C$ 在定倾中心 $M$ 之上,浮力与重力形成的力偶将使沉井的倾斜加剧导致倾覆沉没,沉井处于不稳定的状态,所以浮运沉井稳定的必要条件是:

$$m = \rho - a > 0 \tag{5-46}$$

2)浮运沉井高出水面最小高度验算

沉井浮运过程中不可避免地将出现倾斜,应控制倾角和沉井顶面高出水面的安全高度。

沉井浮体稳定倾斜角可按下列公式计算:

$$\varphi = \tan^{-1} \frac{M}{\gamma_w V(\rho - a)} \tag{5-47}$$

$$\rho = \frac{I}{V} \tag{5-48}$$

式中:$\varphi$——沉井在浮运阶段的倾斜角,不应大于6°,并应满足$(\rho - a) > 0$;

$M$——外力矩(kN·m);

$I$——薄壁沉井浮体排水截面面积的惯性矩($m^4$);

$\gamma_w$——水的重度。

沉井顶面高出水面的安全高度称为干舷富裕高度$S$,需计入$\frac{2}{3}$的波浪高度$h$。

$$S = H - T - \frac{B_0}{2}\tan\varphi - \frac{2h}{3} \tag{5-49}$$

干舷富余高度一般要求不小于0.5~1.0m。

## 5.5 沉井基础工程案例简介

本节结合江阴长江公路大桥北锚碇基础,简介沉井基础的工程应用。

江阴长江公路大桥,是国家"九五"期间重点建设项目,是国家"两纵两横"公路主骨架中同江至三亚国道主干线及北京至上海国道主干线的跨江"咽喉"工程。桥梁全长3 071m,主跨1 385m,为一跨过江钢悬索桥,是我国第一座跨径超过千米的特大型钢箱梁悬索桥。大桥按六车道高速公路标准设计,车辆荷载为汽车—超20级,挂车-300(考虑该桥位于港口附近,集装箱运输车辆较多),设计行车速度为100km/h。索塔高197m,两根主缆直径为0.870m,桥面宽33.8m。桥下通航净高50m,可通航五万吨级巴拿马散装货船。1999年9月28日建成正式通车。

1996年初完工的北锚碇大型深沉井重达7.6万t,高达58m,可承受主缆拉力6.4万t,为"世界第一大沉井"。

长江江阴河段河道稳定、微弯,江面最窄处约1 400m,基岩裸露,由石英砂岩和含粉砂泥质岩组成,岩体呈背斜构造,岩层向江中倾斜。桥位靠近南岸侧为深泓区,水深达55~60m,江中心亦在30m左右,只靠近左岸约200m范围才是10m以内的浅滩区。桥位区在地质上无大的断裂带和活动断裂带,属6度地震区。

北锚碇处覆盖层厚达100m,在地面以下40m范围内主要是松散的细砂土和亚黏土逐步到紧密细砂层,地下40~50m为硬黏土层,以下为紧密含砾石中粗砂。

北锚碇结构是大桥的关键部位之一,设计中进行浅埋、中埋扩大基础、群桩基础、地下连续墙多方案比较,最后选用尺寸为51m×69m的沉井基础,沉井内分36个隔仓。沉井高度58m,共分11节,最下面的一节高8m,采用带有尖角刃脚的钢壳混凝土,以上10节均为高5m的钢筋混凝土结构,见图5-31。

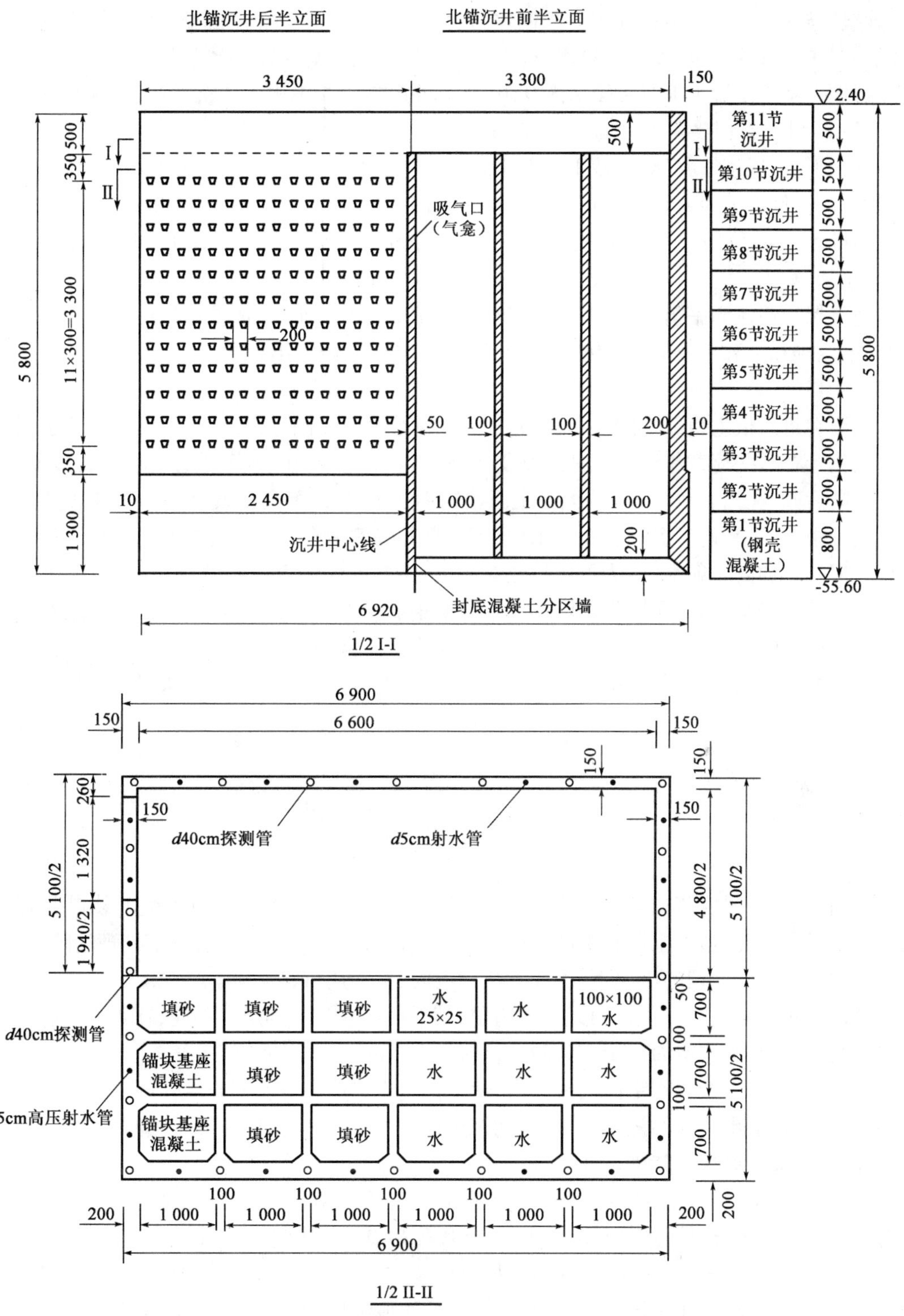


图5-31 江阴长江大桥北锚碇沉井基础结构图（尺寸单位：cm；高程单位：m）

沉井下沉高程为-55.6m,顶部高程为2.4m。施工流程为:平整场地→软基处理(砂桩加固、砂垫层施工)→第1节钢壳沉井的制作与安装→钢壳沉井内灌注混凝土→第2节钢筋混凝土沉井制作→管井降水、第1次排水下沉→第3节沉井制作→第2次排水下沉→第4、5、6节沉井制作→第3次排水下沉→第7、8、9、10节沉井的制作→不排水下沉准备、不排水下沉→第11节沉井的制作→继续不排水下沉→终沉、清基→封底施工。

排水下沉,通过管井降水,使下沉取土处于干施工状况。高压射水破土,泥浆泵送至井外泥浆池,以纠偏下沉为主。三次排水下沉沉井总高度分别为13m、18m和33m。

不排水下沉采用空气吸泥机法施工,累计下沉量27.8m,用工日156d,平均日下沉量0.178m。

为了保证锚体的平衡,在沉井下沉到位后封底,在沉井前面(靠北塔侧)三排的18个仓中注水,第四排和第五排及第六排中间2个共14个仓中填砂,第六排其余4个仓填充片石并注浆。

北锚碇将2根主缆传来的640MN的拉力传递给沉井基础,沉井在整个施工和营运期受力不断变化。在这些荷载作用下沉井地基受到不均匀压力并产生沉降,故在主缆架设以前,为减少沉井向后倾,在锚碇后缘5m的混凝土压块暂不浇筑,待加劲梁架设以后再浇筑锚块。

施工中,为了平衡下沉时各仓的水位,每节沉井隔墙中有连通管孔;为了控制下沉,在井壁内设有探测管和高压射水管;为了穿过亚黏土层,井壁外侧设置了空气幕;为了了解沉井在整个下沉中井壁侧摩阻力、侧压力、基底反力、井壁钢筋应力和混凝土应力等相应数据,在沉井上布设有侧面摩阻力计、侧压力计、刃口反力计、应变计及钢筋计算。

当沉井下沉到一定深度,由于沉井尺寸大,土体对沉井侧面摩阻力很大,按照设计要求,采用空气幕助沉。

## 5.6 沉箱基础

沉箱,是将沉井底节做成一个有顶盖的施工作业工作室,然后在顶盖板上装设井管及气闸,也称气压沉箱。当桥梁深水基础需修建在透水性很大的土层中含有难于处理的障碍物,或基底需要经过特殊处理的情况下,沉井无法下沉时,可采用沉箱基础。

早期沉箱如同一个有顶盖而无底的箱子,其平面尺寸与基础尺寸相同,顶盖上装有特制井管和气闸,工人在工作室内挖土,沉箱在自重作用下下沉。当工作室进入水下时,通过气闸和气管打入压缩空气,把工作室内的水排出,使工作室内仍能照常施工作业。在室内不断挖土下沉的同时,箱顶上也不断的浇筑圬工,直到沉至设计高程。然后,用混凝土填封工作室,撤去气闸和井管,建成桥梁深水基础。

沉箱基础的优点是:高压压缩空气将工作室内的水由自刃脚处排挤出,便于下沉过程及时发现和处理刃脚下的障碍物,直接鉴定和处理基底,基础质量较为可靠。早期沉箱基础的缺点是:高压对施工人员身体的不利影响,且工效低,基础深度有限。入水深度每增加10m,工作室内就需增加一个大气压,人体能承受的最大压力为3.5个大气压力,所以沉箱仅能满足深度不超过35m的基础施工。而且在高压环境下,工人可承受的工作时间,每天不能超过2~4h。进入工作室前,施工人员须先进入气闸,缓慢增压,逐渐适应,直至气闸压力与工作室压力一致，方能进入工作室开始工作。退出工作室时，须进入气闸，用更长的时间减压，以便使在高压下溶入人体血液的氮气排出，若在气闸内减压不当极易患上沉箱病，严重影响工人的健康甚至生命安全。沉箱施工作业需要较多的复杂设备，如气闸、压缩空气站等，故造价也会偏高。

1841 年沉箱基础在法国修建卡隆桥时首次采用，以后在欧、美广泛应用，是一种古老的桥梁深水基础形式。我国在 1950 年以前也曾采用，如 1892 年修建的滦河桥、1909 年修建的泺口黄河桥及 1937 年修建的钱塘江大桥，尤其是我国最早自己设计和施工的现代大型桥梁钱塘江大桥，修建了桩基上的沉箱基础，极具创意，见图 5-32。1957 年以后，由于管柱基础的出现，我国未在桥梁深水基础中继续使用气压沉箱基础。

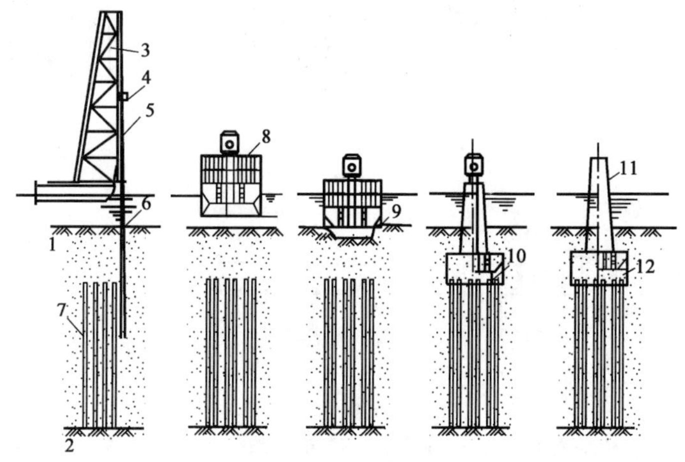


图 5-32 钱塘江大桥沉箱基础施工步骤图

1-河床覆盖层；2-砂岩；3-打桩机；4-蒸汽打桩锤；5-钢送桩；6-30m 长木桩；7-已打入到岩面的木桩；8-浮运钢筋混凝土沉箱，上面有临时木围堰；9-沉箱下沉江底后在沉箱中充气，以人工在沉箱工作室中挖土下沉；10-沉箱挖土下沉过程中不断灌筑墩身并接高气闸使其露出水面，直至沉箱按设计位置嵌固在已打设的桩基上；11-已完成的正桥墩身；12-沉箱内以混凝土填实、保证墩身基础和桩基连接牢固

在国外，尤其是日本一些国家仍在采用，只是大多改用机械化方法开挖、加强自动化控制和监测并尽量减少人工进入沉箱，这应该是沉箱基础存在和发展的方向。下面将以此为目的，并借用日本近期成功运用的工程实例对沉箱基础作以介绍。

日本鹤见航道桥是东京高速湾岸线上的一座大桥，鹤见航道船舶日通行量超过 400 艘，其中含 5 万吨以上级船舶。其主桥长 1 020m，为跨径 254m + 510m + 254m 的单索面密索扇形体系的斜拉桥。斜拉桥的主塔及边墩基础均位于水下 30 ~ 40m 的洪积砂和洪积黏土层，并均采用气压沉箱基础。4 个墩沉箱基础的施工流程见图 5-33。

1）地基处理

因桥址处的海底表层为软弱黏土层，为了确保沉箱着底及初期挖掘下沉时沉箱的稳定，施工开始前进行了地基处理作业。

首先，用挖泥船将表层 3m 厚的软弱层挖除，然后用 2m 厚的砂层填置，再铺设 1m 厚的碎石层。因扇岛侧两个墩位处沉箱着底位置软弱层较厚，所以在作疏浚前先采用直径为 1.6m、长 5m 的砂桩进行处理，然后再作换置砂层及填铺碎石的处理。

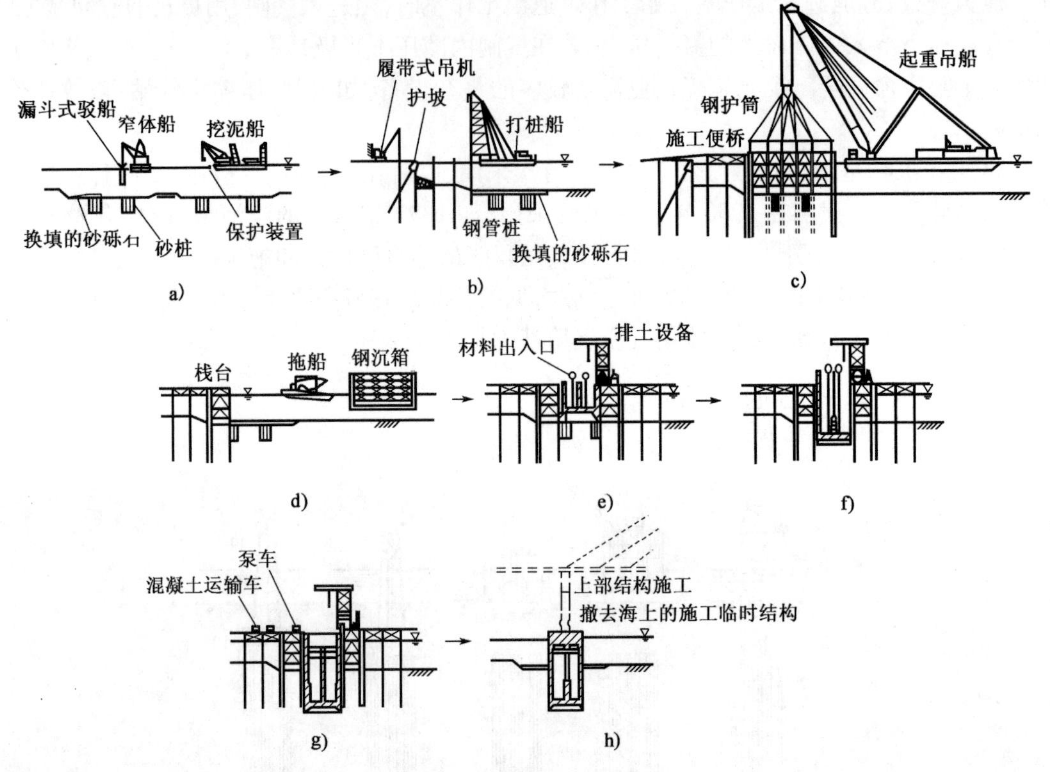


图5-33　沉箱基础施工流程

a)地基改良;b)打设施工栈桥的钢管桩;c)安放钢护筒;d)钢沉箱浮运;e)沉箱的组装着底;f)沉箱接长,掘削下沉施工;g)浇筑基础混凝土;h)基础完成

2)临时栈桥施工

施工临时栈桥,从岸边至边墩其宽度为8m,边墩至主塔墩其宽度为6m,其两侧均分别设置有1.5m宽的人行道及管线架道。

栈桥的基础为直径800mm的钢管桩,均打入持力层内,根据持力层埋深的不同,桩长为25～53m。为方便主塔墩与边墩之间小型船舶的通行,栈桥中间设置了一跨2×37.5m的开启式桁梁,并设置航标灯以保证船舶航行安全。栈桥上部桁构架设完成后,由岸边开始向主墩施工位置铺设桥面板,并安装导轨及沉箱施工所需管、线及人行道结构。

3)沉箱外围围平台的施工

沉箱基础施工中,在沉箱外围设置有宽度为10m的外围囹平台。该围囹在钢沉箱就位时起导向作用,在沉箱及基础施工时作为工作平台。因此,其设计时考虑了沉箱就位过程中强风、海浪的作用,并在其内侧专门设置了防撞缓冲的橡胶设施。

钢围囹是由工厂制作,然后由1 050t的吊船先将各墩围囹的三边安装好,待钢沉箱牵引就位后,再将围囹的最后一边安装闭合。

为了确保钢围囹的安装精度,在其预定位置均设置了定位桩。当围囹安装后立即在其四角的套管内用振动打桩机插打钢管桩入持力层,将其位置固定,然后插打其余的钢管桩。管桩插打完后,调整钢围囹的高程,再用剪力连接器并现场焊接使围囹套管与桩连接固定。最后,在围囹套管与管桩间灌注水泥砂浆,使围囹平台与桩成为一个整体。

4)钢沉箱的制作与浮运

钢沉箱均由工厂制作,其结构如图 5-34 所示。

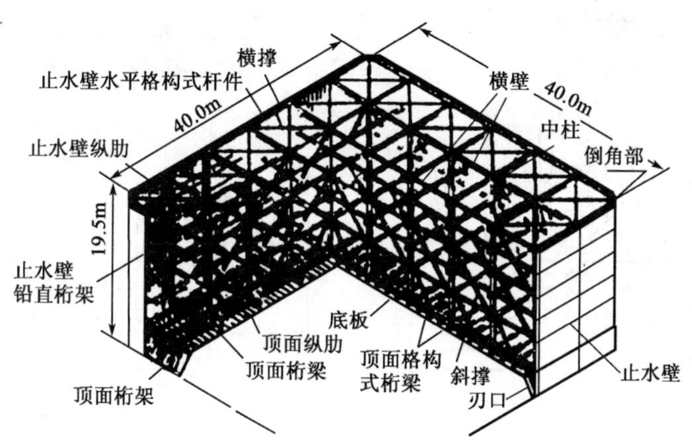


图 5-34　鹤见航道桥钢沉箱结构示意图

沉箱是由型钢和钢板制成的一个空心箱体结构。因沉箱在工厂制作好后,由工厂至现场的海中浮运和水中施工期长达 6 个月,为保证其长期的水密性,在工厂不仅对接缝进行常规的焊接性能检验,还进行了认真的水密性确认检验。

基于对沉箱浮运时的稳定性分析计算,设计文件对曳航时的气象、海浪及曳航速度等均作了严格限定,见表 5-3。

钢制沉箱的曳航条件　　表 5-3

| 项　　目 | 分　　项 | 作业标准值 |
|---|---|---|
| 气象、海浪 | 风速 | 10m/s 以下 |
| | 波高 | 1.0m 以下 |
| | 视距 | 1 000m 以上 |
| 曳航速度 | 港区内 | 3km/h |
| | 东京湾内 | 4km/h |

为了使钢沉箱的浮运避开台风季节,选在 10 ~ 11 月之间进行浮运施工作业。沉箱浮运到达墩位现场后,利用围囹平台上的绞车将沉箱牵引就位,然后调整锚定。

5)沉箱下沉及箱体浇筑

沉箱箱体结构的分段是由基础深度和箱体混凝土浇筑高度来确定的,边墩沉箱分为 15 段,大黑侧主塔墩的沉箱分为 12 段,扇岛侧主塔墩的沉箱分为 13 段。

当主塔墩沉箱浇筑到第 9 段、边墩沉箱浇筑到第 8 段以后,就开始采用气压沉箱法施工,掘土下沉与箱体混凝土浇筑同时进行。沉箱箱体混凝土的设计强度 $R_{28}$ = 24MPa,考虑到其耐久性及为大体积浇筑,采用 B 种高炉水泥,水泥用量为 300kg/m$^3$。另外,因沉箱钢壳内型钢杆件及钢筋错杂密集,所以混凝土拌制中掺加了塑化剂,并将坍落度定为 15cm。

气压沉箱法施工时,主塔基础配备有固定式 110.33kW(150PS)空压机 4 台、边墩则配备 3 台作为施工送气,另准备内燃式空压机作为备用。施工中的挖掘设备配置,见图 5-35。

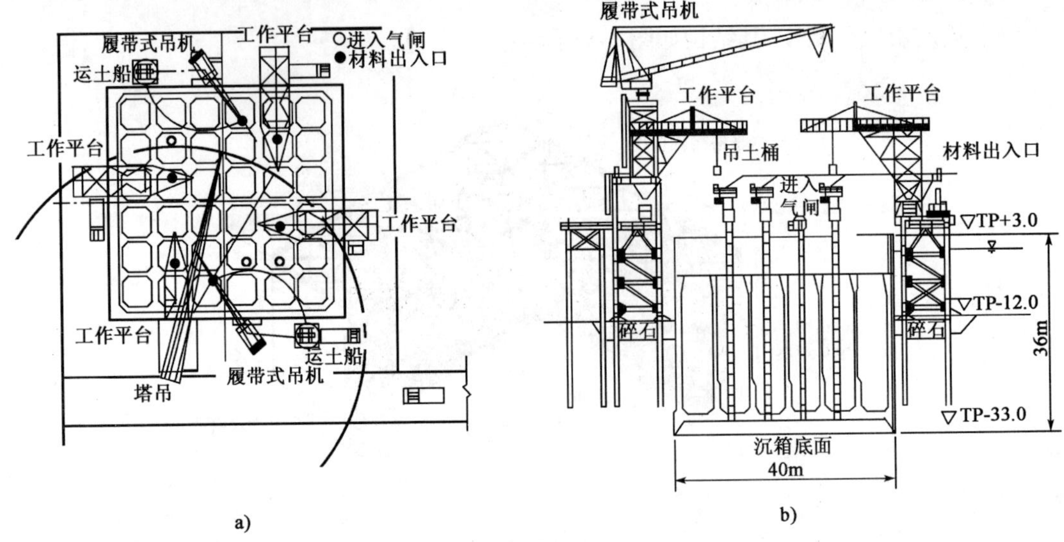


图 5-35　气压沉箱施工中的挖掘设备配置(高程单位:m)
a)平面图;b)截面图

边墩沉箱基础的挖掘深度分别为 46m、47m,采用深井降低地下水位的方法,使挖掘区域内的水压降至 0.1MPa 以下。为了减少高压下的人工作业,设置了 2 个遥控操作室。

由于沉箱尺寸较大,又是在深水中作业,施工中必须考虑水浮力的影响,并随时用注排水的方法控制沉箱的下沉和纠倾作业。为此,将边墩沉箱的 2 室空间隔分成 5 个单元,而将主塔墩沉箱的 4 室空间隔分成 9 个单元,以便于作控制荷重的排注水施工作业。

采用深井降低地下水位法施工时,为防止因排水而引起周围地基土的下沉及欠氧空气的流入,在沉箱周围采用注灌药液的方法构成地下截水墙,见图 5-36。

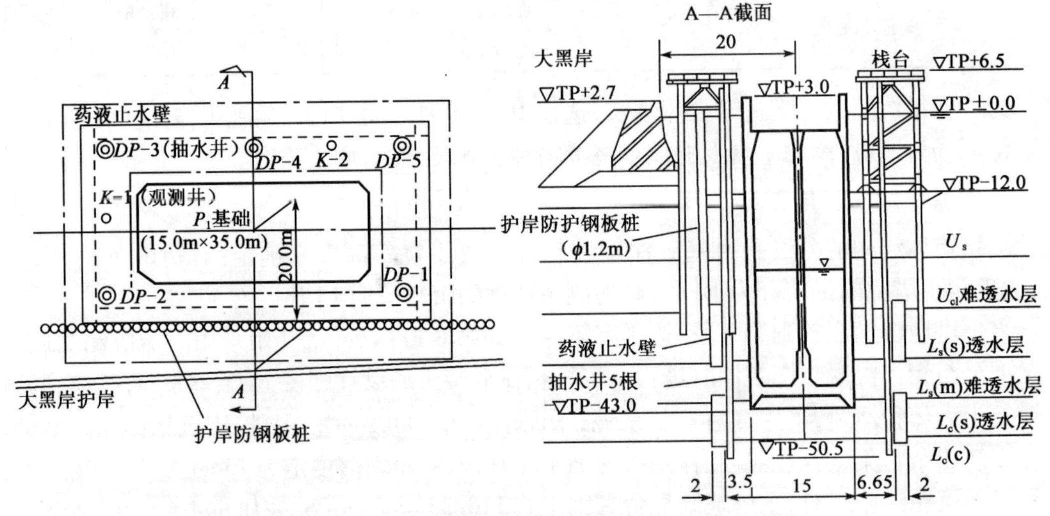


图 5-36　深井及地下截水墙的布置(尺寸单位:m;高程单位:m)

在沉箱无人挖掘下沉施工中，还采用了先进的自动信息管理系统，见图5-37。

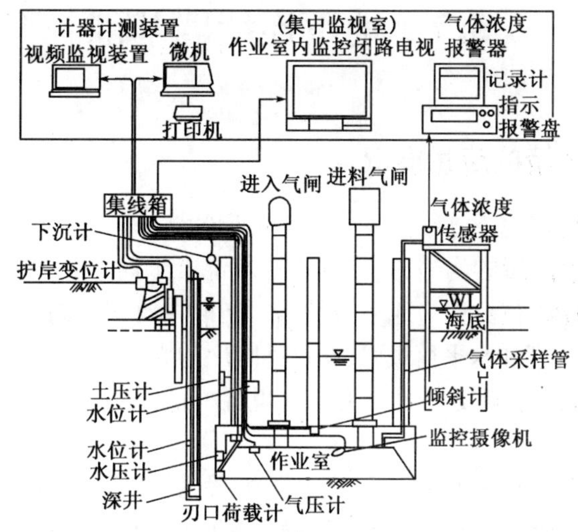


图5-37 沉箱施工中的自动信息管理系统

沉箱无人自动化施工就是通过这个自动信息管理系统，由现场岸上设置的集中控制室对沉箱下沉作自动控制和检测。

此自动信息控制系统有如下特点：

(1)为及时了解和控制沉箱下沉的状况和土阻力的变化，采样间隔时间为6s。

(2)施工控制的微机系统和监测测量的微机系统是分别配置的，沉箱下沉过程的数据都保存于磁盘中，详细地记录了全部下沉技术资料和数据。

(3)因沉箱下沉中刃脚处土阻力和沉箱侧壁摩阻力实测值精度有时难以保证，为避免出现误差，系统配置了通过沉箱下沉的数据来反算土阻力作校核。

(4)数据管理与分析全部由岸上的集中控制室进行，且控制室内的显示器随时都显示了沉箱内挖掘施工作业的状况、气压及废气浓度等，并设专人24h监测和管理。

沉箱施工，通过挖掘、浇筑箱体混凝土、下沉这样循环往复到达设计高程后，对地基进行承载力试验，确认其是否达到设计强度。确认各方面都满足设计要求后，利用沉箱中原来埋设的直径15cm的送排气管作为混凝土灌注管，用混凝土泵连续灌注坍落度为18cm的封底混凝土。灌注至排气管有混凝土溢出，待混凝土固结后再通过别的管道压送空气检查有否空气溢出，以保证沉箱作业室全部灌满混凝土。

6)沉箱顶板施工

主塔墩沉箱基础的顶板厚7m、边墩沉箱基础的顶板厚5m，分别需浇筑混凝土11 200$m^3$和2 600$m^3$。混凝土分三层浇筑，因考虑到第一层混凝即要将沉箱顶封闭，又要减少外模板及支撑架的工作量及方便墩身钢骨架的安装，所以第一层混凝土的浇筑厚度定为1m。

因顶板混凝土浇筑也属大体积混凝土施工，所以采用了低水化热的矿渣粉煤灰水泥，其中含高炉矿渣45%，粉煤灰20%，虽其初期强度较低，但其长期强度及耐久性都较好，且绝热温升也较低。

顶板施工完成后就可以开始墩身钢骨架安装和最后墩身施工完成。

# 5.7　地下连续墙基础

## 5.7.1　地下连续墙的应用概况

地下连续墙(以下简称地下连续墙)技术起源于欧洲。它是利用各种挖槽机械,利用泥浆护壁作用,在地下挖出窄而深的沟槽,并在其内浇筑混凝土而形一道具有防渗(水)、挡土和承重功能的连续的地下墙体结构,称为地下连续墙。初期主要用于高透水性地基中建造防渗墙,后来发展成要求能承受垂直和水平荷载,具有足够刚度的大型高层建筑的外墙基础。在1950～1960年的10年间,地下连续墙技术随着第二次世界大战结束后经济建设的需求而得到迅速发展。

日本于1955年引进了地下连续墙施工技术,并投入了大量的人力物力进行开发研究和创新工作,从设计理论到开挖机械和施工技术方面,达到了世界先进水平,并于1979年首先将该技术应用到桥梁工程的基础中。在现今世界最大跨径(主跨1 990m)的日本明石海峡大桥中,经过长期勘探研究,对气压沉箱、沉井及地下连续墙三种技术方案比较,最后对1号锚墩采用了圆形井筒结构地下连续墙作为支挡结构,并最后形成基础的方案,成为现今世界最大的地下连续墙基础(图5-38)。

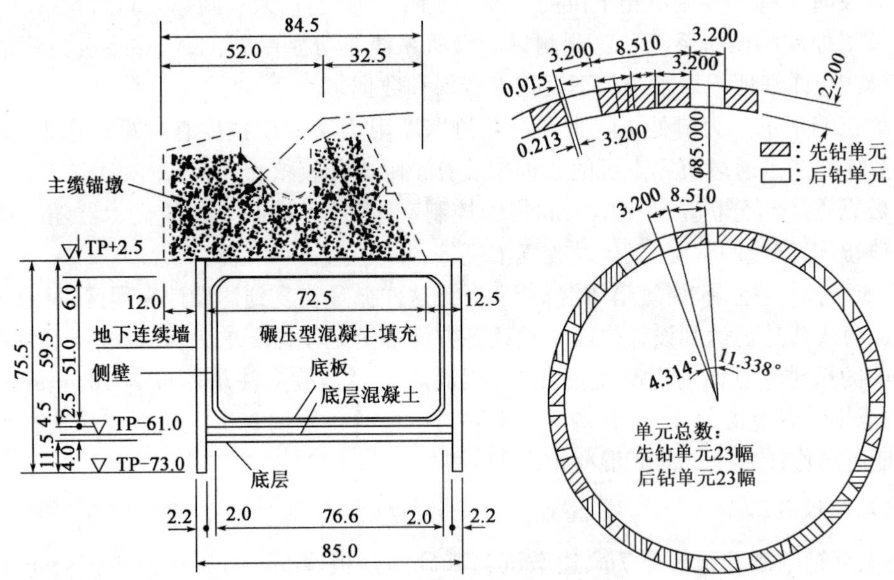


图5-38　日本明石海峡大桥1A号锚墩地下连续墙基础结构示意图(尺寸单位:m;高程单位:m)

地下连续墙施工快、工效高、成本低,适用广泛。施工深度已由开始的20m左右发展至今120～170m。由于强大的刚性和与地基土密着性好的特性,应用极为广泛。

地下连续墙引入我国也较早,是在20世纪50年代末,应用于北京密云水库白河主坝,主要用做防渗墙,后大量用于工业与民用建筑以及市政工程中。20世纪90年代从修建虎门大桥开始在桥梁基础中应用,获得良好效果,并在修建我国大跨径悬索桥润扬长江公路大桥时也采用地下连续墙锚碇基础。

应用于桥梁基础的地下连续墙，其平面形式一般多为闭合断面，划分为先钻墙段和后钻墙段（也称为墙桩），利用构造接头（图5-39），将地下连续墙的墙段连接成一个外形为矩形、多边形或圆环形，其内部可分为一个或多个空格的整体结构（图5-40）。

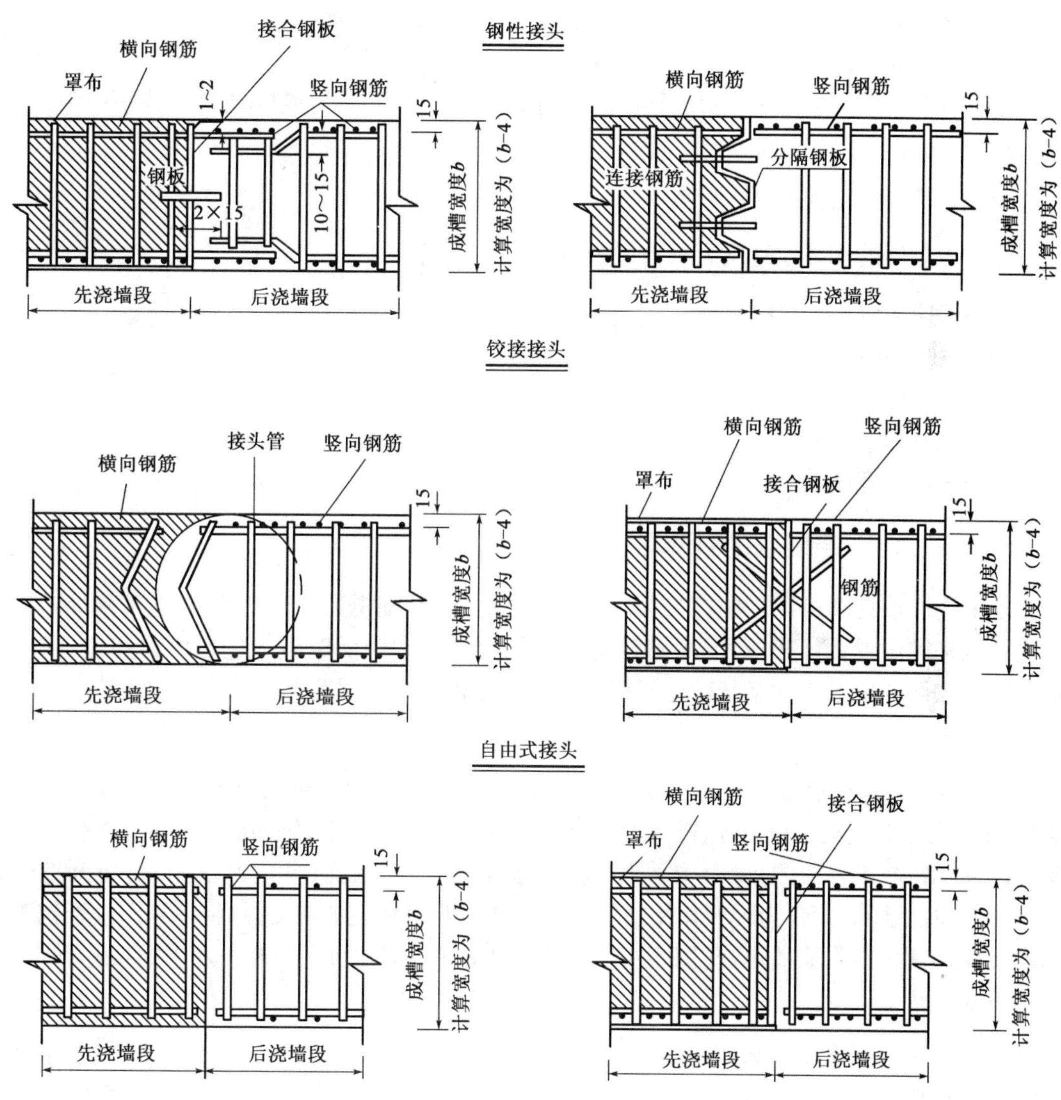


图5-39 接头构造图（尺寸单位：mm）

## 5.7.2 地下连续墙基础分类

从受力传力考虑和应用计算方法来分类，地下连续梁基础可分为刚性体基础和弹性体基础，这与沉井基础相似。日本道路协会于1992年7月提出了《地下连续墙基础设计施工指南》，1996年又进行了修订，下面介绍的内容是以该指南为基础。

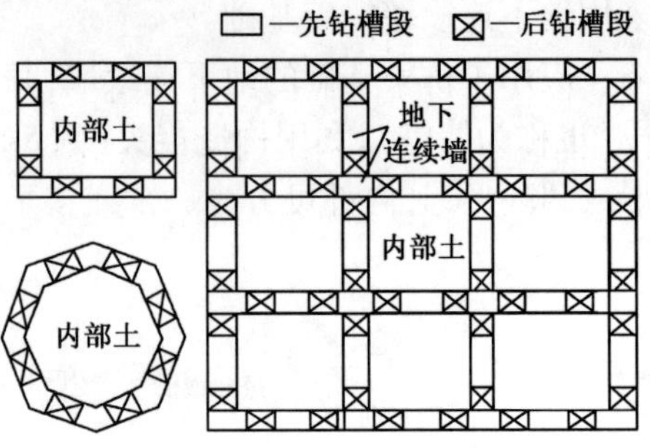


图 5-40 地下连续墙井筒式基础平面

地下连续墙基础的刚性基础判别要求是 $\beta h < 1.0$，且各单元墙段之间只采用刚性接头时，才算为刚性体基础，否则，即使 $\beta h < 1.0$ 的承受水平荷载的基础也不是绝对的刚性体基础。

$$\beta h < 1.0$$

式中：$h$——基础的入土深度，应由局部冲刷线算起，(cm)；

$\beta$——基础的特性参数(cm$^{-1}$)，$\beta = \sqrt[4]{\dfrac{K_H D}{4EI}}$；

$EI$——基础的抗弯刚度(kN·cm$^2$)；

$D$——基础的宽度或直径(cm)；

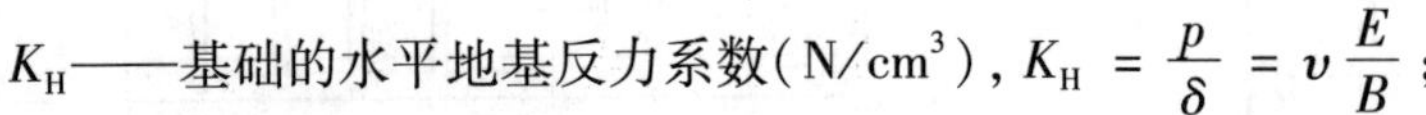

$K_H$——基础的水平地基反力系数(N/cm$^3$)，$K_H = \dfrac{p}{\delta} = \upsilon \dfrac{E}{B}$；

$p$——应力(kN/cm$^2$)；

$\delta$——变位量；

$\upsilon$——泊松比；

$E$——变形模量；

$B$——荷载宽度。

## 5.7.3 地下连续墙的计算要点

地下连续墙计算可以采用桩与沉井的计算方法，把基础视为一个弹性体，把基础周边内外和底面地基等用弹簧代替，考虑基础转动的土抗力和基础侧面摩阻力进行内力和位移计算。对桥梁用井筒式地下连续墙基础计算模型及计算流程可参见图 5-41。

1)施工阶段计算

地下连续墙没有填心时的施工阶段，作为施工中的支挡结构，可按单宽(或单墙段宽)围堰板桩，根据开挖过程的支撑情况，进行墙体结构竖向计算。一般钢或钢筋混凝土内支撑作为弹性支撑，围护墙后(未开挖侧)受有主动土压力和水压力，围护墙前(井内开挖侧)基坑开挖面以下土体为弹性地基，简化为弹簧作用。根据井中土体开挖和逐加内支撑，将计算图按开挖工况加内支撑弹簧和拆除地基弹簧(图 5-42)。同时对水平方向如沉井一样按水平框架进行验算。

2)使用阶段计算

使用阶段地下连续墙基础整体按刚性深基础进行水平承载力、抗倾覆稳定、转角及水平位移计算和竖直向地基承载力验算。由于地下连续墙井中土为原状土，在水平力和竖向力作用下墙的尺寸(厚度)验算修正，内力计算及配筋，应按沉井进行顶板(承台)和墙支承面受压承载力验算。

## 5.7.4 地下连续墙的施工简介

地下连续墙施工融合了钻孔桩与沉井施工的主要工序，其主要工序流程见图 5-43。现重点介绍以下几个工序：

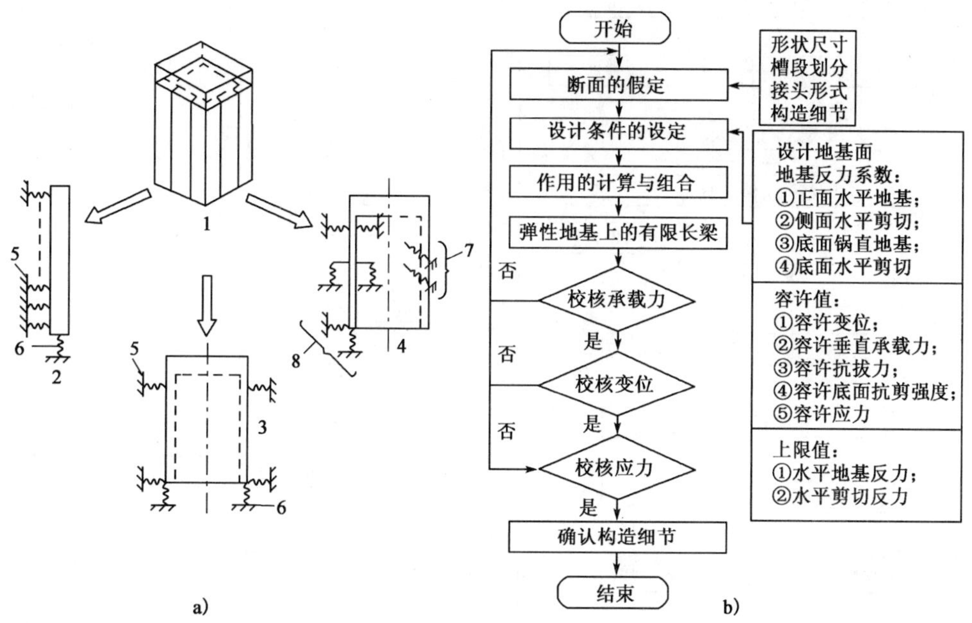


图 5-41 井筒式基础计算模型和设计流程图

a)计算模型;b)设计流程

1-井筒式基础;2-桩基础;3-沉井;4-基础侧面弹性体(刚体);5-水平弹簧;6-铅直弹簧;7-侧面弹簧(内外面);8-底面弹簧

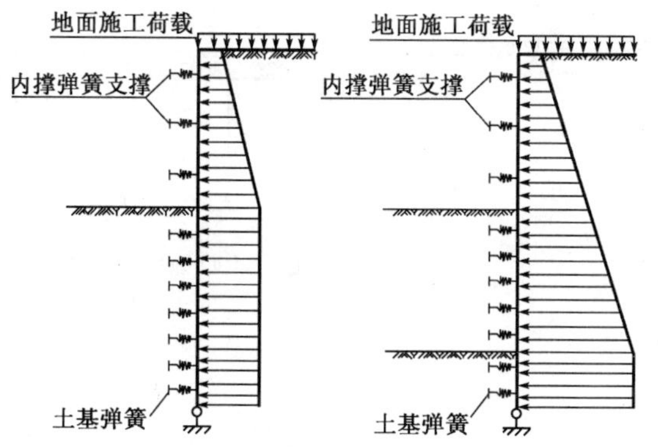


图 5-42 地下连续墙施工内支撑计算图示

1)导墙(导孔)

导墙是地下连续墙施工必不可少的临时结构,其作用相当于钻孔桩施工中的护筒。它是标定地下连续墙槽口位置的基准线,为挖槽施工导向。图 5-44 为两种导墙的实例。钢筋混凝土导墙可分为现浇和预制两种。

导孔是在地下连续墙成槽施工时,先在其放样轴线位置上,每隔一定的距离钻出垂直的钻孔,以保证成槽机作业的垂直度,此方法在坚硬地基上施工应用。

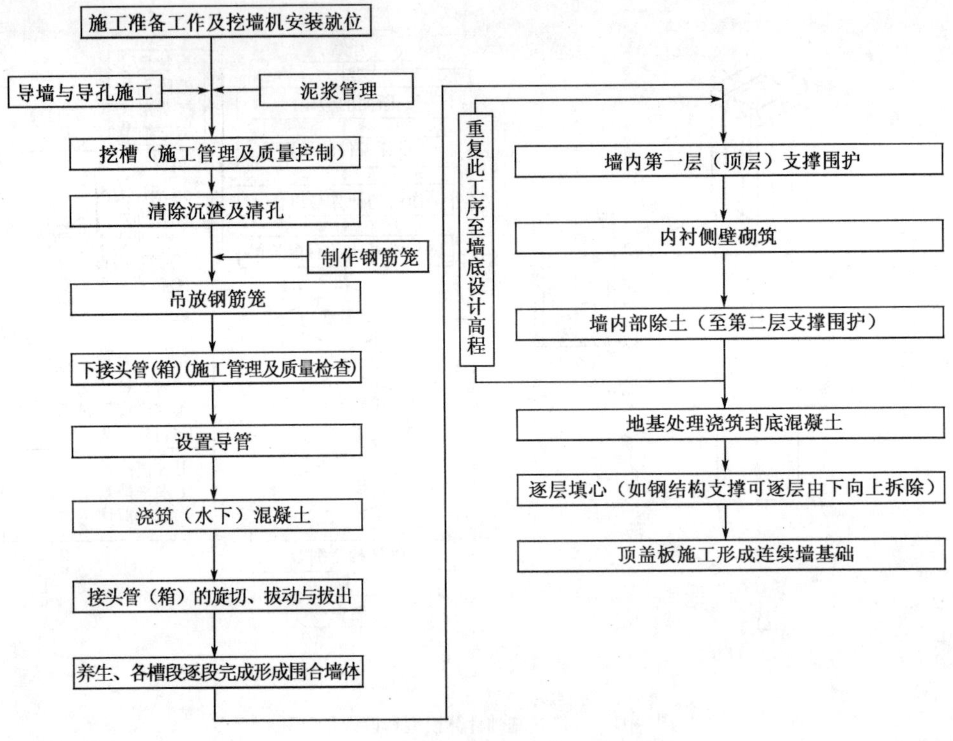


图 5-43　地下连续墙基础施工工序

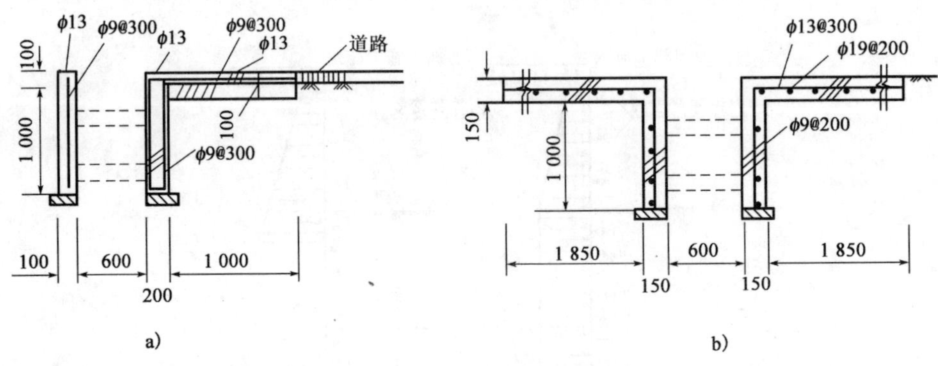


图 5-44　地下连续墙导墙示意图(尺寸单位:cm)

a)单侧施工,挖方;b)双侧施工,挖方

2)挖槽

地下连续墙成槽施工方法大致归为以下三种:先钻导孔,再钻挖修整成槽[图 5-45a)];先钻导孔,再重复钻圆孔成槽[图 5-45b)];一次钻孔成槽形至设计深度,经几次重复钻挖至单元槽段长度[图 5-45c)]。

各种挖槽机都有不同的挖槽深度极限和最大最小挖槽宽度,其深度可由几十米至几百米深,其厚度可由 40 ~ 60cm 至 150 ~ 250cm。

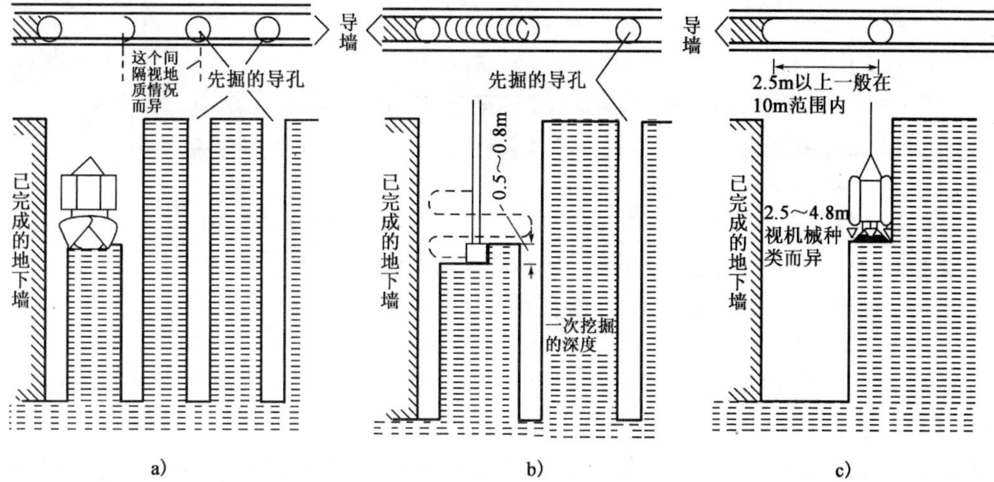


图 5-45 地下连续墙成槽施工方法

a)先钻导孔再钻挖修整成槽形;b)先钻导孔再重复钻圆孔成槽形;c)一次钻挖成槽形

挖槽过程的护壁、排渣、清孔,基本与钻孔桩相同。

3)接头

在地下连续墙施工中,墙段接头是最需关注的问题,处理不好极易出现问题。目前常用的有以下接头形式:

(1)接头管

接头管是应用最多的一种接头形式。它是把直径与墙厚大致相同的光滑圆钢管,在成槽清底后插入槽段的一端或两端,当混凝土可立住成型后(一般为浇筑 3h 后),将钢管拔出形成一个半圆形弧形墙面,再与挖墙段套接一起。其具体施工程序如图 5-46 所示。

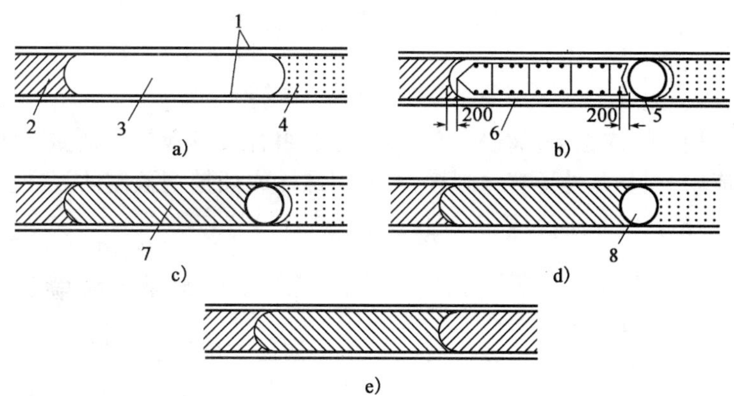


图 5-46 接头管施工程序图(尺寸单位:mm)

a)槽段开挖图;b)吊放连锁管及钢筋笼图;c)混凝土灌注图;d)接头管拔除图;e);已建成槽段

1-导墙;2-已完工的混凝土地下连续墙;3-正在开挖的槽段;4-未开挖地段;5-接头管;6-钢筋笼;7-完工的混凝土地下墙;8-接头管拔除后的孔洞

(2)接头箱

在单元槽段挖完后,于一端或两端吊放锁口管与敞口接头箱(也可用 V 形锁口接头箱),再吊放带堵头钢板的钢筋笼,混凝土浇筑完后拔出接头箱和接头管就形成了外伸的钢筋接头和空孔，再浇筑下一槽段混凝土时，就成为地下连续墙的刚性接头。其施工过程如图5-47所示。

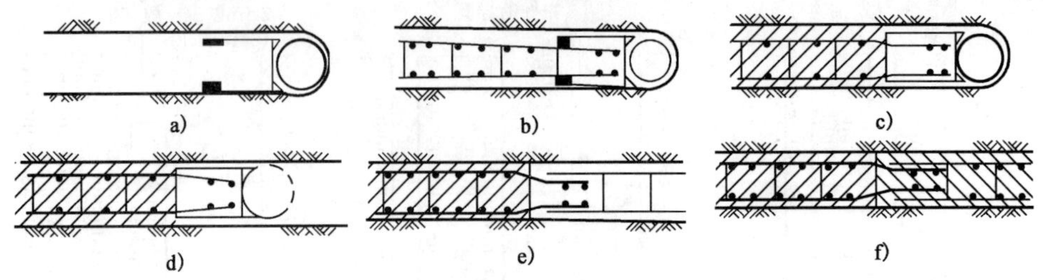


图5-47 接头箱法施工程序

a）插入接头箱；b）放置钢筋；c）灌注混凝土；d）拔出接头箱；e）放置后一段的钢筋；f）灌注后一槽段的混凝土

（3）隔板式接头

该方式是在先施工的一期槽段的两端以钢板为端板，板外伸出水平钢筋，端板即为隔板，使一期槽段混凝土仅在两个端板之间。为防止外漏，常采用高强度纤维布作罩布与端板一起防止混凝土外漏，形成一个水密性好，并能传递各种横向力的隔板式接头（图5-48）。

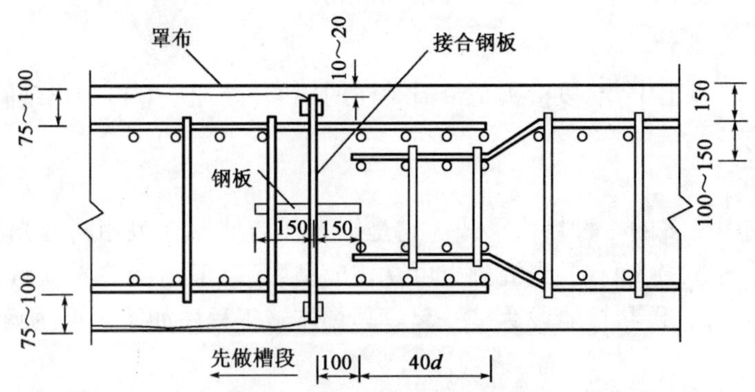


图5-48 连续墙隔板接头（尺寸单位：mm）

地下连续墙接头形式很多，除以上介绍外，还有组合式隔板接头，它是把隔板、接头箱、圆管接头等综合应用一起；此外还有预制接头，是用螺栓或插销把预制的混凝土块连接起来，吊放入接头位置，与槽孔混凝土浇筑在一起。

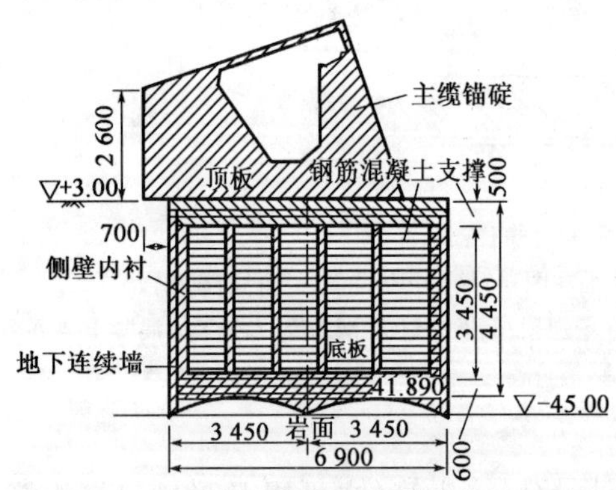


图5-49 润扬大桥北锚碇地下连续墙基础立面图（尺寸单位：cm；高程单位：m）

### 5.7.5 地下连续墙工程案例

润扬大桥悬索桥北锚碇基础（图5-49）距长江大堤仅70m，基岩风化严重，裂隙发育，锚区内断裂带、破碎带分布广泛，岩面起伏大。以淤泥质亚黏土和粉细砂为主的覆盖层厚度约50m，地下水位高。在如此复杂的地质水文条件下，北锚碇要承受主缆传递的约680 000kN的拉力，基础结构形式的选取是关键。通过方案招标，由专家评审选取了有利于施工和结构受力的矩形地下连续墙基础。基础平面尺寸69m×51m,开挖深度达50m,而作为支挡防渗结构的地下连续墙体仅厚1.2m。共分42幅槽段施工,其中A型槽段4个,B型槽段16个,C型槽段8个,D型槽段12个,E型槽段2个(图5-50)。深基坑开挖过程中,最后用12道钢筋混凝土内支撑,其支撑节点处为16根$\phi$1.2m和16根$\phi$0.6m的钢管混凝土立柱共同构成地下连续墙的围护结构。

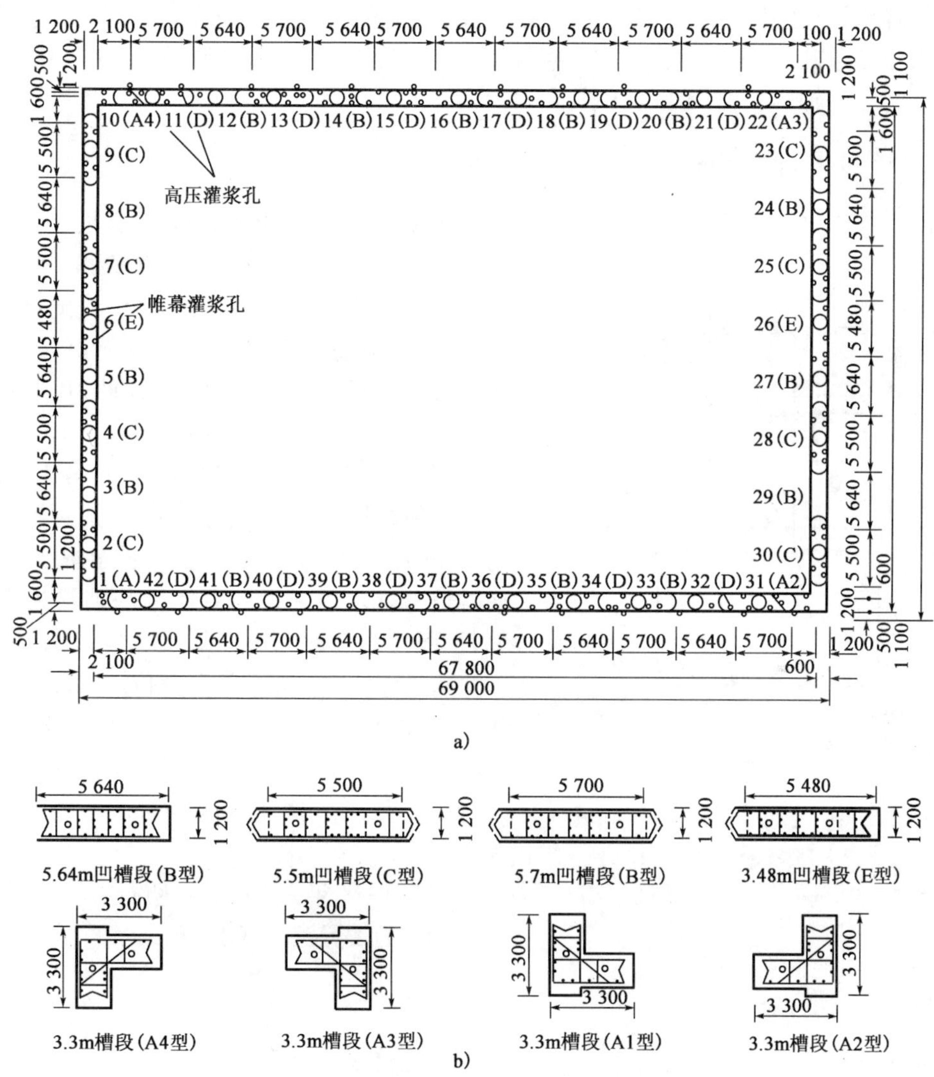


图5-50 润扬大桥北锚碇地下连续墙槽段平面布置图(尺寸单位:mm)

a)地下连续墙槽段平面布置图;b)地下连续墙槽型结构图

## 5.8 设置基础

跨大江大河及海湾海峡的大桥,桥址处水深、潮急、航运频繁,要修建深水基础,现场作业特别困难。为了应对海上恶劣的自然条件,就必须尽早使基础结构达到稳定状态,许多国家已发展了一种设置基础，即采用陆上预制基础部件，在深水中直接设置施工，将大量现场水上工作改在岸上工厂预制，不仅大大减少施工困难，而且加快了施工进度。

采用这种方法须掌握桥梁墩位处的详细地质资料，并提前做好地基的预处理工作，清除软弱覆盖，加固处理或采用打桩等方法作地基处理，爆破或钻磨清底整平海底基岩。最后，采用大型浮吊吊装法或浮运法将工厂预制好的基础在深水中设置，甚至有的将墩身部件也一同设置施工，这样就能以较快的速度完成桥梁深水基础的修筑。

目前，设置基础按基础形式基本上有两种，一是设置沉井基础，此类型在日本、英国、丹麦都有采用；另一是钟形基础，美国、日本、加拿大多有采用。

### 5.8.1 设置沉井基础

1998 年通车、沟通丹麦东西部岛屿的丹麦大带海峡桥（Great Belt Bridge）全长 18km，分东桥和西桥两部分。西桥全长 6.612km，为公铁两用桥，桥梁跨度为 110m，平行的公、铁预应力箱梁各有独立的桥墩，但共用同一个设置沉井基础，见图 5-51。此桥的结构均为预制构件，其中单个构件最大重量的就是设置沉井，重达 7 100t。在基底清理平整后，由双体大型浮吊进行吊装设置。

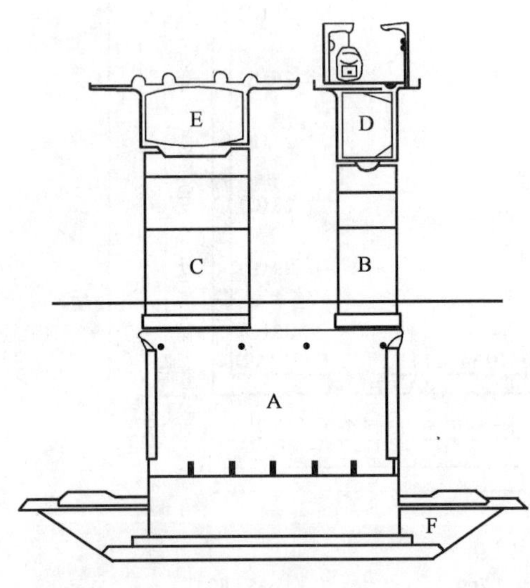

图 5-51　丹麦大带海峡桥西桥桥墩设置沉井基础
A-设置沉井基础；B-铁路桥墩；C-公路桥墩；D-预应力混凝土铁路箱梁；E-预应力混凝土公路箱梁；F-防冲刷用的抛石层

大带海峡桥的东桥长 6.8km，其主桥为跨径为 535m + 1624m + 535m 的公路悬索桥、铁路由海底隧道分流。悬索桥的主塔墩基础均为设置沉井，平面尺寸 78m × 35m、高 20m，重量为 30 000t，在岸边干船坞内预制后浮运就位。其锚墩亦为设置沉井基础，每个沉井自重为 36 000t，水深约 10m。由于悬索桥的锚墩需要承受很大的水平力及弯矩，所以在沉井的尾端均采用填充铁矿石作为压重。

同为 1998 年完工的日本明石海峡桥，其主塔墩基础亦为设置沉井基础。

### 5.8.2 钟形基础

目前，在美国、日本、加拿大和丹麦等一些国家，在修筑桥梁深水基础中采用一种钟形设置基础，简称钟形基础。钟形基础是一种类似套箱，形状像古代钟铃的基础。它的技术特点是：先在岸边按基础和部分墩身的形状用钢板焊制或用钢筋混凝土、预应力钢筋混凝土预制一个钟形的薄壳套箱，然后将此套箱吊装安置在已整平好的地基或桩基上，然后将基础承台与墩身混凝土同时浇筑，使其成为整体。这一薄壳套箱，既是施工用的防水围堰，又是基础混凝土灌注的模型板。也就是说，钟形基础能把防水围堰、施工模板和部分主体结构巧妙地结合起来，施工用料少、简单快速。其缺点是对施工技术要求高，否则施工质量难以保证。

1997 年完工的加拿大诺森伯兰海峡大桥和以后完工的连通丹麦和瑞典间的厄勒海峡跨海大桥便是采用设置钟形基础。

由于钟形基础与上述设置沉井相似，都为深水设置基础，都用于大跨径桥梁的主墩和桥墩基础，所以基础荷载量大，而且为降低造价和减小施工难度，其面积又不宜设计得过大，因而地基压力一般都很高，有时要求将基础直接建于岩石地基上。这样，在设置基础沉设前挖掘软弱不良表层，凿平倾斜、凹凸不平岩面，清理岩屑、残渣等工作就相当重要。

钟形基础的施工步骤是：地基处理、整体设置钟形基础、水下混凝土封底、抽水浇筑承台及其以上墩身部分。但是在具体桥梁工程修建中，随着基础结构和施工设备条件等的不同，会采用不同的施工方法和步骤。下面结合加拿大诺森伯兰海峡大桥预制钟形基础作为典型工程实例作简要叙述。

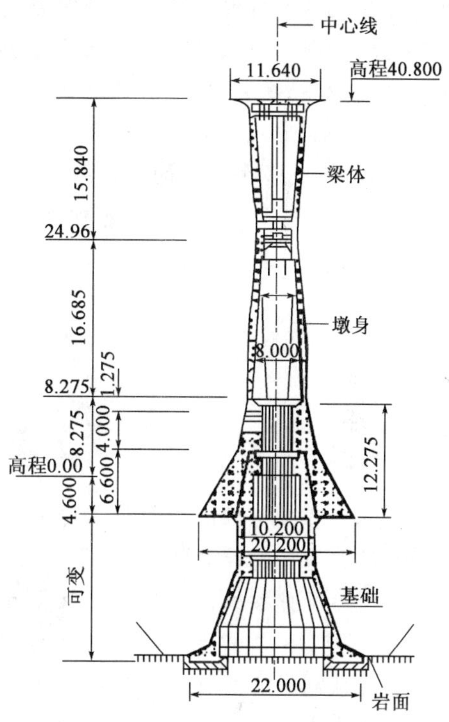


图 5-52　加拿大诺森伯兰海峡大桥钟形设置基础（尺寸单位：m；高程单位：m）

加拿大诺森伯兰海峡大桥是由 44 孔跨径为 250m 的预应力混凝土箱梁组成，它的桥墩、基础、梁体全都是在岸上工场预制，然后用大型吊船现场安装。在海中安装的基础及桥墩分为两大件分别吊装。基础部分按水深不同分别预制，基底直径为 22m，高度在 10 ~ 35m 范围内变化。基础顶部制作成锥形平台，以便与套入的墩身密合，重量在 3 000 ~ 5 500t 之间，见图 5-52。其墩身也是预制的，它的下部位于海平面处，设计有高 6m 的破冰锥面，使冰层可以在锥面上自动上拱而破裂。墩身亦用吊船直接吊置套入基础顶部的锥形平台上。上部结构也是用吊船安装的，重型吊船的起吊能力达 6 700t。

## 【本章小结】

本章主要叙述沉井基础的分类、构造、施工方法、计算方法等，并简介地下连续墙基础。要点包括：

1. 沉井基础按照施工方法划分为就地制造就地下沉的一般沉井和浮运沉井。

2. 沉井基础一般由井壁（侧壁）、刃脚、内隔墙、井孔、凹槽、封底和顶盖板等组成，有时井壁中还预埋射水管等其他部分。

3. 旱地沉井施工工序包括清整场地、制造第一节沉井、拆除模板及抽取垫木、挖土下沉、接高沉井、设置井顶防水围堰、封底、充填井孔以及浇筑顶板等。

浅水中沉井施工可采用筑岛法，将水中施工转化为旱地施工；深水中则采用浮运沉井。

为了降低沉井下沉阻力，可采用泥浆润滑套法或壁后压气沉井法及国外一些更新的方法。

4. 沉井基础的独特之处在于施工阶段它是壳体结构，运营阶段则多为实体结构。为此不仅要计算其在施工阶段各个工况下各个部位的强度，而且要进行其在运营阶段作为整体基础的各项验算，包括地基承载力、作为刚性桩自身的内力、位移、对侧面土体的挤压等。对浮运沉井，须另行计算浮运过程的安全与稳定性。

5. 沉箱是将沉井底节作成一个有顶盖的施工作业工作室，然后在顶盖板上装设井管及气闸，也称气压沉箱。当桥梁深水基础需修建在透水性很大的土层中含有难于处理的障碍物，或基底需要经过特殊处理的情况下，沉井无法下沉时，可采用沉箱基础。

6. 地下连续墙兼有防渗、承受垂直和水平荷载及作为基础的作用。应用于桥梁基础的地下连续墙，其平面形式一般多为闭合断面，划分为先钻墙段和后钻墙段，利用构造接头连接，其内部可分为一个或多个空格的整体结构。

7. 设置基础是采用陆上预制基础部件，在深水中直接设置施工，将大量现场水上工作改在岸上工厂预制。目前基本上有两种，一是设置沉井基础，另一是钟形基础。

## 【复习思考题】

5-1　沉井基础与桩基础的荷载传递有何区别？

5-2　沉井基础有什么特点？

5-3　简述沉井按立面的分类以及各自的特点。

5-4　沉井在施工中会出现哪些问题，应如何处理？

5-5　泥浆润滑套的特点和作用是什么？

5-6　沉井基础的设计计算包含哪些内容？

5-7　沉井基础基底应力验算的基本原理是什么？

5-8　沉井结构计算有哪些内容？

5-9　浮运沉井的计算有何特殊性？

5-10　简述沉井刃脚内力分析的主要内容。

5-11　地下连续墙有何优点？

5-12　地下连续墙的施工流程是什么？

5-13　一级公路，汽车专用。路基宽度 23m，分离式路基。正交直线桥梁，全桥三跨，每跨 40m。上部结构装配式预应力混凝土简支 T 梁。一般地区，设计基本风速 $V_d = 32.8\text{m/s}$，地表粗糙度 B 类。设计水位 115.50m，施工水位 112.500m，河床高程桥墩处 110.00m，桥台处 112.00m，一般冲刷(土)1.9m，局部冲刷 1.2m。高程 100.00m 以上土质均一，为可塑黏性土 $I_L = 0.6$，$\gamma_s = 27.00\text{kN/m}^3$，$e = 0.7$，$q_{ik} = 40\text{kPa}$；高程 100.00m 以下为较硬岩，节理发育。$[f_{a0}] = 2\,000\text{kPa}$。设计任务：

(1) 拟定重力桥墩、重力式沉井基础尺寸；

(2) 就施工阶段和运营阶段进行沉井计算；

(3) 为沉井配筋并绘制钢筋布置图。

第6章

# 地基处理

**【本章学习目标】**

1. 掌握软弱地基的有关概念；
2. 掌握软弱地基处理方法的分类和适用情况；
3. 掌握常用的软弱地基处理的具体方法；
4. 了解软弱地基上基础工程的对策。

**【本章学习重点】**

1. 基本概念；
2. 软弱地基常用处理方法。

**【本章学习难点】**

对地基处理方法的适当选择。

## 6.1 概　　述

土木工程建设中，不可避免地会遇到软弱土地基。软弱土地基一般是指抗剪强度较低、天然含水率高、天然孔隙比大、压缩性较高、渗透性较小的淤泥及淤泥质土、饱和软黏土、冲填土、素填土、杂填土、松散砂土及其他高压缩土层构成的地基。当软弱地基不能满足建筑物要求时,需要经过人工处理加固后才能利用,处理后的地基称为人工地基。

### 6.1.1 地基处理方法分类

地基处理的目的是为了提高地基土的抗剪强度,改善地基土压缩特性,改善其渗透性,改善土的动力特性,消除或减少特殊土的不良工程特性。

人工地基可分为两类:一类是地基处理过程中天然地基土体的物理力学性质得到普遍的改良,形成均质的人工地基;另一类是在地基处理过程中部分土体得到增强、被置换,或在天然地基中设置加筋材料,形成复合地基。地基处理的主要方法、适用范围及加固原理,参见表6-1。

公路工程地基处理方法分类及其适用范围 表6-1

| 类别 | 方法 | 简要原理 | 适用范围 |
|---|---|---|---|
| 置换 | 换土垫层法 | 将软弱土或不良土开挖至一定深度,回填抗剪强度较高、压缩性较小的材料,如砂、砾、石渣等,并分层夯实,形成双层地基。垫层能有效扩散基底压力,提高地基承载力、减少沉降 | 各种软弱土地基 |
| | 膨胀土掺灰改性换土法 | 掺灰改性换土法是将原地膨胀土翻松,掺加一定比例的石灰后,分层压实。经过一段时间的养护,可以很好地消除或减小膨胀性,提高土体强度,降低土中的含水率 | 膨胀土地基 |
| | 挤淤置换法 | 通过抛石或夯击回填碎石置换淤泥达到加固地基的目的,也可采用爆破挤淤置换 | 淤泥或淤泥质黏土地基 |
| | 强夯置换法 | 采用边填碎石边强夯的方法在地基中形成碎石墩体,由碎石墩、墩间土以及碎石垫层形成复合地基,以提高承载力,减小沉降 | 粉砂土和软黏土地基等 |
| | 石灰桩法 | 通过机械或人工成孔,在软弱地基中填入生石灰块或生石灰块加其他掺和料,通过石灰的吸水膨胀、放热以及离子交换作用来改善桩与土的物理力学性质,并形成石灰桩复合地基,可提高地基承载力,减少沉降 | 杂填土、软黏土地基 |
| | 气泡混合轻质料填土法 | 气泡混合轻质料的重度为5~12kN/m$^3$,具有较好的强度和压缩性能,用作路堤填料可有效减小作用在地基上的荷载,也可减小作用在挡土结构上的侧压力 | 软弱地基上的填方工程 |
| | EPS超轻质料填土法 | 发泡聚苯乙烯(EPS)重度只有土的1/100~1/50,并具有较好的强度和压缩性能,用作填料,可有效减小作用在地基上的荷载和作用在挡土结构上的侧压力,需要时也可置换部分地基土,以达到更好的效果 | 软弱地基上的填方工程 |

续上表

| 类别 | 方　法 | 简 要 原 理 | 适 用 范 围 |
| --- | --- | --- | --- |
| 排水固结 | 加载预压法 | 在地基中设置排水通道——砂垫层和竖向排水系统(竖向排水系统通常有普通砂井、袋装砂井、塑料排水带等),以缩小土体固结排水距离,地基在建筑路堤荷载作用下排水固结,地基承载力提高,工后沉降小 | 软黏土、杂填土、泥炭土地基等 |
| | 超载预压法 | 原理基本上与堆载预压法相同,不同之处是其预压荷载大于设计使用荷载。超载预压不仅可减少工后固结沉降,还可消除部分工后次固结沉降 | 同上 |
| | 真空联合堆载预压法 | 在软黏土地基中设置排水体系(同加载预压法),然后在上面形成一不透气层(覆盖不透气密封膜,或其他措施),通过对排水体系进行长时间不断抽气抽水,在地基中形成负压区,而使软黏土地基产生排水固结,达到提高地基承载力,减小工后沉降的目的,常与堆载预压联合使用 | 软黏土地基 |
| | 降低地下水位法 | 通过降低地下水位,改变地基土受力状态,其效果如加载预压,使地基土产生排水固结,达到加固目的 | 砂性土或透水性较好的软黏土层 |
| 化学加固 | 深层搅拌法 | 利用深层搅拌机将水泥浆或水泥粉和地基土原位搅拌形成圆柱状、格栅状或连续墙式的水泥土增强体,形成复合地基以提高地基承载力,减小沉降。也常用它形成水泥土防渗帷幕。深层搅拌法分喷浆搅拌法和喷粉搅拌法两种 | 淤泥、淤泥质土、黏性土和粉土等软土地基,有机质含量较高时应通过试验确定适用性 |
| | 高压喷射注浆法 | 利用高压喷射专用机械,在地基中通过高压喷射流冲切土体,用浆液置换部分土体,形成水泥土增强体。按喷射流组成形式,高压喷射注浆法有单管法、二重管法、三重管法。高压喷射注浆法可形成复合地基,以提高承载力,减少沉降 | 淤泥、淤泥质土、黏性土、粉土、黄土、砂土、人工填土和碎石土等地基,当含有较多的大块石,或地下水流速较快,或有机质含量较高时应通过试验确定适用性 |
| | 渗入性灌浆法 | 在灌浆压力作用下,将浆液灌入地基中以填充原有孔隙,改善土体的物理力学性质 | 中砂、粗砂、砾石地基 |
| | 劈裂灌浆法 | 在灌浆压力作用下,浆液克服地基土中初始应力和土的抗拉强度,使地基土中原有的孔隙或裂隙扩张,用浆液填充新形成的裂缝和孔隙,改善土体的物理力学性质 | 基岩或砂、砂砾石、黏性土地基 |
| | 挤密灌浆法 | 在灌浆压力作用下,向土层中压入浓浆液,在地基土中形成浆泡,挤压周围土体。通过压密和置换改善地基性能。在灌浆过程中因浆液的挤压作用可产生辐射状上抬力,引起地面隆起 | 常用于可压缩性地基、排水条件较好的黏性土地基 |
| | 有机大分子溶液改良法 | 往土中掺加高价金属盐类物质或有机阳离子化合物,通过离子交换吸附,削弱蒙脱石晶内负电斥力和减薄双电层的厚度,从而抑制蒙脱石晶内膨胀性和黏土微粒之间膨胀性,达到改善土的吸水性质的目的 | 膨胀土地基 |

续上表

| 类别 | 方法 | 简要原理 | 适用范围 |
| --- | --- | --- | --- |
| 振密、挤密 | 表层原位压实法 | 采用人工或机械夯实、碾压或振动，使土体密实。密实范围较浅，常用于分层填筑 | 杂填土、疏松无黏性土、非饱和黏性土、湿陷性黄土等地基的浅层处理 |
| | 强夯法 | 采用质量为10～40t的夯锤从高处自由落下，地基土体在强夯的冲击力和振动力作用下密实，可提高地基承载力，减少沉降 | 碎石土、砂土、低饱和度的粉土与黏性土、湿陷性黄土、杂填土和素填土等地基 |
| | 振冲密实法 | 一方面依靠振冲器的振动使饱和砂层发生液化，砂颗粒重新排列，孔隙减小；另一方面依靠振冲器的水平振动力，加回填料使砂层挤密，从而达到提高地基承载力、减小沉降，并提高地基土体抗液化能力。振冲密实法可加回填料也可不加回填料。加回填料，又称为振冲挤密碎石桩法 | 黏粒含量小于10%的疏松砂性土地基 |
| | 挤密砂石桩法 | 采用振动沉管法等在地基中设置碎石桩，在制桩过程中对周围土体产生挤密作用。被挤密的桩间土和密实的砂石桩形成砂石桩复合地基，达到提高地基承载力、减小沉降的目的 | 砂土地基、非饱和黏性土地基 |
| | 爆破挤密法 | 利用爆破在地基中产生的挤压力和振动力使地基土密实以提高土体的抗剪强度，提高地基承载力和减小沉降 | 饱和净砂、非饱和但经灌水饱和的砂、粉土、湿陷性黄土地基 |
| | 土桩、灰土桩法 | 采用沉管法、爆扩法和冲击法在地基中设置土桩或灰土桩，在成桩过程中挤密桩间土，由挤密的桩间土和密实的土桩或灰土桩形成土桩复合地基或灰土桩复合地基，以提高地基承载力和减小沉降，有时用于消除湿陷性黄土的湿陷性 | 地下水位以上的湿陷性黄土、杂填土、素填土等地基 |
| 加筋 | 加筋土垫层法 | 在地基中铺设加筋材料（如土工织物、土工格栅、金属板条等）形成加筋土垫层，以增大压力扩散角，提高地基稳定性 | 筋条间用无黏性土，加筋土垫层可适用各种软弱地基 |
| | 隔水封闭法 | 隔水封闭法是采用土工膜或其他隔水材料进行隔水封闭，达到割断地下水的流通或阻止气候干湿循环对地基或坡面土体的影响，达到稳定路基或边坡的目的 | 膨胀土地基和盐渍土地基 |
| | 树根桩法 | 在地基中设置如树根状的微型灌注桩（直径70～250mm），提高地基承载力或土坡的稳定性 | 各类地基 |
| | 低强度混凝土桩复合地基法 | 在地基中设置低强度混凝土桩，与桩间土形成复合地基，提高地基承载力，减小沉降 | 各类深厚软弱地基 |
| | 钢筋混凝土桩复合地基法 | 在地基中设置钢筋混凝土桩，与桩间土形成复合地基，提高地基承载力，减小沉降 | 各类深厚软弱地基 |
| | 长短桩复合地基 | 由长桩和短桩与桩间土形成复合地基，提高地基承载力和减小沉降。长桩和短桩可采用同一桩型，也可采用不同桩型。通常长桩采用刚度较大的型桩，短桩采用柔性桩或散体材料桩 | 深厚软弱地基 |

各类地基处理方法,均有各自的特点和作用机理,在不同的土类中产生不同的加固效果,也存在着局限性。实践中需因地制宜,选择技术可靠、经济合理、施工可行的方案。既可以是单一的地基处理方法,也可以采用多种方法的综合处理。

### 6.1.2 软土地基基础工程应注意的事项

软土是指沿海的滨海相、三角洲相、内陆平原或山区的河流相、湖泊相、沼泽相等主要由细粒土组成的土,具有孔隙比大(一般大于1)、天然含水率高(接近或大于液限)、压缩性高($a_{1-2}>0.5\text{MPa}^{-1}$)和强度低的特点,多数还具有高灵敏度的结构性。软土主要包括淤泥、淤泥质黏性土、淤泥质粉土、泥炭、泥炭质土等。

在软土地基上修筑高速公路从基础工程的角度出发,应注意下列一些事项。

1)应取得代表性很好的地质资料

软土地基上设计与施工质量很大程度上取决于地质资料的真实性和代表性,应认真收集地形地貌、工程地质、水文地质、气象等资料,做好现场勘探和室内试验,对各项资料进行统计与分析,选择有代表性的技术指标作为设计和施工的依据。

2)软土地区的桥涵基础设计应注意的事项

(1)合理选择桥位、桥长、桥型

桥位选择(尤其是大型桥梁)应兼顾路线走向和工程地质两方面的需求。深、厚软黏土,特别是淤泥、泥炭和高灵敏度的软土地基,会给设计、施工、养护、运营带来许多困难,工程造价也将增大,应力求避免。应选择软土较薄、均匀、灵敏度较小的地段作为桥位。对于小桥涵,可优先考虑地表"硬壳"层较厚,下卧层为均匀的软土,争取采用明挖刚性扩大基础,降低造价。

在确定桥梁总长、桥台位置时,除应考虑泄洪、通航要求外,应结合桥台和引道的稳定性考虑。可适当的布设或延长引桥,使桥台置于地基土质较好或软土较薄处,以引桥代替高路堤,减少桥台和填土高度,有利于桥台、路堤的稳定。综合造价、占地、养护费用、运营条件等因素通盘考虑,选择合理方案。

软土地基上桥梁宜采用轻型结构,减轻上部结构及墩台自重。由于地基易产生较大的不均匀沉降,一般以采用静定结构或整体性较好的结构为宜。

(2)软土地基桥梁基础设计应注意事项

我国在软土地区的桥梁基础,常用的是刚性扩大基础(天然地基或人工地基)和桩基础。

①刚性扩大浅基础

在较稳定、均匀、有一定强度的软土上修筑对沉降要求不很高的矮、小桥梁,常优先采用天然地基(或配合砂砾垫层)上的刚性扩大浅基础。如软土表层有较厚的"硬壳"也可考虑利用。刚性扩大基础常因软土的局部塑性变形而使墩、台发生不均匀沉降,或由于台后填土的影响使桥台前后端沉降不均而发生后仰,有时还同时发生桥台向前滑移。设计时应注意对基础受力不同的边缘(如桥台基础的前趾和后踵)沉降及抗滑动、倾覆进行验算。

防治措施:可采用人工地基如有针对性的布设砂砾垫层,对地基进行加载预压以减少地基的沉降量和调整沉降差,或采用深层搅拌法,以水泥土搅拌桩或粉体喷射搅拌桩加固软土地基,按复合地基理论验算地基各控制点的承载力和沉降(加固范围应包括桥头路堤地基的一部分);采取结构措施如改用轻型桥台,埋置式桥台,必要时改用桩基础等;也有建议对小桥(如单孔跨径不超过8m,孔数不多于3孔)可将相邻墩台刚性扩大基础联合成整体,形成联合基础板,在满足地基承载力和沉降同时,可以解决桥台前倾后仰和滑移问题。但此时为避免基础板过厚,常需将受力钢筋改为柔性基础。为了防止小桥基础向桥孔滑移,也可仅在基础间设置钢筋混凝土(或混凝土)支撑梁。软土地基上相邻墩、台间距小于5m时,应按《公路桥涵地基与基础设计规范》(JTG D63—2007)要求考虑邻近墩、台对软土地基所引起的附加竖向压应力。

②桩基础

在较深厚的软土地基,大中型桥梁常采用桩基础。基桩穿过软土深入硬土(基岩)层以保证承载力和控制沉降量。软土很厚需采用长的摩擦桩时,应注意桩底软土承载力和沉降的验算,必要时可对桩周软土进行压浆处理或做成扩底桩。

打入桩的桩距应较一般土质适当加大,并注意安排好桩的施打顺序,避免邻桩被挤移或上抬。钻孔灌注桩一般应先试桩取得施工经验,避免成孔时发生缩孔、坍孔。

软土地基桩基础设计中,应充分注意由于软土侧向移动而使基桩挠曲和受到的附加水平压力,以及由于软土下沉而对基桩发生的负摩阻力。

地基软土侧向移动对基桩的影响。软土地基上的桩基础桥台、挡墙等,由于台后填土重力的挤压,地基软土侧向移动,桩-土间产生附加水平压力,引起桩身挠曲,使桥台后仰和向河槽倾移,甚至基桩折损。

为了避免桥台后仰前倾,可采取加强桩顶约束及平衡(或减少)土压力的措施,如采用低桩承台、埋置式桥台或台前加筑反压护道和挡墙(其地基应经处理),也可采用刚度较大的基桩和多排桩基础(打入桩可采用部分斜桩),对软土地基加载预压等措施。

地基软土下沉对基桩的影响。软土下沉使基桩承受到负摩阻力,可加大沉降或使桩身纵向压屈破坏。

*3)软土地基桥台及桥头路堤的稳定设计应注意的事项*

软土地基抗剪强度低,在稍大的水平力作用下桥台和桥头路堤容易发生地基的纵向滑动失稳,应进行验算。如稳定性不够,小桥可采用支撑梁、人工地基等措施,大中桥梁除将浅基改为桩基,采用人工地基、延长引桥使填土高度降低或桥台移至稳定土层上外,常用方法是采取减少台后土压力措施或在台前加筑反压护道,埋置式桥台也可同时放缓溜坡。反压护道(溜坡)长度、高度、坡度,以及地基加固方法等都应该经计算确定,施工时注意台前、台后填土进度的配合,避免有过大的高差。

桥头路堤填土(包括桥台锥坡)横向稳定也应经过验算加以保证,需要时也应放缓坡度或加筑反压护道。

桥头路堤填土稍高时,路堤下沉使桥台后倾是软土地区桥梁工程常发生的事故。应对桥台基础采取有针对性的结构措施,或改用轻质材料填筑路堤,也常对路堤的地基采取人工加固处理措施。

## 6.2 换土垫层法

换土垫层法是挖去地表浅层软弱土层或不均匀土层,回填坚硬、较粗粒径的材料,并夯压密实,形成垫层的地基处理方法。换土垫层主要用于浅层地基处理,一般适用于淤泥、淤泥质土、湿陷性黄土、素填土、杂填土地基及暗沟、古井、古墓等处理深度不大(通常控制在3m以内)的各类软弱土层。换填的材料应具有强度高、压缩性低、稳定性好和无侵蚀性等良好的工程特性。根据垫层材料不同,可分为砂和砂石垫层、灰土垫层、土工合成材料垫层、粉煤灰垫层以及矿渣垫层等。换填垫层法的作用可体现在提高浅层地基承载力、减少沉降量、加速软弱土层的排水固结、防止冻胀和消除膨胀土的胀缩性等方面。

### 6.2.1 垫层的设计计算

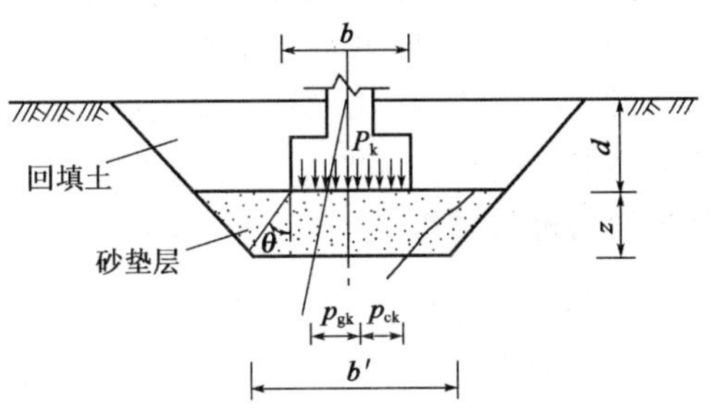


图6-1 垫层及应力分布

当软弱土层部分换填时,地基便由垫层及(软弱)下卧层组成,如图6-1所示。以足够厚度的垫层置换可能被剪切破坏的软弱土层,使垫层底部的软弱下卧层满足承载力和沉降的要求,从而达到加固地基的目的。

垫层的设计不但要满足建筑物对地基变形及稳定的要求,而且应符合经济合理的原则。设计时,应根据建筑的体型、结构特点、荷载性质、岩土工程条件、施工机械设备及填料性质和来源等综合分析,进行换土垫层的设计和选择施工方法。其设计内容主要是确定断面的合理厚度和宽度。对于垫层,既要有足够的厚度,又要有足够的宽度以防止垫层向两侧挤出。对于有排水要求的垫层来说,还需形成一个排水面,促进软弱土层的固结,提高其强度。因此,垫层的主要设计内容是确定垫层的厚度、宽度和承载力,必要时还应进行变形计算。

1)垫层厚度的确定

垫层的厚度$z$应根据下卧土层的承载力确定,并符合下式要求:

$$p_{ok} + p_{gk} \leqslant \gamma_R [f_a] \tag{6-1}$$

条形基础(长宽比等于或大于10)

$$p_{ok} = \frac{b(p'_{ok} - p'_{gk})}{b + 2z\tan\theta} \tag{6-2}$$

矩形基础

$$p_{ok} = \frac{bl(p'_{ok} - p'_{gk})}{(b + 2z\tan\theta)(l + 2z\tan\theta)} \tag{6-3}$$

式中:$p_{ok}$——垫层底面处的附加压应力(kPa);

$p_{gk}$——垫层底面处的自重压应力(kPa);

$[f_a]$——垫层底面处地基的承载力容许值(kPa);

$b$——矩形基础或条形基础底面的宽度(m);

$l$——矩形基础底面的长度(m);

$p'_{ok}$——基础底面压应力(kPa);

$p'_{gk}$——基础底面处的自重压应力(kPa);

$z$——基础底面下垫层的厚度(m);

$\theta$——垫层的压力扩散角,可按表6-2采用。

垫层压力扩散角 $\theta$(°)　表 6-2

| $z/b$ \ 换填材料 | 中砂、粗砂、砾砂、圆砾、角砾、卵石、碎石 |
| --- | --- |
| ≤0.25 | 20 |
| ≥0.50 | 30 |

注：当 $0.25 < 2/b < 0.5$，$\theta$ 值可内插求得。

设计时，一般采用试算法，即先根据上部结构、基础的荷载情况以及软弱下卧层的承载力情况初步拟定垫层的厚度，然后根据式(6-1)~式(6-3)验算承载力是否满足要求。不满足时调整初选值再进行验算直至符合式(6-1)为止。垫层的厚度通常不宜小于0.5m，也不宜大于3m。

2)垫层的宽度

垫层的宽度应满足基底压应力扩散的要求，可按下式或根据当地经验确定：

$$b_1 = b + 2z\tan\theta \tag{6-4}$$

式中：$b_1$——垫层底面底宽(m)。

3)垫层的承载力

垫层承载力容许值$[f_{cu}]$宜通过现场确定，当无试验资料时，可按表 6-3 参考采用。

各种垫层承载力容许值$[f_{cu}]$　表 6-3

| 施工方法 | 垫层材料 | 压实系数 $\lambda_c$ | 承载力容许值(kPa) |
| --- | --- | --- | --- |
| 碾压、振密或夯实 | 碎石、卵石 | 0.94~0.97 | 200~300 |
| | 砂夹石(其中碎石、卵石占总质量30%~50%) | | 200~250 |
| | 土夹石(其中碎石、卵石占总质量30%~50%) | | 150~200 |
| | 中砂、粗砂、砾砂 | | 150~200 |

注：1. 压实系数 $\lambda_c$ 为土的控制干密度 $\rho_d$ 与最大干密度 $\rho_{d,max}$ 的比值，土的最大干密度宜采用击实试验确定；碎石最大干密度可取 $2.0 \sim 2.2t/m^3$。

2. 当采用轻型击实试验时，压实系数 $\lambda_c$ 宜取高值；当采用重型击实试验时，压实系数 $\lambda_c$ 可取低值。

4)沉降验算

砂砾垫层地基的沉降量，可按下式计算：

$$S = S_{cu} + S_s \tag{6-5}$$

$$S_{cu} = p_m \frac{h_z}{E_{cu}} \tag{6-6}$$

式中：$S$——砂砾垫层地基沉降量(mm)；

$S_{cu}$——垫层本身的压缩量(mm)；

$S_s$——下卧层沉降量(mm)，可按《公路桥涵地基与基础设计规范》(JTG D63—2007)中第4.3.4条~第4.3.7条的规定计算；

$p_m$——垫层内的平均压应力(MPa)，即基底平均压应力与砂砾垫层底平均压应力的平均值；

$h_z$——砂砾垫层厚度(mm)；

$E_{cu}$——砂砾垫层的压缩模量(MPa)，宜由静载荷试验确定，无试验资料时，如砂砾垫层，可采用12~24MPa。

### 6.2.2 垫层施工与质量检验

垫层施工方法按密实土体的方法分类，可以分为机械碾压法、平板振动法及重锤夯实法。在施工时，应根据垫层的材料及施工场地情况来进行选择。

机械碾压法是利用各种压实机械来压实地基土。此法常用于基础面积宽大和开挖方量较大的工程。

重锤夯实法是利用起重机械把夯锤提升到一定高度，然后自由落锤，不断重复夯击以加固地基。

平板振动法是利用振动压实机来处理无黏性土或黏粒含量少、透水性较好的松散杂填土等地基的一种方法。

根据垫层材料选择质量检验方法。主要的检验方法有环刀法、钢筋贯入测定法、静力触探、轻型动力触探或标准贯入试验等。

### 6.2.3 垫层法工程实例

1）工程概况

上海机械学院动力馆是三层混合结构，建造在冲填土的暗浜范围内。暗浜是指原有大小河浜、水塘由于各种原因被填埋而形成的一种不良的地质现象。暗浜一般有浜底淤泥，成分复杂，危及建设工程的安全。上部建筑正立面与基础平剖面布置见图6-2。建筑物场地系一池塘，冲填时塘底淤泥未挖除，地下水位较高，冲填龄期虽然已达40年之久但仍未能固结。在基础平面外冲填土层曾做过两个载荷试验，地基承载力标准值为50kPa和70kPa。

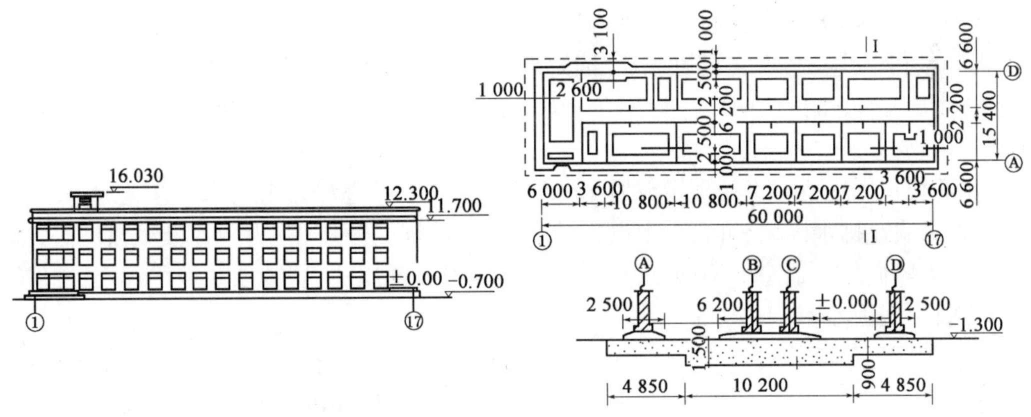


图6-2 上海机械学院动力馆正立面与基础平、剖面布置图（尺寸单位：mm；高程单位：m）

2）方案选择

（1）挖除填土，将基础落深，如将基础落深至淤泥质粉质黏土层内，需挖土4m，因而土方工程量大，地下水位又高，塘泥淤泥渗透性差，采用井点降水效果估计不够理想，且施工也十分困难。

（2）打钢筋混凝土20cm×20cm短桩，长度5～8m，单桩承载力50～80kN。通常以暗浜下有黏质粉土和粉砂的效果较为显著。当无试验资料时，桩基设计可假定承台底面下的桩与承台底面下的土起共同支承作用。计算时一般按桩承受荷载的70%计算，但地基土承受的荷载不宜超过30kPa。本工程因冲填时尚未固结,需做架空地板,这样也会增加处理造价。

(3)采用基础梁跨越。本工程因暗浜宽度太大,因而不可能选用基础梁跨越方法。

(4)采用砂垫层置换部分冲填土。砂垫层厚度选用0.9m和1.5m两种,辅以井点降水,并适当降低基底压力,控制基底压力为74kPa,经分析研究,最后决定采用本方案。

3)施工情况

(1)砂垫层材料采用中砂,使用平板振动器分层振实,控制土的干密度为1.6t/m$^3$。

(2)建筑物四周布置井点,开始时井管滤头进入淤泥质粉质钻土层内,但因暗浜底淤泥的渗透性差,降水效果欠佳,最后补打井点,将滤头提高至填土层层底。

4)处理效果

实测沉降量约200mm,在规范容许沉降范围以内。

## 6.3 排水固结法

排水固结法是使饱和软黏土地基在投入使用之前,完成大部分排水固结,从而减少建筑物或构筑物使用期的沉降。一般通过预压和设置排水通道,加速其排水固结过程。预压加载方式可分为堆载预压法、真空预压法、降水预压法和联合预压法等。垂直排水通道一般分为普通砂井、袋装砂井和塑料排水板等。

### 6.3.1 砂井堆载预压法

1925年,美国人丹尼尔·莫兰将垂直砂井用于费城—奥克兰海湾大桥公路软土地基的加固,1926年获得专利。砂井法问世以后,因缺乏理论根据而按经验设计。1940~1942年,巴隆(Barron)根据太沙基的固结理论,提出砂井法的设计计算方法。我国从20世纪50年代起,开始应用砂井法。

砂井堆载预压法适用于处理淤泥质土、淤泥和冲填土等饱和黏土地基。这类地基渗透系数很低,为了快速排水固结,可在土中设置排水通道,并堆载预压,称为砂井堆载预压法,如图6-3所示。因竖向排水通道的不同,又分为普通砂井堆载预压法、袋装砂井堆载预压法和塑料排水板堆载预压法等。

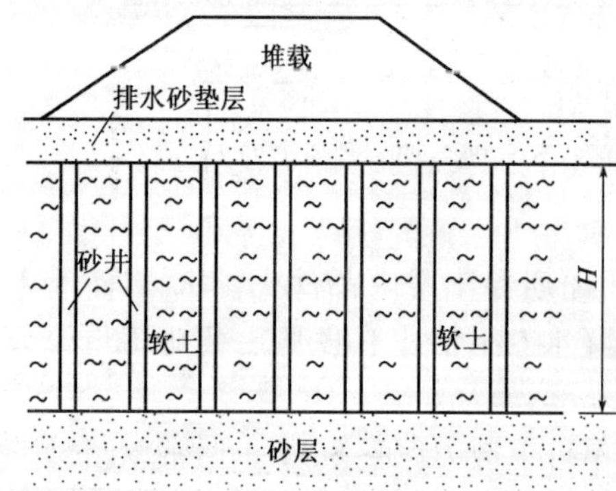


图6-3 砂井堆载预压

普通砂井堆载预压法是将沉管沉入地基中造孔,在管内填充砂料并拔管振实形成竖向砂井,在软土顶层设置砂垫层作为横向排水通道,并以堆载的方式对基地形成压力,以加速排水固结。

袋装砂井是将砂料装入聚丙烯或聚乙烯等聚合物编制的袋中替代普通砂井作为竖向排水通道,可避免普通砂井因地基变形较大而被挤压截断造成排水通道中断的问题。该方法施工简便、加快了地基的固结,节约用砂。

塑料排水板预压法是将塑料排水板用专用插板

机插入软土中，然后在地面堆载预压，使土中的水沿塑料板的通道溢出，经砂垫层排出，从而使地基加速固结。塑料板由工厂生产，质地可靠，排水效果稳定，重量轻，便于施工操作。施工机械轻便，能在超软弱地基上施工。施工速度快，工程费用低。

1）砂井的设计

普通砂井直径可取 $d_w=300\sim500\text{mm}$，袋装砂井直径可取 $d_w=70\sim100\text{mm}$。塑料排水板的当量换算直径 $D_P$ 可按下式计算：

$$D_P = \alpha\frac{2(b+\delta)}{\pi} \tag{6-7}$$

式中：$\alpha$——换算系数，无试验资料时，可取 $\alpha=0.75\sim1.00$；

$b$——塑料排水板宽度（mm）；

$\delta$——塑料排水板厚度（mm）。

砂井的布置范围应为基础的轮廓线向外增加 2～4m。砂井的平面布置可采用等边三角形或正方形排列（图6-4）。砂井中距 $l_s$ 按下式计算：

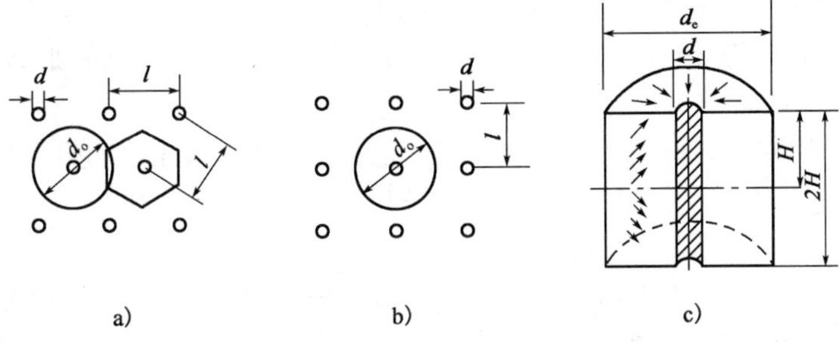


图6-4 砂井的平面布置及固结渗透途径

a）等边三角形布置；b）正方形布置；c）固结渗透路径

等边三角形布置

$$l_s=\frac{d_e}{1.05}$$

正方形布置

$$l_s=\frac{d_e}{1.13}$$

$$d_e = nd_w$$

式中：$d_e$——一根砂井的有效排水圆柱体直径；

$d_w$——砂井直径；

$n$——井径比，普通砂井 $n$ 取 6～8，袋装砂井或塑料排水板 $n$ 取 15～20。

砂井的深度应根据桥涵对地基的稳定性和变形的要求确定。对于以地基抗滑稳定性为主要因素的结构，如拱式结构的墩台，砂井深度至少应超过最危险滑动面 2m。对于以沉降控制的桥涵，如压缩土层厚度不大，砂井深度宜贯穿压缩层；压缩土层深厚时，砂井深度应根据在限定的预压时间内需消除的变形量确定；若施工设备条件达不到设计深度，则可采用超载预压等方法来满足工程要求。

砂井的砂料宜用中粗砂，含泥量应小于3%。

砂井预压法处理地基应在地表铺设排水砂砾垫层，其厚度宜大于400mm。砂砾垫层砂料宜用中粗砂，含泥量应小于5%，砂料中可混有少量粒径小于50mm的石粒。砂砾垫层的干密度应大于1.5t/m$^3$。

在预压区内宜设置与砂砾垫层相连的排水盲沟，并把地基中排出的水引出预压区。

为了防止预压荷载引发的地基滑动破坏，预压荷载应小于地基极限承载力，加载速率应根据地基土的强度确定。

2）砂井地基的计算要点

砂井设计完成后，应对砂井的固结度、地基土体的抗剪强度和最终竖向变形量进行计算。

根据砂井的直径、间距、布置形式与固结度之间的关系，计算一级或多级等速加载条件下，固结时间为t时，对应总荷载的地基平均固结度。结合土体原来的固结状态，计算预压荷载下饱和黏性土地基的抗剪强度。变形计算时，可取附加应力与土自重应力的比值为0.1的深度作为受压层的计算深度。

3）砂井的施工与质量检验

普通砂井的施工工艺与砂桩大体相近，成孔的典型方法有套管法、射水法、螺旋钻成孔法和爆破法。

袋装砂井成孔的方法有锤击打入法、水冲法、静力压入法、钻孔法和振动贯入法五种。灌入砂袋的中粗砂应振捣密实。砂袋留出孔口长度应保证伸入砂垫层至少300mm，并不得卧倒。

塑料排水板预压法施工用专门的插板机插入软土地基，先在空心套管装入塑料排水板，并将其底端与预制的专用钢靴连接，插入地基下预定深度处，拔出空心套管，由于土对钢靴的阻力，塑料板留在软土中，在地面将多余的塑料板切断，完成一个循环的作业。

砂井预压的质量检验项目有孔隙水压力观测、沉降观测、侧向位移观测、地基土物理力学指标检测等。

### 6.3.2 真空预压法

真空预压法是利用真空压力或真空联合堆载压力，使土体排水固结加固软土地基的方法。真空预压法宜用于加固以黏性土为主的软土地基。当存在粉土、砂土等透水透气层时，加固区周边应采取确保膜下真空压力满足设计要求的密封措施。对塑性指数大于2.5且含水率大于85%的流泥，应通过现场试验确定其适用性。

1）真空预压法的设计

（1）加固范围和深度

真空预压的加固范围宜大于拟建建筑物基础外缘所包围的范围。竖向排水通道宜穿透软土层，但不应进入下卧透水层。软土层深厚时，对以地基承载力或稳定性控制的工程，打设深度应超过危险滑动面下3m；对以沉降控制的工程，打设深度应满足工程对地基残余沉降量的要求。

（2）预压荷载

对边界密封条件良好的淤泥、淤泥质土或黏土地基，真空预压荷载设计值不宜小于

85kPa；当加固区土层条件复杂时，真空预压荷载设计值不宜小于 80kPa。当真空预压荷载小于预压荷载设计值时，可采用真空联合堆载预压。当残余沉降量或加固时间不满足工程要求时，可采用超载预压。

真空联合堆载预压时，堆载体的坡肩线应与真空预压边线重合，膜上堆载应在真空预压满载 10d 后进行，真空联合堆载预压应提出分级加载要求，地基向加固区外的侧向位移速率不大于 5mm/d，地基沉降速率不大于 30mm/d。

卸载时加固深度范围内地基平均总应变固结度不宜小于 80%。

(3)密封系统

密封系统，对加固区起密封作用的结构统称，包括密封膜、压膜沟、覆水围捻、膜上覆水和密封墙等。密封膜宜采用 2 ~ 3 层聚乙烯或聚氯乙烯薄膜。单层密封膜的技术指标应满足有关要求。加固区四周应开挖压膜沟，压膜沟深度至少应挖至不透水、不透气层顶面以下 0.5m。当加固区边界透水透气层较深时，密封措施宜采用黏土密封墙。真空预压密封膜上应有一定厚度的覆水。采用真空联合堆载预压时，密封膜上下均应设置保护层，保护层可采用土工织物。

(4)加载系统

抽真空设备宜采用射流泵，其单机功率不宜低于 7.5kW，在进气孔封闭状态下，其真空压力不应小于 96kPa。抽真空设备宜均匀布置在加固区四周，必要时也可适量布置在加固区中部，每台设备的控制面积宜为 900 ~ 1 100m$^2$。施工后期抽真空设备开启数量应超过总数的 80%。

2)真空预压法的施工与质量检验

施工前应对排水材料、密封膜和施工装备的质量与性能进行检验。密封膜加工后的边长大于加固区相应边长 4m，当加固区地质复杂时，适当加长密封膜并松弛铺设；密封膜采用热合法拼接，2 块膜的搭接宽度不小于 15mm。铺膜时风力不大于 5 级，并从上风侧开始。抽真空设备的位置和数量应满足设计要求。试抽气时间宜为 4 ~ 10d，以便发现问题及时处理。

软土地基加固前、后应进行现场原位强度检测和现场取土及室内试验，必要时尚应进行加固后的地基承载力检测。加固前的地基土检测应在打设排水板前进行，加固后的检测应在卸载 3 ~ 5d 后进行。应对固结沉降、强度增长和其他检测结果进行分析，并对加固效果作出评价。

## 6.4 挤（振）密法

对于无冲刷或冲刷深度不大的松散土地基（包括松散中、细、粉砂土，粉土，松散细粒炉渣，杂填土以及 $I_L$ <1、孔隙比接近或大于 1 的含砂量较多的松软黏性土），如其厚度较大，可考虑采用挤（振）密法，以提高地基承载力，减少沉降量和增强抗液化能力。

### 6.4.1 挤密砂桩法

砂石桩法起源于 19 世纪 30 年代的欧洲，20 世纪 50 年进入我国。挤密砂（或砂石）桩是利用振动或锤击作用，将桩管打入土中，分段向桩管内加砂石，反复提升并挤压成桩。适用于挤密松散砂土、素填土和杂填土地基。对饱和黏土地基,如不以沉降控制,也可采用砂桩处理。该方法也可用于处理可液化地基。对于松散的砂土层,砂桩主要起挤密作用,防止振动液化。对于松软黏性土地基,则是加速排水固结,并形成复合地基。

1)砂桩的设计

(1)加固范围

砂桩挤密地基宽度应超出基础宽度,每边放宽宜为1~3排。砂桩用于防止砂层液化时,每边放宽不宜小于处理深度的1/2,并不应小于5m;当可液化层上覆盖有厚度大于3m的非液化层时,每边放宽不宜小于液化层厚度的1/2,并不应小于3m。

(2)桩直径及桩位布置

砂桩直径可采用0.3~0.8m,需根据地基土质和成桩设备确定。对饱和黏性土地基宜选用较大直径。

砂桩孔位宜采用等边三角形或正方形布置,如图6-5所示。

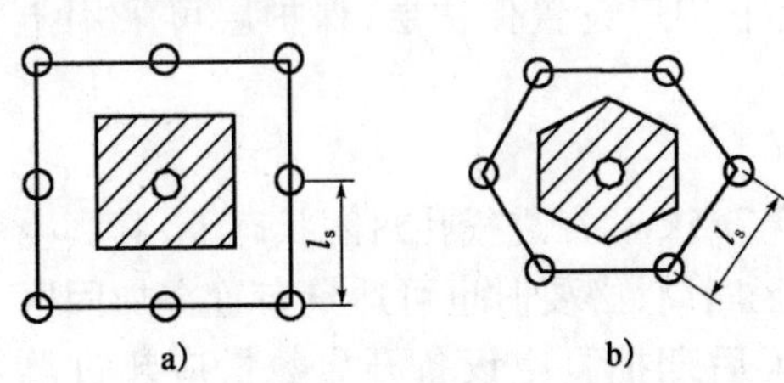


图6-5 砂桩的布置及中距

a)正方形;b)等边三角形

(3)砂桩的间距

砂桩的中距应通过现场试验确定,但不宜大于砂桩直径的4倍。砂桩的布置如图6-5所示,砂桩中距可按下式计算:

①松散砂土地基

等边三角形布置:

$$l_s = 0.95d\sqrt{\frac{1+e_0}{e_0+e_1}} \tag{6-8}$$

正方形布置:

$$l_s = 0.90d\sqrt{\frac{1+e_0}{e_0-e_1}} \tag{6-9}$$

$$e_1 = e_{max} - D_{r1}(e_{max} - e_{min}) \tag{6-10}$$

式中:$l_s$——砂桩中距;

$d$——砂桩直径;

$e_0$——地基处理前砂土的孔隙比,可按原状土样试验确定,也可根据动力或静力触探等对比试验确定;

$e_1$——地基挤密后要求达到的孔隙比;

$e_{max}$、$e_{min}$——分别为砂土的最大、最小孔隙比;

$D_{r1}$——地基挤密后要求达到的相对密度,可取0.70~0.85。

②黏性土地基

等边三角形布置:

$$l_s = 1.08\sqrt{A_e} \tag{6-11}$$

正方形布置:

$$l_s = \sqrt{A_e} \tag{6-12}$$

一根砂桩承担的处理面积:

$$A_e = \frac{A_p}{m} \tag{6-13}$$

$$m = \frac{d^2}{d_e^2} \tag{6-14}$$

式中：$A_p$——砂桩截面面积；

$m$——面积置换率；

$d_e$——等效影响直径，当砂桩等边三角形布置，$d_e = 1.05 l_s$，当砂桩正方形布置，$d_e = 1.13 l_s$。

在工程实践中，除了理论计算外，常常通过现场试验确定砂桩的间距及加固的效果。

(4)砂桩桩长

砂桩桩长可根据工程要求和工程地质条件通过计算确定，不宜小于4m。当软弱土层厚度不大时，砂桩桩长宜穿过松软土层；当松软土层厚度较大时，以稳定性控制的工程，砂石桩桩长不应小于最危险滑动面以下2m；以变形控制的工程，砂桩桩长应满足处理后地基变形量不超过建筑物的地基变形允许值，并满足软弱下卧层承载力的要求；对可液化的地基，砂石桩桩长应按现行相关国家标准中的有关规定采用。

(5)砂桩孔内的填料和填砂量

砂桩内填料宜用砾砂、粗砂、中砂、圆砾、角砾、卵石、碎石等，填料中含泥量不应大于5%，并不宜含有粒径大于50mm的粒料。

砂桩桩孔内的填料量应通过现场试验确定，估算时可按设计桩孔体积乘以充盈系数$\beta$确定，$\beta$可取1.2～1.4。如施工中地面有下沉或隆起现象，则填料数量应根据现场具体情况予以增减。

(6)垫层

砂桩施工完成后，桩顶部分的桩体比较松散，密实度较小，应采用碾压或夯实的方法将其压密，然后在砂桩顶部宜铺设一层厚度为300～500mm的砂石垫层。必要时可在垫层中增设加筋织物，以加大地基抗剪强度。

2)砂桩施工与质量检验

砂桩施工可采用振动沉管、锤击沉管或冲击成孔等成桩法。当用于消除粉细砂及粉土液化时，宜用振动沉管成桩法。振动式是靠振动机的垂直上下振动作用，把带桩靴或底盖的钢套管打入土中成孔，填入砂料振动密实成桩(一面振动一面拔出套管)；锤击式是采用内、外双管，用内管向下冲击代替振动器，工序与振动成桩法相似。

砂桩施工的沉管时间、各深度段的填砂量、提升及挤压时间等是施工控制的重要内容，也可以作为评估施工质量的重要依据，再结合抽检便可以较好地做出质量评价。因此，应在施工期间及施工结束后，检查砂桩的施工记录。对沉管法，尚应检查套管往复挤压振动次数与时间、套管升降幅度和速度、每次填砂石料量等施工记录。

施工后间隔一定时间后方可进行质量检验。对饱和黏性土地基应待孔隙水压力消散后进行，间隔时间不宜少于28d；对粉土、砂土和杂填土地基，不宜少于7d。

砂桩的施工质量检验可采用单桩载荷试验，对桩体可采用动力触探试验检测，对桩间土可采用标准贯入、静力触探、动力触探或其他原位测试等方法进行检测。桩间土质量的检测位置应在布桩形成的等边三角形或正方形的中心。砂桩地基竣工验收时，承载力检验应采用复合地基载荷试验。

3)工程实例

(1)工程概况

山西省财政局办公大楼位于粉细砂和亚黏土互层地基上,为防止粉细砂层在地震时发生液化,决定采用砂桩挤密粉细砂层并进行现场试验,以检验砂桩的挤密效果。

试验场地从天然地面到 -15m 深度分成五层。第一层:杂填土,深度为 0.00 ~ -1.20m 左右,结构松散;第二层:亚黏土,深度为 -1.20 ~ -3.20m 左右,呈可塑状态,稍密、饱和,有振动水析现象;第三层:粉细砂,深度为 -3.20 ~ -6.40m 左右,稍密,饱和;第四层:亚黏土,深度为 -6.40 ~ -9.00m 左右,呈可塑状态,中密,饱和;第五层:粉细砂,深度为 -9.00 ~ -16.00m左右,稍密,饱和(图 6-6)。

(2)施工情况

①成桩方法

采用振动成桩法。使用北京 580A 型单频纵向垂直式振动打桩机,振动力为 162.5kN。桩管长度 9.5m,直径 273mm,活瓣桩类,桩尖最大直径 340mm。

②砂桩排列

砂桩长度 7.8m,单桩试验 3 根,按等边三角形排列,桩距 $3d$($d$ 为砂桩直径)。群桩由 7 根砂桩组成,桩距为 $3d$ 和 $3.5d$,按正三角形排列。群桩平面设置如图 6-7 所示。

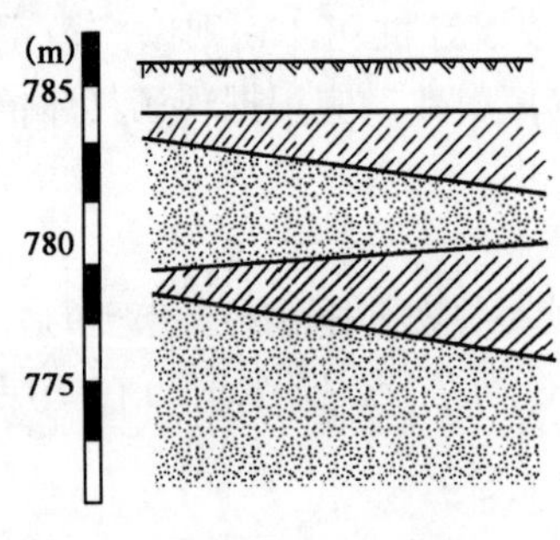


图 6-6 地质剖面

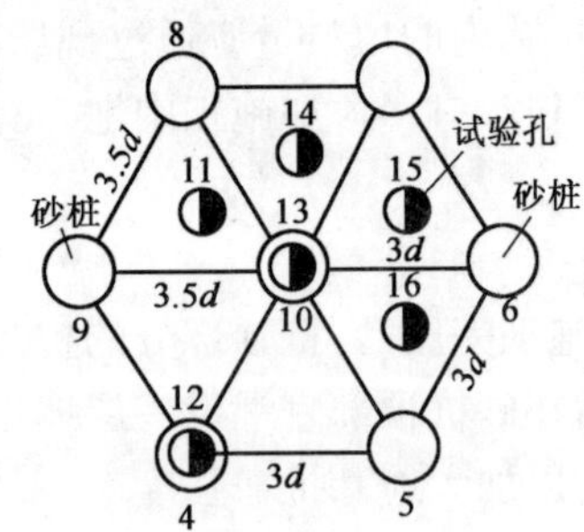


图 6-7 群桩布置

(3)效果简述

砂桩复合地基荷载试验表明,临界荷载 $p_0 = 240\text{kPa}$。如果用相对沉降法取 $s/b = 0.02$,在压力—沉降曲线上对应的 $p_{0.02} = 400\text{kPa}$,约为天然地基承载力 120kPa 的 3 倍。桩间土的荷载试验求得 $p_{0.02} = 217\text{kPa}$,约为天然地基承载力的 1.8 倍。

### 6.4.2 夯(压)实法

夯(压)实法对砂土地基及含水率在一定范围内的软弱黏性土可提高其密实度和强度,减少沉降量。此法也适用于加固杂填土和黄土等。填方或地面浅表层常用碾压法、夯实法和振动压实法,浅层处理可采用重锤夯实法,深层处理可选择强夯法。

1)重锤夯实法

重锤夯实法是运用起重机械将重锤提到一定高度,重锤自由落下,重复夯击地基,使浅层的地基土体得到夯击而密实,从而使其强度提高的地基处理方法。该方法可用于处理地下水位以上0.8m至地表,饱和度在0.5以上,稍湿的黏性土、粉土、砂土、部分杂填土、湿陷性黄土和分层填土等地基。

重锤的式样常为圆台体(图6-8),重为15~30kN,锤底直径0.7~1.5m,落距一般采用2.5~4.0m。为达到预期效果,宜先进行试夯,以确定锤重、锤底直径和落距,以及夯沉量、相应的最少夯击遍数、地面总下沉量等参数。夯实地基的承载力和压缩模量等工程性质宜按地区经验预估,必要时应可通过现场夯实和测试进行校核,必要时还应对软弱下卧层承载力及地基沉降进行验算。

图6-8 夯锤

重锤夯实前应实测地基土的含水率。夯击时,土的饱和度不宜太高,地下水位应低于击实影响深度,在此深度范围内也不应有饱和的软弱下卧层,否则会出现"橡皮土"现象,严重影响夯实效果。含水率过低则消耗夯击功能较大,往往达不到预期效果。一般含水率应尽量控制在接近击实土的最佳含水率或控制在塑液限之间而稍接近塑限,也可由试夯确定含水率与锤击功能的规律,以求能用较少的夯击遍数达到预期的设计加固深度和密实度,从而指导施工。一般夯击遍数不宜超过8~12遍,否则应考虑增加锤重、落距或调整土层含水率。

2)强夯法

强夯法于1969年由L. Menard首次成功应用于法国Cannes附近Napoule地区废弃石料地基加固,1975年引进到中国,并于1978年应用于工程。此法又称动力固结法或动力压密法,是一种将较大的重锤(一般约为100~400kN,甚至2 000kN),从6~40m高度自由落下,对较厚的软土层进行强力夯实的地基处理方法。强夯法适用于处理碎石土、砂土、低饱和度的粉土与黏性土、湿陷性黄土、素填土和杂填土等地基。当用于高饱和度的粉土与软塑—流塑的黏性土等地基时,需回填的砂石、钢渣等硬粒料,使其形成密实的墩体,也被称为强夯置换法。

强夯法工艺简单、效果好、施工速度快、费用低、适用土层范围广泛。但尚无完整的设计计算方法,施工前后及施工过程中需进行大量测试工作,噪声大,振动大,不宜在建筑物或人口密集处使用。当加固范围较小(低于5 000$m^2$)时不经济。

(1)强夯加固机理

强夯法加固机理尚无一致的看法,根据土的类别和强夯施工工艺的不同分为三种加固机理。

①动力挤密:对多孔隙、粗颗粒、非饱和土,在冲击型荷载作用下,使土体中土颗粒发生相对位移,孔隙减小,密实度增加,地基强度提高。

②动力固结:对饱和的细粒土,在巨大的夯击能量作用下,局部发生液化并产生裂隙,形成新的排水通道,加速孔隙水和气体排出,土体固结,土体的抗剪强度、变形模量等增大,土体得到加固。

③动力置换:在饱和软黏土特别是淤泥及淤泥质土中,通过强夯将碎石等填充于土体中,形成复合地基,从而提高地基的承载力。

(2)强夯法的设计计算

强夯法的主要设计参数包括:效加固深度、夯击能、夯击次数、夯击遍数、间隔时间、夯击点布置和处理范围等。

①有效加固深度

强夯法的有效加固深度应根据现场试夯或当地经验确定。可按下列公式估算：

$$D = \alpha\sqrt{\frac{WH}{10}} \tag{6-15}$$

式中：$D$——强夯有效加固深度（m）；

$W$——锤重（kN）；

$H$——落距（m）；

$\alpha$——修正系数，与土质条件、地下水位、夯击能大小、夯锤底面积等因素有关，取值范围0.34～0.80，根据现场试夯结果确定。

国内当缺少经验和资料时，可参考《建筑地基处理技术规范》（JGJ 79—2002）预估，见表6-4。

强夯法的有效加固深度（m）　　表6-4

| 单击夯击能（kN·m） | 碎石土、砂土等粗颗粒 | 粉土、黏性土、湿陷性黄土等细颗粒土 |
|---|---|---|
| 1 000 | 5.0～6.0 | 4.0～5.0 |
| 2 000 | 6.0～7.0 | 5.0～6.0 |
| 3 000 | 7.0～8.0 | 6.0～7.0 |
| 4 000 | 8.0～9.0 | 7.0～8.0 |
| 5 000 | 9.0～9.5 | 8.0～8.5 |
| 6 000 | 9.5～10.0 | 8.5～9.0 |
| 8 000 | 10.0～10.5 | 9.0～9.5 |

注：强夯法的有效加固深度应从最初起夯面算起。

②夯击次数

夯点的夯击次数，应按现场试夯得到的夯击次数和夯沉量关系曲线确定，参照《建筑地基处理技术规范》（JGJ 79—2012），应同时满足下列条件：

a. 最后两击的平均夯沉量不宜大于下列数值：当单击夯击能小于400kN·m时，为50mm；当单击夯击能为4 000～6 000kN·m时为100mm；当单击夯击能大于6 000kN·m时为200mm 。

b. 夯坑周围地基不应发生过大的隆起。

c. 不因夯坑过深而发生起锤困难。

③夯击遍数

夯击遍数应根据地基土的性质确定，可采用点夯2～3遍，对于渗透性较差的细颗粒土，必要时夯击遍数可适当增加。最后再以低能量满夯2遍，满夯可采用轻锤或低落距锤多次夯击，锤印搭接。

④夯击时间间隔

两遍夯击之间应有一定的时间间隔，间隔时间取决于土中超静扎隙水压力的消散时间。当缺少实测资料时，可根据地基土的渗透性确定，对于渗透性较差的黏性土地基，间隔时间不应少于3～4周；对于渗透性好的地基可连续夯击。

⑤夯击点位置

夯击点位置可根据基底平面形状，采用等边三角形、等腰三角形或正方形布置。第一遍夯击点间距可取夯锤直径的2.5～3.5倍，第二遍夯击点位于第一遍夯击点之间。以后各遍夯击点间距可适当减小。对处理深度较深或单击夯击能较大的工程，第一遍夯击点间距宜适当增大。

⑥强夯处理范围

强夯处理范围应大于建筑物基础范围，每边超出基础外缘的宽度宜为基底下设计处理深度的1/2～2/3，并不宜小于3m。

⑦强夯参数

根据初步确定的强夯参数，提出强夯试验方案，进行现场试夯。应根据不同土质条件待试夯结束一至数周后，对试夯场地进行检测，并与夯前测试数据进行对比，检验强夯效果，确定工程采用的各项强夯参数。

(3)强夯法施工工序

强夯锤质量可取10～40t，其底面形式宜采用圆形或多边形，锤底面积宜按土的性质确定，锤底静接地压力值可取25～40kPa，对于细颗粒土锤底静接地压力宜取较小值。锤的底面宜对称设置若干个与其顶面贯通的排气孔，孔径可取250～300mm。强夯置换锤底静接地压力值可取100～200kPa。

强夯法施工工序：

①清理并平整施工场地。

②标出第一遍夯点位置，并测量场地高程。

③起重机就位，夯锤置于夯点位置。

④测量夯前锤顶高程。

⑤将夯锤起吊到预定高度，开启脱钩装置，待夯锤脱钩自由下落后，放下吊钩，测量锤顶高程，若发现因坑底倾斜而造成夯锤歪斜时，应及时将坑底整平。

⑥重复步骤⑤，按设计规定的夯击次数及控制标准，完成一个夯点的夯击。

⑦换夯点，重复步骤③至⑥，完成第一遍全部夯点的夯击。

⑧用推土机将夯坑填平，并测量场地高程。

⑨在规定的间隔时间后，按上述步骤逐次完成全部夯击遍数，最后用低能量满夯，将场地表层松土夯实，并测量夯后场地高程。

当为强夯置换法时，在夯击前地表铺设一层厚度为1.0～2.0m的砂石施工垫层，在夯坑过深时向夯击坑内填料，并应按由内而外，隔行跳打原则完成全部夯点的施工。

(4)质量检验

强夯处理后的地基竣工验收承载力检验，应在施工结束后间隔一定时间进行，对于碎石土和砂土地基，可取7～14d；粉土和黏性土地基可取14～28d；强夯置换地基可取28d。

承载力检验应采用原位测试和室内土工试验。承载力检验的数量，应根据场地复杂程度和建筑物的重要性确定。

(5)工程实例

怀化某制药厂场地已堆填近1.5年，相对高差为2.47m，地下水位埋深达26.5m以上。堆填物的成分以全风化粉砂质泥岩和网纹状红黏土为主，呈紫红～灰白色，可塑～硬塑，第四纪地层结构与基本参数见表6-5。

试验场区的主要特征指标 表6-5

| 地 层 | 层 序 | 层厚(m) | 标贯击数(击) | 承载力$f_{ak}$(kPa) |
|---|---|---|---|---|
| 素填土 | 1 | 1.8~6.0 | 3.48 | 114.6 |
| 耕植土 | 2 | 0.2~1.4 | 4 | 125 |
| 黏性土 | 3 | 2~16.1 | 12.5 | 313.75 |

该建筑物高约6m,占地面积123m×80m,设计采用框架结构,独立扩大基拙。地基选用强夯法加固,参数如下:单击夯击能1 000kN·m,夯击数按最后两击平均沉降量小于5~7cm控制,两遍点夯后普夯一遍,间隙时间为7d,要求夯后承载力达到160kPa。强夯前于8月23日进行了标准贯入试验(SPT),施工结束(10月5日)时地面高程为246.10m,7d后随机抽取5个轴线交点进行平板载荷试验(PLT),7日完成重型动力触探试验(DPH),27日完成SPT,11月5~6日对独立柱下加强点夯,6d后对夯坑内外进行了SPT。

结果表明:加固效果显著。

### 6.4.3 振冲法

振冲法是20世纪30年代在德国提出,我国于1977年首次用来加固南京船舶修造厂船体车间软土地基。振冲法是在振冲器水平振动和高压水的共同作用下,使松砂土层振密,或在软弱土层中成孔,然后回填碎石等粗粒料形成桩柱,并和原地基土组成复合地基的地基处理方法。

振冲法适用于处理砂土、粉土、粉质黏土、素填土和杂填土等地基。对于处理不排水抗剪强度不小于20kPa的饱和黏性土和饱和黄土地基,应在施工前通过现场试验确定其适用性。不加填料振冲加密适用于处理黏粒含量不大于10%的中砂、粗砂地基。

1)振冲桩的设计

振冲桩处理范围应根据建筑物的重要性和场地条件确定,当用于多层建筑和高层建筑时,宜在基础外缘扩大1~2排桩。当要求消除地基液化时,在基础外缘扩大宽度不应小于基底下可液化土层厚度的1/2。

桩位布置,对大面积满堂处理,宜用等边三角形布置;对单独基础或条形基础,宜用正方形、矩形或等腰三角形布置。

振冲桩的间距应根据上部结构荷载大小和场地土层情况,并结合所采用的振冲器功率大小综合考虑。

桩长的确定:当相对硬层埋深不大时,应按相对硬层埋深确定;当相对硬层埋深较大时,按建筑物地基变形允许值确定;在可液化地基中,桩长应按要求的抗震处理深度确定。桩长不宜小于4m。

在桩顶和基础之间宜铺设一层300~500mm厚的碎石垫层。

桩体材料可用含泥量不大于5%的碎石、卵石、矿渣或其他性能稳定的硬质材料,不宜使用风化易碎的石料。

振冲桩的平均直径可按每根桩所用填料量计算。

振冲桩复合地基承载力特征值应通过现场复合地基载荷试验确定。

2)振冲法的施工与质量检验

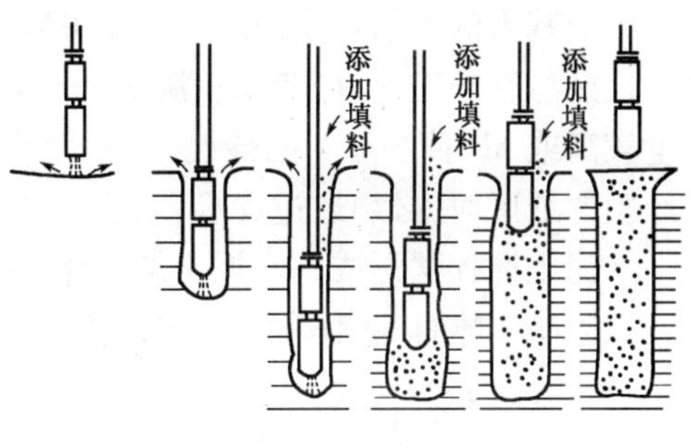

图 6-9 振冲施工过程

振冲施工可按下列步骤进行(图 6-9):

①清理平整施工场地,布置桩位。

②施工机具就位,使振冲器对准桩位。

③启动供水泵和振冲器,直至达到设计深度。

④造孔后边提升振冲器边冲水直至孔口,再放至孔底,重复两三次扩大孔径并使孔内泥浆变稀,开始填料制桩。

⑤将振冲器沉入填料中进行振密制桩。

⑥重复以上步骤,自下而上逐段制作桩体直至孔口。

振冲施工结束后,除砂土地基外,应间隔一定时间后方可进行质量检验。对粉质黏土地基可取 21 ~ 28d,对粉土地基可取 14 ~21d。

振冲桩的施工质量检验可采用单桩载荷试验,检验数量为桩数的 0.5%,且不少于 3 根。对碎石桩体检验可用重型动力触采进行随机检验。对桩间土的检验可在处理深度内用标准贯入、静力触探等进行检验。振冲处理后的地基竣工验收时,承载力检验应采用复合地基载荷试验。

## 6.5 化学固化法

化学固化法是指在软土地基土中掺入水泥、石灰等,采用喷射、搅拌等方法使其与原土体充分混合,产生固化作用;或把一些具有固化作用的化学浆液灌入地基土体中,以改善地基土的物理力学性质,达到加固目的。

按加固材料的状态可分为粉体类(水泥、石灰粉末等)和浆液类(水泥浆及其他化学浆液)。按施工工艺可分为低压搅拌法(如粉体喷射搅拌桩、水泥浆搅拌桩等)、高压喷射注浆法(如高压旋喷桩等)和胶结法(如硅化法)三类。

### 6.5.1 水泥土搅拌法

水泥土搅拌法,是以水泥作为固化剂的主剂,通过特制的深层搅拌机械,将固化剂和地基土强制搅拌,使软土硬结成具有整体性、水稳定性和一定强度的桩体的地基处理方法。水泥土搅拌法分为深层搅拌法和粉体喷搅法。粉体喷搅法,是使用干水泥粉作为固化剂的水泥土搅拌法,简称干法。深层搅拌法,是使用水泥浆作为固化剂的水泥土搅拌法,简称湿法。

粉喷法于 1967 年由瑞典人 Kjeld Paus 提出,1971 年首次采用粉喷法制成石灰粉喷桩试桩,1974 年应用于稳定路堤和深基坑并取得专利,此后在欧美广泛应用。国内从 1983 年初开始进行采用石灰粉喷桩加固软基的试验研究,1984 年首次用于广东云浮硫铁矿铁路专用线上单孔 4.5m 盖板箱涵的软基处理。1985 年通过铁道部鉴定。水泥土搅拌施工速度快,应用日益广泛。

水泥土搅拌桩适用于处理淤泥、淤泥质土、素填土、软—可塑黏性土、松散—中密粉细砂、稍密—中密粉土、松散—稍密中粗砂和砾砂、黄土等土层。不适用于含大孤石或障碍物较多且不易清除的杂填土,硬塑及坚硬的黏性土、密实的砂类土以及地下水渗流影响成桩质量的土层。当地基土的天然含水率小于30%(黄土含水率小于25 %)或大于70%时不应采用干法。寒冷地区冬季施工时,应考虑负温对处理效果的影响。水泥土搅拌法用于处理泥炭土、有机质含量较高或pH值小于4的酸性土、塑性指数大于25的黏土时,或用于腐蚀性环境以及无工程经验的地区时,必须通过现场和室内试验确定其适用性。

水泥土搅拌法形成的水泥土加固体,可作为竖向承载的复合地基、基坑工程围护挡墙、被动区加固防渗帷幕、大体积水泥稳定土等。加固体形状可分为柱状、壁状、格栅状或块状等。

1)水泥土搅拌法的设计

固化剂宜选用强度等级为32.5级及以上的普通硅酸盐水泥。水泥掺量除块状加固时可用被加固湿土质量的7%~12%外,其余宜为12%~20%。湿法的水泥浆水灰比可选用0.45~0.55。外掺剂可根据工程需要和土质条件选用具有早强、缓凝、减水以及节省水泥等作用的材料,但应避免污染环境。

竖向承载搅拌桩的长度应根据上部结构对承载力和变形的要求确定,并宜穿透软弱土层到达承载力相对较高的土层;为提高抗滑稳定性而设置的搅拌桩,其桩长应超过危险滑动弧面以下2m。湿法的加固深度不宜大于20m,干法不宜大于15m。水泥土搅拌桩的桩径不应小于500mm。

单桩竖向承载力特征值、水泥土搅拌桩复合地基竖向承载力特征值均应通过现场载荷试验确定。

竖向承载搅拌桩复合地基应在基础和桩之间设置褥垫层。褥垫层厚度可取200~300mm,其材料可选用中砂、粗砂、级配砂石等,最大粒径不宜大于20mm。

竖向承载搅拌桩复合地基中的桩长超过10m时,可采用变掺量设计,在全桩水泥总掺量不变的前提下,桩身上部三分之一桩长度范围内可适当增加水泥掺量及搅拌次数。

竖向承载搅拌桩可只在基础平面范围内布置,独立基础下的桩数不宜少于3根。柱状加固可采用正方形、等边三角形等布桩型式。

2)水泥土搅拌法的施工与质量检验

水泥土搅拌法施工步骤由于湿法和干法的施工设备不同而略有差异。其主要步骤应为(图6-10):

①搅拌机械就位、调平。

②预搅下沉至设计加固深度。

③边喷浆(粉)、边搅拌提升直至预定的停浆(灰)面。停浆(灰)面应高于桩顶设计高程300~500mm,将来开挖基坑时,应将搅拌桩顶端施工质量较差的桩段用人工挖除(图6-11)。

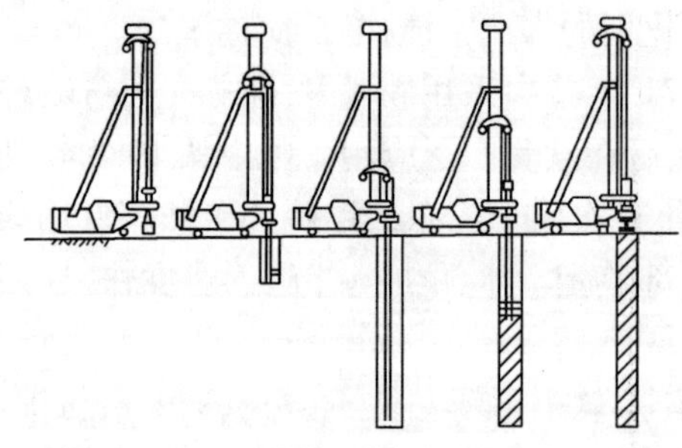

图6-10 粉体喷射搅拌法工序

图6-11 开挖的水泥粉喷桩

④重复搅拌下沉至设计加固深度。

⑤根据设计要求,喷浆(粉)或仅搅拌提升直至预定的停浆(灰)面。

⑥确保全桩长上下至少再重复搅拌一次。

水泥土搅拌桩的施工质量检验可在成桩7d后,采用浅部开挖桩头[深度宜超过停浆(灰)面下0.5m],目测检查搅拌的均匀性,量测成桩直径,检查量为总桩数的5%。也可成桩后3d内,可用轻型动力触探($N_{10}$)检查每米桩身的均匀性。检验数量为施工总桩数的1%且不少于3根。

载荷试验必须在桩身强度满足试验荷载条件并成桩28d后进行,检验数量为桩总数的0.5%~1.0%且每项单体工程不应少于3点。

3)工程实例

1998年,湖南省长沙—常德高速公路K81+80~180采用水泥粉喷桩结合平铺土工格网成功处理软基(图6-12)。该段路基中线南侧地质条件较好(塘堤),路基中线北侧原为鱼塘,软基深约4~6m,属淤泥质粉质黏土,$w=26\%$,$e=0.91$,$I_p=15.3\%$,$I_L=0.74$,$c=11.7\text{kPa}$,$\varphi=2.87°$,十字板强度为14.51kPa。为了减小不均匀地基产生非均匀沉降对水泥混凝土路面的影响,路基中线北侧采用“桩—网复合地基”加固,路基中线南侧采用“不处理”方案。粉喷桩长6~7m,直径550mm,中心距2m,支承在砾石层上,采用32.5级水泥,掺入比15%,梅花形布置。分层沉降测试结果表明:桩间土与天然软基一样,沉降随深度递减;粉喷桩沉降显著减少。目前,公路运营良好。

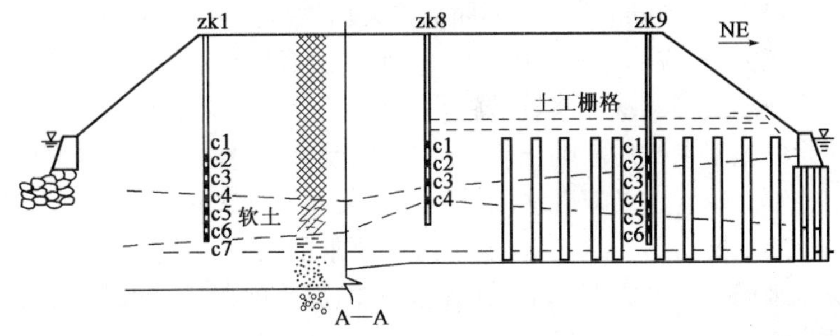


图6-12 粉喷桩复合地基设计示意图

### 6.5.2 高压喷射注浆法

高压喷射注浆法,是用高压水泥浆通过钻杆由水平方向的喷嘴喷出,形成喷射流,以此切割土体并与土拌和形成水泥土加固体的地基处理方法。

20世纪60年代末期,日本将高压水射流技术应用到灌浆工程中,创造出一种全新的施工法——高压喷射注浆法,又称CCP工法(Chemical Churning Pile)。1972年铁道部科学研究院率先开发高压喷射注浆法。1975年,我国冶金、水电、煤炭、建工等部门和部分高等院校,也相继进行了试验和施工。

高压喷射注浆法适用于处理淤泥、淤泥质土、流塑、软塑可塑黏性土、粉土、砂土、黄土、素填土和碎石土等地基。当土中含有较多的大粒径块石、大量植物根茎或有较高的有机质时,以及地下水流速过大和已涌水的工程,应根据现场试验结果确定其适用性。

高压喷射注浆法可用于既有建筑和新建建筑地基加固,以及深基坑、地铁等工程的土层加固或防水。

高压喷射注浆法分旋喷、定喷和摆喷三种类别。根据工程需要和土质条件,可分别采用单管法、双管法和三管法。加固形状可分为柱状、壁状、条状和块状。

1)高压喷射注浆法设计

高压喷射注浆形成的加固体强度和范围,应通过现场试验确定。当无现场试验资料时,亦可参照相似土质条件的工程经验。

竖向承载旋喷桩复合地基宜在基础和桩顶之间设置褥垫层。褥垫层厚度可取200~300mm,其材料可选用中砂、粗砂、级配砂石等,最大粒径不宜大于30 mm。竖向承载旋喷桩的平面布置可根据上部结构和基础特点确定。独立基础下的桩数一般不应少于4根。高压喷射注浆法用于深基坑、地铁等工程形成连续体时,相邻桩搭接不宜小于300mm,并应符合设计要求和国家现行有关规范的规定。

竖向承载旋喷桩复合地基承载力特征值及单桩竖向承载力特征值应通过现场载荷试验确定。当旋喷桩处理范围以下存在软弱下卧层时,应进行下卧层承载力验算。桩长范围内复合土层以及下卧层地基变形值应予计算。

2)高压喷射注浆法施工与质量检验

高压喷射注浆的施工工序为机具就位、贯入喷射管、喷射注浆、拔管和冲洗等。

当喷射注浆管贯入土中,喷嘴达到设计高程时,即可喷射注浆。在喷射注浆参数达到规定值后,随即分别按旋喷、定喷或摆喷的工艺要求,提升喷射管,由下而上喷射注浆。喷射管分段提升的搭接长度不得小于100mm。对需要局部扩大加固范围或提高强度的部位,可采用复喷措施。高压喷射注浆完毕,应迅速拔出喷射管。为防止浆液凝固收缩影响桩顶高程,必要时可在原孔位采用冒浆回灌或第二次注浆等措施。

高压喷射注浆的施工参数应根据土质条件、加固要求通过试验或根据工程经验确定,并在施工中严格加以控制。单管法及双管法的高压水泥浆和三管法高压水的压力应大于20MPa。

高压喷射注浆的主要材料为水泥,对于无特殊要求的工程,宜采用强度等级为32.5级及以上的普通硅酸盐水泥。根据需要可加入适量的外加剂及掺和料。水泥浆液的水灰比应按工程要求确定,可取0.8~1.5,常用1.0。

高压喷射注浆可根据工程要求和当地经验采用开挖检查、取芯(常规取芯或软取芯)、标准贯入试验、载荷试验或围井注水试验等方法进行检验,并结合工程测试、观测资料及实际效果综合评价加固效果。

检验点应布置在有代表性的桩位、施工中出现异常情况的部位以及地基情况复杂、可能对高压喷射注浆质量产生影响的部位。检验点的数量为施工孔数的1%并不应少于3点。质量检验宜在高压喷射注浆结束28d后进行。竖向承载旋喷桩地基竣工验收时承载力检验应采用复合地基载荷试验和单桩载荷试验。

3)工程实例

某食品工业基地内部道路同心大道同心桥(K1+476.18~K1+519.22)采用旋喷桩复合地基、20号混凝土整体基础,地层为砂砾石层,作为地基的旋喷桩的设计直径有两种规格,为$\phi$600mm和$\phi$1 200mm,间距分别为800mm和1 500mm,行列式布置,四周加密以防渗,平均长度6m。范围约为9.6m×30m,场地不开阔,高差较大。竣工后,开挖观测、桩体钻芯并进行抗压强度试验、单桩和复合地基载荷试验，结果表明：桩体强度随深度和龄期递增，在 39 ~ 50d 内为 5.12 ~ 22.5MPa，远大于 2.0MPa 的设计要求；复合地基的承载力特征值远超过设计的 350kPa，达到 590kPa，这与砂卵石层中旋喷桩的端承作用有关。该复合地基能满足桥台的强度和变形要求。

### 6.5.3 单液硅化法和碱液法

单液硅化法是采用硅酸钠溶液注入地基土层中，使土粒之间及其表面形成硅酸凝胶薄膜，增强了土颗粒间的联结，赋予土耐水性、稳固性和不湿陷性，并提高土的抗压和抗剪强度的地基处理方法。

碱液法是将加热后的碱液（即氢氧化钠溶液），以无压自流方式注入土中，使土粒表面融合胶结形成难溶于水的，具有高强度的钙、铝硅酸盐络合物，从而达到消除黄土湿陷性，提高地基承载力的地基处理方法。

单液硅化法和碱液法适用于处理地下水位以上渗透系数为 0.10 ~ 2.00m/d 的湿陷性黄土等地基。在自重湿陷性黄土场地，当采用碱液法时，应通过试验确定其适用性。对酸性土和已渗入沥青、油脂及石油化合物的地基土，不宜采用单液硅化法和碱液法。

单液硅化法按其灌注溶液的工艺，可分为压力灌注和溶液自渗两种。压力灌注可用于加固自重湿陷性黄土地基，也可用于加固非自重湿陷性黄土地基。溶液自渗宜用于加固自重湿陷性黄土地基。

单液硅化法压力灌注溶液的施工步骤为：

①向土中打入灌注管和灌注溶液，应自基础底面高程起向下分层进行，达到设计深度后，将管拔出，清洗干净可继续使用。

②加固既有建筑物地基时，在基础侧向应先施工外排，后施工内排。

③灌注溶液的压力值由小逐渐增大，但最大压力不宜超过 200kPa。

单液硅化法溶液自渗的施工步骤为：

①在基础侧向，将设计布置的灌注孔分批或全部打（或钻）至设计深度。

②将配好的硅酸钠溶液注满各灌注孔，溶液面宜高出基础底面高程 0.50m 使溶液自行渗入土中。

③在溶液自渗过程中，每隔 2 ~ 3h，向孔内添加一次溶液，防止孔内溶液渗干。

计算溶液量全部注入土中后，所有灌注孔宜用 2:8 灰土分层回填夯实。

碱液法施工的灌注孔可用洛阳铲、螺旋钻成孔或用带有尖端的钢管打入土中成孔，孔径为 60 ~ 100mm，孔中填入粒径为 20 ~ 40mm 的石子，直到注液管下端高程处，再将内径 20mm 的注液管插入孔中，管底以上 300mm 高度内填入粒径为 2 ~ 5mm 的小石子，其上用 2:8 灰土填入并夯实。

碱液可用固体烧碱或液体烧碱配制，加固 $1m^3$ 黄土需要 NaOH 量约为干土质量的 3%，即 35 ~ 45kg。碱液浓度不应低于 90g / L，常用浓度为 90 ~ 100g / L。应在盛溶液桶中将碱液加热到 90℃以上才能进行灌注，灌注过程中桶内溶液温度应保持不低于 80 ℃ 。灌注碱液的速度，宜为 2 ~ 5L/min。

碱液加固施工，应合理安排灌注顺序和控制灌注速率。宜间隔 1 ~ 2 孔灌注，并分段施工，相邻两孔灌注的间隔时间不宜少于 3d。灌注时的两孔间距不应小于 3mm。当采用双液加固时，应先灌注氢氧化钠溶液，间隔 8 ~ 12h 后，再灌注氯化钙溶液，后者用量为前者的 1/2 ~ 1/4。

施工中应防止污染水源，安全操作。

## 【本章小结】

1. 软弱土地基一般是指抗剪强度较低、天然含水率高、天然孔隙比大、压缩性较高、渗透性较小的淤泥及淤泥质土、饱和软黏土、冲填土、素填土、杂填土、松散砂土及其他高压缩土层构成的地基。

2. 软弱地基上基础工程设计应注意在桥跨布置、基础形式和构造的选择、施工方法等方面的合理性，并进行地基承载力、沉降和稳定性等验算。

3. 因软弱土地基不能满足建筑物要求，应人工处理加固成为人工地基。人工地基可分为两类：一类是地基处理过程中天然地基土体的物理力学性质得到普遍的改良，形成的人工地基类似于均匀地基；另一类是在地基处理过程中部分土体得到增强、被置换，或在天然地基中设置加筋材料，形成复合地基。

4. 细分的地基处理方法主要包括：

置换法，挖去软弱或不均匀土层，填夯优质材料。含换土垫层法、膨胀土掺灰改性换土法、挤淤置换法、强夯置换法、石灰桩法、气泡混合轻质料填土法、EPS 超轻质料填土法。

排水固结法，使天然地基在建筑物投入使用之前完成大部分固结沉降，从而减少建筑物或构筑物使用期的沉降，保证建筑物的沉降和沉降差在允许的范围内。含加载预压法、超载预压法、真空联合堆载预压法、降低地下水位法。

化学加固法，在软土地基土中掺入水泥、石灰等，采用喷射、搅拌等方法使其与原土体充分混合，产生固化作用；或把一些具有固化作用的化学浆液灌入地基土体中，以改善地基土的物理力学性质，达到加固目的。

振密、挤密法，人为施加振动、挤压荷载，降低地基孔隙比，提高地基承载力，减少沉降量和增强抗液化能力。含表层原位压实法、强夯法、振冲密实法、挤密砂石桩法、爆破挤密法、土桩、灰土桩为法。

## 【复习思考题】

6-1　工程中常采用的地基处理方法可分几类？概述各类地基处理方法的特点、适用条件和优缺点。

6-2　地基处理要达到哪些目的？

6-3　试用图阐明砂垫层的设计原理，它是如何达到处理软弱地基土要求的，如何选用理想的垫层材料，如何确定砂垫层的厚度与宽度？

6-4　试说明砂桩、振冲桩对不同土质的加固机理和设计方法，它们的适用条件和范围是什么？

6-5　强夯法和重锤夯实法的加固机理有何不同？使用强夯法加固地基应注意什么问题？

6-6　选用砂井、袋装砂井和塑料排水板时的区别是什么？

6-7　挤密砂桩和排水砂井的作用有何不同？

6-8　简述各种水泥土搅拌法各自的适用条件。

第 7 章

# 几种特殊地基上的基础工程

【本章学习目标】

1. 掌握湿陷性黄土地基处理方法；
2. 掌握膨胀土地基判定和处理方法；
3. 了解冻土分类和工程危害；
4. 掌握冻土地区基础工程抗冻计算方法和工程对策；
5. 了解地震地区基础工程对策。

【本章学习重点】

基本概念；湿陷性黄土地基处理措施；膨胀土地基处理措施；基础抗冻计算和防冻害措施。

【本章学习难点】

对特殊地基处理方法实质的理解与方法的适当选择；特殊地基上的基础工程设计对策的把握。

我国很多地区，分布着一些特殊性岩土，它们具有一些特殊成分、结构和性质，具有区域性，当用作建筑物的地基时，应采取必要的措施，以减轻或消除其对工程的危害。特殊性岩土包括软土、膨胀土、湿陷性土、红黏土、冻土、盐渍土和填土等。本章仅就其中湿陷性土、膨胀土和冻土地基基础工程加以介绍，并简要介绍地震区的基础工程抗震设计及应采取的抗震措施。

# 7.1 湿陷性黄土地基

## 7.1.1 黄土的特征和分布

湿陷性黄土是在一定压力下受水浸湿，土结构迅速破坏，并产生显著附加下沉的黄土。湿陷特性的存在，不同程度地影响到其上建筑物的正常使用甚至安全。

湿陷性黄土分为自重湿陷性黄土和非自重湿陷性黄土。在上覆土的自重压力下受水浸湿，发生显著附加下沉的湿陷性黄土称自重湿陷性黄土；在上覆土的自重压力下受水浸湿，不发生显著附加下沉，需在自重和外荷载共同作用下受水浸湿才发生显著附加下沉的湿陷性黄土称为非自重湿陷性黄土。

我国黄土分布面积约 63 万 $km^2$，其中约 3/4 为湿陷性黄土，主要集中在甘肃、陕西、山西，其次是宁夏、青海、河南的部分地区，另外河北、山东、辽宁、黑龙江、内蒙、新疆等地局部也有发现。

## 7.1.2 黄土湿陷发生的原因

湿陷性黄土粒度成分以粉土颗粒为主，具有肉眼可见的孔隙，呈松散多孔结构状态，孔隙比常在 1.0 以上，天然剖面上具有垂直节理，含水溶性盐(碳酸盐、硫酸盐类等)较多。垂直大孔性、松散多孔结构和遇水即降低或消失的土颗粒间的加固凝聚力是它发生湿陷的两个内部因素，而压力及水是外部条件。

## 7.1.3 黄土湿陷性的判定和地基的评价

1)黄土湿陷性的判定

黄土以及其他岩土湿陷性强弱，是否可以定义为湿陷性土，是以湿陷系数 $\delta_s$ 作为判定的量化指标。当黄土的湿陷系数 $\delta_s$ 小于 0.015 时，定为非湿陷性黄土；当 $\delta_s$ 等于或大于0.015 时，定为湿陷性黄土。

湿陷系数 $\delta_s$ 由室内压缩试验取得。把天然原状黄土土样装入侧限压缩仪内，逐级加压，达到规定试验压力，土样压缩稳定。保持压力，使土样浸水饱和，土样再次下沉达到稳定，即可按下式计算湿陷系数 $\delta_s$：

$$\delta_s = \frac{h_p - h'_p}{h_0} \tag{7-1}$$

式中：$h_0$——土样的原始高度(mm)；

$h_p$——保持天然湿度和结构的土样，加压至规定的压力时，下沉稳定后的高度(mm)；

$h'_p$——上述加压稳定后的土样，在浸水(饱和)作用下，附加下沉稳定后的高度(m)。

测定湿陷系数 $\delta_s$ 的试验压力，对于基础底面压应力不大于 300kPa 的桥涵，自基底算起 10m 以上的土层采用 200kPa；10m 以下至非湿陷性层顶面，采用其上面的覆土的饱和自重压应力(当上面的覆土的饱和自重压应力大于 300kPa 时，采用 300kPa)。对于基础底面压应力大于300kPa的桥涵,应采用实际压应力。对压缩性较高的新堆积黄土,基底以下5m以内土层宜用100~150kPa的压应力;5~10m及10m以下至非湿陷性黄土层顶面,应分别采用200kPa和上面覆土的饱和自重压应力。

2)湿陷性黄土地基湿陷类型的划分

黄土的湿陷类型按自重湿陷量$\Delta_{zs}$确定,当自重湿陷量$\Delta_{zs}\leqslant$70rnm时,为非自重湿陷性黄土地基;当$\Delta_{zs}>$70mm时,为自重湿陷性黄土地基。自重湿陷量$\Delta_{zs}$可按下式计算:

$$\Delta_{zs} = \beta_0 \sum_{i=1}^{n} \delta_{zsi} h_i \tag{7-2}$$

式中:$\Delta_{zs}$——自重湿陷量(mm);

$\beta_0$——因地区土质而异的修正系数,采用《湿陷性黄土地区建筑规范》(GB 50025—2004)有关数据:陇西地区可取1.5,陇东—陕北—晋西地区可取1.2,关中地区可取0.9,其他地区可取0.5;

$\delta_{zsi}$——第$i$层土的自重湿陷系数;

$h_i$——第$i$层土的厚度(m)。

自重湿陷量$\Delta_{zs}$自天然地面算起累计,至其下面的非湿陷性黄土层的顶面为止,其中自重湿陷系数$\delta_{zs}$小于0.015的土层可不计入。

自重湿陷系数$\delta_{zs}$可按下式计算:

$$\delta_{zs} = \frac{h_z - h'_z}{h_0} \tag{7-3}$$

式中:$h_z$——保持天然湿度和结构的土样,加压至该土样上覆土的饱和自重压力时,下沉稳定后的高度(mm);

$h'_z$——上述加压稳定后的土样,在浸水(饱和)作用下,附加下沉稳定后的高度(mm);

$h_0$——土样的原始高度(mm)。

3)湿陷性黄土地基湿陷等级的判定

湿陷性黄土地基的湿陷等级,应根据自重湿陷量$\Delta_{zs}$和基底以下地基湿陷量$\Delta_s$的数值按表7-1确定。

**湿陷性黄土地基的湿陷等级** 表7-1

| 湿陷性类型 | | 非自重湿陷性地基 | 自重湿陷性地基 | |
|---|---|---|---|---|
| 自重湿陷量$\Delta_{zs}$(mm) | | $\Delta_s\leqslant70$ | $70<\Delta_{zs}\leqslant350$ | $\Delta_{zs}>350$ |
| 基底以下地基的湿陷量$\Delta_s$(mm) | $\Delta_s\leqslant300$ | Ⅰ(轻微) | Ⅱ(中等) | — |
| | $300<\Delta_s\leqslant700$ | Ⅱ(中等) | Ⅱ(中等)或Ⅲ(严重) | Ⅲ(严重) |
| | $\Delta_s>700$ | Ⅱ(中等) | Ⅲ(严重) | Ⅳ(很严重) |

注:当湿陷量的计算值$\Delta_s>600$mm,且自重湿陷量的计算值$\Delta_{zs}>300$mm时,可判定为Ⅲ级,其他情况可判定为Ⅱ级。

其中基底以下地基的湿陷量$\Delta_s$可按下式计算:

$$\Delta_s = \sum_{i=1}^{n} \beta \delta_{si} h_i \tag{7-4}$$

式中:$\Delta_s$——基底以下地基的湿陷量(mm);

$\delta_{si}$——自基底算起第$i$层土的湿陷系数;

$\beta$——考虑地基土侧向挤出或浸水几率等因素的修正系数,在基底以下5m以内可取

1.5;5 ~ 10m 取 1.0；10m 以下至非湿陷性黄土层顶面及非自重湿陷性黄土取零；自重湿陷性黄土可采用式(7-2)中的 $\beta_0$ 值；

$h_i$——基底以下第 $i$ 层土的厚度(mm)。

基底以下地基的湿陷量 $\Delta_s$ 应自基底算起，对于非自重湿陷性黄土，累计至基底以下 10m（或地基压缩层）深度为止。对于自重湿陷性黄土，累计至非湿陷性黄土层顶面为止；其中湿陷系数 $\delta_s$（10m 以下为 $\delta_{zs}$）小于 0.015 的土层可不累计。

### 7.1.4 湿陷性黄土地基处理措施

1)湿陷性黄土地基处理措施

《公路桥涵地基与基础设计规范》(JTG D63—2007)规定，湿陷性黄土地区桥涵根据其重要性、结构特点、受水浸湿后的危害程度和修复难易程度分为 A、B、C、D 四类：

A 类:20m 及以上高墩台和外超静定桥梁；

B 类:一般桥梁基础，拱涵；

C 类:一般涵洞及倒虹吸；

D 类:桥涵附属工程。

湿陷性黄土地区的桥涵应根据湿陷性黄土的等级、结构物分类和水流特征，采取相应的设计措施和处理方案以满足沉降控制的要求。湿陷性黄土地区地基处理的措施可参考表 7-2 采用。

**湿陷性黄土地区地基处理的措施** 表 7-2

| 冰流特征及湿陷等级 / 类型及措施 | | 经常性流水(或浸湿可能性较大) | | | | 季节性流水(或浸湿可能性较小) | | | |
|---|---|---|---|---|---|---|---|---|---|
| | | Ⅰ | Ⅱ | Ⅲ | Ⅳ | Ⅰ | Ⅱ | Ⅲ | Ⅳ |
| A | 措施 | ① | | | | ① | | | |
| B | 措施 | ②、③ | ②、③ | ①、② | ① | ③ | | ②、③ | ② |
| | 处理深度(m) | 2.0 ~ 3.0 | 3.0 ~ 5.0 | 4.0 ~ 6.0 | 6.0 | 0.8 ~ 1.0 | 1.0 ~ 2.0 | 2.0 ~ 3.0 | 5.0 |
| C | 措施 | ③ | | | ② | ③ | | | |
| | 处理深度(m) | 0.8 ~ 1.0 | 1.0 ~ 1.5 | 1.5 ~ 2.0 | 3.0 | 0.5 ~ 0.8 | 0.8 ~ 1.2 | 1.2 ~ 2.0 | 2.0 |
| D | 措施 | ④ | | | | ④ | | | |

表 7-2 中①、②、③、④为措施编号，各编号所代表的处理措施如下：

①墩台基础采用明挖、沉井或桩基，置于非湿陷性土层中。

②采用强夯法或挤密桩法，并采取防水和结构措施。

③采取重锤夯实，并采取防水和结构措施。

④地基表层夯实。

《湿陷性黄土地区建筑规范》(GB 50025—2004)规定，选择地基处理方法，应根据建筑物的类别和湿陷性黄土的特性，并考虑施工设备、施工进度、材料来源和当地环境等因素，经技术经济综合分析比较后确定。湿陷性黄土地基常用的处理方法，可参考表 7-3 选择其中一种或多种相结合的最佳处理方法。

湿陷性黄土地基常用的处理方法　　表 7-3

| 名　称 | 适 用 范 围 | 可处理的湿陷性黄土层厚度(m) |
| --- | --- | --- |
| 垫层法 | 地下水位以上,局部或整片处理 | 1~3 |
| 强夯法 | 地下水位以上,$S_r$≤60%的湿陷性黄土,局部或整片处理 | 3~12 |
| 挤密法 | 地下水位以上,$S_r$≤65%的湿陷性黄土 | 5~15 |
| 预浸水法 | 自重湿陷性黄土场地,地基湿陷等级为Ⅲ级或Ⅳ级,可消除地面下6m以下湿陷性黄土层的全部湿陷性 | 6m以上,尚应采用垫层或其他方法处理 |
| 其他方法 | 经试验研究或工程实践证明行之有效 | — |

2)工程实例

宁夏扬黄扩灌工程十一泵站主副厂房总长度77.5m,主厂房宽13m,副厂房宽14.5m。其基础为自重湿陷性黄土,厚度达36.5m,自重湿陷等级为Ⅲ~Ⅳ级,湿陷评价为严重~很严重。由于基础湿陷等级太高,而且厚度很大,面又广,经过多方比较,基础处理方案定为采用预浸水处理消除基础黄土的湿陷性。设计在建筑物周边外放5~10m范围内(80m×40m)布置了6个20m×20m的浸水砌块,浸水坑深80cm,然后在坑内开挖浸水孔,孔径8cm,孔深23m,孔距5.0m,孔内填入碎石或砂砾石。浸水时,水深保持在淹没浸水孔0.5m以上。经过224d的持续观测(其中浸水观测162d,停水观测62d),浸水前后累计平均沉降量为215.1cm。

浸水停止4个月后,在现场布置探坑3个,探坑深度13m,在探坑深度范围内每米取样1件,进行室内常规土工试验。探坑开挖后发现,13m以下的土层仍呈饱和状态,不能取样。根据土工试验结果,在饱和自重压力下的自重湿陷性系数$\delta_{zs}$,均小于0.015,计算自重湿陷量$\Delta_{zs}$=1.9cm,小于7cm。200kPa压力下的最大湿陷系数$\delta$也小于0.015,计算总湿陷量$\Delta_{zs}$=6.0cm。说明基础黄土的湿陷性已基本消除。

# 7.2　膨胀土地基

## 7.2.1　膨胀土的特征及分布

膨胀土是土中黏粒成分主要由亲水性矿物组成,同时具有显著的吸水膨胀和失水收缩两种变形特性的黏性土。一般黏性土也都有膨胀、收缩特性,但其量不大,对工程没有太大的实际意义;而膨胀土的膨胀—收缩—再膨胀的周期性变形特性非常显著,并常给工程带来危害,因而工程上将其从一般黏性土中区别出来,作为特殊土对待。

膨胀土在我国的分布范围很广如广西、云南、河南、湖北、四川、陕西、河北、安徽、江苏等地均有不同范围的分布。

## 7.2.2　膨胀土的判别和膨胀土地基的胀缩等级

1)影响膨胀土胀缩特性的主要因素

膨胀土胀缩机理复杂,定性分析认为,可归因于膨胀土的内在机制与外界因素两个方面。

其内在机制,主要是指矿物成分及微观结构两方面。膨胀土含大量的活性黏土矿物,如蒙脱石和伊利石，尤其是蒙脱石，表面积大比较，在低含水率时对水有巨大的吸力，土中蒙脱石含量的多少直接决定着土的胀缩性质的大小。矿物成分在空间上的连接状态也影响其胀缩性质。面—面连接的叠聚体是膨胀土的一种普遍结构形式，这种结构比团粒结构具有更大的吸水膨胀和失水吸缩的能力。其外因来自于水分的迁移。

2）膨胀土的判定

膨胀土应根据土的自由膨胀率、场地的工程地质特征和建筑物破坏形态综合判定。《膨胀土地区建筑技术规范》（GB 50112—2013）规定，场地具有下列工程地质特征及建筑物破坏形态，且土的自由膨胀率大于等于40%的黏性土，应判定为膨胀土：

（1）土的裂隙发育，常有光滑面和擦痕，有的裂隙中充填有灰白、灰绿等杂色黏土。自然条件下呈坚硬或硬塑状态。

（2）多出露于二级或二级以上的阶地、山前和盆地边缘的丘陵地带。地形较平缓，无明显自然陡坎。

（3）常见有浅层滑坡、地裂。新开挖坑（槽）壁易发生坍塌等现象。

（4）建筑物多呈“倒八字”、“X”，或水平裂缝，裂缝随气候变化而张开和闭合。

自由膨胀率，是人工制备的烘干松散土样在水中膨胀稳定后，其体积增加值与原体积之比的百分率。通过自由膨胀率试验取得。取代表性风干土，碾细过 0.5mm 筛并拌匀，在 105℃ ~ 110℃下烘至恒重，在干燥器内冷却至室温，用量土杯量取土样并称重。在量筒内注入 30mL 纯水，并加入 5mL 浓度为 5% 的分析纯氯化钠溶液。将量土杯中的土样全部倒入量筒内，制备悬液 50mL。待悬液澄清后，每隔 2h 测读一次土面高度，直至两次读数差值不大于 0.2mL，可认为膨胀稳定。自由膨胀率 $\delta_{ef}$ 按下式计算：

$$\delta_{ef} = \frac{v_w - v_0}{v_0} \times 100\% \tag{7-5}$$

式中：$v_w$——土样在水中膨胀稳定后的体积（mL）；

$v_0$——土样原始体积（mL）。

3）膨胀土地基胀缩等级的评价

膨胀土地基应根据地基胀缩变形对低层砌体房屋的影响程度进行评价，地基的胀缩等级可根据地基分级变形量按表 7-4 分级。《膨胀土地区建筑技术规范》（GB 50112—2013）规定以 50kPa 压力下测定的土的膨胀率，计算地基分级变形量，作为划分胀缩等级的标准。

**膨胀土地基的胀缩等级** 表 7-4

| 地基分级变形量 $S_c$（mm） | 级别 | 地基分级变形量 $S_c$（mm） | 级别 |
|---|---|---|---|
| $15 \leqslant S_c < 35$ | Ⅰ | $S_c \geqslant 70$ | Ⅲ |
| $35 \leqslant S_c < 70$ | Ⅱ | | |

注：地基分级变形量应根据膨胀土地基的变形特征确定：

1. 场地天然地表下 1m 处土的含水率等于或接近最小值或地面有覆盖且无蒸发可能，以及建筑物在使用期间，经常有水浸湿的地基，可按膨胀变形量计算。
2. 场地天然地表下 1m 处土的含水率大于 1.2 倍塑限含水率或直接受高温作用的地基，可按收缩变形量计算。
3. 其他情况下可按胀缩变形量计算。

### 7.2.3 膨胀土地区桥涵基础工程问题及设计与施工要点

1)膨胀土地基上的桥涵工程问题

桥梁墩台基础一般埋深较大,多在土的胀缩变形层或大气风化作用层以下。桥梁主体工程的自重较大,并主要是以集中荷载的形式传递到地基膨胀土中,对于制约胀缩变形十分有利。同时,基础的埋深大。所以,桥梁主体工程受膨胀土影响而变形损害较少。

桥梁的附属工程,如桥台、护坡、桥的两端与填土路堤之间的结合部位等,因膨胀土带来的各种问题较为普遍,变形病害也较严重,如桥台不均匀沉降,护坡开裂,桥台与路堤之间错台,甚至桥面破坏,导致整座桥梁废弃。

涵洞基础埋置深度较浅,结构自重较小,直接受地基土胀缩变形影响,变形破坏比较普遍。如翼墙和端墙变形开裂,涵顶裂缝,洞底膨胀开裂以及涵洞的淤塞和排水不畅等。

此外,在基础开挖基坑的施工中,由于膨胀土产生的施工效应,常常造成基坑开裂、坍塌,或受水浸湿软化等。

2)膨胀土地基上桥涵基础工程设计与施工应采取的措施

膨胀土地基处理可采用换土、土性改良、砂石或灰土垫层等方法。

(1)换土垫层

膨胀土地基换土可采用非膨胀性土、灰土或改良土,换土厚度应通过变形计算确定。膨胀土土性改良可采用掺和水泥、石灰等材料,掺和比和施工工艺应通过试验确定。

平坦场地上胀缩等级为Ⅰ级、Ⅱ级的膨胀土地基宜采用砂、碎石垫层。垫层厚度不应小于300mm。垫层宽度应大于基底宽度,两侧宜采用与垫层相同的材料回填,并应做好防水、隔水处理。

(2)合理选择基础埋置深度

膨胀土地基上桥涵基础的埋置深度,应综合下列条件确定:场地类型、膨胀土地基胀缩等级、大气影响急剧层深度、建筑物的结构类型、作用在地基上的荷载大小和性质、基础形式和构造、相邻建筑物的基础埋深、地下水位的影响、地基稳定性。膨胀土地基上建筑物的基础埋置深度不应小于1m。

(3)石灰灌浆加固

在膨胀土中掺入一定量的石灰能有效提高土的强度,增加土中湿度的稳定性,减少膨胀。工程上可采用压力灌浆的办法将石灰浆液灌注入膨胀土的裂隙中起加固作用。

(4)合理选用基础类型

对较均匀且胀缩等级为Ⅰ级的膨胀土地基,可采用条形基础,基础埋深较大或基底压力较小时,宜采用墩基础;对胀缩等级为Ⅲ级或设计等级为甲级的膨胀土地基,宜采用桩基础。桩基设计应满足《建筑地基基础设计规范》(GB 50007—2011)的规定。

当桩身承受胀拔力时,应进行桩身抗拉强度和裂缝宽度控制验算,并应采取通长配筋,最小配筋率应符合现行国家标准《建筑地基基础设计规范》(GB 50007—2011)的规定。

桩承台梁下应留有空隙,其值应大于土层浸水后的最大膨胀量,且不应小于100mm。承台梁两侧应采取防止空隙堵塞的措施。

(5)合理选择施工方法

地基基础施工宜采取分段作业,施工过程中基坑(槽)不得暴晒或泡水。地基基础工程宜避开雨天施工;雨期施工时,应采取防水措施。

基坑(槽)开挖时,应及时采取封闭措施。土方开挖应在基底设计高程以上预留 150 ~ 300mm 土层,并应待下一工序开始前继续挖除,验槽后,应及时浇筑混凝土垫层或采取其他封闭措施。

灌注桩施工时,成孔过程中严禁向孔内注水。孔底虚土经清理后,应及时灌注混凝土成桩。

## 7.3 冻土地区基础工程

### 7.3.1 冻土的分类及特性

温度为0℃或负温,含有冰且与土颗粒呈胶结状态的土称为冻土。冻土是由土的颗粒、水、冰、气体等组成的多相成分的复杂体系。

根据冻土冻结延续时间可分为季节性冻土和多年冻土两大类。

冬季冻结、春(夏)季全部融化的土层称为季节性冻土层。其下边界线称为冻深线或冻结线。

冻结状态持续两年以上的土层称为多年冻土。其表层受季节影响而发生周期冻融变化的土层称为季节融化层。最大融化深度的界限称为多年冻土的上限。当修筑建筑物后所形成的新上限称为人为上限。多年冻土按其连续性,可分为连续多年冻土和岛状多年冻土。多年冻土从高纬向低纬延伸,厚度变薄且由连续的冻土带向不连续的冻土带过渡。这种多年冻土的不连续带是由许多分散的冻土块体组成,这些分散的冻土块体即岛状冻土。

季节性冻土在我国分布很广,东北、华北、西北是季节性冻结层厚 0.5m 以上的主要分布地区;多年冻土主要分布在黑龙江的大小兴安岭一带,内蒙古纬度较高地区,青藏高原部分地区与甘肃、新疆的高山区,其厚度从不足一米到几十米。

土体冻结时水相变化及其对结构和物理力学性质的影响,使冻土含有着不同于未冻土的特点,如冻结过程水的迁移、冰的析出、冻胀和融沉等,从而对建筑物带来不同的危害,因而对冻土地区基础工程除按一般地区的要求进行设计施工外,还要考虑季节性冻土或多年冻土的特殊要求。

### 7.3.2 季节性冻土基础工程

1)季节性冻土按冻胀性的分类

季节性冻土地区建筑物的破坏很多是由于地基土冻胀造成的。含黏土和粉土颗粒较多的土,在冻结过程中,由于负温梯度使土中水分向冻结峰面迁移积聚;由于水冻结成冰后体积约增大 9%,造成冻土的体积膨胀,主要反映在体积向上的增量上(隆胀)。

地基土的冻胀变形,除与负温条件有关外,与土的粒度成分、冻前含水率及地下水补给条件密切相关。《公路桥涵地基与基础设计规范》(JTG D63—2007)根据这些因素的统计分析资料,对季节性冻土划分为不冻胀、弱冻胀、冻胀、强冻胀、特强冻胀和极强冻胀6类,详见表7-5。

**公路桥涵地基土的季节性冻胀性分类** 表7-5

| 土的名称 | 冻前天然含水量 $w$(%) | 冻前地下水位至地表距离 $z$(m) | 平均冻胀率 $K_d$(%) | 冻胀等级 | 冻胀类别 |
|---|---|---|---|---|---|
| 岩石、碎石土、砾砂、粗砂、中砂(粉黏粒含量≤15%) | 不考虑 | 不考虑 | $K_d \leq 1$ | Ⅰ | 不冻胀 |
| 碎石土、砾砂、粗砂、中砂(粉黏粒含量>15%) | $w \leq 12$ | $z > 1.5$ | $K_d \leq 1$ | Ⅰ | 不冻胀 |
| | | $z \leq 1.5$ | $1 < K_d \leq 3.5$ | Ⅱ | 弱冻胀 |
| | $12 < w \leq 18$ | $z > 1.5$ | | | |
| | | $z \leq 1.5$ | $3.5 < K_d \leq 6$ | Ⅲ | 冻胀 |
| | $w > 18$ | $z > 1.5$ | | | |
| | | $z \leq 1.5$ | $6 < K_d \leq 12$ | Ⅳ | 强冻胀 |
| 细砂、粉砂 | $w \leq 14$ | $z > 1.0$ | $K_d \leq 1$ | Ⅰ | 不冻胀 |
| | | $z \leq 1.0$ | $1 < K_d \leq 3.5$ | Ⅱ | 弱冻胀 |
| | $14 < w \leq 19$ | $z > 1.0$ | | | |
| | | $1.0 > z \geq 0.25$ | $3.5 < K_d \leq 6$ | Ⅲ | 冻胀 |
| | | $z \leq 0.25$ | $6 < K_d \leq 12$ | Ⅳ | 强冻胀 |
| | $19 < w \leq 23$ | $z > 1.0$ | $3.5 < K_d \leq 6$ | Ⅲ | 冻胀 |
| | | $1.0 > z \geq 0.25$ | $6 < K_d \leq 12$ | Ⅳ | 强冻胀 |
| | | $z \leq 0.25$ | $12 < K_d \leq 18$ | Ⅴ | 特强冻胀 |
| | $w > 23$ | $z > 1.0$ | $6 < K_d \leq 12$ | Ⅳ | 强冻胀 |
| | | $z \leq 1.0$ | $12 < K_d \leq 18$ | Ⅴ | 特强冻胀 |
| 粉土 | $w \leq 19$ | $z > 1.5$ | $K_d \leq 1$ | Ⅰ | 不冻胀 |
| | | $z \leq 1.5$ | $1 < K_d \leq 3.5$ | Ⅱ | 弱冻胀 |
| | $19 < w \leq 22$ | $z > 1.5$ | | | |
| | | $z \leq 1.5$ | $3.5 < K_d \leq 6$ | Ⅲ | 冻胀 |
| | $22 < w \leq 26$ | $z > 1.5$ | | | |
| | | $z \leq 1.5$ | $6 < K_d \leq 12$ | Ⅳ | 强冻胀 |
| | $26 < w \leq 30$ | $z > 1.5$ | | | |
| | | $z \leq 1.5$ | $K_d > 12$ | Ⅴ | 特强冻胀 |
| | $w > 30$ | 不考虑 | | | |

续上表

<table>
<tr><th>土 的 名 称</th><th>冻前天然含水量<br>$w(\%)$</th><th>冻前地下水位至<br>地表距离 $z(\mathrm{m})$</th><th>平均冻胀率<br>$K_d(\%)$</th><th>冻胀等级</th><th>冻胀类别</th></tr>
<tr><td rowspan="10">黏性土</td><td rowspan="2">$w \leqslant w_p+2$</td><td>$z>2.0$</td><td>$K_d \leqslant 1$</td><td>Ⅰ</td><td>不冻胀</td></tr>
<tr><td>$z \leqslant 2.0$</td><td rowspan="2">$1<K_d \leqslant 3.5$</td><td rowspan="2">Ⅱ</td><td rowspan="2">弱冻胀</td></tr>
<tr><td rowspan="4">$w_p+2<w \leqslant w_p+5$</td><td>$z>2.0$</td></tr>
<tr><td>$2.0>z \geqslant 1.0$</td><td>$3.5<K_d \leqslant 6$</td><td>Ⅲ</td><td>冻胀</td></tr>
<tr><td>$1.0>z \geqslant 0.5$</td><td>$6<K_d \leqslant 12$</td><td>Ⅳ</td><td>强冻胀</td></tr>
<tr><td>$z \leqslant 2.5$</td><td>$12<K_d \leqslant 18$</td><td>Ⅴ</td><td>特强冻胀</td></tr>
<tr><td rowspan="4">$w_p+5<w \leqslant w_p+9$</td><td>$z>2.0$</td><td>$3.5<K_d \leqslant 6$</td><td>Ⅲ</td><td>冻胀</td></tr>
<tr><td>$2.0>z \geqslant 0.5$</td><td>$6<K_d \leqslant 12$</td><td>Ⅳ</td><td>强冻胀</td></tr>
<tr><td>$0.5>z \geqslant 0.25$</td><td>$12<K_d \leqslant 18$</td><td>Ⅴ</td><td>特强冻胀</td></tr>
<tr><td>$z \leqslant 2.5$</td><td>$K_d>18$</td><td>Ⅵ</td><td>极强冻胀</td></tr>
<tr><td rowspan="6">黏性土</td><td rowspan="3">$w_p+9<w \leqslant w_p+15$</td><td>$z>2.0$</td><td>$6<K_d \leqslant 12$</td><td>Ⅳ</td><td>强冻胀</td></tr>
<tr><td>$2.0>z \geqslant 0.25$</td><td>$12<K_d \leqslant 18$</td><td>Ⅴ</td><td>特强冻胀</td></tr>
<tr><td>$z \leqslant 0.25$</td><td>$K_d>18$</td><td>Ⅵ</td><td>极强冻胀</td></tr>
<tr><td rowspan="2">$w_p+15<w \leqslant w_p+23$</td><td>$z>2.0$</td><td>$12<K_d \leqslant 18$</td><td>Ⅴ</td><td>特强冻胀</td></tr>
<tr><td>$2.0 \leqslant 2.0$</td><td rowspan="2">$K_d>18$</td><td rowspan="2">Ⅵ</td><td rowspan="2">极强冻胀</td></tr>
<tr><td>$w>w_p+23$</td><td>不考虑</td></tr>
</table>

其中 $K_d$ 野为外冻胀观测得出的冻胀系数：

$$K_d = \frac{\Delta h}{z_0} \times 100\% \tag{7-6}$$

式中：$\Delta h$——地面最大冻胀量(m)；

$z_0$——最大冻结深度(m)。

Ⅰ类不冻胀土，冻结时基本无水分迁移，冻胀变形很小，对各种浅埋基础无任何危害。

Ⅱ类弱冻胀土，冻结时水分迁移很少，地表无明显冻胀隆起，对一般浅埋基础也无危害。

Ⅲ类冻胀土，冻结时水分有较多迁移，形成冰夹层，如建筑物自重轻、基础埋置过浅，会产生较大的冻胀变形，冻深大时会由于切向冻胀力而使基础上拔。

Ⅳ类强冻胀土，冻结时水分大量迁移，形成较厚冰夹层，冻胀严重，即使基础埋深超过冻结线，也可能由于切向冻胀力而上拔。

Ⅴ类特强冻胀土，冻胀量很大，是使桥梁基础冻胀上拔破坏的主要原因。

Ⅵ类极强冻胀土，冻胀量非常大，对桥梁基础危害极大。

2）考虑地基土冻胀影响时桥涵基础最小埋置深度的确定

《公路桥涵地基与基础设计规范》(JTG D63—2007)规定，当墩台基底设置在不冻胀土层中时，基底埋深可不受冻深的限制。上部为外超静定结构的桥涵基础，其地基为冻胀土层时，应将基底埋入冻结线以下不小于0.25m。当墩台基础设置在季节性冻胀土层中时，基底的最小埋置深度可按下式计算：

$$d_{min} = z_d - h_{max} \tag{7-7}$$

$$z_d = \psi_{zx}\psi_{zw}\psi_{ze}\psi_{zg}\psi_{zf}z_0 \tag{7-8}$$

式中：$d_{min}$——基底最小埋置深度(m)；

$z_d$——设计冻深(m)；

$z_0$——标准冻深(m)，无实测资料时，可按《公路桥涵地基与基础设计规范》(JTG D63—2007)附录H.0.1条采用；

$\psi_{zx}$——土的类别对冻深的影响系数，按表7-6查取；

$\psi_{zw}$——土的冻胀性对冻深的影响系数，按表7-7查取；

$\psi_{ze}$——环境对冻深的影响系数，按表7-8查取；

$\psi_{zg}$——地形坡向对冻深的影响系数，按表7-9查取；

$\psi_{zf}$——基础对冻深的影响系数，取$\psi_{zf}=1.1$；

$h_{max}$——基础底面下容许最大冻层厚度(m)，按表7-10查取。

**土的类别对冻深的影响系数 $\psi_{zs}$** 表7-6

| 土的类别 | 黏性土 | 细砂、粉砂、粉土 | 中砂、粗砂、砾砂 | 碎石土 |
|---|---|---|---|---|
| $\psi_{zs}$ | 1.00 | 1.20 | 1.30 | 1.40 |

**土的冻胀性对冻深的影响系数 $\psi_{zw}$** 表7-7

| 冻胀性 | 不冻胀 | 弱冻胀 | 冻胀 | 强冻胀 | 特强冻胀 | 极强冻胀 |
|---|---|---|---|---|---|---|
| $\psi_{zw}$ | 1.00 | 0.95 | 0.90 | 0.85 | 0.80 | 0.75 |

**环境对冻深的影响系数 $\psi_{ze}$** 表7-8

| 周围环境 | 村、镇、旷野 | 城市近郊 | 城市市区 |
|---|---|---|---|
| $\psi_{ze}$ | 1.00 | 0.95 | 0.90 |

注：当城市市区人口为20～50万时，按城市近郊取值；当城市市区人口大于50万、小于或等于100万时，按城市市区取值；当城市市区人口超过100万时，按城市市区取值，5km以内的郊区应按城市近郊取值。

**地形坡向对冻深的影响系数 $\psi_{zg}$** 表7-9

| 加形坡向 | 平坦 | 阳坡 | 阴坡 |
|---|---|---|---|
| $\psi_{zg}$ | 1.0 | 0.9 | 1.1 |

**不同冻胀土类别在基础底面下容许最大冻层厚度 $h_{max}$** 表7-10

| 冻胀性 | 弱冻胀 | 冻胀 | 强冻胀 | 特强冻胀 | 极强冻胀 |
|---|---|---|---|---|---|
| $h_{max}$ | $0.38z_0$ | $0.28z_0$ | $0.15z_0$ | $0.08z_0$ | 0 |

3)刚性扩大基础及桩基础抗冻拔稳定性的验算

(1)刚性扩大基础抗冻拔稳定性验算

按上述原则确定基础埋置深度后，基底法向冻胀力由于允许冻胀变形而基本消失。考虑基础侧面切向(垂直于冻结锋面且平行于基础侧面)冻胀力的抗冻拔稳定性按下式计算(图7-1)。

$$F_k + G_k + Q_{sk} \geq kT_k \tag{7-9}$$

$$T_k = z_d \tau_{sk} \mu \tag{7-10}$$

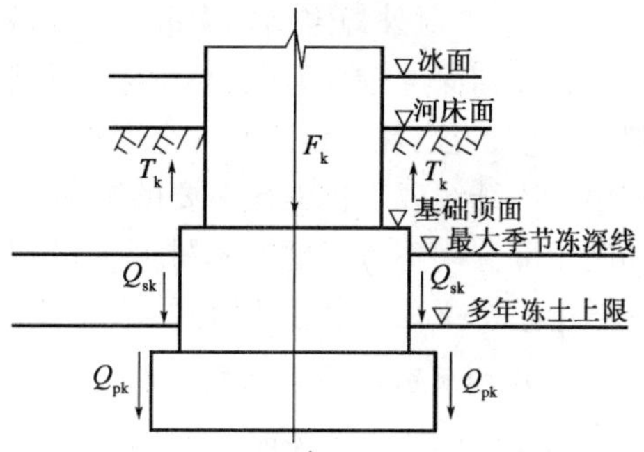


图7-1 考虑基础侧面切向冻胀力的抗冻拔验算

式中：$F_k$——作用在基础上的结构自重(kN)；

$G_k$——基础自重及襟边上的土自重(kN)；

$k$——冻胀力修正系数，砌筑或架设上部结构之前，$k$ 取1.1；砌筑或架设上部结构之后，对外静定结构 $k$ 取1.2，对外超静定结构 $k$ 取1.3；

$T_k$——对基础的切向冻胀力标准值(kN)；

$z_d$——设计冻深(m)，当基础埋置深度 $h < z_d$ 时，$z_d$ 采用 $h$，见式(7-8)；

$\tau_{sk}$——季节性冻土切向冻胀力标准值(kPa)，按表7-11选用；

$\mu$——在季节性冻土层中基础和墩身的平均周长(m)；

$Q_{sk}$——基础周边融化层的摩阻力标准值(kN)；

$$Q_{sk} = q_{sk} A_s \tag{7-11}$$

$A_s$——融化层中基础的侧面面积($m^2$)；

$q_{sk}$——基础侧面与融化层的摩阻力标准值(kPa)，无实测资料时，对黏性土可采用20～30kPa，对砂土及碎石土可采用30～40kPa。

**季节性冻土切向冻胀力标准值 $T_{sk}$(kPa)** 表7-11

| 基础形式 \ 冻胀类别 | 不冻胀 | 弱冻胀 | 冻胀 | 强冻胀 | 特强冻胀 | 极强冻胀 |
|---|---|---|---|---|---|---|
| 墩、台、柱、桩基础 | 0～15 | 15～80 | 80～120 | 120～160 | 60～180 | 180～200 |
| 条形基础 | 0～10 | 10～40 | 40～60 | 60～80 | 80～90 | 90～100 |

注：1. 条形基础系指基础长宽比等于或大于10的基础。

2. 对表面光滑的预制桩，$\tau_{sk}$ 乘以0.8。

(2)桩(柱)基础抗冻拔稳定性验算：

$$F_k + G_k + Q_{fk} \geq kT_k \tag{7-12}$$

$$Q_{fk} = 0.04\mu \sum q_{ik} l_i \tag{7-13}$$

式中：$F_k$——作用在桩(柱)顶上的竖向结构自重(kN)；

$G_k$——桩(柱)自重(kN)，对于水位以下且桩(柱)底为透水土时取浮重度；

$Q_{fk}$——桩(柱)在冻结线以下各土层的摩阻力标准值之和，按公式(7-13)计算；

$\mu$——桩的周长(m)；

$q_{ik}$——冻结线以下各层土的摩阻力标准值(kPa)，见表4-1或表4-4；

$l_i$——冻结线以下各层土的厚度(m)；

$T_k$——每根桩(柱)的切向冻胀力标准值(kN)，按公式(7-10)计算；

$k$——冻胀力修正系数，砌筑或架设上部结构之前，$k$ 取1.1；砌筑或架设上部结构之后，

对外静定结构 $k$ 取 1.2,对外超静定结构 $k$ 取 1.3。

在冻结深度较大地区,小桥涵扩大基础或桩基础的地基土为Ⅲ-Ⅴ类冻胀性土时,由于上部恒重较小,当基础较浅时常会因周围土冻胀而被上拔,使桥涵遭到破坏。基桩的入土长度往往由在冻结线以下抗冻拔需要的锚固长度控制。为了保证安全,以上计算中基础重力在冻土和暖土部分均不再考虑。基桩间如设横系梁,设置的高程应注意避免系梁承受法向冻胀力。一般中小桥梁采用桩径不宜过大。刚性扩大基础如抗冻拔安全不足应采用下述防冻胀措施。

4)基础薄弱截面的强度验算

当切向冻胀力较大时,应验算基桩在未(少)配筋处抗拉断的能力。

$$P = kT_k - (F_k + G_1 + Q_1) \tag{7-14}$$

式中:$P$——验算截面拉力(kN);

$G_1$——验算截面以上基桩重力(kN);

$Q_1$——验算截面以上基桩在暖土部分摩阻力标准值(kN),计算方法同式(7-13)中 $Q_{fk}$;

其余符号意义同前。

5)防冻胀措施

目前多从减少冻胀力和改善周围冻土的冻胀性来防治冻胀。

(1)基础侧面换土,采用较纯净的砂、砂砾石等粗颗粒土换填基础四周冻土,填土夯实。

(2)改善基础侧表面平滑度,基础必须浇筑密实,具有平滑表面。基础侧面在冻土范围内还可用工业凡士林、渣油等涂刷以减少切向冻胀力。对桩基础也可用混凝土套管来减除切向冻胀力(图7-2)。

(3)选用抗冻胀性基础改变基础断面形状,利用冻胀反力的自锚作用增加基础抗冻拔的能力(图7-3)。

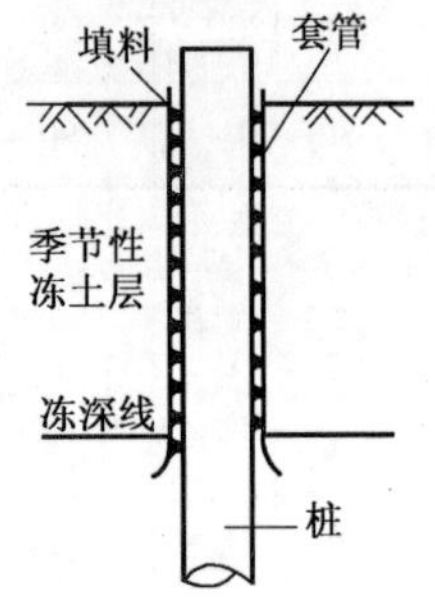


图7-2 采用混凝土套管的桩

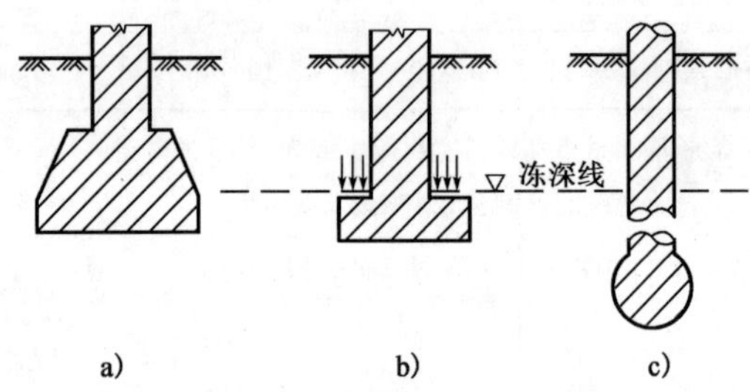


图7-3 采用抗冻胀性基础

a)混凝土墩式基础;b)锚固扩大基础;c)锚固爆扩桩

## 7.3.3 多年冻土地区基础工程

1)多年冻土按其融沉性的等级划分

影响多年冻土融沉变形的主要因素为土的粒度成分、含水(冰)率等,《公路桥涵地基与基础设计规范》(JTG D63—2007)根据这些因素的调查统计资料,对多年冻土进行Ⅰ~Ⅴ级融沉性分类,详见表7-12,分别为不融沉、弱融沉、融沉、强融沉和融陷。

其中融化下沉系数 $\delta_0$ 为分级的直接控制指标：

$$\delta_0 = \frac{h_m - h_T}{h_m} \times 100\% \tag{7-15}$$

式中：$h_m$——季节融化层冻土试样冻结时的高度(m)(季节性冻土层土质与其下多年冻土相同)；

$h_T$——季节融化层冻土试样融化后(侧限条件下)的高度(m)。

**多年冻土融沉性分类表** 表 7-12

| 土的名称 | 含水率 $w$(%) | 平均融沉系数 $\delta_0$ | 融沉等级 | 融沉类别 | 冻土类型 |
|---|---|---|---|---|---|
| 碎(卵)石,砾,粗、中砂(粒径小于0.075mm的颗粒含量不大于15%) | $w<10$ | $\delta_0 \leqslant 1$ | Ⅰ | 不融沉 | 少冰冻土 |
| | $w \geqslant 10$ | $1<\delta_0 \leqslant 3$ | Ⅱ | 弱融沉 | 多冰冻土 |
| 碎(卵)石,砾,粗、中砂(粒径小于0.075mm的颗粒含量大于15%) | $w<12$ | $\delta_0 \leqslant 1$ | Ⅰ | 不融沉 | 少冰冻土 |
| | $12<w \leqslant 15$ | $1<\delta_0 \leqslant 3$ | Ⅱ | 弱融沉 | 多冰冻土 |
| | $15<w \leqslant 25$ | $3<\delta_0 \leqslant 10$ | Ⅲ | 融沉 | 富冰冻土 |
| | $w \geqslant 25$ | $10<\delta_0 \leqslant 25$ | Ⅳ | 强融沉 | 饱冰冻土 |
| 粉、细砂 | $w<14$ | $\delta_0 \leqslant 1$ | Ⅰ | 不融沉 | 少冰冻土 |
| | $14<w \leqslant 18$ | $1<\delta_0 \leqslant 3$ | Ⅱ | 弱融沉 | 多冰冻土 |
| | $18<w \leqslant 28$ | $3<\delta_0 \leqslant 10$ | Ⅲ | 融沉 | 富冰冻土 |
| | $w \geqslant 28$ | $10<\delta_0 \leqslant 25$ | Ⅳ | 强融沉 | 饱冰冻土 |
| 粉土 | $w<17$ | $\delta_0 \leqslant 1$ | Ⅰ | 不融沉 | 少冰冻土 |
| | $17<w \leqslant 21$ | $1<\delta_0 \leqslant 3$ | Ⅱ | 弱融沉 | 多冰冻土 |
| | $21<w \leqslant 32$ | $3<\delta_0 \leqslant 10$ | Ⅲ | 融沉 | 富冰冻土 |
| | $w \geqslant 32$ | $10<\delta_0 \leqslant 25$ | Ⅳ | 强融沉 | 饱冰冻土 |
| 黏性土 | $w<w_p$ | $\delta_0 \leqslant 1$ | Ⅰ | 不融沉 | 少冰冻土 |
| | $w_p \leqslant w<w_p+4$ | $1<\delta_0 \leqslant 3$ | Ⅱ | 弱融沉 | 多冰冻土 |
| | $w_p+4 \leqslant w<w_p+15$ | $3<\delta_0 \leqslant 10$ | Ⅲ | 融沉 | 富冰冻土 |
| | $w_p+15 \leqslant w<w_p+35$ | $10<\delta_0 \leqslant 25$ | Ⅳ | 强融沉 | 饱冰冻土 |
| 含土冰层 | $w \geqslant w_p+35$ | $\delta_0>25$ | Ⅴ | 融陷 | 含土冰层 |

Ⅰ级(不融沉)：$\delta_0 \leqslant 1$，少冰冻土，是仅次于岩石的地基土，在其上修筑建筑物时可不考虑冻融问题。

Ⅱ级(弱融沉)：$1<\delta_0 \leqslant 3$，多冰冻土，是多年冻土中较好的地基土，可直接作为建筑物的地基，当控制基底最大融化深度在3m以内时，建筑物不会遭受明显融沉破坏。

Ⅲ级(融沉)；$3<\delta_0 \leqslant 10$，富冰冻土，具有较大的融化下沉量而且冬季回冻时有较大冻胀量。作为地基的一般基底融深不得大于1m，并采取专门措施，如深基、保温防止基底融化等。

Ⅳ级(强融沉)：$10<\delta_0 \leqslant 25$，饱冰冻土，融化下沉量很大，因此施工、运营时内不允许地基发生融化，设计时应保持冻土不融或采用桩基础。

Ⅴ级(融陷):$\delta_0 > 25$,含土冰层,融化后呈流动、饱和状态,不能直接作地基,应进行专门处理。

2)多年冻土地基设计原则

多年冻土地区的地基,应根据冻土的稳定状态和修筑建筑物后地基地温、冻深等可能发生的变化,分别采取两种原则设计。

(1)保持冻结原则

保持基底多年冻土在施工和运营过程中处于冻结状态,适用于多年冻土较厚、地温较低和冻土比较稳定的地基或地基土为融沉、强融沉时。采用本设计原则应考虑技术的可能性和经济的合理性。

采取这一原则时,地基土应按多年冻土物理力学指标进行基础工程设计和施工。基础埋入人为上限以下的最小深度:对刚性扩大基础弱融沉土为0.5m;融沉和强融沉土为1.0m;桩基础为4.0m。

(2)容许融化原则

容许基底下的多年冻土在施工和运营过程中融化,融化方式有自然融化和人工融化。对厚度不大、地温较高的不稳定状态冻土及地基土为不融沉或弱融沉冻土时宜采用自然融化原则。对较薄的、不稳定状态的融沉和强融沉冻土地基,在砌筑基础前宜采用人工融化冻土,然后挖除换填。

基础类型的选择应与冻土地基设计原则相协调。如采用保持冻结原则时,应首先考虑桩基,因桩基施工时冻土暴露面小,有利保持冻结。施工方法宜以钻孔灌注(或插入、打入)桩、挖孔灌注桩等为主,小桥涵基础埋置深度不大时也可仍用扩大基础。采用容许融化原则时,地基土取用融化土的物理力学指标进行强度和沉降验算,上部结构形式以静定结构为宜,小桥涵可采用整体性较好的基础形式或采用箱形涵等。

根据我国多年冻土特点,凡常年流水的较大河流沿岸,由于洪水的渗透和冲刷,多年冻土多退化呈不稳定状态,甚至没有,在这些地带地基基础设计一般不宜采用保持冻结原则。

3)多年冻土地基承载力容许值的确定

决定多年冻土承载力的主要因素有粒度成分,含水(冰)率和地温。在相同地温和含水(冰)率状况下,碎石类土承载力最大,砂类土次之,黏性土最小。随冻土含水(冰)率增大,其流变性迅速增大,使其长期强度降低。具体的确定方法可用如下几种。

(1)理论公式计算

理论上可通过临塑荷载$p_{cr}$(kPa)和极限荷载$p_u$(kPa)确定冻土承载力容许值,计算公式形式较多,可参考下式计算:

$$p_{cr} = 2c_s + \gamma_2 h \tag{7-16}$$

$$p_u = 5.14c_s + \gamma_2 h \tag{7-17}$$

式中:$c_s$——冻土的长期黏聚力(kPa),应由试验求得;

$\gamma_2 h$——基底埋置深度以上土的自重压力(kPa)。

$p_{cr}$可以直接作为冻土的承载力容许值,而$p_u$应除以安全系数1.5~2.0。

(2)通过现场荷载试验(考虑地基强度随荷载作用时间而降低的规律),调查观测地质、水文、植被条件等基本相同的邻近建筑物等方法来确定。

4) 多年冻土融沉计算

采用容许融化原则(自然融化)设计时,除满足冻土地基承载力容许值要求外,尚应满足建筑物对沉降的要求。冻土地基总融沉量由两部分组成:一是冻土解冻后冰融化体积缩小和部分水在融化过程中被挤出,土粒重新排列所产生的下沉量;二是融化完成后,在土自重和恒载作用下产生的压缩下沉。最终沉降量 $s$(m)计算如下:

$$s = \sum_{i=1}^{n}\delta_0 h_i + \sum_{i=1}^{n}\alpha_i p_{ci} h_i + \sum_{i=1}^{n}\alpha_i p_{pi} h_i \tag{7-18}$$

式中:$\delta_0$——第 $i$ 层冻土融化系数,见式(7-15);

$h_i$——第 $i$ 层冻土厚度(m);

$\alpha_i$——第 $i$ 层冻土压缩系数(1/kPa)由试验确定;

$p_{ci}$——第 $i$ 层冻土中点处自重应力(kPa);

$p_{pi}$——第 $i$ 层冻土中点处建筑物恒载附加应力(kPa)。

基底融化压缩层计算厚度可参照基底持力层深度及融化层厚度确定。

5) 多年冻土地基基桩承载力的确定

采取保持冻结原则时,多年冻土地基基桩轴向承载力容许值由季节融土层的摩阻力 $F_1$(冬季则变成切向冻胀力)、多年冻土层内桩侧冻结力 $F_2$ 和桩尖反力 $R$ 三部分组成,如图7-4所示。其中桩与桩侧土的冻结力是承载力的主要部分。多年冻土地基基桩的承载力主要通过试桩的静载试验来确定。

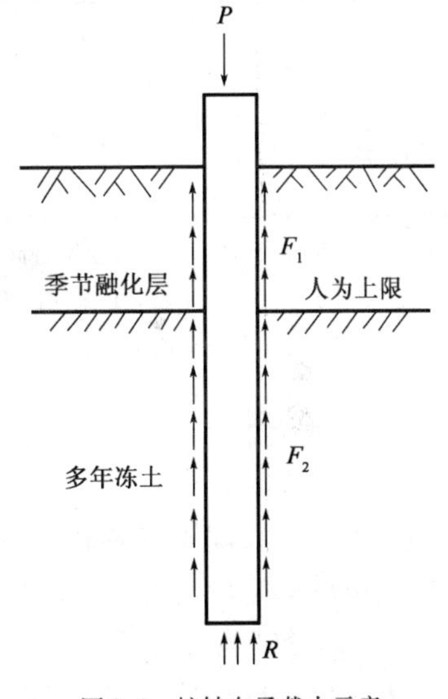

图7-4 桩轴向承载力示意

6) 多年冻土地区基础抗拔验算

多年冻土地基墩、台和基础(含条形基础)抗冻拔稳定性按下列公式验算(图7-4):

$$F_k + G_k + Q_{sk} + Q_{pk} \geq kT_k \tag{7-19}$$

$$Q_{sk} = q_{sk}A_s \tag{7-20}$$

$$Q_{pk} = q_{pk}A_p \tag{7-21}$$

式中:$Q_{sk}$——基础周边融化层的摩阻力标准值(kN),当季节冻土层与多年冻土层衔接时,$Q_{sk}=0$;当季节冻土与多年冻土层不衔接时,按公式(7-20)计算;

$A_s$——融化层中基础的侧面面积($m^2$);

$q_{sk}$——基础侧面与融化层的摩阻力标准值(kPa),无实测资料时,对黏性土可采用20~30kPa,对砂土及碎石土可采用30~40kPa;

$Q_{pk}$——基础周边与多年冻土的冻结力标准值(kN),按公式(7-21)计算;

$A_p$——在多年冻土内的基础侧面面积($m^2$);

$q_{pk}$——多年冻土与基础侧面的冻结力标准值(kPa),可按表7-13选用。

多年冻土与基础间的冻结力标准值 $q_{pk}$(kPa)　　表 7-13

| 土类及融沉等级 \ 温度(℃) | | -0.2 | -0.5 | -1.0 | -1.5 | -2.0 | -2.5 | -3.0 |
|---|---|---|---|---|---|---|---|---|
| 粉土、黏性土 | Ⅲ | 35 | 50 | 85 | 115 | 145 | 170 | 200 |
| | Ⅱ | 30 | 40 | 60 | 80 | 100 | 120 | 140 |
| | Ⅰ、Ⅳ | 20 | 30 | 40 | 60 | 70 | 85 | 100 |
| | Ⅴ | 15 | 20 | 30 | 40 | 50 | 55 | 65 |
| 砂土 | Ⅲ | 40 | 60 | 100 | 130 | 165 | 200 | 230 |
| | Ⅱ | 30 | 50 | 80 | 100 | 130 | 155 | 180 |
| | Ⅰ、Ⅳ | 25 | 35 | 50 | 70 | 85 | 100 | 115 |
| | Ⅴ | 10 | 20 | 30 | 35 | 40 | 50 | 60 |
| 砾石土(粒径小于0.075mm的颗粒含量小于或等于10%) | Ⅲ | 40 | 55 | 80 | 100 | 130 | 155 | 180 |
| | Ⅱ | 30 | 40 | 60 | 80 | 100 | 120 | 135 |
| | Ⅰ、Ⅳ | 25 | 35 | 50 | 60 | 70 | 85 | 95 |
| | Ⅴ | 15 | 20 | 30 | 40 | 45 | 55 | 65 |
| 砾石土(粒径小于0.075mm的颗粒含量大于10%) | Ⅲ | 35 | 55 | 85 | 115 | 150 | 170 | 200 |
| | Ⅱ | 30 | 40 | 70 | 90 | 115 | 140 | 160 |
| | Ⅰ、Ⅳ | 25 | 35 | 50 | 70 | 85 | 95 | 115 |
| | Ⅴ | 15 | 20 | 30 | 35 | 45 | 55 | 60 |

注:1. 多年冻土融沉等级见《公路桥涵地基与基础设计规范》(JTG D63—2007)附表 H.0.3。

2. 对于预制混凝土、木质、金属的冻结力标准值,表列数值分别乘以 1.0、0.9 和 0.66 的系数。

3. 多年冻土与沉桩的冻结力标准值按融沉等级Ⅳ类取值。

7)防融沉措施

(1)换填基底土

对采用融化原则的基底土可换填碎、卵、砾石或粗砂等,换填深度可到季节融化深度或到受压层深度。

(2)选择好施工季节

采用保持冻结原则时基础宜在冬季施工,采用融化原则时,最好在夏季施工。

(3)选择好基础形式

对融沉、强融沉土宜用轻型墩台,适当增大基底面积,减少压应力,或结合具体情况,加深基础埋置深度。

(4)注意隔热措施

采取保持冻结原则时施工中注意保护地表上覆盖植被,或以保温性能较好的材料铺盖地表,减少热渗入量。施工和养护中,保证建筑物周围排水通畅,防止地表水灌入基坑内。

如抗冻胀稳定性不够,可在季节融化层范围内,按前介绍的防冻胀措施第 1、2 条处理。

8)工程实例

青藏铁路防融沉技术。青藏高原是世界中、低纬度海拔最高、面积最大的多年冻土分布区,与高纬度冻土相比,青藏高原多年冻土具有温度高、厚度薄和敏感性强的特点。青藏铁路穿越的正是多年冻土最发育的地区。以程国栋院士为首的科研人员在青藏铁路建设过程中，改变了过去主要采取增加路堤高度和铺设保温材料等措施来隔断或减少外界进入路基下部的热量等被动保护多年冻土的设计思路，提出了解决青藏高原冻土难题的新思路是："主动降温、冷却地基、保护冻土"，并提出了一系列对路基进行主动降温的措施。针对不同冻土地质条件，采用片石气冷、碎石护坡、以桥代路、热棒降温等多种切实可行的工程措施解决冻土难题。

采用块石路基和块石、碎石护坡路堤，主要利用块石、碎石孔隙较大的特点，在夏季产生热屏蔽作用，冬季产生空气对流，起到保护冻土的作用。施工中要保证块石粒径的均一性，粒径应控制在20~30cm之间，块石层上覆土层厚度不宜过大，块、碎石护坡路路基中块、碎石宜随机堆放，不应整齐地堆砌、"块石路基+块石护道+块、碎石护坡"综合措施是相当有效的保护冻土措施之一，但要注意阴阳坡的抛碎石厚度变化，应保证阳阴坡厚度比例应大于2:1。其研究结果已被纳入《青藏铁路多年冻土区施工技术细则》，并在施工中得到执行。

这种路基可称为"通风路基"，"通风路基"的另一种形式通风管路基，其原理也是通过空气对流带出地基冻土层的热量，起到降低多年冻土地温的作用。

边坡设置遮阳板也是一项相当好的保护冻土措施，从青藏公路和青康公路的试验来看，仅仅几个月的时间，棚内外地表平均温度至少相差5℃以上，对保护下覆冻土极为有利。专家建议可以在消除阴阳坡问题、补强设计或路基维修中广泛采用，也可作为抢险措施之一。

"热棒和保温材料"综合措施也是极好的保护冻土措施之一。通过在路基两旁埋设高效导热的热棒，可以将热量导出，同时吸收冷量储存在地下，通过热棒的气液替换，导出地基热量，降低多年冻土地温。综合利用了保温材料夏季的隔热作用和热棒冬季的蓄冷作用，但前提要注意热棒能充分发挥其工作效率。

## 7.4 地震区的基础工程

我国地处环太平洋地震带和地中海南亚地震带之间，地震频发。地震对桥梁、道路和建筑物造成的危害，很多是由于地基与基础遭到地震破坏而致使整个结构严重受损。如1976年唐山地震，在8度烈区三座修筑在易液化地基上的桥梁，由于地基液化，墩、台下沉、斜倾，上部结构因此损坏，整个桥梁遭到严重破坏；而同一烈度区其他修筑在一般稳定地基上的桥梁，由于地基基本未遭损坏，整座桥梁也仅受轻微损坏（桥台轻微斜倾，主梁在桥墩上横向移动数厘米）。各地震害，都有类似情况，因此对地基与基础的震害，应有足够的重视。实践证明，正确地进行抗震设计，并采取有效抗震措施，可以减轻或避免损失。

### 7.4.1 地基与基础的震害

地基与基础的震害主要有地基土振动液化、地裂、震陷和边坡滑坍，及因此而发生的基础沉陷、位移、倾斜、开裂等。基础的震害虽然大多数是由于地基的失效、失稳而引起，但也会由于基础本身结构构造上处理不当而促成。

1）地基土的液化

地震时地基土的液化是指地面以下，一定深度范围内（一般指20m）的饱和粉细砂土、亚砂土层，在地震过程中出现软化、稀释、失去承载力而形成类似液体性状的现象。它造成地面下沉，土坡滑坍，地基失效、失稳，天然地基和摩擦桩上的建筑物大量下沉、倾斜、水平位移等损害。国内外大地震中，砂土液化情况相当普遍，是造成震害的主要原因之一，由此引起了科研人员和工程技术人员的重视，已成为工程抗震设计重点考虑的因素。

(1)砂土液化机理及影响因素

砂土液化的机理和影响砂土液化的主要因素，在《土质学与土力学》教材中已有较详细的介绍。饱和砂土地基在地震作用下，结构破坏，颗粒发生相对位移，有增密趋势，而细、粉砂的透水性较小，导致孔隙水压力暂时显著的增大，当孔隙水压力上升到等于土总法向压应力时，有效应力下降为零，抗剪强度完全丧失，处于没有抵抗外荷载能力的悬浮状态，发生砂土液化。

地震时土层液化较多发生在饱和松散的粉、细砂和亚砂土(塑性指数小于7，黏土颗粒含量小于10%)。相对密度小于0.65的松散砂土，7度烈度的地震即会液化；相对密度大于0.75的砂土，即使8度地震也不液化。根据砂土液化机理和液化现象分析，影响砂土振动液化的主要因素为：地震烈度，震动持续时间，土层的埋深，土的粒度成分、密实度、饱和度及黏土颗粒含量等。

(2)砂土液化可能性的判别

判别砂土液化可能性的方法较多，但尚不完善，因为影响砂土振动液化因素较多而且较复杂。现有方法大致可归纳为经验对比、现场试验和室内试验三类，一般都采用现场试验方法判定，因为它能综合反映各种有关的影响因素。《公路桥梁抗震设计细则》(JTG/T B02-01—2008)规定，存在饱和砂土或饱和粉土(不含黄土)的地基，除6度设防外，应进行液化判别；存在液化土层的地基，应根据桥梁的抗震设防类别、地基的液化等级，结合具体情况采取相应措施。根据国内调查资料和国内外现场试验资料，对地基土液化可能性先按现场条件，运用经验对比方法初步判定，再通过现场标准贯入试验进一步判定，具体方法如下。

①初步判定

当在地面以下20m范围内有饱和砂土或饱和粉土(不含黄土)，符合下列条件之一时，可初步判别为不液化或不考虑液化影响：

a. 当地质年代为第四纪晚更新世($Q_3$)及其以前时，7度、8度区时可判为不液化。

b. 粉土的黏粒(粒径小于0.005mm的颗粒)含量百分率(按重量计，测定时应采用六偏磷酸纳作分散剂)，烈度为7度区、8度区、9度区分别不小于10、13和16时，可判为不液化土。

c. 天然地基的桥梁，当上覆非液化土层厚度和地下水位深度符合下列条件之一时，可不考虑液化影响：

$$d_u > d_0 + d_b - 2 \tag{7-22}$$

$$d_w > d_0 + d_b - 3 \tag{7-23}$$

$$d_u + d_w > 1.5d_0 + 2d_b - 4.5 \tag{7-24}$$

式中：$d_w$——地下水位深度(m)，宜按设计基准期内年平均最高水位采用，也可按近期内年最高水位采用；

$d_u$——上覆非液化土层厚度(m)，计算时宜将淤泥和淤泥质土层扣除；

$d_b$——基础埋置深度(m)，不超过2m时应采用2m；

$d_0$——液化土特征深度(m)，可按表7-14采用。

液化土特征深度(m) 表7-14

| 饱和土类别 | 7度 | 8度 | 9度 |
|---|---|---|---|
| 粉土 | 6 | 7 | 8 |
| 砂土 | 7 | 8 | 9 |

②用标准贯入试验进一步判定

当初步判别认为需进一步进行液化判别时,应采用标准贯入试验判别法判别地面下15m深度范围内的液化;当采用桩基或埋深大于5m的基础时,尚应判别15~20m范围内土的液化。当饱和土标准贯入锤击(未经杆长修正)小于液化判别标准贯入锤击数临界值$N_{cr}$时,应判为液化土。当有成熟经验时,尚可采用其他判别方法。

在地面下15m深度范围内,液化判别标准贯入锤击数临界值可按下式计算:

$$N_{cr} = N_0[0.9 + 0.1(d_s - d_w)]\sqrt{\frac{3}{\rho_c}} \qquad (d_s \leqslant 15) \tag{7-25}$$

在地面下15~20m范围内,液化判别标准贯入锤击数临界值可按下式计算:

$$N_{cr} = N_0(2.4 - 0.1d_w)\sqrt{\frac{3}{\rho_c}} \qquad (15 \leqslant d_s \leqslant 20) \tag{7-26}$$

式中:$N_{cr}$——液化判别标准贯入锤击数临界值;

$N_0$——液化判别标准贯入锤击数基准值,应按表7-15采用;

$d_s$——饱和土标准贯入点深度(m);

$\rho_c$——黏粒含量百分率,当小于3或为砂土时,应采用3。

对存在液化土层的地基,应探明各液化土层的深度和厚度,按下式计算每个钻孔的液化指数,并按表7-16综合划分地基的液化等级。

液化判别标准贯入锤击数基准值$N_0$ 表7-15

| 区划图上的特征周期(s) | 7度 | 8度 | 9度 |
|---|---|---|---|
| 0.35 | 6(8) | 10(13) | 16 |
| 0.40、0.45 | 8(10) | 12(15) | 18 |

注:1. 特征周期根据场地位置在《中国地震动参数区划图》(GB 18306—2001)上查取。

2. 括号内数值用于设计基本地震动加速度为0.15g和0.30g的地区。

地 基 液 化 等 级 表7-16

| 液 化 等 级 | 轻　微 | 中　等 | 严　重 |
|---|---|---|---|
| 判别深度为15m的液化指数 | $0 < I_{lE} \leqslant 5$ | $5 < I_{lE} \leqslant 15$ | $I_{lE} > 15$ |
| 判别深度为20m的液化指数 | $0 < I_{lE} \leqslant 6$ | $6 < I_{lE} \leqslant 18$ | $I_{lE} > 18$ |

$$I_{lE} = \sum_{i=1}^{n}\left(1 - \frac{N_i}{N_{cri}}\right)d_i W_i \tag{7-27}$$

式中:$I_{lE}$——液化指数;

$n$——在判别深度范围内每一个钻孔标准贯入试验点的总数;

$N_i$、$N_{cri}$——分别为$i$点标准贯入锤击数的实测值和临界值,当实测值大于临界值时应取临界值的数值；

$d_i$——$i$ 点所代表的土层厚度(m)，可采用与该标准贯入试验点相邻的上、下两标准贯入试验点深度差的一半，但上界不高于地下水位深度，下界不深于液化深度；

$W_i$——$i$ 土层单位土层厚度的层位影响权函数值(单位为 $m^{-1}$)。若判别深度为15m，当该层中点深度不大于5m时应采用10，等于15m时应采用零值，5～15m时应按线性内插法取值；若判别深度为20m，当该层中点深度不大于5m时应采用10，等于20m时应采用零值，5～20m时应按线性内插法取值。

(3)砂土液化的危害

砂土液化使地基失效、失稳，丧失强度和承载能力，发生大的沉降和不均匀沉降，使基础连同整个建筑物沉陷、倾斜、开裂，甚至倒塌。在我国沿海及平原地区，地基的震害主要是由于地基土液化造成的。此外，砂土液化常伴随岸坡、边坡的滑塌，地基的喷砂冒水，使道路、桥梁墩台、道路挡土建筑物等遭到损坏。

地层内可液化土在地震作用下，由非液化转化为液化是一个渐变的过程(虽然历时较短暂)，而地震的持续时间一般很短，当地震力最大时，可液化土的抗震强度往往并未降到其最低值。因此，在许多情况下，可液化土并不发生完全液化，并未完全丧失其强度，《公路桥梁抗震设计细则》(JTG/T B02-01—2008)规定，液化土层的承载力(包括桩侧摩阻力)、土抗力(地基系数)、内摩擦角和黏聚力等，可根据以式(7-28)算得的液化抵抗系数 $C_e$ 按表7-17折减系数 $\alpha$ 进行折减后采用，就是考虑这一因素而定的。

$$C_e = \frac{N_i}{N_{cr}} \tag{7-28}$$

式中：$C_e$——液化抵抗系数；

$N_i$、$N_{cr}$——分别为实际标准贯入锤击数和标准贯入锤击数临界值。

**土层液化影响折减系数 $\alpha$** 表7-17

| $C_e$ | $d_s$(mm) | $\alpha$ |
|---|---|---|
| $C_e \leq 0.6$ | $d_s \leq 10$ | 0 |
| | $10 < d_s \leq 20$ | 1/3 |
| $0.6 < C_e \leq 0.8$ | $d_s \leq 10$ | 1/3 |
| | $10 < d_s \leq 20$ | 2/3 |
| $0.8 < C_e \leq 1.0$ | $d_s \leq 10$ | 2/3 |
| | $10 < d_s \leq 20$ | 1 |

2)地基与基础的震沉，边坡的滑坍以及地裂

软弱黏性土和松散砂土地基，在地震作用下，结构被扰动，强度降低，产生附加的沉陷(土层的液化也会引起地基的沉陷)，且往往是不均匀的沉陷，使建筑物遭到破坏。我国沿海地区及较大河流下游的软土地区，震沉往往也是主要的地基震害。地基土级配情况差、含水率高、孔隙比大，震沉也大；一般情况下，震沉随基础埋置深度加大而减少；地震烈度越高，震沉也越大；荷载大的，震沉也大。同一座桥梁各墩、台的地基条件不同，会因震沉的不均匀而遭损坏。如我国沿海地区某拱桥，东台置于岩层上，西台为桩基础，未达岩层，1970年地震后西台下沉

0.3m,拱圈开裂。同一墩台的地基如土质不均匀,也会产生不良后果,应力求避免。

陡峻山区土坡,层理倾斜或有软弱夹层等不稳定的边坡、岸坡等,在地震时由于附加水平力的作用或土层强度的降低而发生滑动(有时规模较大),会导致修筑在其上或邻近的建筑物遭到损坏。

构造地震发生时地面常出现与地下断裂带走向基本一致的呈带状的地裂带。地裂带一般在土质松软区、故河道、河堤岸边、陡坡、半填半挖处较易出现。它大小不一,有时长达几十公里,对建筑物常造成破坏。

3)基础的其他震害

除了因地基失效、失稳、沉陷、滑动、开裂而使基础遭受损坏外,在较大的地震作用下,基础也常因其本身强度和稳定性不足以抗衡附加的地震作用力而发生断裂、折损、倾斜等损坏。

刚性扩大基础如埋置深度较浅时,会在地震水平力作用下发生移动或倾覆。

桩基础的震害,在高桩承台表现较多,由于承台的反复震动,在桩和承台联结处或桩顶附近,往往因剪应力的作用而发生混凝土开裂,甚至断桩现象。基桩由于水平地震力的作用,地面以下部分产生环状裂纹也曾发生,有人认为这除与桩身结构强度有关外,还可能与地基中存在软硬交替土层有关。

基础、承台与墩、台身联结处也是抗震的薄弱处,由于断面改变、应力集中使混凝土发生断裂。

## 7.4.2 基础工程抗震设计简介

1)桥梁抗震设防目标及设防分类和设防标准

在破坏性地震发生后,立即恢复交通运输是减轻和迅速消除震灾的一个重要条件,因此公路工程的抗震工作是有重要意义的。结合目前抗震工程的技术发展水平和公路的特点,建筑物发生基本烈度的地震时,按不受任何损坏的原则进行设计,在经济上是不合理的,在技术上也常常是不可行的。

抗震设防烈度是按国家规定权限批准的作为一个地区抗震设防依据的地震烈度,必须按国家规定权限审批、颁发的文件(图件)确定。一般情况下,抗震设防烈度可采用现行《中国地震动参数区划图》规定的地震基本烈度。对桥址已作过专门地震安全性评价的桥梁,应按批准的抗震设防烈度或设计地震动参数进行抗震设防。《公路桥梁抗震设计细则》(JTG/T B02-01—2008)规定,抗震设防烈度为6度及6度以上地区的公路桥梁,必须进行抗震设计。抗震设防烈度大于9度地区的桥梁和有特殊要求的大跨径或特殊桥梁,其抗震设计应做专门研究,按有关专门规定执行。单跨跨径不超过150m的混凝土梁桥、圬工或混凝土拱桥为常规桥梁;斜拉桥、悬索桥、单跨跨径150m以上的梁桥和拱桥为特殊桥梁。

各抗震设防类别桥梁的抗震设防目标应符合表7-18的规定。

各设防类别桥梁的抗震设防目标　　表7-18

| 桥梁抗震设防类别 | 设防目标 | |
|---|---|---|
| | E1地震作用 | E2地震作用 |
| A类 | 一般不受损坏或不需修复可继续使用 | 可发生局部轻微损伤,不需修复或经简单修复可继续使用 |

续上表

| 桥梁抗震设防类别 | 设防目标 | |
|---|---|---|
| | E1 地震作用 | E2 地震作用 |
| B 类 | 一般不受损坏或不需修复可继续使用 | 应保证不致倒塌或产生严重结构损伤,经临时加固后可供维持应急交通使用 |
| C 类 | 一般不受损坏或不需修复可继续使用 | 应保证不致倒塌或产生严重结构损伤,经临时加固后可供维持应急交通使用 |
| D 类 | 一般不受损坏或不需修复可继续使用 | |

注:E1 地震作用,为工程场地重现期较短的地震作用,对应于第一级设防水准;E2 地震作用,为工程场地重现期较长的地震作用,对应于第二级设防水准。

一般情况下,桥梁抗震设防分类应根据各桥梁抗震设防类别的适用范围,按表 7-19 的规定确定。但对抗震救灾以及在经济、国防上具有重要意义的桥梁或破坏后修复(抢修)困难的桥梁,可按国家批准权限,报请批准后,提高设防类别。

**各桥梁抗震设防类别适用范围** 表 7-19

| 桥梁抗震设防类别 | 适用范围 |
|---|---|
| A 类 | 单跨跨径超过 150m 的特大桥 |
| B 类 | 单跨跨径不超过 150m 的高速公路、一级公路上的桥梁,单跨跨径不超过 150m 的二级公路上的特大桥、大桥 |
| C 类 | 二级公路上的中桥、小桥,单跨跨径不超过 150m 的三、四级公路上的特大桥、大桥 |
| D 类 | 三、四级公路上的中桥、小桥 |

A 类、B 类和 C 类桥梁必须进行 E1 地震作用和 E2 地震作用下的抗震设计。D 类桥梁只须进行 E1 地震作用下的抗震设计。抗震设防烈度为 6 度地区的 B 类、C 类、D 类桥梁,可只进行抗震措施设计。

各类桥梁在不同抗震设防烈度下的抗震设防措施等级按表 7-20 确定。

**各类公路桥梁抗震设防措施等级** 表 7-20

| 抗震设防烈度 \ 桥梁分类 | 6 | 7 | | 8 | | 9 |
|---|---|---|---|---|---|---|
| | 0.05g | 0.01g | 0.15g | 0.2g | 0.3g | 0.4g |
| A 类 | 7 | 8 | 9 | 9 | 更高,专门研究 | |
| B 类 | 7 | 8 | 8 | 9 | 9 | ≥9 |
| C 类 | 6 | 7 | 7 | 8 | 8 | 9 |
| D 类 | 6 | 7 | 7 | 8 | 8 | 9 |

注:g 重力加速度。

立体交叉的跨线桥梁,抗震设计不应低于下线桥梁的要求。

2)抗震设计流程

桥梁抗震设计应采用图 7-5 的抗震设计流程进行,图中所述章、节、条指《公路桥梁抗震设计细则》(JTG/T B02-01—2008)的章、节、条,详细设计计算内容请参考有关专门文献和规范。

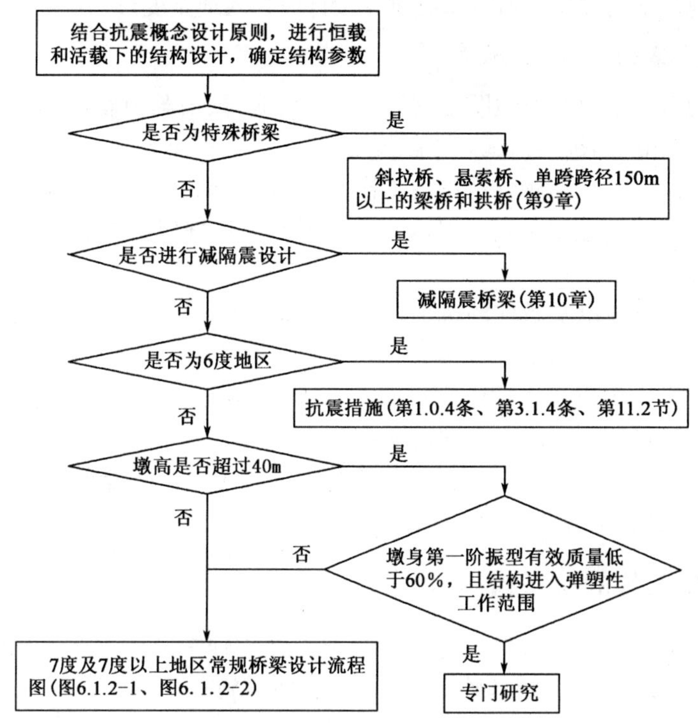


图 7-5 抗震设计流程图

3)地震作用

(1)公路桥梁抗震设计应考虑以下作用：

永久作用，包括结构重力(恒载)、预应力、土压力、水压力。

地震作用，包括地震动的作用和地震土压力、水压力等。

(2)作用效应组合应包括永久作用效应 + 地震作用效应，组合方式应包括各种效应的最不利组合。

地震力在空间可能是任何方向的。一般情况下，公路桥梁可只考虑水平向地震作用，直线桥可分别考虑顺桥向 $x$ 和横桥向 $y$ 的地震作用。抗震设防烈度为 8 度和 9 度的拱式结构、长悬臂桥梁结构和大跨度结构，以及竖向作用引起的地震效应很重要时，应同时考虑顺桥向 $x$、横桥向 $y$ 和竖向 $z$ 的地震作用。

地震作用可以用设计加速度反应谱、设计地震动时程和设计地震动功率谱表征。请参考有关专门文献。

A 类桥梁、桥址抗震设防烈度为 9 度及 9 度以上的 B 类桥梁，应根据专门的工程场地地震安全性评价确定地震作用。桥址抗震设防烈度为 8 度的 B 类桥梁，宜根据专门的工程场地地震安全性评价确定地震作用。

E1 地震作用抗震设计阶段，应考虑地震时动水压力和主动土压力的影响，在 E2 地震作用抗震设计阶段，一般不需考虑。

验算桥梁及道路建筑物抗震强度和稳定性时，地震荷载应与建筑物重力、土的重力和水的作用力组合，其他荷载可以不考虑。水的作用力是指：常年有水的河流上的桥梁，应按常水位计算水的浮力；位于常水位水深超过 5m 的实体桥墩、空心桥墩应计入地震动水压力。

位于非岩石地基上的梁桥桥墩及基础抗震设计应计入地基变形的影响。

4)地基、基础抗震强度与变形验算

建筑物所在地点的地震基本烈度在设防起点以上时,其地基与基础都应进行抗震强度与变形的验算,并采取相应的抗震措施。一般规定:

在E1地震作用下,结构在弹性范围内工作,基本不损伤;在E2地震作用下,延性构件(墩柱)可发生损伤,产生弹塑性变形,耗散地震能量,但延性构件(墩柱)的塑性铰区域应具有足够的塑性变形能力。

梁桥基础、盖梁、梁体以及墩柱的抗剪按能力保护原则设计,在E2地震作用下基本不发生损伤。

在E2地震作用下,混凝土拱桥的主拱圈和基础基本不发生损伤;对系杆拱桥其桥墩、支座和基础的抗震性能可按梁桥的要求进行抗震设计。

对于D类桥梁、圬工拱桥、重力式桥墩和桥台,可只进行E1地震作用下结构的强度验算。

具体计算方法,请参考有关文献和规范。

### 7.4.3 基础工程的抗震措施

对建筑物及基础采取有针对性的抗震措施,在抗震工程中也是十分重要的,而且往往能取得"事半功倍"的效果。下面介绍基础工程常用的抗震措施。

1)桥位选择

桥位选择应在工程地质勘察和专门工程地质、水文地质调查的基础上,按地质构造的活动性、边坡稳定性和场地的地质条件等进行综合评价,应查明对公路桥梁抗震有利、不利和危险的地段,宜充分利用对抗震有利地段。

抗震有利地段一般系指建设场地及其邻近无晚近期活动性断裂,地质构造相对稳定,同时地基为比较完整的岩体、坚硬土或开阔平坦密实的中硬土等;抗震不利地段一般系指软弱黏性土层、液化土层和地层严重不均匀的地段,地形陡峭、孤突、岩土松散、破碎的地段,地下水位埋藏较浅、地表排水条件不良的地段。严重不均匀地层系指岩性、土质、层厚、界面等在水平方向变化很大的地层;抗震危险地段一般系指地震时可能发生滑坡、崩塌地段,地震时可能塌陷的地段、溶洞等岩溶地段和已采空的矿穴地段,河床内基岩具有倾向河槽的构造软弱面被深切河槽所切割的地段,发震断裂、地震时可能坍塌而中断交通的各种地段。

在抗震不利地段布设桥位时,宜对地基采取适当抗震加固措施。在软弱黏性土层、液化土层和严重不均匀地层上,不宜修建大跨径超静定桥梁。

各级公路桥位宜避绕抗震危险地段,对于高速公路、一级公路必须通过抗震危险地段时,宜作地震安全性评价分析。

对地震时可能因发生滑坡、崩塌而造成堰塞湖的地段,应估计其淹没和溃决的影响范围,合理确定路线的高程,选定桥位。当可能因发生滑坡、崩塌而改变河流流向,影响岸坡和桥梁墩台以及路基的安全时,应采取适当措施。

2)地基与基础抗震措施一般规定

《公路桥梁抗震设计细则》(JTG/T B02-01—2008)关于地基与基础部分抗震措施的一般规定如下:

(1)7 度区基础工程的抗震措施:①拱桥基础宜置于地质条件一致、两岸地形相似的坚硬土层或岩石上。实腹式拱桥宜减小拱上填料厚度,并宜采用轻质填料,填料必须逐层夯实。②在软弱黏性土层、液化土层和不稳定的河岸处建桥时,对于大、中桥,可适当增加桥长,合理布置桥孔,使墩、台避开地震时可能发生滑动的岸坡或地形突变的不稳定地段。否则,应采取措施增强基础抗侧移的刚度和加大基础埋置深度;对于小桥,可在两桥台基础之间设置支撑梁或采用浆砌片(块)石满铺河床。

(2)8 度区基础工程的抗震措施,除应符合 7 度区的规定外,尚应满足:①桥梁下部为钢筋混凝土结构时,其混凝土强度等级不应低于 C25。②基础宜置于基岩或坚硬土层上。基础底面宜采用平面形式。当基础置于基岩上时,方可采用阶梯形式。

(3)9 度区基础工程的抗震措施,除应符合 8 度区的规定外,尚应满足:桥梁墩、台采用多排桩基础时,宜设置斜桩。

3)对可液化土地基抗震措施

(1)抗液化措施的确定

抗液化措施应根据桥梁重要性类别及地基的液化等级按表 7-21 确定。

**抗液化措施** 表 7-21

| 桥梁分类 | 地基的液化等级 | | |
|---|---|---|---|
| | 轻微 | 中等 | 严重 |
| A类、B类 | 部分消除液化沉陷或对基础和上部结构进行处理 | 全部消除液化沉陷,或部分消除液化沉陷且对基础和上部结构进行处理 | 全部消除液化沉陷 |
| C类 | 对基础和上部结构进行处理,也可不采取措施 | 对基础和上部结构进行处理或更高要求的措施 | 全部消除液化沉陷或部分消除液化沉陷且对基础和上部结构进行处理 |
| D类 | 可不采取措施 | 可不采取措施 | 对基础和上部结构进行处理或其他经济的措施 |

(2)全部消除地基液化沉降的措施

①采用桩基时,桩端伸入液化深度以下稳定土层中的长度(不包括桩尖部分),应按计算确定。

②采用深基础时,基础底面应埋入液化深度以下的稳定土层中,其深度不应小于 1m。

③采用加密法(如振冲、振动加密、挤密碎石桩、强夯等)加固时,应处理至液化深度下界,且处理后复合地基的标准贯入锤击数不宜小于液化判别标准贯入锤击数临界值。

④用非液化土替换全部液化土层。

⑤采用加密法或换土法处理时,在基础边缘以外的处理宽度,应超过基础底面下处理深度的 1/2 且不小于基础宽度的 1/5。

(3)部分消除地基液化沉降的措施

①处理深度应使处理后的地基液化指数减小,其值不宜大于 5。

②加固后复合地基的标准贯入锤击数不宜小于液化判别标准贯入锤击数临界值。

③基础边缘以外的处理宽度,应符合全部消除地基液化沉降的措施第 5 款的规定。

(4)减轻液化影响的基础和上部结构处理的综合措施

①选择合适的基础埋置深度。

②调整基础底面积,减少基础偏心。

③加强基础的整体性和刚度。

④减轻荷载,增强上部结构的整体刚度和均匀对称性,避免采用对不均匀沉降敏感的结构形式等。

## 【本章小结】

特殊土,由于生成时不同的地理环境、气候条件、地质成因以及次生变化等原因,具有一些特殊的成分、结构和性质,对工程结构有特殊危害,工程对策各异,概述如下:

1. 湿陷性黄土,在一定压力作用下,受水浸湿后,土的结构迅速破坏,发生显著的湿陷变形,强度也随之降低。以湿陷系数划分黄土湿陷与否及湿陷性的强弱;以自重湿陷量划分自重湿陷性黄土和非自重湿陷性黄土;以地基总湿陷量划分地基湿陷等级。在湿陷性黄土地基上,应对桥位、桥型合理选择,必要时对湿陷性黄土地基进行处理,以改善其性质和结构,减少土的渗水性、压缩性,控制其湿陷性的发生,部分或全部消除它的湿陷性。

2. 膨胀土,是土中黏粒成分主要由亲水性矿物组成,同时具有显著的吸水膨胀和失水收缩两种变形特性的黏性土,给桥台护坡等附属结构,及涵洞等埋深浅、自重轻的构造物带来极大危害。依据工程地质特征与自由膨胀率判别是否膨胀土,依据地基分级变形量划分胀缩等级。膨胀土基地上的基础工程应合理选用基础类型及基础埋置深度,并选择合适的施工方法,必要时对膨胀土地基进行换土垫层或石灰灌浆加固等处理。

3. 冻土,根据冻土冻结延续时间分为季节性冻土和多年冻土。季节性冻土的主要病害是冻胀,按其冻胀性划分为不冻胀、弱冻胀、冻胀、强冻胀、特强冻胀和极强冻胀 6 类;多年冻土的主要病害包括冻胀和融沉,按其融沉性划分为不融沉、弱融沉、融沉、强融沉和融陷 5 类。

季节性冻土地区基础工程,基础埋置深度应充分考虑冻胀的影响,并应对基础的抗冻稳定性和结构抗冻拔强度进行验算,必要时应采取防冻胀措施。多年冻土地基,根据自然条件合理选择设计原则,并进行地基承载力、融沉值、抗冻拔稳定性的验算,必要时采取工程措施。

4. 地震给工程带来的危害是巨大的。抗震设防烈度为 6 度及 6 度以上地区的公路桥梁,必须进行抗震设计。抗震设防烈度大于 9 度地区的桥梁和有特殊要求的大跨径或特殊桥梁,其抗震设计应做专门研究,按有关专门规定执行。采取合理的抗震措施也是必要和非常有效的。

## 【复习思考题】

7-1　黄土为什么会有湿陷性?如何评价黄土的湿陷性?

7-2　在湿陷性黄土地基上进行工程建设,应采取哪些措施防止地基湿陷对建筑物的危害?

7-3 影响膨胀土胀缩特性的主要因素是什么?如何判别膨胀土?

7-4 膨胀土地区桥涵基础设计与施工要点是什么?

7-5 冻土分类及其对基础工程的危害有哪些?

7-6 冻土地区桥涵基础设计与施工要点是什么?

7-7 基础工程的抗震设计应包括哪些内容?

7-8 在基础工程中有哪些有针对性的抗震措施?

# 附 表

桩置于土中($\alpha h > 2.5$)或基岩($\alpha h \geq 3.5$)中的位移系数 $A_x$ 附表 1

| $\bar{h}=\alpha h$ / $\bar{z}=\alpha z$ | 4.0 | 3.5 | 3.0 | 2.8 | 2.6 | 2.4 |
|---|---|---|---|---|---|---|
| 0.0 | 2.440 66 | 2.501 74 | 2.726 58 | 2.905 24 | 3.162 60 | 3.525 62 |
| 0.1 | 2.278 73 | 2.337 83 | 2.551 00 | 2.718 47 | 2.957 95 | 3.293 11 |
| 0.2 | 2.117 79 | 2.174 92 | 2.376 40 | 2.532 69 | 2.754 29 | 3.061 59 |
| 0.3 | 1.958 81 | 2.013 96 | 2.203 76 | 2.348 86 | 2.552 58 | 2.832 01 |
| 0.4 | 1.802 73 | 1.855 90 | 2.034 00 | 2.167 91 | 2.353 73 | 2.605 28 |
| 0.5 | 1.650 42 | 1.701 61 | 1.868 00 | 1.990 69 | 2.158 59 | 2.382 23 |
| 0.6 | 1.502 68 | 1.551 87 | 1.706 51 | 1.817 96 | 1.967 90 | 2.163 55 |
| 0.7 | 1.360 24 | 1.407 41 | 1.550 22 | 1.650 37 | 1.782 28 | 1.949 85 |
| 0.8 | 1.223 70 | 1.268 82 | 1.399 70 | 1.488 47 | 1.602 23 | 1.741 57 |
| 0.9 | 1.093 61 | 1.136 64 | 1.255 43 | 1.332 71 | 1.428 16 | 1.539 06 |
| 1.0 | 0.970 41 | 1.011 27 | 1.117 77 | 1.183 41 | 1.260 33 | 1.342 49 |
| 1.1 | 0.854 41 | 0.893 03 | 0.986 96 | 1.040 74 | 1.098 86 | 1.151 90 |
| 1.2 | 0.745 88 | 0.782 15 | 0.863 15 | 0.904 81 | 0.943 77 | 0.967 24 |
| 1.3 | 0.644 98 | 0.678 75 | 0.746 37 | 0.775 60 | 0.794 97 | 0.788 31 |
| 1.4 | 0.551 75 | 0.582 85 | 0.636 55 | 0.652 96 | 0.652 23 | 0.614 77 |
| 1.5 | 0.466 14 | 0.494 35 | 0.533 49 | 0.536 62 | 0.515 18 | 0.446 16 |
| 1.6 | 0.388 10 | 0.413 15 | 0.436 96 | 0.426 29 | 0.383 46 | 0.282 02 |
| 1.7 | 0.317 41 | 0.339 01 | 0.346 60 | 0.321 52 | 0.256 54 | 0.121 74 |
| 1.8 | 0.253 86 | 0.271 66 | 0.262 01 | 0.221 86 | 0.133 87 | -0.035 29 |
| 1.9 | 0.197 17 | 0.210 74 | 0.182 73 | 0.126 76 | 0.014 87 | -0.189 71 |
| 2.0 | 0.146 96 | 0.155 83 | 0.108 19 | 0.035 62 | -0.101 14 | -0.342 21 |
| 2.2 | 0.064 61 | 0.062 43 | -0.028 70 | -0.137 06 | -0.326 49 | -0.643 55 |
| 2.4 | 0.003 48 | -0.012 38 | -0.153 30 | -0.300 98 | -0.546 85 | -0.943 16 |
| 2.6 | -0.039 86 | -0.072 51 | -0.269 99 | -0.460 33 | -0.765 53 | |
| 2.8 | -0.069 02 | -0.122 02 | -0.382 75 | -0.618 32 | | |
| 3.0 | -0.087 41 | -0.164 58 | -0.491 34 | | | |
| 3.5 | -0.104 95 | -0.258 66 | | | | |
| 4.0 | -0.107 88 | | | | | |

桩置于土中($\alpha h>2.5$)或基岩($\alpha h\geqslant 3.5$)中的转角系数 $A_{\varphi}$

附表 2

| $\bar{h}=\alpha h$ / $\bar{z}=\alpha z$ | 4.0 | 3.5 | 3.0 | 2.8 | 2.6 | 2.4 |
|---|---|---|---|---|---|---|
| 0.0 | -1.621 00 | -1.640 76 | -1.757 55 | -1.869 40 | -2.048 19 | -2.326 86 |
| 0.1 | -1.616 00 | -1.635 76 | -1.752 55 | -1.864 40 | -2.043 19 | -2.321 80 |
| 0.2 | -1.601 17 | -1.620 92 | -1.737 74 | -1.849 60 | -2.028 41 | -2.307 05 |
| 0.3 | -1.576 76 | -1.596 54 | -1.713 41 | -1.825 31 | -2.004 18 | -2.282 90 |
| 0.4 | -1.543 34 | -1.563 16 | -1.680 17 | -1.792 19 | -1.971 22 | -2.250 18 |
| 0.5 | -1.501 51 | -1.521 42 | -1.638 74 | -1.750 99 | -1.930 36 | -2.209 77 |
| 0.6 | -1.452 09 | -1.472 16 | -1.590 01 | -1.702 68 | -1.882 63 | -2.162 83 |
| 0.7 | -1.395 93 | -1.416 24 | -1.534 95 | -1.648 28 | -1.829 14 | -2.110 60 |
| 0.8 | -1.333 98 | -1.354 68 | -1.474 67 | -1.588 96 | -1.771 16 | -2.054 45 |
| 0.9 | -1.267 13 | -1.288 37 | -1.410 15 | -1.525 79 | -1.709 85 | -1.995 64 |
| 1.0 | -1.196 47 | -1.218 45 | -1.342 66 | -1.460 09 | -1.646 62 | -1.935 71 |
| 1.1 | -1.122 83 | -1.145 78 | -1.273 15 | -1.392 89 | -1.582 57 | -1.875 83 |
| 1.2 | -1.047 33 | -1.071 54 | -1.202 90 | -1.325 53 | -1.519 13 | -1.817 53 |
| 1.3 | -0.970 78 | -0.996 57 | -1.132 86 | -1.259 02 | -1.457 34 | -1.761 86 |
| 1.4 | -0.894 09 | -0.921 83 | -1.064 03 | -1.194 46 | -1.398 35 | -1.710 00 |
| 1.5 | -0.818 01 | -0.848 11 | -0.997 43 | -1.132 73 | -1.343 05 | -1.662 80 |
| 1.6 | -0.743 37 | -0.776 30 | -0.933 87 | -1.074 80 | -1.292 41 | -1.621 16 |
| 1.7 | -0.670 75 | -0.706 99 | -0.874 03 | -0.021 32 | -1.247 00 | -1.585 51 |
| 1.8 | -0.600 77 | -0.640 85 | -0.818 63 | -0.972 97 | -1.207 43 | -1.556 37 |
| 1.9 | -0.533 93 | -0.578 42 | -0.768 18 | -0.930 20 | -1.174 00 | -1.533 48 |
| 2.0 | -0.470 63 | -0.520 13 | -0.723 09 | -0.893 33 | -1.146 86 | -1.516 93 |
| 2.2 | -0.355 88 | -0.417 27 | -0.649 92 | -0.837 67 | -1.110 79 | -1.500 04 |
| 2.4 | -0.258 31 | -0.334 11 | -0.599 79 | -0.805 13 | -1.095 59 | -1.497 29 |
| 2.6 | -0.178 49 | -0.271 04 | -0.570 92 | -0.791 58 | -1.093 07 | |
| 2.8 | -0.116 11 | -0.227 27 | -0.559 14 | -0.789 43 | | |
| 3.0 | -0.069 87 | -0.200 56 | -0.557 21 | | | |
| 3.5 | -0.012 06 | -0.183 72 | | | | |
| 4.0 | -0.003 41 | | | | | |

桩置于土中($\alpha h>2.5$)或基岩($\alpha h\geqslant 3.5$)中的弯矩系数 $A_M$　　附表 3

| $\bar{h}=\alpha h$ / $\bar{z}=\alpha z$ | 4.0 | 3.5 | 3.0 | 2.8 | 2.6 | 2.4 |
|---|---|---|---|---|---|---|
| 0.0 | 0.000 00 | 0.000 00 | 0.000 00 | 0.000 00 | 0.000 00 | 0.000 00 |
| 0.1 | 0.099 60 | 0.099 59 | 0.099 59 | 0.099 53 | 0.099 48 | 0.099 42 |
| 0.2 | 0.196 96 | 0.196 89 | 0.196 60 | 0.196 38 | 0.196 06 | 0.195 61 |
| 0.3 | 0.290 10 | 0.289 84 | 0.288 91 | 0.288 18 | 0.287 14 | 0.285 69 |
| 0.4 | 0.377 39 | 0.376 78 | 0.374 63 | 0.372 96 | 0.370 60 | 0.367 32 |
| 0.5 | 0.457 52 | 0.456 35 | 0.452 27 | 0.449 13 | 0.444 71 | 0.438 59 |
| 0.6 | 0.529 38 | 0.527 40 | 0.520 57 | 0.515 34 | 0.508 01 | 0.497 95 |
| 0.7 | 0.592 28 | 0.589 18 | 0.578 67 | 0.570 69 | 0.559 56 | 0.544 39 |
| 0.8 | 0.645 61 | 0.641 12 | 0.625 88 | 0.614 45 | 0.598 59 | 0.577 13 |
| 0.9 | 0.689 26 | 0.682 92 | 0.662 00 | 0.646 42 | 0.624 94 | 0.596 08 |
| 1.0 | 0.723 05 | 0.714 52 | 0.686 81 | 0.666 37 | 0.638 41 | 0.601 16 |
| 1.1 | 0.747 14 | 0.736 02 | 0.700 45 | 0.674 51 | 0.639 30 | 0.592 85 |
| 1.2 | 0.761 83 | 0.747 69 | 0.703 24 | 0.671 20 | 0.628 10 | 0.571 87 |
| 1.3 | 0.767 61 | 0.750 01 | 0.695 70 | 0.657 07 | 0.605 63 | 0.539 34 |
| 1.4 | 0.764 98 | 0.743 49 | 0.678 45 | 0.632 85 | 0.572 80 | 0.496 54 |
| 1.5 | 0.754 66 | 0.728 84 | 0.652 32 | 0.599 52 | 0.530 89 | 0.445 20 |
| 1.6 | 0.737 34 | 0.706 77 | 0.618 19 | 0.558 14 | 0.481 27 | 0.387 18 |
| 1.7 | 0.713 81 | 0.678 09 | 0.577 07 | 0.509 96 | 0.425 51 | 0.324 66 |
| 1.8 | 0.684 88 | 0.643 64 | 0.530 05 | 0.456 31 | 0.365 40 | 0.260 08 |
| 1.9 | 0.651 39 | 0.604 32 | 0.478 34 | 0.398 68 | 0.302 91 | 0.196 17 |
| 2.0 | 0.614 13 | 0.560 97 | 0.423 14 | 0.338 64 | 0.240 13 | 0.135 88 |
| 2.2 | 0.531 60 | 0.465 83 | 0.307 66 | 0.218 28 | 0.123 20 | 0.039 42 |
| 2.4 | 0.443 34 | 0.365 18 | 0.194 80 | 0.110 13 | 0.035 27 | 0.000 00 |
| 2.6 | 0.354 58 | 0.265 60 | 0.096 67 | 0.031 00 | 0.000 01 | |
| 2.8 | 0.269 96 | 0.173 62 | 0.026 86 | 0.000 01 | | |
| 3.0 | 0.193 05 | 0.095 35 | 0.000 00 | | | |
| 3.5 | 0.050 81 | 0.000 01 | | | | |
| 4.0 | 0.000 05 | | | | | |

桩置于土中($\alpha h>2.5$)或基岩($\alpha h\geqslant 3.5$)中的剪力系数 $A_Q$　　附表4

| $\bar{z}=\alpha z$ \ $\bar{h}=\alpha h$ | 4.0 | 3.5 | 3.0 | 2.8 | 2.6 | 2.4 |
|---|---|---|---|---|---|---|
| 0.0 | 1.000 00 | 1.000 00 | 1.000 00 | 1.000 00 | 1.000 00 | 1.000 00 |
| 0.1 | 0.988 33 | 0.988 03 | 0.986 95 | 0.986 09 | 0.984 87 | 0.983 14 |
| 0.2 | 0.955 51 | 0.954 34 | 0.950 13 | 0.946 88 | 0.942 19 | 0.935 69 |
| 0.3 | 0.904 68 | 0.902 11 | 0.893 04 | 0.886 01 | 0.876 04 | 0.862 21 |
| 0.4 | 0.838 98 | 0.834 52 | 0.819 02 | 0.807 12 | 0.790 34 | 0.767 24 |
| 0.5 | 0.761 45 | 0.754 64 | 0.731 40 | 0.713 73 | 0.689 02 | 0.655 25 |
| 0.6 | 0.674 86 | 0.665 29 | 0.633 23 | 0.609 13 | 0.575 69 | 0.530 41 |
| 0.7 | 0.582 01 | 0.569 31 | 0.527 60 | 0.496 60 | 0.454 05 | 0.396 92 |
| 0.8 | 0.485 22 | 0.469 06 | 0.417 10 | 0.379 05 | 0.327 26 | 0.258 72 |
| 0.9 | 0.386 89 | 0.366 98 | 0.304 41 | 0.259 32 | 0.198 65 | 0.119 49 |
| 1.0 | 0.289 01 | 0.265 12 | 0.191 85 | 0.139 98 | 0.071 14 | −0.017 17 |
| 1.1 | 0.193 46 | 0.165 32 | 0.081 54 | 0.023 40 | −0.052 51 | −0.147 89 |
| 1.2 | 0.101 53 | 0.069 17 | −0.024 66 | −0.088 28 | −0.169 76 | −0.269 53 |
| 1.3 | 0.014 77 | −0.021 97 | −0.125 08 | −0.193 12 | −0.278 24 | −0.379 03 |
| 1.4 | −0.065 86 | −0.106 98 | −0.218 28 | −0.289 39 | −0.375 76 | −0.473 56 |
| 1.5 | −0.139 52 | −0.184 94 | −0.302 97 | −0.375 49 | −0.460 25 | −0.550 31 |
| 1.6 | −0.205 55 | −0.255 10 | −0.378 00 | −0.449 94 | −0.529 70 | −0.606 54 |
| 1.7 | −0.263 59 | −0.316 99 | −0.442 49 | −0.511 47 | −0.582 33 | −0.639 67 |
| 1.8 | −0.313 45 | −0.370 30 | −0.495 62 | −0.558 89 | −0.616 37 | −0.647 10 |
| 1.9 | −0.355 01 | −0.414 76 | −0.536 60 | −0.590 98 | −0.629 96 | −0.626 10 |
| 2.0 | −0.388 39 | −0.450 34 | −0.564 80 | −0.606 65 | −0.621 38 | −0.574 06 |
| 2.2 | −0.431 74 | −0.495 24 | −0.580 52 | −0.584 38 | −0.530 57 | −0.365 92 |
| 2.4 | −0.446 47 | −0.505 79 | −0.537 89 | −0.482 87 | −0.328 89 | 0.000 00 |
| 2.6 | −0.436 51 | −0.483 79 | −0.431 39 | −0.291 84 | 0.000 01 | |
| 2.8 | −0.406 41 | −0.430 66 | −0.254 62 | 0.000 01 | | |
| 3.0 | −0.360 65 | −0.347 26 | 0.000 00 | | | |
| 3.5 | −0.199 75 | 0.000 01 | | | | |
| 4.0 | −0.000 02 | | | | | |

桩置于土中($\alpha h>2.5$)或基岩($\alpha h\geqslant3.5$)中的位移系数 $B_x$ 附表 5

| $\bar{h}=\alpha h$ / $\bar{z}=\alpha z$ | 4.0 | 3.5 | 3.0 | 2.8 | 2.6 | 2.4 |
|---|---|---|---|---|---|---|
| 0.0 | 1.621 00 | 1.640 76 | 1.757 55 | 1.869 40 | 2.048 19 | 2.326 80 |
| 0.1 | 1.450 94 | 1.470 03 | 1.580 70 | 1.685 55 | 1.851 90 | 2.109 11 |
| 0.2 | 1.290 88 | 1.309 30 | 1.413 85 | 1.511 69 | 1.665 61 | 1.901 42 |
| 0.3 | 1.140 79 | 1.158 54 | 1.256 97 | 1.347 80 | 1.489 28 | 1.703 68 |
| 0.4 | 1.000 64 | 1.017 72 | 1.110 01 | 1.193 83 | 1.322 87 | 1.515 85 |
| 0.5 | 0.870 36 | 0.886 76 | 0.972 92 | 1.049 71 | 1.166 29 | 1.337 83 |
| 0.6 | 0.749 81 | 0.765 53 | 0.845 53 | 0.915 28 | 1.019 37 | 1.169 41 |
| 0.7 | 0.638 85 | 0.653 90 | 0.727 70 | 0.790 37 | 0.881 91 | 1.010 39 |
| 0.8 | 0.537 27 | 0.551 62 | 0.619 17 | 0.674 72 | 0.753 64 | 0.860 43 |
| 0.9 | 0.444 81 | 0.458 46 | 0.519 67 | 0.568 02 | 0.634 21 | 0.719 15 |
| 1.0 | 0.361 19 | 0.374 11 | 0.428 89 | 0.469 94 | 0.523 24 | 0.586 11 |
| 1.1 | 0.286 06 | 0.298 22 | 0.346 41 | 0.380 04 | 0.420 27 | 0.460 77 |
| 1.2 | 0.219 08 | 0.230 45 | 0.271 87 | 0.297 91 | 0.324 82 | 0.342 61 |
| 1.3 | 0.159 85 | 0.170 38 | 0.204 81 | 0.223 06 | 0.236 35 | 0.230 98 |
| 1.4 | 0.107 93 | 0.117 57 | 0.144 72 | 0.154 94 | 0.154 25 | 0.125 23 |
| 1.5 | 0.062 88 | 0.071 55 | 0.091 08 | 0.092 99 | 0.077 90 | 0.024 64 |
| 1.6 | 0.024 22 | 0.031 85 | 0.043 37 | 0.036 63 | 0.006 67 | -0.071 48 |
| 1.7 | -0.008 47 | -0.001 99 | 0.001 07 | -0.014 70 | -0.060 06 | -0.163 83 |
| 1.8 | -0.035 72 | -0.030 49 | -0.036 43 | -0.061 63 | -0.122 98 | -0.253 14 |
| 1.9 | -0.057 98 | -0.054 13 | -0.069 65 | -0.104 75 | -0.182 72 | -0.340 07 |
| 2.0 | -0.075 72 | -0.073 41 | -0.099 14 | -0.144 65 | -0.239 90 | -0.425 26 |
| 2.2 | -0.099 40 | -0.100 69 | -0.149 05 | -0.216 96 | -0.348 81 | -0.592 53 |
| 2.4 | -0.110 30 | -0.116 01 | -0.190 23 | -0.282 75 | -0.453 81 | -0.758 33 |
| 3.6 | -0.111 36 | -0.122 46 | -0.226 00 | -0.345 23 | -0.557 48 | |
| 2.8 | -0.105 44 | -0.123 05 | -0.259 29 | -0.406 82 | | |
| 3.0 | -0.094 71 | -0.119 99 | -0.291 85 | | | |
| 3.5 | -0.056 98 | -0.106 32 | | | | |
| 4.0 | -0.014 87 | | | | | |

**桩置于土中($\alpha h>2.5$)或基岩($\alpha h \geqslant 3.5$)中的转角系数 $B_{\varphi}$** 附表6

| $\bar{h}=\alpha h$ / $\bar{z}=\alpha z$ | 4.0 | 3.5 | 3.0 | 2.8 | 2.6 | 2.4 |
|---|---|---|---|---|---|---|
| 0.0 | -1.750 58 | -1.757 28 | -1.818 49 | -1.888 55 | -2.012 89 | -2.226 91 |
| 0.1 | -1.650 58 | -1.657 28 | -1.718 49 | -1.788 55 | -1.912 89 | -2.126 91 |
| 0.2 | -1.550 69 | -1.557 39 | -1.618 61 | -1.688 68 | -1.813 03 | -2.027 07 |
| 0.3 | -1.451 06 | -1.457 77 | -1.519 01 | -1.589 11 | -1.713 51 | -1.927 61 |
| 0.4 | -1.352 04 | -1.358 76 | -1.420 08 | -1.490 25 | -1.614 76 | -1.829 04 |
| 0.5 | -1.253 94 | -1.260 69 | -1.322 17 | -1.392 49 | -1.517 23 | -1.731 86 |
| 0.6 | -1.157 25 | -1.164 05 | -1.225 81 | -1.296 38 | -1.421 52 | -1.636 77 |
| 0.7 | -1.062 38 | -1.069 26 | -1.131 46 | -1.202 45 | -1.328 22 | -1.544 43 |
| 0.8 | -0.969 78 | -0.976 78 | -1.039 65 | -1.111 24 | -1.237 95 | -1.455 56 |
| 0.9 | -0.879 87 | -0.887 04 | -0.950 84 | -1.023 27 | -1.151 27 | -1.370 80 |
| 1.0 | -0.793 11 | -0.800 53 | -0.865 58 | -0.939 13 | -1.068 85 | -1.290 91 |
| 1.1 | -0.709 81 | -0.717 53 | -0.784 22 | -0.859 22 | -0.991 12 | -1.216 38 |
| 1.2 | -0.630 38 | -0.638 49 | -0.707 26 | -0.784 08 | -0.918 69 | -1.147 89 |
| 1.3 | -0.555 06 | -0.563 70 | -0.635 00 | -0.714 02 | -0.851 92 | -1.085 81 |
| 1.4 | -0.484 12 | -0.493 38 | -0.567 76 | -0.649 42 | -0.791 18 | -1.030 54 |
| 1.5 | -0.417 70 | -0.427 71 | -0.505 75 | -0.590 48 | -0.736 71 | -0.982 28 |
| 1.6 | -0.355 98 | -0.366 89 | -0.449 18 | -0.537 45 | -0.688 73 | -0.941 20 |
| 1.7 | -0.298 97 | -0.310 93 | -0.398 11 | -0.490 35 | -0.647 23 | -0.907 18 |
| 1.8 | -0.246 72 | -0.259 90 | -0.352 62 | -0.449 27 | -0.612 24 | -0.880 10 |
| 1.9 | -0.199 16 | -0.213 74 | -0.312 63 | -0.414 08 | -0.583 53 | -0.859 54 |
| 2.0 | -0.156 24 | -0.172 40 | -0.278 08 | -0.384 68 | -0.560 88 | -0.844 98 |
| 2.2 | -0.083 65 | -0.103 55 | -0.224 48 | -0.342 06 | -0.531 79 | -0.830 56 |
| 2.4 | -0.027 53 | -0.051 96 | -0.189 80 | -0.318 34 | -0.520 08 | -0.828 32 |
| 2.6 | 0.014 15 | -0.015 51 | -0.170 78 | -0.308 88 | -0.518 21 | |
| 3.8 | 0.043 51 | 0.008 09 | -0.163 35 | -0.307 45 | | |
| 3.0 | 0.062 96 | 0.021 55 | -0.162 27 | | | |
| 3.5 | 0.082 94 | 0.029 47 | | | | |
| 4.0 | 0.085 07 | | | | | |

桩置于土中($\alpha h>2.5$)或基岩($\alpha h\geqslant 3.5$)中的弯矩系数 $B_M$ 附表7

| $\bar{z}=\alpha z$ \ $\bar{h}=\alpha h$ | 4.0 | 3.5 | 3.0 | 2.8 | 2.6 | 2.4 |
|---|---|---|---|---|---|---|
| 0.0 | 1.000 00 | 1.000 00 | 1.000 00 | 1.000 00 | 1.000 00 | 1.000 00 |
| 0.1 | 0.999 74 | 0.999 74 | 0.999 72 | 0.999 70 | 0.999 67 | 0.999 63 |
| 0.2 | 0.998 06 | 0.998 04 | 0.997 89 | 0.997 75 | 0.997 53 | 0.997 19 |
| 0.3 | 0.993 82 | 0.993 73 | 0.993 25 | 0.992 79 | 0.992 07 | 0.990 96 |
| 0.4 | 0.986 17 | 0.985 98 | 0.984 86 | 0.983 82 | 0.982 17 | 0.979 66 |
| 0.5 | 0.974 58 | 0.974 20 | 0.972 09 | 0.970 12 | 0.967 04 | 0.962 36 |
| 0.6 | 0.958 61 | 0.957 97 | 0.954 43 | 0.951 16 | 0.946 07 | 0.938 35 |
| 0.7 | 0.938 17 | 0.937 18 | 0.931 73 | 0.926 74 | 0.919 00 | 0.907 36 |
| 0.8 | 0.913 24 | 0.911 78 | 0.903 90 | 0.896 75 | 0.885 74 | 0.869 27 |
| 0.9 | 0.884 07 | 0.882 04 | 0.871 20 | 0.861 45 | 0.846 53 | 0.824 40 |
| 1.0 | 0.850 89 | 0.848 15 | 0.833 81 | 0.821 02 | 0.801 60 | 0.773 03 |
| 1.1 | 0.814 10 | 0.810 54 | 0.792 13 | 0.775 89 | 0.751 45 | 0.715 82 |
| 1.2 | 0.774 15 | 0.769 63 | 0.746 63 | 0.726 58 | 0.696 67 | 0.653 54 |
| 1.3 | 0.731 61 | 0.725 99 | 0.697 91 | 0.673 73 | 0.638 03 | 0.587 20 |
| 1.4 | 0.686 94 | 0.680 09 | 0.646 48 | 0.617 94 | 0.576 27 | 0.517 81 |
| 1.5 | 0.640 81 | 0.632 59 | 0.593 07 | 0.560 03 | 0.512 42 | 0.446 73 |
| 1.6 | 0.593 73 | 0.584 01 | 0.538 29 | 0.500 72 | 0.447 39 | 0.375 28 |
| 1.7 | 0.546 25 | 0.534 90 | 0.482 80 | 0.440 82 | 0.382 24 | 0.304 97 |
| 1.8 | 0.498 89 | 0.485 82 | 0.427 29 | 0.381 15 | 0.318 12 | 0.237 45 |
| 1.9 | 0.452 19 | 0.437 29 | 0.372 44 | 0.322 61 | 0.256 21 | 0.174 50 |
| 2.0 | 0.406 58 | 0.389 78 | 0.318 90 | 0.266 05 | 0.197 79 | 0.118 03 |
| 2.2 | 0.320 25 | 0.299 56 | 0.218 44 | 0.162 55 | 0.096 75 | 0.032 82 |
| 2.4 | 0.242 62 | 0.218 15 | 0.131 16 | 0.078 20 | 0.026 54 | -0.000 02 |
| 2.6 | 0.175 46 | 0.147 78 | 0.061 99 | 0.021 01 | -0.000 04 | |
| 2.8 | 0.119 79 | 0.090 07 | 0.016 38 | -0.000 23 | | |
| 3.0 | 0.075 95 | 0.046 19 | -0.000 07 | | | |
| 3.5 | 0.013 54 | 0.000 04 | | | | |
| 4.0 | 0.000 09 | | | | | |

桩置于土中($\alpha h>2.5$)或基岩($\alpha h\geqslant3.5$)中的剪力系数 $B_Q$ 附表 8

| $\bar{h}=\alpha h$ / $\bar{z}=\alpha z$ | 4.0 | 3.5 | 3.0 | 2.8 | 2.6 | 2.4 |
|---|---|---|---|---|---|---|
| 0.0 | 0.000 00 | 0.000 00 | 0.000 00 | 0.000 00 | 0.000 00 | 0.000 00 |
| 0.1 | −0.007 53 | −0.007 63 | −0.008 19 | −0.008 73 | −0.009 58 | −0.010 90 |
| 0.2 | −0.027 95 | −0.028 32 | −0.030 50 | −0.032 55 | −0.035 79 | −0.040 79 |
| 0.3 | −0.058 20 | −0.059 03 | −0.063 73 | −0.068 14 | −0.075 06 | −0.085 67 |
| 0.4 | −0.095 54 | −0.096 98 | −0.105 02 | −0.112 47 | −0.124 12 | −0.141 85 |
| 0.5 | −0.137 47 | −0.139 66 | −0.151 71 | −0.162 77 | −0.179 94 | −0.205 84 |
| 0.6 | −0.181 91 | −0.184 98 | −0.201 59 | −0.216 68 | −0.239 91 | −0.274 64 |
| 0.7 | −0.226 85 | −0.230 92 | −0.252 53 | −0.271 91 | −0.301 53 | −0.345 24 |
| 0.8 | −0.270 87 | −0.276 04 | −0.302 94 | −0.326 75 | −0.362 71 | −0.415 28 |
| 0.9 | −0.312 45 | −0.318 82 | −0.351 18 | −0.379 41 | −0.421 52 | −0.482 23 |
| 1.0 | −0.350 59 | −0.358 22 | −0.396 09 | −0.428 56 | −0.476 34 | −0.544 05 |
| 1.1 | −0.384 43 | −0.393 37 | −0.436 65 | −0.473 02 | −0.525 70 | −0.598 82 |
| 1.2 | −0.413 35 | −0.423 64 | −0.472 07 | −0.511 87 | −0.568 41 | −0.644 86 |
| 1.3 | −0.436 90 | −0.448 56 | −0.501 72 | −0.544 29 | −0.603 33 | −0.680 54 |
| 1.4 | −0.454 86 | −0.467 88 | −0.525 20 | −0.569 69 | −0.629 57 | −0.704 45 |
| 1.5 | −0.467 15 | −0.481 50 | −0.542 20 | −0.587 57 | −0.646 30 | −0.715 21 |
| 1.6 | −0.473 78 | −0.489 39 | −0.552 50 | −0.597 47 | −0.652 72 | −0.711 43 |
| 1.7 | −0.474 96 | −0.491 74 | −0.556 04 | −0.599 17 | −0.648 19 | −0.691 88 |
| 1.8 | −0.471 03 | −0.488 83 | −0.552 89 | −0.592 43 | −0.632 11 | −0.655 32 |
| 1.9 | −0.462 23 | −0.480 92 | −0.542 99 | −0.576 95 | −0.603 74 | −0.600 35 |
| 2.0 | −0.449 14 | −0.468 39 | −0.526 44 | −0.552 54 | −0.562 43 | −0.525 62 |
| 2.2 | −0.411 79 | −0.431 27 | −0.473 79 | −0.476 08 | −0.438 25 | −0.311 24 |
| 2.4 | −0.363 12 | −0.381 01 | −0.395 38 | −0.360 78 | −0.253 25 | −0.000 02 |
| 2.6 | −0.307 32 | −0.321 04 | −0.291 02 | −0.203 46 | −0.000 03 | |
| 2.8 | −0.248 53 | −0.254 52 | −0.159 80 | −0.000 18 | | |
| 3.0 | −0.190 52 | −0.184 11 | −0.000 04 | | | |
| 3.5 | −0.066 92 | −0.000 01 | | | | |
| 4.0 | −0.000 45 | | | | | |

桩嵌固于基岩内($\alpha h>2.5$)土侧向位移系数 $A_x^0$　　附表 9

| $\bar{h}=\alpha h$ / $\bar{z}=\alpha z$ | 4.0 | 3.5 | 3.0 | 2.8 | 2.6 | $\bar{h}=\alpha h$ / $\bar{z}=\alpha z$ | 4.0 | 3.5 | 3.0 | 2.8 | 2.6 |
|---|---|---|---|---|---|---|---|---|---|---|---|
| 0.0 | 2.401 | 2.389 | 2.385 | 2.371 | 2.330 | 1.4 | 0.543 | 0.553 | 0.547 | 0.524 | 0.480 |
| 0.1 | 2.248 | 2.230 | 2.230 | 2.210 | 2.170 | 1.5 | 0.460 | 0.471 | 0.466 | 0.443 | 0.399 |
| 0.2 | 2.080 | 2.075 | 2.070 | 2.055 | 2.010 | 1.6 | 0.380 | 0.397 | 0.391 | 0.369 | 0.326 |
| 0.3 | 1.926 | 1.916 | 1.913 | 1.896 | 1.853 | 1.7 | 0.317 | 0.332 | 0.325 | 0.303 | 0.260 |
| 0.4 | 1.773 | 1.765 | 1.763 | 1.745 | 1.703 | 1.8 | 0.257 | 0.273 | 0.267 | 0.244 | 0.203 |
| 0.5 | 1.622 | 1.618 | 1.612 | 1.596 | 1.552 | 1.9 | 0.203 | 0.221 | 0.215 | 0.192 | 0.153 |
| 0.6 | 1.475 | 1.473 | 1.468 | 1.450 | 1.407 | 2.0 | 0.157 | 0.176 | 0.170 | 0.148 | 0.111 |
| 0.7 | 1.336 | 1.334 | 1.330 | 1.314 | 1.267 | 2.2 | 0.082 | 0.104 | 0.099 | 0.078 | 0.048 |
| 0.8 | 1.202 | 1.202 | 1.196 | 1.178 | 1.133 | 2.4 | 0.030 | 0.057 | 0.050 | 0.032 | 0.012 |
| 0.9 | 1.070 | 1.071 | 1.070 | 1.050 | 1.005 | 2.6 | -0.004 | 0.023 | 0.020 | 0.008 | 0.000 |
| 1.0 | 0.952 | 1.956 | 0.951 | 0.930 | 0.885 | 2.8 | -0.022 | 0.006 | 0.004 | 0.000 | |
| 1.1 | 0.831 | 0.844 | 0.831 | 0.818 | 0.772 | 3.0 | -0.028 | -0.001 | 0.000 | | |
| 1.2 | 0.732 | 0.740 | 0.713 | 0.712 | 0.667 | 3.5 | -0.015 | 0.000 | | | |
| 1.3 | 0.634 | 0.642 | 0.636 | 0.614 | 0.570 | 4.0 | 0.000 | | | | |

桩嵌固于基岩内($\alpha h>2.5$)土侧向位移系数 $B_x^0$　　附表 10

| $\bar{h}=\alpha h$ / $\bar{z}=\alpha z$ | 4.0 | 3.5 | 3.0 | 2.8 | 2.6 | $\bar{h}=\alpha h$ / $\bar{z}=\alpha z$ | 4.0 | 3.5 | 3.0 | 2.8 | 2.6 |
|---|---|---|---|---|---|---|---|---|---|---|---|
| 0.0 | 1.600 | 1.584 | 1.586 | 1.593 | 1.596 | 1.4 | 0.113 | 0.128 | 0.157 | 0.169 | 0.172 |
| 0.1 | 1.430 | 1.420 | 1.426 | 1.430 | 1.430 | 1.5 | 0.070 | 0.087 | 0.119 | 0.129 | 0.134 |
| 0.2 | 1.275 | 1.260 | 1.270 | 1.275 | 1.280 | 1.6 | 0.034 | 0.053 | 0.086 | 0.097 | 0.101 |
| 0.3 | 1.127 | 1.117 | 1.123 | 1.130 | 1.137 | 1.7 | 0.003 | 0.027 | 0.059 | 0.070 | 0.074 |
| 0.4 | 0.988 | 0.980 | 0.990 | 0.998 | 1.025 | 1.8 | 0.002 | 0.001 | 0.037 | 0.048 | 0.052 |
| 0.5 | 0.858 | 0.854 | 0.866 | 0.874 | 0.878 | 1.9 | -0.042 | -0.017 | 0.021 | 0.032 | 0.035 |
| 0.6 | 0.740 | 0.737 | 0.752 | 0.760 | 0.763 | 2.0 | -0.058 | -0.031 | 0.008 | 0.010 | 0.023 |
| 0.7 | 0.630 | 0.630 | 0.643 | 0.654 | 0.659 | 2.2 | -0.077 | -0.046 | -0.006 | 0.004 | 0.007 |
| 0.8 | 0.531 | 0.533 | 0.550 | 0.561 | 0.564 | 2.4 | -0.083 | -0.048 | -0.010 | -0.001 | 0.001 |
| 0.9 | 0.440 | 0.444 | 0.464 | 0.473 | 0.478 | 2.6 | -0.080 | -0.043 | -0.007 | -0.001 | 0.000 |
| 1.0 | 0.359 | 0.364 | 0.386 | 0.396 | 0.400 | 2.8 | -0.070 | -0.032 | -0.003 | 0.000 | |
| 1.1 | 0.285 | 0.294 | 0.318 | 0.327 | 0.332 | 3.0 | -0.056 | -0.002 | 0.000 | | |
| 1.2 | 0.220 | 0.230 | 0.257 | 0.267 | 0.271 | 3.5 | -0.018 | 0.000 | | | |
| 1.3 | 0.163 | 0.176 | 0.203 | 0.214 | 0.218 | 4.0 | 0.000 | | | | |

注:表列为$\bar{z}=\alpha z=0$ 的系数值,$\bar{z}$为其他值的系数不常应用,此处从略。

## 桩嵌固于基岩内计算 $\varphi_{z=0}$ 系数 $A_{\varphi}^{0}$、$B_{\varphi}^{0}$

附表 11

| $\bar{h}=\alpha h$ / $\bar{z}=\alpha z$ | 4.0 | 3.5 | 3.0 | 2.8 | 2.6 |
|---|---|---|---|---|---|
| $A_{\varphi}^{0}=-B_{x}^{0}$ | −1.600 | −1.584 | −1.586 | −1.593 | −1.596 |
| $B_{\varphi}^{0}$ | −1.732 | −1.711 | −1.691 | −1.687 | −1.686 |
| $A_{x}^{0}$ | 2.401 | 2.389 | 2.385 | 2.371 | 2.330 |

注:1. 表列为$\bar{z}=\alpha z=0$ 的系数值,$\bar{z}$为其他值的系数不常应用,此处从略。

2. $A_{Q}^{0}$、$B_{Q}^{0}$ 系数不常应用,此处从略。

## 桩置于基岩内($\alpha h>2.5$)弯矩系数 $A_{M}^{0}$、$B_{M}^{0}$

附表 12

| $\bar{z}=\alpha z$ | $\bar{h}=\alpha h$ | | | | | | | | | |
|---|---|---|---|---|---|---|---|---|---|---|
| | 4.0 | | 3.5 | | 3.0 | | 2.8 | | 2.6 | |
| | $A_{M}^{0}$ | $B_{M}^{0}$ | $A_{M}^{0}$ | $B_{M}^{0}$ | $A_{M}^{0}$ | $B_{M}^{0}$ | $A_{M}^{0}$ | $B_{M}^{0}$ | $A_{M}^{0}$ | $B_{M}^{0}$ |
| 0.0 | 0.000 | 1.000 | 0.000 | 1.000 | 0.000 | 1.000 | 0.000 | 1.000 | 0.000 | 1.000 |
| 0.1 | 0.100 | 1.000 | 0.100 | 1.000 | 0.100 | 1.000 | 0.100 | 1.000 | 0.100 | 1.000 |
| 0.2 | 0.197 | 0.998 | 0.197 | 0.998 | 0.197 | 0.998 | 0.197 | 0.998 | 0.197 | 0.998 |
| 0.3 | 0.290 | 0.994 | 0.290 | 0.994 | 0.290 | 0.994 | 0.290 | 0.994 | 0.291 | 0.994 |
| 0.4 | 0.378 | 0.986 | 0.378 | 0.986 | 0.378 | 0.986 | 0.378 | 0.986 | 0.379 | 0.986 |
| 0.5 | 0.458 | 0.975 | 0.459 | 0.975 | 0.458 | 0.975 | 0.458 | 0.975 | 0.460 | 0.975 |
| 0.6 | 0.531 | 0.959 | 0.531 | 0.960 | 0.531 | 0.959 | 0.532 | 0.959 | 0.533 | 0.959 |
| 0.7 | 0.594 | 0.939 | 0.595 | 0.939 | 0.595 | 0.939 | 0.596 | 0.939 | 0.598 | 0.939 |
| 0.8 | 0.648 | 0.914 | 0.649 | 0.915 | 0.649 | 0.914 | 0.651 | 0.914 | 0.654 | 0.913 |
| 0.9 | 0.693 | 0.886 | 0.694 | 0.886 | 0.694 | 0.885 | 0.696 | 0.884 | 0.701 | 0.884 |
| 1.0 | 0.728 | 0.853 | 0.729 | 0.854 | 0.729 | 0.852 | 0.732 | 0.850 | 0.739 | 0.850 |
| 1.1 | 0.753 | 0.817 | 0.754 | 0.817 | 0.755 | 0.815 | 0.759 | 0.813 | 0.769 | 0.810 |
| 1.2 | 0.770 | 0.777 | 0.770 | 0.778 | 0.772 | 0.774 | 0.777 | 0.771 | 0.789 | 0.770 |
| 1.3 | 0.777 | 0.735 | 0.778 | 0.736 | 0.779 | 0.730 | 0.786 | 0.727 | 0.802 | 0.725 |
| 1.4 | 0.776 | 0.691 | 0.777 | 0.691 | 0.779 | 0.684 | 0.788 | 0.680 | 0.808 | 0.678 |
| 1.5 | 0.768 | 0.645 | 0.768 | 0.645 | 0.771 | 0.635 | 0.782 | 0.630 | 0.806 | 0.628 |
| 1.6 | 0.753 | 0.598 | 0.752 | 0.597 | 0.756 | 0.585 | 0.769 | 0.578 | 0.799 | 0.576 |
| 1.7 | 0.731 | 0.551 | 0.730 | 0.549 | 0.734 | 0.533 | 0.750 | 0.525 | 0.786 | 0.522 |
| 1.8 | 0.705 | 0.503 | 0.703 | 0.500 | 0.707 | 0.480 | 0.727 | 0.471 | 0.769 | 0.467 |
| 1.9 | 0.673 | 0.456 | 0.670 | 0.451 | 0.676 | 0.427 | 0.699 | 0.416 | 0.749 | 0.411 |
| 2.0 | 0.638 | 0.410 | 0.633 | 0.402 | 0.640 | 0.373 | 0.667 | 0.360 | 0.725 | 0.355 |
| 2.2 | 0.559 | 0.321 | 0.549 | 0.307 | 0.558 | 0.265 | 0.595 | 0.247 | 0.672 | 0.246 |
| 2.4 | 0.472 | 0.239 | 0.457 | 0.216 | 0.468 | 0.157 | 0.517 | 0.135 | 0.615 | 0.126 |
| 2.6 | 0.383 | 0.165 | 0.358 | 0.129 | 0.373 | 0.051 | 0.435 | 0.022 | 0.556 | 0.010 |
| 2.8 | 0.294 | 0.099 | 0.258 | 0.047 | 0.276 | −0.055 | 0.352 | −0.091 | | |
| 3.0 | 0.207 | 0.041 | 0.156 | 0.032 | 0.179 | −0.161 | | | | |
| 3.5 | 0.005 | −0.079 | −0.096 | −0.221 | | | | | | |
| 4.0 | −0.184 | −0.181 | | | | | | | | |

**确定桩身最大弯矩及其位置的系数表** 附表 13

| $\bar{h}=\alpha h$ / $\bar{z}=\alpha z$ | 4.0 | | 3.5 | | 3.0 | | 2.8 | | 2.6 | | 2.4 | |
|---|---|---|---|---|---|---|---|---|---|---|---|---|
| | $C_Q$ | $K_Q$ | $C_Q$ | $K_Q$ | $C_Q$ | $K_Q$ | $C_Q$ | $K_Q$ | $C_Q$ | $K_Q$ | $C_Q$ | $K_Q$ |
| 0 | ∞ | ∞ | ∞ | ∞ | ∞ | ∞ | ∞ | ∞ | ∞ | ∞ | ∞ | ∞ |
| 0.1 | 131.184 | 131.250 | 129.485 | 129.551 | 120.449 | 120.515 | 112.951 | 113.017 | 102.773 | 102.839 | 90.160 | 90.226 |
| 0.2 | 34.184 | 34.315 | 33.687 | 33.818 | 31.151 | 31.282 | 29.087 | 29.218 | 26.320 | 26.451 | 22.934 | 23.065 |
| 0.3 | 15.544 | 15.738 | 15.282 | 15.476 | 14.012 | 14.206 | 13.003 | 13.197 | 11.670 | 11.864 | 10.063 | 10.258 |
| 0.4 | 8.782 | 9.039 | 8.606 | 8.862 | 7.800 | 8.057 | 7.177 | 7.434 | 6.368 | 6.625 | 5.409 | 5.667 |
| 0.5 | 5.538 | 5.855 | 5.403 | 5.720 | 4.821 | 5.138 | 4.384 | 4.702 | 3.828 | 4.147 | 3.183 | 3.502 |
| 0.6 | 3.710 | 4.086 | 3.597 | 3.973 | 3.141 | 3.519 | 2.811 | 3.189 | 2.400 | 2.778 | 1.931 | 2.310 |
| 0.7 | 2.565 | 2.999 | 2.465 | 2.899 | 2.089 | 2.525 | 1.826 | 2.263 | 1.505 | 1.943 | 1.150 | 1.587 |
| 0.8 | 1.792 | 2.282 | 1.699 | 2.191 | 1.377 | 1.871 | 1.160 | 1.655 | 0.902 | 1.398 | 0.623 | 1.119 |
| 0.9 | 1.238 | 1.784 | 1.151 | 1.698 | 0.867 | 1.417 | 0.683 | 1.235 | 0.471 | 1.024 | 0.248 | 0.800 |
| 1.0 | 0.824 | 1.425 | 0.740 | 1.342 | 0.484 | 1.091 | 0.327 | 0.934 | 0.149 | 0.758 | −0.032 | 0.577 |
| 1.1 | 0.503 | 1.157 | 0.420 | 1.077 | 0.187 | 0.848 | 0.049 | 0.713 | −0.100 | 0.564 | −0.247 | 0.416 |
| 1.2 | 0.246 | 0.952 | 0.163 | 0.873 | −0.052 | 0.664 | −0.173 | 0.546 | −0.299 | 0.420 | −0.418 | 0.299 |
| 1.3 | 0.034 | 0.792 | −0.049 | 0.714 | −0.249 | 0.522 | −0.355 | 0.418 | −0.461 | 0.311 | −0.557 | 0.212 |
| 1.4 | −0.145 | 0.666 | −0.229 | 0.588 | −0.416 | 0.410 | −0.508 | 0.319 | −0.597 | 0.229 | −0.672 | 0.148 |
| 1.5 | −0.298 | 0.563 | −0.384 | 0.486 | −0.559 | 0.321 | −0.639 | 0.241 | −0.712 | 0.166 | −0.770 | 0.101 |
| 1.6 | −0.434 | 0.480 | −0.521 | 0.402 | −0.684 | 0.250 | −0.753 | 0.181 | −0.812 | 0.118 | −0.853 | 0.067 |
| 1.7 | −0.555 | 0.411 | −0.645 | 0.333 | −0.796 | 0.193 | −0.854 | 0.134 | −0.899 | 0.082 | −0.925 | 0.043 |
| 1.8 | −0.665 | 0.353 | −0.758 | 0.276 | −0.897 | 0.147 | −0.944 | 0.097 | −0.975 | 0.055 | −0.987 | 0.026 |
| 1.9 | −0.768 | 0.304 | −0.863 | 0.227 | −0.988 | 0.110 | −1.025 | 0.068 | −1.044 | 0.035 | −1.043 | 0.014 |
| 2.0 | −0.865 | 0.263 | −0.962 | 0.186 | −1.073 | 0.081 | −1.098 | 0.046 | −1.105 | 0.021 | −1.092 | 0.007 |
| 2.2 | −1.048 | 0.196 | −1.148 | 0.122 | −1.225 | 0.040 | −1.228 | 0.019 | −1.211 | 0.006 | −1.176 | 0.001 |
| 2.4 | −1.229 | 0.145 | −1.328 | 0.075 | −1.361 | 0.016 | −1.339 | 0.005 | −1.299 | 0.001 | | |
| 2.6 | −1.420 | 0.106 | −1.507 | 0.043 | −1.482 | 0.005 | −1.436 | 0.001 | | | | |
| 2.8 | −1.635 | 0.074 | −1.692 | 0.021 | −1.593 | 0.001 | | | | | | |
| 3.0 | −1.894 | 0.049 | −1.887 | 0.008 | | | | | | | | |
| 3.5 | −3.003 | 0.010 | | | | | | | | | | |
| 4.0 | | | | | | | | | | | | |

多排桩计算 $\rho_{HH}$ 系数 $x_Q$ 附表 14

| $\bar{l}_0 = \alpha l_0$ \ $\bar{h} = \alpha h$ | 4.0 | 3.5 | 3.0 | 2.8 | 2.6 | 2.4 |
|---|---|---|---|---|---|---|
| 0.0 | 1.064 23 | 1.031 17 | 0.972 83 | 0.948 05 | 0.927 22 | 0.913 70 |
| 0.2 | 0.885 55 | 0.860 36 | 0.810 68 | 0.787 23 | 0.765 49 | 0.748 70 |
| 0.4 | 0.736 49 | 0.717 41 | 0.675 95 | 0.654 68 | 0.633 52 | 0.615 28 |
| 0.6 | 0.613 77 | 0.599 33 | 0.565 11 | 0.546 34 | 0.526 63 | 0.508 31 |
| 0.8 | 0.513 42 | 0.502 44 | 0.474 37 | 0.458 09 | 0.440 24 | 0.422 69 |
| 1.0 | 0.431 57 | 0.423 17 | 0.400 19 | 0.386 19 | 0.370 32 | 0.354 01 |
| 1.2 | 0.364 76 | 0.358 29 | 0.339 45 | 0.327 49 | 0.313 53 | 0.298 66 |
| 1.4 | 0.311 05 | 0.305 05 | 0.289 57 | 0.279 38 | 0.267 17 | 0.253 80 |
| 1.6 | 0.265 16 | 0.261 21 | 0.248 43 | 0.329 75 | 0.229 12 | 0.217 17 |
| 1.8 | 0.228 07 | 0.224 94 | 0.214 35 | 0.206 94 | 0.197 69 | 0.187 07 |
| 2.0 | 0.197 28 | 0.194 78 | 0.185 95 | 0.179 61 | 0.171 57 | 0.162 15 |
| 2.2 | 0.171 57 | 0.169 56 | 0.162 16 | 0.156 73 | 0.149 72 | 0.141 38 |
| 2.4 | 0.150 00 | 0.148 36 | 0.142 13 | 0.137 46 | 0.131 34 | 0.128 95 |
| 2.6 | 0.131 78 | 0.130 44 | 0.125 16 | 0.121 13 | 0.115 78 | 0.109 24 |
| 2.8 | 0.116 33 | 0.115 22 | 0.110 72 | 0.107 23 | 0.102 54 | 0.096 73 |
| 3.0 | 0.103 14 | 0.102 22 | 0.098 37 | 0.095 33 | 0.091 21 | 0.086 04 |
| 3.2 | 0.091 83 | 0.091 05 | 0.087 75 | 0.085 10 | 0.081 47 | 0.076 86 |
| 3.4 | 0.082 08 | 0.081 43 | 0.078 57 | 0.076 25 | 0.073 04 | 0.068 93 |
| 3.6 | 0.073 64 | 0.073 09 | 0.070 61 | 0.068 57 | 0.065 72 | 0.062 04 |
| 3.8 | 0.066 30 | 0.065 83 | 0.063 67 | 0.061 87 | 0.059 34 | 0.056 04 |
| 4.0 | 0.059 89 | 0.059 49 | 0.057 60 | 0.056 00 | 0.053 75 | 0.050 79 |
| 4.2 | 0.054 27 | 0.053 92 | 0.052 26 | 0.050 85 | 0.048 83 | 0.046 16 |
| 4.4 | 0.049 32 | 0.049 02 | 0.047 56 | 0.046 30 | 0.044 49 | 0.042 09 |
| 4.6 | 0.044 95 | 0.044 69 | 0.043 39 | 0.042 27 | 0.040 65 | 0.038 47 |
| 4.8 | 0.041 08 | 0.040 85 | 0.039 70 | 0.038 69 | 0.037 23 | 0.035 26 |
| 5.0 | 0.037 63 | 0.037 43 | 0.036 41 | 0.035 50 | 0.034 19 | 0.032 39 |
| 5.2 | 0.034 55 | 0.034 38 | 0.033 46 | 0.032 65 | 0.031 46 | 0.029 83 |
| 5.4 | 0.031 80 | 0.031 65 | 0.030 83 | 0.030 10 | 0.029 01 | 0.027 53 |
| 5.6 | 0.029 33 | 0.029 20 | 0.028 46 | 0.027 80 | 0.026 82 | 0.025 46 |
| 5.8 | 0.027 11 | 0.026 99 | 0.026 33 | 0.025 73 | 0.024 83 | 0.023 59 |
| 6.0 | 0.025 11 | 0.025 00 | 0.024 40 | 0.023 85 | 0.023 04 | 0.021 90 |
| 6.4 | 0.021 65 | 0.021 56 | 0.021 07 | 0.020 62 | 0.019 94 | 0.018 97 |
| 6.8 | 0.018 80 | 0.018 73 | 0.018 32 | 0.017 84 | 0.017 36 | 0.016 55 |
| 7.2 | 0.016 42 | 0.016 86 | 0.016 00 | 0.015 50 | 0.015 22 | 0.014 52 |
| 7.6 | 0.014 43 | 0.014 38 | 0.014 38 | 0.013 82 | 0.013 41 | 0.012 80 |
| 8.0 | 0.012 75 | 0.012 71 | 0.012 46 | 0.012 23 | 0.011 87 | 0.011 35 |
| 8.5 | 0.010 99 | 0.010 96 | 0.010 76 | 0.010 56 | 0.010 27 | 0.009 83 |
| 9.0 | 0.009 54 | 0.009 51 | 0.009 35 | 0.009 19 | 0.008 94 | 0.008 57 |
| 9.5 | 0.008 32 | 0.008 31 | 0.008 17 | 0.008 04 | 0.007 83 | 0.007 51 |
| 10.0 | 0.007 32 | 0.007 30 | 0.007 19 | 0.007 07 | 0.006 89 | 0.006 62 |

多排桩计算 $\rho_{MH}$ 系数 $x_M$ 附表 15

| $\bar{h}=\alpha h$ / $\bar{l}_0=\alpha l_0$ | 4.0 | 3.5 | 3.0 | 2.8 | 2.6 | 2.4 |
|---|---|---|---|---|---|---|
| 0.0 | 0.985 45 | 0.962 79 | 0.940 23 | 0.938 44 | 0.943 48 | 0.954 69 |
| 0.2 | 0.903 95 | 0.884 51 | 0.859 98 | 0.854 54 | 0.854 69 | 0.861 38 |
| 0.4 | 0.822 32 | 0.806 00 | 0.781 52 | 0.773 77 | 0.770 17 | 0.725 52 |
| 0.6 | 0.744 53 | 0.730 99 | 0.707 67 | 0.698 70 | 0.692 51 | 0.691 01 |
| 0.8 | 0.672 62 | 0.661 45 | 0.639 93 | 0.630 48 | 0.622 66 | 0.618 39 |
| 1.0 | 0.607 46 | 0.598 25 | 0.578 75 | 0.569 28 | 0.560 61 | 0.554 42 |
| 1.2 | 0.549 10 | 0.541 50 | 0.524 02 | 0.514 87 | 0.505 84 | 0.498 43 |
| 1.4 | 0.498 75 | 0.490 92 | 0.475 36 | 0.466 69 | 0.457 66 | 0.449 56 |
| 1.6 | 0.451 25 | 0.446 01 | 0.432 20 | 0.424 11 | 0.415 30 | 0.406 88 |
| 1.8 | 0.410 58 | 0.406 20 | 0.393 97 | 0.386 48 | 0.378 04 | 0.369 56 |
| 2.0 | 0.374 62 | 0.370 93 | 0.360 09 | 0.353 19 | 0.345 19 | 0.336 84 |
| 2.2 | 0.342 76 | 0.339 64 | 0.330 02 | 0.323 70 | 0.316 17 | 0.308 07 |
| 2.4 | 0.314 50 | 0.311 84 | 0.303 29 | 0.297 50 | 0.290 46 | 0.282 67 |
| 2.6 | 0.289 36 | 0.287 09 | 0.279 47 | 0.274 17 | 0.267 61 | 0.260 18 |
| 2.8 | 0.266 94 | 0.264 99 | 0.258 19 | 0.253 35 | 0.247 24 | 0.240 19 |
| 3.0 | 0.246 91 | 0.245 21 | 0.239 12 | 0.234 70 | 0.229 03 | 0.222 36 |
| 3.2 | 0.228 94 | 0.227 47 | 0.222 00 | 0.212 68 | 0.212 68 | 0.206 39 |
| 3.4 | 0.212 79 | 0.211 50 | 0.206 58 | 0.197 98 | 0.197 98 | 0.192 06 |
| 3.6 | 0.198 22 | 0.197 09 | 0.192 65 | 0.184 71 | 0.184 71 | 0.179 14 |
| 3.8 | 0.185 05 | 0.184 06 | 0.180 04 | 0.172 70 | 0.172 70 | 0.167 46 |
| 4.0 | 0.173 12 | 0.172 24 | 0.168 59 | 0.161 80 | 0.161 80 | 0.156 88 |
| 4.2 | 0.162 27 | 0.161 49 | 0.158 17 | 0.155 51 | 0.151 88 | 0.147 25 |
| 4.4 | 0.152 38 | 0.151 68 | 0.148 66 | 0.146 21 | 0.142 82 | 0.138 48 |
| 4.6 | 0.143 36 | 0.142 73 | 0.139 96 | 0.137 70 | 0.134 54 | 0.130 46 |
| 4.8 | 0.135 09 | 0.134 52 | 0.131 99 | 0.129 90 | 0.126 95 | 0.123 11 |
| 5.0 | 0.127 50 | 0.127 00 | 0.124 67 | 0.122 73 | 0.119 98 | 0.116 36 |
| 5.2 | 0.120 53 | 0.120 07 | 0.117 93 | 0.116 12 | 0.113 56 | 0.110 15 |
| 5.4 | 0.114 10 | 0.113 68 | 0.111 71 | 0.110 03 | 0.107 63 | 0.104 42 |
| 5.6 | 0.108 17 | 0.107 79 | 0.105 97 | 0.104 40 | 0.102 15 | 0.099 13 |
| 5.8 | 0.102 68 | 0.102 32 | 0.100 64 | 0.099 19 | 0.097 08 | 0.094 22 |
| 6.0 | 0.097 59 | 0.097 27 | 0.095 71 | 0.094 35 | 0.092 37 | 0.089 67 |
| 6.4 | 0.088 47 | 0.088 21 | 0.086 86 | 0.085 66 | 0.083 91 | 0.081 50 |
| 6.8 | 0.082 56 | 0.080 34 | 0.079 16 | 0.078 11 | 0.076 56 | 0.074 40 |
| 7.2 | 0.073 66 | 0.075 30 | 0.072 44 | 0.071 51 | 0.076 47 | 0.062 71 |
| 7.6 | 0.067 60 | 0.067 44 | 0.066 53 | 0.065 71 | 0.070 13 | 0.068 18 |
| 8.0 | 0.062 25 | 0.062 11 | 0.061 31 | 0.060 58 | 0.059 46 | 0.057 87 |
| 8.5 | 0.056 41 | 0.056 29 | 0.055 60 | 0.054 96 | 0.053 98 | 0.052 58 |
| 9.0 | 0.051 35 | 0.051 25 | 0.050 65 | 0.050 09 | 0.049 22 | 0.047 97 |
| 9.5 | 0.046 94 | 0.046 85 | 0.046 33 | 0.045 83 | 0.045 07 | 0.043 95 |
| 10.0 | 0.043 07 | 0.042 99 | 0.042 53 | 0.042 10 | 0.041 41 | 0.040 41 |

多排桩计算 $\rho_{MM}$ 系数 $\varphi_M$　　附表 16

| $\bar{l}_0=\alpha l_0$ \ $\bar{h}=\alpha h$ | 4.0 | 3.5 | 3.0 | 2.8 | 2.6 | 2.4 |
|---|---|---|---|---|---|---|
| 0.0 | 1.483 75 | 1.468 02 | 1.458 63 | 1.456 83 | 1.456 83 | 1.446 56 |
| 0.2 | 1.435 41 | 1.420 26 | 1.407 70 | 1.406 40 | 1.406 19 | 1.403 07 |
| 0.4 | 1.383 16 | 1.369 08 | 1.254 32 | 1.351 47 | 1.350 74 | 1.350 22 |
| 0.6 | 1.328 58 | 1.315 80 | 1.219 69 | 1.295 38 | 1.293 36 | 1.293 11 |
| 0.8 | 1.273 25 | 1.261 82 | 1.245 17 | 1.239 65 | 1.236 19 | 1.235 07 |
| 1.0 | 1.218 58 | 1.208 44 | 1.191 11 | 1.185 36 | 1.180 59 | 1.778 18 |
| 1.2 | 1.165 51 | 1.156 55 | 1.140 24 | 1.133 23 | 1.127 57 | 1.123 63 |
| 1.4 | 1.117 13 | 1.106 75 | 1.091 04 | 1.083 67 | 1.076 97 | 1.072 03 |
| 1.6 | 1.066 37 | 1.059 40 | 1.044 42 | 1.036 88 | 1.029 57 | 1.023 62 |
| 1.8 | 1.020 81 | 1.014 65 | 1.000 48 | 0.992 90 | 0.985 18 | 0.978 41 |
| 2.0 | 0.978 01 | 0.972 55 | 0.959 20 | 0.951 69 | 0.943 72 | 0.936 31 |
| 2.2 | 0.937 88 | 0.933 04 | 0.920 50 | 0.913 13 | 0.905 04 | 0.897 15 |
| 2.4 | 0.900 32 | 0.896 00 | 0.884 25 | 0.877 08 | 0.868 96 | 0.860 74 |
| 2.6 | 0.865 19 | 0.861 33 | 0.850 32 | 0.843 37 | 0.835 31 | 0.826 87 |
| 2.8 | 0.832 33 | 0.828 86 | 0.818 55 | 0.811 85 | 0.803 89 | 0.795 33 |
| 3.0 | 0.801 58 | 0.798 46 | 0.788 80 | 0.782 35 | 0.774 54 | 0.765 93 |
| 3.2 | 0.772 79 | 0.769 97 | 0.760 92 | 0.754 73 | 0.747 09 | 0.738 49 |
| 3.4 | 0.745 80 | 0.743 25 | 0.734 75 | 0.728 82 | 0.721 38 | 0.712 84 |
| 3.6 | 0.720 49 | 0.718 16 | 0.710 19 | 0.704 50 | 0.697 27 | 0.688 83 |
| 3.8 | 0.696 70 | 0.694 58 | 0.689 09 | 0.681 65 | 0.674 63 | 0.666 32 |
| 4.0 | 0.674 33 | 0.672 39 | 0.665 35 | 0.660 14 | 0.663 34 | 0.645 17 |
| 4.2 | 0.653 27 | 0.651 49 | 0.644 85 | 0.639 87 | 0.633 29 | 0.625 28 |
| 4.4 | 0.633 41 | 0.631 77 | 0.625 52 | 0.620 74 | 0.614 39 | 0.606 55 |
| 4.6 | 0.614 67 | 0.613 15 | 0.607 24 | 0.602 68 | 0.596 53 | 0.588 88 |
| 4.8 | 0.586 94 | 0.595 55 | 0.589 96 | 0.585 59 | 0.579 65 | 0.572 18 |
| 5.0 | 0.580 17 | 0.578 88 | 0.573 59 | 0.569 41 | 0.563 67 | 0.556 38 |
| 5.2 | 0.564 29 | 0.563 08 | 0.558 07 | 0.554 06 | 0.548 53 | 0.541 42 |
| 5.4 | 0.549 21 | 0.548 09 | 0.543 34 | 0.539 49 | 0.534 15 | 0.527 23 |
| 5.6 | 0.534 89 | 0.533 85 | 0.529 34 | 0.525 65 | 0.520 49 | 0.513 75 |
| 5.8 | 0.521 28 | 0.520 31 | 0.516 02 | 0.512 48 | 0.507 49 | 0.500 94 |
| 6.0 | 0.508 33 | 0.507 41 | 0.503 33 | 0.499 93 | 0.495 11 | 0.488 74 |
| 6.4 | 0.484 21 | 0.488 40 | 0.479 69 | 0.476 55 | 0.472 05 | 0.466 02 |
| 6.8 | 0.462 22 | 0.461 51 | 0.458 12 | 0.455 22 | 0.451 01 | 0.445 31 |
| 7.2 | 0.442 11 | 0.441 47 | 0.438 38 | 0.435 68 | 0.431 74 | 0.426 34 |
| 7.6 | 0.423 64 | 0.423 07 | 0.420 23 | 0.417 72 | 0.414 03 | 0.408 92 |
| 8.0 | 0.406 63 | 0.406 12 | 0.403 50 | 0.401 16 | 0.399 70 | 0.392 86 |
| 8.5 | 0.387 18 | 0.386 72 | 0.384 34 | 0.282 20 | 0.378 99 | 0.374 46 |
| 9.0 | 0.369 47 | 0.369 01 | 0.366 90 | 0.364 93 | 0.361 95 | 0.357 71 |
| 9.5 | 0.353 30 | 0.352 94 | 0.350 96 | 0.349 14 | 0.346 37 | 0.342 39 |
| 10.0 | 0.338 47 | 0.339 15 | 0.336 33 | 0.334 64 | 0.332 06 | 0.328 32 |

## 计算桩身作用效应无量纲系数用表

附表 17

| $\bar{z}=\alpha z$ | $A_1$ | $B_1$ | $C_1$ | $D_1$ | $A_2$ | $B_2$ | $C_2$ | $D_2$ | $A_3$ | $B_3$ | $C_3$ | $D_3$ | $A_4$ | $B_4$ | $C_4$ | $D_4$ |
|---|---|---|---|---|---|---|---|---|---|---|---|---|---|---|---|---|
| 0.0 | 1.000 00 | 0.000 00 | 0.000 00 | 0.000 00 | 0.000 00 | 1.000 00 | 0.000 00 | 0.000 00 | 0.000 00 | 0.000 00 | 1.000 00 | 0.000 00 | 0.000 00 | 0.000 00 | 0.000 00 | 1.000 00 |
| 0.1 | 1.000 00 | 0.100 00 | 0.005 00 | 0.000 17 | 0.000 00 | 1.000 00 | 0.100 00 | 0.005 00 | −0.000 17 | −0.000 01 | 1.000 00 | 0.100 00 | −0.005 00 | −0.000 33 | −0.000 01 | 1.000 00 |
| 0.2 | 1.000 00 | 0.200 00 | 0.020 00 | 0.001 33 | −0.000 07 | 1.000 00 | 0.200 00 | 0.020 00 | −0.001 33 | −0.000 13 | 0.999 99 | 0.200 00 | −0.020 00 | −0.002 67 | −0.000 20 | 0.999 99 |
| 0.3 | 0.999 98 | 0.300 00 | 0.045 00 | 0.004 50 | −0.003 34 | 0.999 96 | 0.300 00 | 0.045 00 | −0.004 50 | −0.000 67 | 0.999 94 | 0.300 00 | −0.045 00 | −0.009 00 | −0.001 01 | 0.999 92 |
| 0.4 | 0.999 91 | 0.399 99 | 0.080 00 | 0.010 67 | −0.001 07 | 0.999 83 | 0.399 98 | 0.080 00 | −0.010 67 | −0.002 13 | 0.999 74 | 0.399 98 | −0.080 00 | −0.021 33 | −0.003 20 | 0.999 66 |
| 0.5 | 0.999 74 | 0.499 96 | 0.125 00 | 0.020 83 | −0.002 60 | 0.999 48 | 0.499 94 | 0.124 99 | −0.020 83 | −0.005 21 | 0.999 22 | 0.499 91 | −0.124 99 | −0.041 67 | −0.007 81 | 0.998 96 |
| 0.6 | 0.999 35 | 0.599 87 | 0.179 98 | 0.036 00 | −0.005 40 | 0.998 70 | 0.599 81 | 0.179 98 | −0.036 00 | −0.010 80 | 0.998 06 | 0.599 74 | −0.179 97 | −0.071 99 | −0.016 20 | 0.997 41 |
| 0.7 | 0.998 60 | 0.699 67 | 0.244 95 | 0.057 16 | −0.010 00 | 0.997 20 | 0.699 51 | 0.244 94 | −0.057 16 | −0.020 01 | 0.995 80 | 0.699 35 | −0.244 90 | −0.114 33 | −0.030 01 | 0.994 40 |
| 0.8 | 0.997 27 | 0.799 27 | 0.319 88 | 0.085 32 | −0.017 07 | 0.994 54 | 0.798 91 | 0.319 83 | −0.085 32 | −0.034 12 | 0.991 81 | 0.798 54 | −0.319 75 | −0.170 60 | −0.051 20 | 0.989 08 |
| 0.9 | 0.995 08 | 0.898 52 | 0.404 72 | 0.121 46 | −0.027 33 | 0.990 16 | 0.897 79 | 0.404 62 | −0.121 44 | −0.054 66 | 0.985 24 | 0.897 05 | −0.404 43 | −0.242 84 | −0.081 98 | 0.980 32 |
| 1.0 | 0.991 67 | 0.997 22 | 0.499 41 | 0.166 57 | −0.041 67 | 0.983 33 | 0.995 83 | 0.499 21 | −0.166 52 | −0.083 29 | 0.975 01 | 0.994 45 | −0.498 81 | −0.332 98 | −0.124 93 | 0.966 67 |
| 1.1 | 0.986 58 | 1.095 08 | 0.603 84 | 0.221 63 | −0.060 96 | 0.973 17 | 1.092 62 | 0.603 46 | −0.221 52 | −0.121 92 | 0.959 75 | 1.090 16 | −0.602 68 | −0.442 92 | −0.182 85 | 0.946 34 |
| 1.2 | 0.979 27 | 1.191 71 | 0.717 87 | 0.287 58 | −0.086 32 | 0.958 55 | 1.187 56 | 0.717 16 | −0.287 37 | −0.172 60 | 0.937 83 | 1.183 42 | −0.715 73 | −0.574 50 | −0.258 86 | 0.917 12 |
| 1.3 | 0.969 08 | 1.286 60 | 0.841 27 | 0.365 36 | −0.118 83 | 0.938 17 | 1.279 90 | 0.840 02 | −0.364 96 | −0.237 60 | 0.907 27 | 1.273 20 | −0.837 53 | −0.729 50 | −0.356 31 | 0.876 38 |
| 1.4 | 0.955 23 | 1.379 10 | 0.973 73 | 0.455 88 | −0.159 73 | 0.910 47 | 1.368 65 | 0.971 63 | −0.455 15 | −0.319 33 | 0.865 73 | 1.358 21 | −0.967 46 | −0.909 54 | −0.478 83 | 0.821 02 |
| 1.5 | 0.936 81 | 1.468 39 | 1.114 84 | 0.559 97 | −0.210 30 | 0.873 65 | 1.452 59 | 1.111 45 | −0.558 70 | −0.420 39 | 0.810 54 | 1.436 80 | −1.104 68 | −1.116 09 | −0.630 27 | 0.747 45 |
| 1.6 | 0.912 80 | 1.553 46 | 1.264 03 | 0.678 42 | −0.271 94 | 0.825 65 | 1.530 20 | 1.258 72 | −0.676 29 | −0.543 48 | 0.738 59 | 1.506 95 | −1.248 08 | −1.350 42 | −0.814 66 | 0.651 56 |
| 1.7 | 0.882 01 | 1.633 07 | 1.420 61 | 0.811 93 | −0.346 04 | 0.764 13 | 1.599 63 | 1.412 47 | −0.808 48 | −0.691 44 | 0.646 37 | 1.566 21 | −1.396 23 | −1.613 40 | −1.036 16 | 0.528 71 |
| 1.8 | 0.843 13 | 1.705 75 | 1.583 62 | 0.961 09 | −0.434 12 | 0.686 45 | 1.658 67 | 1.571 50 | −0.955 64 | −0.867 15 | 0.529 97 | 1.611 62 | −1.547 28 | −1.905 77 | −1.299 09 | 0.373 68 |
| 1.9 | 0.794 67 | 1.769 72 | 1.751 90 | 1.126 37 | −0.537 68 | 0.589 67 | 1.704 68 | 1.734 22 | −1.117 96 | −1.073 57 | 0.385 03 | 1.639 69 | −1.698 89 | −2.227 45 | −1.607 70 | 0.180 71 |
| 2.0 | 0.735 02 | 1.822 94 | 1.924 02 | 1.308 01 | −0.658 22 | 0.470 61 | 1.734 57 | 1.898 72 | −1.295 35 | −1.313 61 | 0.206 76 | 1.646 28 | −1.848 18 | −2.577 98 | −1.966 20 | −0.056 52 |
| 2.2 | 0.574 91 | 1.887 09 | 2.272 17 | 1.720 42 | −0.956 16 | 0.151 27 | 1.731 10 | 2.222 99 | −1.693 34 | −1.905 67 | −0.270 87 | 1.575 38 | −2.124 81 | −3.359 52 | −2.848 58 | −0.691 58 |
| 2.4 | 0.346 91 | 1.874 50 | 2.608 82 | 2.195 35 | −1.338 89 | −0.302 73 | 1.612 86 | 2.518 74 | −2.141 17 | −2.663 29 | −0.948 85 | 1.352 01 | −2.339 01 | −4.228 11 | −3.973 23 | −1.591 51 |
| 2.6 | 0.033 15 | 1.754 73 | 2.906 70 | 2.723 65 | −1.814 79 | −0.926 02 | 1.334 85 | 2.749 72 | −2.621 26 | −3.599 87 | −1.877 34 | 0.916 79 | −2.436 95 | −5.140 23 | −5.355 41 | −2.821 06 |
| 2.8 | −0.385 48 | 1.490 37 | 3.128 43 | 3.287 69 | −2.387 56 | −1.754 83 | 0.841 77 | 2.866 53 | −3.103 41 | −4.717 48 | −3.107 91 | 0.197 29 | −2.345 58 | −6.022 99 | −6.990 07 | −4.444 91 |
| 3.0 | −0.928 09 | 1.036 79 | 3.224 71 | 3.858 38 | −3.053 19 | −2.824 10 | 0.068 37 | 2.804 06 | −3.540 58 | −5.999 79 | −4.687 88 | −0.891 26 | −1.969 28 | −6.764 60 | −8.840 29 | −6.519 72 |
| 3.5 | −2.927 99 | −1.271 72 | 2.463 04 | 4.979 82 | −4.980 62 | −6.708 06 | −3.586 47 | 1.270 18 | −3.919 21 | −9.543 67 | −10.340 40 | −5.854 02 | 1.074 08 | −6.788 95 | −13.692 40 | −13.826 10 |
| 4.0 | −5.853 33 | −5.940 97 | −0.926 77 | 4.547 80 | −6.533 16 | −12.158 10 | −10.608 40 | −3.766 47 | −1.614 28 | −11.730 66 | −17.918 60 | −15.075 50 | 9.243 68 | −0.357 62 | −15.610 50 | −23.140 40 |

# 参考文献

[1] 王晓谋.基础工程(第四版)[M].北京:人民交通出版社,2010.

[2] 刘自明.桥梁深水基础[M].北京:人民交通出版社,2003.

[3] 莫海鸿,杨小平.基础工程(第二版)[M].北京:中国建筑工业出版社,2008.

[4] 刘辉,赵晖.基础工程[M].北京:人民交通出版社,2008.

[5] 王荣霞,彭大文.墩台与基础[M].北京,人民交通出版社,2011.

[6] 张喜刚,龚维明.超长群桩基础承载机理研究[M].北京:人民交通出版社,2010.

[7] 凌治平.基础工程(第二版)[M].北京:人民交通出版社,1997.

[8] 张喜刚,袁洪,吴国民.苏通大桥总体设计[M].公路,2004,(7):1-11.

[9] 徐麟,袁洪,张喜刚,高衡.苏通大桥主桥基础设计[C]//中国公路学会桥梁和结构工程分会2004年全国桥梁学术会议论文集,2004,54-61.

[10] 胡冬勇.江阴长江公路大桥北锚碇基础特大沉井施工方法[J].广西交通科技,2003,3(28):52-55.

[11] 陈明宪.矮寨特大桥方案研究//[C]第十七届全国桥梁学术会议论文集(上册),2006,30-39.

[12] 赵锡山,郭东升,钟明.钻孔灌注桩常用钻机比选及技术经济指标分析[J].西部探矿工程,2011,3:129-135.

[13] 张久初,陈明宪,刘晓冬,等.国内最大直径4.0m钻孔桩施工与KPY-4000型全液压钻机的研制[J].桥梁建设,1995,2:25-28.

[14] 詹崇谦.嘉绍跨江大桥3.8m大直径钻孔桩施工技术[J].安徽建筑.2010,17(3),70-71.

[15] 中华人民共和国行业标准.JTG D63—2007 公路桥涵地基与基础设计规范[S].北京:人民交通出版社,2007.

[16] 中华人民共和国行业标准.JTG D60—2004 公路桥涵设计通用规范[S].北京:人民交通出版社,2004.

[17] 中华人民共和国行业标准. JTG D62—2004 公路钢筋混凝土及预应力混凝土桥涵设计规范[S]. 北京:人民交通出版社,2004.

[18] 中华人民共和国行业标准. JTG D61—2005 公路圬工桥涵设计规范[S]. 北京:人民交通出版社,2005.

[19] 中华人民共和国行业标准. JTG/T B02-01—2008 公路桥梁抗震设计细则[S]. 北京:人民交通出版社,2008.

[20] 中华人民共和国行业标准. JTJ 004—1989 公路工程抗震设计规范[S]. 北京:人民交通出版社,1989.

[21] 中华人民共和国行业标准. JTG C30—2002 公路工程水文勘测设计规范[S]. 北京:人民交通出版社,2002.

[22] 中华人民共和国行业标准. JTG/T F50—2011 公路桥涵施工技术规范[S]. 北京:人民交通出版社,2011.

[23] 中华人民共和国行业标准. JTG/T F81-01—2004 公路工程基桩动测技术规程[S]. 北京:人民交通出版社,2004.

[24] 中华人民共和国行业标准. JGJ 79—2012 建筑地基处理技术规范[S]. 北京:中国建筑工业出版社,2012.

[25] 中华人民共和国国家标准. GB 50025—2004 湿陷性黄土地区建筑规范[S]. 北京:中国建筑工业出版社,2004.

[26] 中华人民共和国国家标准. GB 50112—2013 膨胀土地区建筑技术规范[S]. 北京:中国建筑工业出版社,2012.

[27] 中华人民共和国行业标准. JTJ/T 259—2004 水下深层水泥搅拌法加固软土地基技术规程[S]. 北京:中国计划出版社,2004.

[28] 中华人民共和国行业标准. JTS 147-2—2009 真空预压加固软土地基技术规程[S]. 北京:人民交通出版社,2009.

[29] 中华人民共和国行业标准. JGJ 106—2003 建筑基桩检测技术规范[S]. 北京:中国建筑工业出版社,2003.

[30] 洪毓康. 土质学与土力学(第二版)[M]. 北京:人民交通出版社,1995.

[31] 盛可鉴. 公路工程施工技术(第二版)[M]. 北京:人民交通出版社,2013.

[32] 盛洪飞. 桥梁墩台与基础工程[M]. 哈尔滨:哈尔滨工业大学出版社,2005.

[33] 交通部第一公路工程总公司. 公路施工手册 桥涵(上)[M]. 北京:人民交通出版社,1999.

[34] 毛瑞祥,程翔云. 公路桥涵设计手册 基本资料[M]. 北京:人民交通出版社,1998.

[35] 袁伦一,鲍卫刚. 公路钢筋混凝土及预应力混凝土桥涵设计规范(JTG D62—2004)应用算例[M]. 北京:人民交通出版社,2005.

[36] 袁伦一,鲍卫刚,李扬海. 公路圬工桥涵设计规范(JTG D61—2005)应用算例[M]. 北京:人民交通出版社,2005.

[37] 中华人民共和国行业标准. CJJ 11—2011 城市桥梁设计规范[S]. 北京:中国建筑工业出版社,2011.

[38] 中华人民共和国国家标准. GB 50007—2012 建筑地基基础设计规范[S]. 北京:中国建

筑工业出版社,2002.

[39] 中华人民共和国行业标准. TB 1002.1—2005/J 460—2005　铁路桥涵设计基本规范[S]. 北京:中国铁道出版社 2005.

[40] 中华人民共和国行业标准. TB 10002.5—2005/J 464—2005　铁路桥涵地基和基础设计规范[S]. 北京:中国铁道出版社 2005.

[41] 中华人民共和国行业标准. JGJ 6—2011　高层建筑箱形与筏形基础技术规范[S]. 北京:中国建筑工业出版社,2011.

[42] 中华人民共和国国家标准. GB 3095—2012　环境空气质量标准[S]. 北京:中国环境科学出版社出版,2012.